真实与虚拟
后真相时代的哲学

金观涛 —— 著

中信出版集团 | 北京

图书在版编目（CIP）数据

真实与虚拟 / 金观涛著 . -- 北京：中信出版社，
2023.7（2023.9重印）
ISBN 978-7-5217-5671-5

Ⅰ.①真… Ⅱ.①金… Ⅲ.①科学哲学－研究 Ⅳ.
①N02

中国国家版本馆 CIP 数据核字（2023）第 072759 号

真实与虚拟
著者：　　金观涛
出版发行：中信出版集团股份有限公司
　　　　　（北京市朝阳区东三环北路 27 号嘉铭中心　邮编　100020）
承印者：　　天津丰富彩艺印刷有限公司

开本：880mm×1230mm　1/32　　印张：20　　　　字数：440 千字
版次：2023 年 7 月第 1 版　　印次：2023 年 9 月第 2 次印刷
书号：ISBN 978-7-5217-5671-5
定价：98.00 元

2022.3.29 pm

观博像

刘香峰

目 录

序言

走出后真相时代

哲学本是超越视野对人存在意义的思考，它是轴心文明的产物。今日哲学之死表明：在各轴心文明逐步实现现代转型并互相融合的今天，我们必须去建立超越轴心文明的哲学。

从"系统的哲学"到"真实性哲学"

《真实与虚拟》是我关于"真实性哲学"写作计划的一部分。今天我们生活在后真相时代。一方面是信息和大数据泛滥，另一方面是人对真实性的判断力日益狭窄和模糊，所以我们需要真实性的哲学。"真实性哲学"写作计划分三卷，第一卷是 2022 年出版的《消失的真实》。本书是第二卷，主题是揭示科学真实是什么，并通过科学前沿的哲学分析锤炼出一种真实性研究方法，以重建现代真实的心灵。

在后真相时代，用科学真实来揭示真实性是什么，在很多人看来是多此一举。难道今天除了科学真实，还有其他真实性吗？我想证明：当今面临真实性的困境，正来自这种对现代科学的迷信，其原因是人对现代科学自主性的丧失。我对这一点的认识，源于对哲学主体性的寻找，它是从对 20 世纪 80 年代对"系统的哲学"探索的反思开始的。

"系统的哲学"本是对 20 世纪 80 年代控制论、信息论和系统论的哲学总结，力图回应 20 世纪中国文化主体性的丧失。自五四运动开启了中国当代思想以来，中国哲学的主体性一直处于混乱之中。任何一个轴心文明都有自己的主体性，其集中体现在哲学上，就构成了每个文明对超越生死的终极价值的追求，我称之为超越视野。以道德为终极关怀构成中国文明超越视野的核心，故中国文明的哲学精神一直是道德的沉思。道德哲学的混乱意味着中国哲学主体性的丧失。过去一个世纪以来，在认同现代价值、理解现代科学方面，中国文明一直存在结构性困难。我认为，20 世纪 80 年代的控制论、信息论和系统论对中国人思维的冲击，犹如甲午后的《天演论》。80 年代启蒙的一个重要目的是改造中国人的辩证理性，力图恢复丧失已久的哲学思考之主体精神，"系统的哲学"就是在这一思想背景下产生的。

在 1988 年出版的《人的哲学》中，我已在系统的哲学基础上提出价值重建的命题，试图寻找现代社会的基础。这是一种从中国文明出发对现代价值的探讨，包括将科学精神引入中国人熟悉的辩证思维。在 1987 年完成的《20 年的追求：我和哲学》一文中，我写道："一百多年了，自中国传统文化在西方近代文明冲击下失去自身的和谐，自中国人不得不寻找救国和自强的现代化道路时开始，我们的民族就在期待着一种能在现代社会中焕发出灿烂光华的理性哲学。我们的民族文化就像一个巨大而痛苦的珍珠贝，它在吸收西方文化的营养，它在摆脱自己身上那沉重的历史渣滓，它在艰难地消化由新时代科学发现而注入它体内的新事物。我毫不怀疑，在今后伟大的中华民族新文化的创造运动中，未来的理性哲学的明珠正在孕育之中。"① 然而，1989 年我和青峰到香港中文大学工作，我的哲学研究被搁置。漫长而忙碌的中年更是一个消磨雄心壮志的过程。

在 2001 年写的一份札记中，我曾这样问自己：完成《人的哲学》以后，这十几年间我在相关问题的探索上到底有哪些进展呢？专业和细节的学术研究固然重要，然而，如果不去实现现代价值的重建，生命一定会迷失在虚无和以研究为名的死亡等待中，正如一个现代人在市场中以购物打发空余时间那样。

2011 年年底，我和青峰回到阔别多年的北京，开始给企业家和非学术界的思想爱好者做系列学术讲座。在完成"中国思想史十讲"和"轴心文明与现代社会八讲"之后，我终于可以回到哲学研究中来了。2014 年，我开始给北京读书班学员做"人的哲学续篇"的讲座。次年，我又继续做了"整体的哲学续篇"的讲座。在准备授课的过程中，我重温了自己在 20世纪 80 年代重建中国哲学主体精神的两个出发点。

第一个出发点是用不确定性概念来取代矛盾，以作为辩证法有关世界万物是发展的这一原理的科学表述。第二个出发点是用子系统耦合形成系统取代整体和部分关系。两者结合可以建立一种用于分析有组织的整体为何会演化的方法。我将其称为系统演化论，它可以运用到自然界、社会和认识论中，成为

---

① 金观涛：《20 年的追求：我和哲学》，载《系统的哲学》，鹭江出版社 2019 年版，序言，第 51 页。这篇文章是《我的哲学探索》（上海人民出版社 1988 年版）的序言，该书集合了我在 20 世纪 80 年代对系统的哲学探索的三部作品，即《发展的哲学》、《整体的哲学》和《人的哲学》，后更名为《系统的哲学》再版（新星出版社 2005 年版，鹭江出版社 2019 年版）。

重建具有中国主体性哲学的基础。这些论述我在 20 世纪 80 年代相继发表的"系统的哲学"三部曲(《发展的哲学》、《整体的哲学》和《人的哲学》)中做了充分的展开。当时我自信地以为,经过系统演化论中稳态和稳态形成的分析,20 世纪中国人普遍接受的辩证理性可以得到改进。我将其称为中国哲学主体精神的建立。然而,在 2015 年准备"整体的哲学续篇"和"发展的哲学续篇"时,我发现自己过去提炼的系统演化论作为哲学重建纲领,存在着缺环,那就是当时没有认识到生命的演化特别是人、社会及思想的演化和宇宙一般演化法则的不同。

系统演化论的盲区

今天演化的宇宙观已被大多数人接受,但是很多人没有意识到,当我们用演化论说明万物生成和变迁时,常常忽略两个领域的演化和宇宙一般演化法则存在着巨大的差异。一个领域是生命的起源和演化。我最初认为,生命仅仅对应一个自我维系的系统,这个系统必须具有结构稳定性,生命的演化就是自我维系系统的演化,其法则可从系统演化论推出。后来,我发现事情并没有那么简单。关键在于,生命起源于自我复制。生命演化是自我复制的系统稳态的演化,而系统演化论只考虑了稳态,并没有涉及自我复制和稳态的关系。根据不确定性原理,自然界中充斥着各种小概率事件,而一个能自我复制的系统会让这些小概率事件的影响无限放大。如果把自我复制和稳态维系联系起来，除了得到生命一定会在系统演化中起源外，还有什么呢？20世纪80年代，我在进行"系统的哲学"研究时，没有考虑稳态和自我复制的关系，即一个自我复制的系统如何维系自身的稳态，它和一般自我维系的系统演化有什么差别。

另一个领域为符号参与组织的系统。生命演化中最惊人的是意识和主体的形成。从此以后，生命的演化过程不是系统演化论所能覆盖的。如果说一般系统演化进入生命演化必须跨过自我复制的鸿沟，那在生命演化和社会、思想演变之间则存在着几乎不可逾越的深渊。该深渊是人具有自我意识和主体性，正因为主体和真实符号系统的存在，生命系统的演化法则即达尔文进化论，不再适用于研究社会、人的自我意识及其观念。虽然我和青峰在20世纪80年代将系统演化论引进中国历史研究，但无法用这种方法解释中国思想的形成和变迁。意识和主体性存在的前提是人会使用符号。什么是符号？存在着一个真实的符号世界吗？这是20世纪哲学革命一直没有解决的问题，哲学革命的本质正是发现人是符号物种，能用符号来把握万物的存在。在20世纪80年代，我还没充分意识到20世纪语言学转向对当代哲学的影响。随着我和青峰探索用关键词统计的方法进行思想史研究，我逐渐感受到创造和使用符号在哲学研究中占据核心位置，也开始反思20世纪哲学革命。

事实上，当一切哲学思考都被归为语言探索时，只有行为主义方向的哲学研究才会生存下来，即根据人的行为去研究其观念和意识。但如果我们把20世纪哲学的语言学转向作为当今哲学的主流，立即就会发现系统论及其相关的哲学一直在主流之外。正因为其在主流之外，它才没有受到 20 世纪哲学革命的毁灭性打击，源于控制论、信息论的系统哲学勃兴就是例子。我发现，把自我复制和稳态联系起来只是一个数学问题，它是可以暂时搁置的，而如何处理符号真实则超出了我在系统的哲学中提出的恢复中国哲学主体性的两个出发点。也就是说，为了理解这个可以产生主体的演化，系统演化论哲学是远远不够的。我们必须从真实性这一更为基本的层面来认识存在和演化。系统的哲学把存在作为各部分互相维系且演化着的系统，而真实性哲学则进一步思考存在为真的前提。人是面对死亡的存在。对人而言，死亡不仅是生命的解体，还是真实性的消失。真实的存在是如何走向一种真假不分的存在的？这是以往哲学没有深入思考过的。我们必须进入一种未知的哲学领域。

对我来讲，这意味着中国哲学主体性的建立从"系统的哲学"走向"真实性哲学"。这是一条从科学出发寻找主体的道路。在《发展的哲学》中我开始将辩证法的矛盾律转为不确定性，从而规定什么是存在和系统；"真实性哲学"则要解决建立中国哲学主体性一个更根本的问题，那就是存在和意识的关系。今天中国人常说，意识只是被意识到的存在。然而，作为存在的系统为什么能意识到自己呢？意识是如何从符号系统中产生的？这个关键问题从来没有被纳入系统演化论中思考过。我终于发现"系统的哲学"之盲区：在系统演化论中经验对象和数学对象合一，使我们不需要考虑经验真实和符号真实的不同。现在则是要找到探索经验和符号真实性及它们互动的方法，而主体正是在符号真实的形成中起源的。

在系统的哲学中，我用不确定性取代矛盾律定义了存在，就找到了分析其演化的方法。在真实性哲学中，我首先必须定义什么是真实性，其次分析为什么存在符号和经验两种真实性。这样才能把讨论追溯到更深的层面，那就是去研究这两种真实性的起源。我发现，在真实性视野中，不确定性源于两种目标互相排斥的控制。它规定了主体的起源。表面上这是从不确定性向矛盾律的回归，实际上它是把主体定义为可以使不确定性转化为确定性但不去实行之意志。这在把主体从科学真实中分离出来的同时，彻底对其进行除魅。主体的起源就是真实性的起源，我终于发现了真实性和主体自由的关系，这为真实性哲学寻找现代社会的价值基础提供了前提。

为什么哲学要接受现代科学的考验

在拿到《真实与虚拟》一书时，读者可能会觉得奇怪：这本书要解决的核心问题是"什么是科学真实"，它又是从分析"什么是数学真实"开始的。这一切和现代价值的建立及基础探索似乎没有关系，至于它和中国文化的主体精神（道德哲学的探讨），似乎更是风马牛不相及。为什么我要将其视为重建现代价值论的基础呢？确实，因为"实然"无法规定"应然"，研究事实如何变迁的系统演化论是不可能成为道德哲学的基础的。那么，为什么我坚持真实性哲学对科学真实的研究和道德哲学有关呢？

道德作为向善的意志，其存在是因为主体是自由的。如果主体不自由，那么道德毫无意义。但是，为什么主体一定是自由的？中国和西方道德哲学都没有讨论过。真实性哲学发现真实性和主体自由等价，从而可以成为道德哲学的基础。正因如此，在研究道德哲学之前，首先要研究这种作为"元价值"的"自由"和科学的关系。换言之，如果真实性哲学是对的，那么在用其作为框架重新探索科学真实的过程中，它一定要比系统演化的哲学更有力量，可以解决当今科学前沿的哲学问题。在此意义上，《真实与虚拟》一书虽没有涉及道德，但它蕴含着道德哲学以及更为广泛的价值哲学的基础。

今天很多哲学家不敢直面现代科学，而是试图绕过科学，去建立一套价值体系，我认为这是一种逃避。当然，并不是说现代价值一定要建立在科学的基础之上。问题在于，如果哲学家无法真正理解现代科学理论，就不可能为现代世界建立一个自洽的价值系统，因为价值系统蕴含着认识论，今天任何正确的认识论都离不开理解现代科学日新月异的发展。我在《消失的真实》中曾反复强调，现代社会的价值危机是伴随着科学的无限制扩张而出现的。今天，哲学家如果仅仅坚守 20 世纪之前科学和人文二元分离的传统立场，并不能保证新建立的各种价值理论的基础不会遭到科技进步的颠覆。

事实上，这一点已被越来越多的人文社会学者认识到了。今天人文社会学者在建立新社会理论和新道德哲学时，已不可能无视现代科学的检验。因此，很多学者提出新的人文社会理论时，直接诉诸现代科学。但能否做到这一点，取决于人文社会理论的哲学基础。举一个例子，2015 年美国学者亚历山大·温特出版了一本书名为《量子心灵与社会科学》的书，提出一套基于量子力学的社会科学。该书出版后，立即有人指出这是建立在对于量子力学的基本概念的误解之上的。如温特提出人是行走的波函数，[①]但他并没能清晰解释这个观点，也没有说明什么是波函数。

事实上，如果一定要用量子力学方法来描述人的行为，首先要规定人和环境（严格来讲是人行为的观察者）的关系，即找到算符。借由算符可以定义出"本征态"与"叠加态"。人的行为可以是该关系中的"本征态"，当关系改变时，原"本征态"有可能转化为"叠加态"。两种算符互斥时，概率会出现在"本征态"向"叠加态"转化的过程中。温特研究的问题，不仅是对现代科学理论的一知半解，还表明，因为量子力学相应的认识论法则从来没有被哲学阐明过，人文社会学者才会犯这样的错误。

我认为，把量子力学方法运用到社会科学无可厚非，但运用的前提是懂得量子力学和哲学的关系。这一切都说明当代人文社会学者提出社会人文理论时，需要一种能包容现代科学理论的哲学。如果不存在这种哲学，就无法建立和现代科学兼容的现代社会价值理论。这意味着新世纪哲学探索必须从分析科

---

① 详见亚历山大·温特：《量子心灵与社会科学》，祁昊天、方长平译，上海人民出版社 2021 年版，第 173 页。相关批评参见 Matthew J. Donald, "We are not Walking Wave Functions. A Response to 'Quantum Mind and Social Science' by Alexander Wendt", *Journal for the Theory of Social Behaviour*, Vol. 48. No. 2 (2018); Andrew H. Kydd, "Our Place in the Universe: Alexander Wendt and Quantum Mechanics", *International Theory*, Vol. 14. Issue 1, 2022.

学真实开始。也就是说，建立真实性哲学以恢复中国哲学主体精神的第一步不是去从事社会价值和道德哲学研究，而是让哲学接受现代科学的检验。21 世纪的哲学必须是一种可以和现代科学日新月异的发展并存、不会被新科学理论和高科技颠覆的哲学。

虚拟世界和本体论的消亡

让真实性哲学的基础接受现代科学的检验，对我来说绝不是一件轻松的事情。因为自 30 年前提出系统的哲学后，科学和技术出现了翻天覆地的变化。除了生命科学仍保持在系统演化论的架构之内，下列三个方面是系统演化论宇宙观无法把握的。

第一个方面是现代宇宙学神奇的进展。在黑洞和引力波相继被证实的同时，几乎不能用实验检验的暗物质和暗能量对科学家熟悉的认识论构成史无前例的挑战。这些看上去无法用实验检验的东西不仅发生在经验世界，还出现在物理学和宇宙规律最前沿的研究中。无论超弦理论的数学有多美，无论它是否正如其宣称的那样已经实现了物理学理论的统一，它和经验世界似乎都没有关系。这是一个物理学无法回避的问题。

第二个方面的巨变是从机器学习开始的人工智能迅速发展。自从神经网络学习系统被发明，当代人生活在人工智能的惊喜和恐惧之中。惊喜的是人的很多智能被机器取代，人工智能正在成为人类获得各种知识不可取代的工具。恐惧的是意识或许会在某一天于人工智能中涌现，人类将面临机器的统治。意识、主体性和科学技术究竟是一种什么关系？这个问题已经被严峻地摆在科学家面前了。

第三个方面是虚拟世界和元宇宙。虚拟世界在 20 世纪只是科幻作品的想象，至多是电脑游戏。今天它正在成为人类经验生活的一部分。根据本体论哲学，虚拟世界只是我们经验的一个数学模型，作为我们通过电脑感受到的电子幻觉，虚拟世界不具有经验的真实性。然而，在一个不具有经验真实性的世界如何能进行房地产开发？虚拟世界为什么能进行商品交易？

上述三个方面的挑战正在产生形形色色的哲学理论。困难在于，如果新哲学理论是对的，那么其对上述三个表面上无关问题的回答必须具有一致性，即存在一个统一的基本原理。我发现真实性哲学正好提供了这样的原理。在原来的本体论哲学中，进入虚拟世界只是人逃避现实的一个表现，而真实性哲学发现，元宇宙是人的经验的另一种形态，除了不可能无限迭代以发现新世界外，它和我们习惯的经验没有差别。元宇宙意味着人类第一次发现另一种经验真实性的存在。虚拟世界经验虽然和我们在现实世界的经验不同，但也会成为塑造我们心灵状态的一个元素。真实性哲学发现，真实性会以各种形态向主体呈现，这在本体论哲学中是不可思议的。

自青年时代起，我一直觉得科学和自然界具有神秘感，对于"什么是科学"的追问从未停止过。可以说，科学求知活动本身已经构成了我生命意义和价值追求的一个部分。正是带着这种对科学和自然界的好奇，我投入了本书的写作之中。我遇到的第一个难关是说服自己。要解释清楚什么是科学和数学，至少要将各个领域出现的原来哲学无法回答的问题都给"说圆"了。我很幸运，经过 6 年多的努力，居然找到了答案。这些答案中可能存在错误，但它不应该损坏哲学理论的基本结构，这是一件不容易的事情。本书的写作增强了我的信心：21 世纪应该是告别所有轴心文明哲学的时代，因为在上述三大科技挑战面前，本体论哲学已经过时，经验主义和理性主义的划分已经失效，自笛卡儿开始的主客体二分也必须用新的概念取代，真实性哲学只是这种尝试之一。

本书的写作是一个缓慢的过程，我每天只能写 100 多字，对话和交战的对手也主要是自己。在写作过程中，关键是寻找真实性的基本原理。它蕴含在复杂自相关的论述结构中，为常识和很多先入为主的偏见所掩盖。我需要先确定哪些东西是可靠的，哪些东西是可以悬置的，再以此为基础，一步步将理论的基本构架建起来。这个过程不可能一气呵成，而是要经过反复修改，我要去拷问自己最初的预设是否正确，并不断推敲整个思考过程。有时候，我发现自己最初的思考是错误的，经过观点的改正，得出的结论居然与我一开始的意愿完全背道而驰。这让我感到只有哲学才能让思想克服偏见，显示自己真正的意愿。

"方法"的背后：继承传统，又超越传统

我将《真实与虚拟》作为真实性哲学的方法篇，这是在模

仿笛卡儿。用"方法"对科学真实研究进行定名，是为了强调它在真实性哲学中的位置。因为在真实性哲学的第三卷（建构篇）中，我将涉及主体性和道德基础的讨论，在这方面我没有任何可以直接依赖的方法。本书正是要提炼出一套可供展开主体性研究的原则。历史上，那种从科学出发建立道德论述的做法被称为科学主义，科学主义的谬误在 20 世纪已充分暴露，真实性哲学绝不是科学主义。这里讲的方法，是力图用真实性原则重新规定科学和人文研究的关系。我要强调的是，在迄今为止的真实性研究中，唯有现代科学经历了自洽性的严格考验，它或许蕴含着避免我们陷入错误的方法。

我选择用"方法"一词，除了源自对真实性哲学三部曲关系的定位，还在于中国哲学主体精神的执着。我认为，"方法"一词对中国文化有着不同于一般研究的意义。人们在谈到方法的时候，通常指的是一个具体操作意义上的方法，比如抽样统计、双盲实验、田野访谈等。这些方法都与具体的研究内容连在一起，使人们很难跳出来，从思想史角度思考方法。在中国社会，"方法"的兴起与 20 世纪 80 年代中国的思想解放运动密切相关，它指的是中国人寻找社会和思想现代转型的道路，有着"寻道"的含义。其实，"寻道"源于程朱理学。它是中国文化第一次融合的产物。

中国的文化建设从哲学上讲存在着两个层面：方法的重建和价值的重建。方法的重建是要达到现代常识理性的改造。这不仅仅是把科学精神和方法引进现代常识理性，还是寻找能包容不同终极关怀之哲学研究。从某种意义上讲，20 世纪 80 年代的思想解放运动开启了中国哲学现代化的第三阶段。第一阶段是明清之际，气论的形成构成了中国近代传统，它的背后是中国文明与外来佛教最终融合后形成了常识理性的方法论。第二阶段是五四新文化运动，辩证唯物主义作为大多数现代中国人的思想方法，实为气论的现代化并力图和西方现代思想结合。20世纪80年代，系统演化论作为辩证理性的重建，虽然使人们意识到必须用现代科学克服现代常识理性的局限，但方法重建的任务并没有完成。

青峰曾经问我：你的哲学研究与中国思想有什么关系？我回答道：表面上看似乎没有关系，但我进行现代科学哲学思考时，经常在想朱熹如何消化佛教带来的思想冲击。在今日看来，程朱理学有种种问题，但是就中国文明长程演变而言，这是非常了不起的事情。因为正是在中国文明第一次融合外来文明的过程中，认知精神破天荒地进入中国文明的道德追求，中国文明的哲学主体性通过融合外来文明得到巨大的提升。自19世纪中国文明开始了第二次融合，用现代科学改造常识理性一直在进行之中，至今尚未完成。在此意义上，真实性哲学的研究不仅是第二次融合的自我意识，还是在寻找超越某一种轴心文明的哲学。我和青峰经常说自己的研究"问题是旧的，方法是新的"，我们都秉持中华文明继承者的自觉，用现代科学成果去寻找那个"道"。在这个意义上，无论是我在20世纪80年代开展的系统哲学研究，还是当下正在进行的真实性哲学探索，都是中华文明大传统的一部分。它们是来自中国文明的对世界图景的理解。

致谢和期待

虽然我在写作本书的过程中大多处在"自问自答"状态中，但本书的完成依然有赖于不同时期朋友的支持和帮助。青峰是我日常交流相关哲学思考的主要对象，她每天画的速写也许是我思考和焦虑的记录。此外，本书的雏形是 2016 年我在北京读书班的讲座。孙铁汉整理了讲座的文字稿；在此基础上，我在徐书鸣和李金茂的协助下，于 2018 年 7 月完成了本书的初稿，并反复修改。2020 年，我将本书第五稿印刷成讲义发给北京读书班的学员，他们通过不同渠道提供各自阅读后的反馈，激励我进一步修改书稿。

这里首先要感谢余晨。2017—2022 年，他围绕真实性哲学的相关话题，在北京读书班组织了多场讨论会，每次都邀请不同嘉宾做专题研究，并由我进行点评。他本人也担任了若干次主讲人，为我和读书班学员分享相关领域的前沿信息。这种思想碰撞的过程，无疑也推动我进一步完善本书的相关论述。其次要感谢的是王维嘉，他第一次根据人工智能提出暗知识的存在，并让我评论他的构想。几年来，我一直在思考科学研究中暗知识扩张的意义，心中充满了困惑：科学真实中的确存在默会知识吗？暗知识真的是默会知识的某种扩展吗？我要强调的是，维嘉一直积极投入真实性哲学的讨论，正是这些讨论使我发现了虚拟世界和默会知识的互斥性，最后得到暗知识自洽的定义，发现它和人工智能的关系。

使我倍受鼓舞的是青年一代对真实性哲学的热忱。徐书鸣参加了本书导论的写作，为了帮助读者理解本书，他在脚注中加了不少例子和相关讨论，没有他的帮助，本书是不可能以今天的样子和读者见面的。附录一有关惠勒延迟选择实验的资料，由宋福杰协助整理，他还提供了有关集合论的部分资料；李金茂则协助整理了附录二中有关人工智能发展历程的内容；本书的部分插图由刘蘅绘制；桑田一直在思考系统论法学和真实性哲学的关系。最后，我和青峰同样不能忘记的是屈向军、谢犁和吴建民多年来的支持。我还很感谢负责《消失的真实》和本书的两位编辑：石含笑和张璇。《消失的真实》在上市后获得很好的市场反响，在她们的努力下，如此枯燥的哲学讨论居然得到了社会的关注，这是我不敢想象的。

真实性哲学最初是我个人的思想探索，如何让它面对世界？这一直使我不堪重负。我是一个具有现代感的知识分子。在现代社会，私人领域和公共领域是不同的。公共领域要求严肃性，一旦将私人的东西拿出来做公共讨论，必定要承担巨大的道德责任。这些年真实性哲学的写作受到各方面的帮助，使我意识到它也许不是我个人的追求。如果这一判断正确，那么完成这一工作应该依靠今日走向世界的中国人共同的探索。

在中国文明自主性重建的过程中，每一个个人努力都是独立的，其价值追求也不尽相同，但有一个相同的方向。我想用1991年创办《二十一世纪》时提出的口号来代表这种多元但又统一的自主精神：为了中国的文化建设而非为了中国文化的建设。"中国文化"是我们这个文明的过去，而"中国的文化"是我们从过去的超越视野中走出来拥抱世界而创造出来的文化，哲学是它的基础。过去 2 000 多年来，中国文明的哲学一直是道德哲学，作为爱智精神的哲学是古希腊超越突破的产物。哲学从古希腊向其他轴心文明的传播意味着现代性在轴心文明融合中产生。其实，各个轴心文明都有自己的哲学传统。我所讲的中国文明哲学主体精神的建立，并不单单是道德哲学在西方哲学冲击下的恢复，而是去建立一种超越轴心文明的哲学。不同文明的超越视野、现代社会的基本价值及日新月异的科学都能从这种哲学中得到理解。

金观涛

2022 年 12 月于深圳

导论

真实性哲学的拱顶石

今天科学技术改造自然的能力无论有多强大，都无法达到人的内心世界。繁荣科技文明的中心是空漠的荒野，那里杂草丛生，非理性的极端主义在蔓延，道德和生命的意义荡然无存。为什么我们对心灵的野蛮化束手无策？因为人不能使真实性到达那里。真实性本是三座横跨经验世界和符号世界的相互关联的拱桥，但今天我们的内心缺少支撑桥梁的拱顶石。

索卡尔的恶作剧

1996 年，美国著名的文化研究杂志《社会文本》上刊登了一篇题为《超越界限：走向量子引力的超形式的解释学》的论文。文章作者是纽约大学从事量子引力研究的物理学家艾伦·索卡尔。在文章发表三个星期之后，索卡尔在另一本杂志《大众语言》又发表了一篇题为《曝光：一个物理学家的文化研究实验》的文章，披露自己向《社会文本》提交的是一篇诈文，内容纯属胡说八道，发表它是为了对当时流行的后现代思潮进行某种检验。[1] 这就是 20 世纪科学思想史上的一起标志性事件："索卡尔的恶作剧"。该事件曝光之后，迅速得到欧美各大主流媒体的关注，还登上了 1996 年 5 月 18 日《纽约时报》的头版。[2] 它立即引发了一场西方知识界的地震，那就是 20 世纪科学战争走向终结。

---

[1] 艾伦·索卡尔：《曝光：一个物理学家的文化研究实验》，蔡仲译，载《"索卡尔事件"与科学大战：后现代视野中的科学与人文的冲突》，南京大学出版社 2002 年版，第 57 页。

[2] Janny Scott, "Postmodern Gravity Deconstructed, Slyly", *The New York Times*, May 18, 1996, https://www.nytimes.com/1996/05/18/nyregion/postmodern-gravity-deconstructed-slyly.html.

什么是"科学战争"？20世纪70年代以来，随着后现代主义的蔓延，西方知识界形成一股质疑现代科学的思潮。后现代主义认为科学是一种人为的语言建构，受到意识形态、资本运作和权力斗争的左右，它必须和政治及官方意识形态一样接受理性的怀疑和批判。面对这一指控，先是在美国，随后蔓延至西欧，出现了对后现代主义以科学哲学和科学史的名义指责科学的大反击，那就是20世纪末愈演愈烈的科学战争。科学战争的高潮是两位美国科学家在1994年出版《高级迷信——学术左派及其关于科学的争论》一书。该书批判锋芒直指激进环保主义、女权主义、非洲中心论、后现代主义批评理论和社会建构论等理论的根据；两位作者以犀利的文风批判了以"学院左派"自居的西方人文知识分子对科学的误解和无知，甚至提出后现代主义批评是一个"瞎话王国"。①

　　在大多数科学家看来，把现代社会的弊病（如工业社会对人的异化及其对生态环境造成的危害）归咎于科学技术本身是出于无知，将对资本主义的批判等同于对科学技术的否定更是荒谬绝伦。《高级迷信》的出版可以视作索卡尔事件的导火索，因为索卡尔正是读了《高级迷信》之后才决定写那篇诈文的。一开始，索卡尔难以相信这本书引述的内容代表了人文学界的潮流，但在查证相关文献之后，他发现《高级迷信》所言非虚。这促使索卡尔决定模仿后现代主义批评的风格撰写一篇

① 保罗·R.格罗斯、诺曼·莱维特：《高级迷信——学术左派及其关于科学的争论》，孙雍君、张锦志译，北京大学出版社2008年版，第81页。

诈文，① 以响应在学术界"某些范围内的人文科学的知识的严格性标准明显地下降的趋势"。② 此外，《高级迷信》一书引起了后现代主义批评家的猛烈反击，认为这是对后现代主义的污蔑。其中《社会文本》杂志组织了一期题为"科学大战"的专刊，旨在驳斥《高级迷信》的观点。颇具讽刺意味的是，正是这期刊物收录了索卡尔的诈文。③ 索卡尔的诈文对正在自我辩护的后现代主义批评构成了致命一击。因为它在后现代主义杂志上发表这件事本身证明：后现代主义批评或许立意正确，但其论证漏洞百出。

随着"索卡尔的恶作剧"被广泛报道，科学战争迅速从思想界内部进入公共视野。一面是科学的捍卫者，包括科学家和部分早就不满后现代主义否定历史真实的人文学者；④ 另一面

① 巴巴拉·爱普斯坦：《后现代主义与学术界左派》，邢冬梅译，载《"索卡尔事件"与科学大战》，第 164 页。

② 艾伦·索卡尔：《曝光：一个物理学家的文化研究实验》，第 57 页。

③ 斯蒂文·温伯格：《索卡尔的恶作剧》，蔡仲译，载《"索卡尔事件"与科学大战》，第 119 页。《社会文本》的两位编辑布鲁斯·罗宾斯和安德鲁·罗斯事后回应，编辑部判断索卡尔的诈文"有太多毛病以至于不能发表，但也不必要把它放在被拒的行列中，如果它和相关的文章一起发表，也许会引起读者的兴趣"，经过一段时间，当编辑部决定出版一期以"科学大战"为主题的专刊，以回应《高级迷信》的观点时，他们认为索卡尔的文章适合安排在这期专刊中发表。（详见布鲁斯·罗宾斯、安德鲁·罗斯：《神秘科学的大舞台》，吴静译，蔡仲校，载《"索卡尔事件"与科学大战》，第 220—221 页。）

④ 一个代表人物是美国历史学者巴巴拉·爱普斯坦，在索卡尔的诈文问世之后，爱普斯坦的同事曾打电话给她说，传言她就是这篇诈文的真正作者。（参见 "How the Physicist Alan Sokal Hoodwinked a Group of Humanists and Why, 20 Years Later, It Still Matters. An Oral History by Jennifer Ruark", *The Chronicle of Higher Education*, January 1, 2017, https://physics.nyu.edu/faculty/sokal/Chronicle_Jan_1_17.pdf。）

是后现代主义批评家、知识社会学家。两者的交锋很快有了结果，面对科学捍卫者和历史学家的反击，后现代主义批评家毫无还手之力。因为他们根本不懂何为现代科学，基于科学史和科学哲学研究的种种后现代主义批评，全都建立在对科学本身及其发展历史的误解之上。在科学捍卫者严肃的论述面前，后现代主义批评本身的内在矛盾迅速暴露；在批评界盛行了近30年之久的后现代主义迅速烟消云散。

"两种文化"对话的消失

耐人寻味的是，在这场冠以"科学"之名的"战争"中，英国科学家、小说家查尔斯·斯诺反复被人提起。[1] 斯诺在1959年出版过一本演讲集《两种文化》。在这本书中，他提出现代科学和人文知识属于两个互相独立、不能化约的研究领域。正如用人文来想象科学是错误的一样，科学亦不能推出人文。他认为正因为现代科学和人文是两种毫不相干的文化，所以很容易造成如下局面：钻研科学和工程技术的人是一种类型，开展人文研究的人是另一种类型。每一种类型的人构成封闭的

---

[1] 例如，曾获诺贝尔物理学奖的理论物理学家斯蒂文·温伯格在评论索卡尔事件的时候说："科学家与其他知识分子之间的误解的鸿沟看来至少还像30多年前 C. P. 斯诺所担忧的那样宽。"（斯蒂文·温伯格：《索卡尔的恶作剧》，第109页。）索卡尔和比利时物理学家让·布里克蒙特在分析索卡尔事件所引发的争议中，也认为这是斯诺提出的"两种文化"的鸿沟日益加深的结果。（Alan Sokal and Jean Bricmont, *Fashionable Nonsense: Postmodern Intellectuals' Abuse of Science*, Macmillan, 1999, p.183.）

圈子，这两个圈子老死不相往来、不能沟通，这种愈演愈烈的分裂正在给人类带来灾难。斯诺呼吁："两种文化不能或不去进行交流，那是十分危险的。当科学正主要决定着我们的命运，也即决定着我们的生死存亡，从最实际的方面看确实是危险的。科学家能出坏主意，决策者却不能分清好坏。另一方面，科学家在一种割裂的文化中提供某些只属于他们的潜在性知识。所有这一切都使政治程序比我们准备长期忍受的更加复杂，某些方面也更加危险。"[①] 斯诺认为："人们必须了解技术、应用科学和科学本身究竟如何，它能做什么，不能做什么。这种了解是 20 世纪末教育的必要组成部分。"[②]

斯诺的主张无疑是正确的。现代社会是一个契约社会，在这样一个社会中，科学技术可以得到无限制的运用，市场经济使生产力实现空前增长。对社会结构（包括市场经济）和价值系统的反思，本属于人文社会领域。如果不强调人文社会学者必须了解科学知识，现代社会的另一个重要部分（科学技术）就很容易越出反思精神之外，这确实是十分危险的。令人惊奇不已的是，虽然科学战争中论战双方不断重复斯诺两种文化互相隔绝的危害，但人们并没有意识到科学战争本身就是两种文化的对话，其结果是斯诺根本没有想到的。也就是说，所谓两种文化的互相隔绝、互不关心，实为 20 世纪上半叶甚至是 19 世纪的事情，早已过时。

---

① C. P. 斯诺：《两种文化》，纪树立译，生活·读书·新知三联书店 1995 年版，第 95 页。

② C. P. 斯诺："前言"，载《两种文化》，第 5 页。

一方面，斯诺一再指出的所谓人文社会学者拒绝去了解高深科学理论这一前提早已不再成立。后现代主义者不仅"知晓"什么是科学，而且认为自己掌握了现代科学理论的本质。举几个例子：在后现代主义学者的作品中，法国精神分析学家雅克·拉康的作品大量援引拓扑学和逻辑学的术语；在《语义学》一书中，法籍学者茱莉亚·克里斯蒂娃运用了选择公理和哥德尔定理；法国文化理论家、哲学家保罗·维利里奥在讨论地理和历史的时候，经常引用来自相对论的"时间类"和"空间类"；法国哲学家吉尔·德勒兹经常提及微积分的术语；法国社会学家、哲学家让·鲍德里亚经常将"混沌"一词挂在嘴边；法国女性主义哲学家路思·伊瑞葛来热衷于借用逻辑学和流体力学的概念；法国哲学家、社会学家布鲁诺·拉图尔甚至写了一篇长文分析相对论，讨论其为"对授权社会学的贡献"。[1]后现代主义者不是不关心科学发展，而是信心"爆棚"地对科学指手画脚。[2]问题在于，后现代主义批评家尽管极为推崇各种数学和科学概念，但对这些概念本身的理解错漏百出。他们往往不经任何解释、定义，就长篇累牍地使用各种科学概念，不顾这些概念可能互相矛盾，其文章语言佶屈聱

---

① 让·布里克蒙特：《索卡尔事件的真实意义》，高方译，许钧校，载《"索卡尔事件"与科学大战》，第 102 页。

② 后现代主义者对数学和符号的推崇，也影响了当时的影视创作。例如，经典科幻电影《黑客帝国》中，墨菲斯船长的名言"欢迎来到真实的荒漠"，就出自鲍德里亚的名著《仿像与模拟》（Simulacra and Simulation），而在《黑客帝国》的世界中，一切经验都被符号（AI算法）模拟的超现实彻底吞没。

牙，让人不堪卒读。①

另一方面，斯诺认为两种文化的互相隔绝，导致科学家出的坏主意得不到社会监督。其实，政治家对科学公共政策的制定，既不是科学家的知识所能左右的，也非人文学者的价值批判所能影响的。举个例子，1993 年新任美国总统克林顿签署法令，否决了很多科学家寄予厚望的超导超级对撞机工程。部分后现代主义批评家认为，这一事件是因思想界对科学与理性批判的结果而引起，其导致科学捍卫者对后现代主义批评的愤恨，并组织以《高级迷信》出版和"索卡尔的恶作剧"为代表的反击。② 这种解释是如此不顾事实，过分夸大了后现代主义批评的影响力，以至连索卡尔都觉得可笑。③ 事实上，后现代主义者以艰涩且充满错误的语言写成的文章，从来没有对科学构成真正的威胁，更何况影响政府决策呢？在斯诺的两种文化中，预设了公共政策是受社会文化制约的，因为科学和人文代表了人类现代思想和文化。事实却是，这一切早已时过境迁。政治和权力的运作早已和所谓的两种文化脱钩，正因如此，尽管在科学战争中，人们延续了斯诺的主张，不断强调两种文化对话的必要性，但科学战争作为 20 世纪科学与人文最重要的对话带来了人们意想不到的后果。

---

① Alan Sokal and Jean Bricmont, *Fashionable Nonsense*.

② Stephen Turner, "The Third Science War", *Social Studies of Science*, Vol. 33, No. 4, 2003.

③ 其实，对这个问题，索卡尔和布里克蒙特的解释更具可信度，即科学捍卫者的反击，是为了守护学术诚信和理性的金科玉律，这是所有领域学者都应当遵守的。(Alan Sokal and Jean Bricmont, *Fashionable Nonsense*, p.7.)

科学战争的一个主要后果是，科学和人文从此不再对话——科学界看不起人文研究，人文学界日益缩小到一个只有在学院内才有人问津的小圈子中，不敢越出雷池半步。除了科学和人文处于一种"鸡同鸭讲"的关系外，在科学家看来，人文学者只要一开口就表现出浅薄而又无知的自大。2020年，一位女性科学家在互联网社区 Reddit 上发布了一条帖子，大意是自己的丈夫是一位哲学家，并试图向自己说明科学研究只是在浪费资源，而这位科学家则认为丈夫对物理学的观点不只是错误，而且缺乏基本常识，这让两人的婚姻陷入危机之中。[①]在这种情况下，一批所谓代表"第三种文化"的公共知识分子开始在西方社会崭露头角，他们的主要成员都是科学家或者有着科学方面的教育背景，并日益取代人文学者在公共生活中的位置。[②]然而，这些关心人文的科学知识分子并未真正进行过人文研究，甚至对什么是合格的人文研究都缺乏足够的理解。人文世界的消失正在导致当代人的心灵走向野蛮化和科学乌托邦的盛行。

　　"索卡尔的恶作剧"的吊诡之处正在于，这起事件原本是在科学日新月异、蓬勃发展时期科学家和人文学者之间一场广泛而深入的辩论，作为事件主角的索卡尔提出自己参与论战的

---

① "My (33F) Husband's (35M) Career in Academic Philosophy is Ruining Our Marriage", Reddit, https://www.reddit.com/r/badphilosophy/comments/d87iot/my_33f_husbands_35m_career_in_academic_philosophy/.

② 1995 年出版的《第三种文化》一书集中展示了该领域的代表性知识分子及其观点，该书中文版请参见约翰·布罗克曼：《第三种文化：洞察世界的新途径》，吕芳译，中信出版社 2012 年版。

目的是要实现两种文化的真正对话。① 然而，事件的结局宣告斯诺的两种文化对话的虚妄。② 后现代主义的兴起源于人文社会学者认为科学已经成为语言哲学的一部分，从而大胆越界。科学界则发现人文学者不学无术。问题在于，人文学者根本不知道自己在哪里出了错，而科学家也不理解一向和科学井水不犯河水的人文研究中为何会出现后现代主义。至于两种文化和政治的关系，斯诺命题遭到了完全的颠覆。自 2001 年小布什就任美国第 43 任总统，采取了一系列以政治干预科学的政策后，科学捍卫者论战目标的重心发生了转移，从人文学者转向政治家。③ 因为决定政治家科技政策的既不是人文知识，亦不是科学知识，而是早已过时却又阴魂不散的意识形态，甚至是赤裸裸的民族主义。

科学战争的前因后果

为什么作为科学战争的两种文化对话会带来如此奇葩的结

---

① Alan Sokal and Jean Bricmont, *Fashionable Nonsense*, p.196.

② 索卡尔本人是一名左派知识分子。19 世纪至 20 世纪上半叶，学界左派一直和科学联盟，反对蒙昧和神秘主义的思想。索卡尔认为这是一个有价值的遗产，但与他同时的后现代左派思想家走向某种认识论相对主义，模糊真理与谬误的界限，这会让左派知识分子丧失与政治、经济社会和文化中的种种谬误做斗争的力量，是一种"愚蠢的做法"。（艾伦·索卡尔：《曝光：一个物理学家的文化研究实验》，第 61 页。）索卡尔没有想到的是，破除了左派知识分子的"愚蠢的做法"，他所忧虑的事情反而成为现实。

③ N. David Mermin, "Science Wars Revisited", *Nature*, Vol. 454, Issue. 7202, 2008.

局？为了回答这个问题，有必要去梳理后现代主义的思想源头。后现代主义是 20 世纪哲学最重要的两个分支（语言哲学和科学哲学）结合的产物，这两个分支的背后是 20 世纪哲学的语言学转向，以及人文学者力图用新哲学把握什么是现代科学。后现代主义的立足点之一是将科学理论视为语言建构，它是将另一个普遍有效的观点运用于反思科学的产物。这一普遍有效的观点就是任何理论都是语言（符号系统）结构，其源自以维特根斯坦为代表人物的 20 世纪哲学的语言学转向。维特根斯坦是主张数学即逻辑的代表人物罗素的学生，他在《逻辑哲学论》中指出："一个名称代表一物，另一个名称代表另一物，并且它们被相互结合在一起，以这样的方式这个整体便——像一幅生动的图像一样——呈现了这个基本事态。"[1] 为什么人能够用语言表达和认识世界呢？维特根斯坦认为原因是语言和世界共享了相同的逻辑结构。[2] 简而言之，任何理论都是特定的语言结构，故"全部哲学都是一种'语言批判'"。[3] 基于这一观点，维特根斯坦指出过去哲学（形而上学）的大多数命题"是因我们不理解我们语言的逻辑而引起的"，它们是没有意义的。[4]

哲学的语言学转向使人们认识到：正确地用符号指涉世界，必须让符号和客观实在的事物一一对应。这样，有意义的符号

---

① 维特根斯坦：《逻辑哲学论》，韩林合译，商务印书馆 2013 年版，第 35 页。

② 维特根斯坦：《逻辑哲学论》，第 32 页。

③ 维特根斯坦：《逻辑哲学论》，第 31 页。

④ 维特根斯坦：《逻辑哲学论》，第 31 页。

系统只有两种。一是可由逻辑和语法确定真假的句子，即分析语言，它们是数学和逻辑研究的对象。二是对客观世界进行描述的、具有经验意义的句子，即综合语言，这些语句结构和第一种语句不同，不能由逻辑判别真假，而必须看其是否符合客观实在，它们是科学研究的对象。这是哲学第一次用"符号如何把握对象"来定义有意义的符号系统，它在批评形而上学是一种语言的误用的同时，指出真实的符号系统（结构）只有两种：一种是逻辑和数学，另一种是科学。

科学陈述作为综合语句，反映的只是客观实在的个别事实。这样一来，真的科学陈述一定是单称的，而作为理论的全称语句只能是一个猜测。这一分析构成 20 世纪下半叶对什么是科学的基本论断：科学由作为事实的单称陈述和作为理论的全称陈述组成。科学的进步由两种动力构成，一是真实之单称陈述的积累，二是真实之单称陈述对作为假说之全称陈述的证伪。前者是科学事实之进步，后者是科学理论之革命。[①] 换言之，伴随着哲学革命发现人是用符号系统把握世界的，科学作为符号系统"正确的使用"，它和非科学（形而上学、意识形态等）可以有效地区别开来。这就是迄今为止人们接受的现代科学的哲学观。它由逻辑经验主义和证伪主义组成。逻辑经验主义先用逻辑定义了数学，然后用单称陈述定义了符合客观事实的语句。作为逻辑经验主义补充的证伪主义则宣称：科学理论是全称陈述，它只能是可以证伪的猜测。逻辑经验主

---

① 这方面的讨论详见卡尔·波普尔：《科学发现的逻辑》，查汝强、邱仁宗、万木春译，中国美术学院出版社 2008 年版。

义指出科学事实如何积累，证伪主义则揭示新的事实如何证伪过时的理论。在过去 2 000 多年知识进步的历史中，这是人类第一次用哲学把握了科学，它对认知的心灵产生了巨大的影响。

然而，上述科学观的缺陷很快被人认识到。早在 20 世纪 30 年代，数学家、逻辑学家库尔特·哥德尔已经证明数学并不是逻辑。在 50 年代，哲学家乌伊拉德·蒯因在《经验论的两个教条》一文中，打破了分析语言与综合语言二分的神话，并进一步质疑了还原论和证实论的合理性。蒯因指出："科学双重地依赖于语言和经验，但这个两重性不是可以有意义地追溯到一个个依次考察的科学陈述的。"在蒯因看来，在一个真的科学陈述中，有关理论分析和科学观察的内容之间没有一条清晰的界限，一个纯粹描述经验的陈述并不存在。由于任何有关科学观察的陈述都渗透着理论的影响，也就不可能通过科学观察去最终证实一个科学理论。[①] 既然用分析语言和综合语言来定义数学和科学不准确，由逻辑经验论和证伪主义刻画的科学进步观就可能不成立。当经验观察和理论预言不一致时，两者的互动并不一定代表借着理论（符号系统）逼近客观世界。

科学史研究证明了上述观点。科学史家托马斯·库恩对哥白尼革命的历史考察证明：哥白尼日心说刚提出时并不比地心说更准确，日心说代替地心说只是社会思潮演变的产物。据此

[①] 蒯因：《经验论的两个教条》，江天骥译，载涂纪亮、陈波主编：《蒯因著作集（第 4 卷）》，中国人民大学出版社 2007 年版，第 17—38 页。

库恩建立了范式说，即科学理论只是科学家群体之间的"共识"而已。[①] 库恩开启了理论科学史研究，它和科学哲学结合颠覆了科学符号系统符合客观实在的哲学观。科学哲学家保罗·费耶阿本德进而认为科学和形而上学及意识形态没有任何差别。[②] 正是在这一过程中，后现代主义兴起了。因此，学界有一种说法：库恩是"后现代之父"，而蒯因则是伟大的后现代主义者。因为正是他们对科学陈述的研究预示着后现代主义批评的到来。[③]

事实上，仅仅是蒯因、库恩和费耶阿本德的研究成果，还不足以导致汹涌而来的后现代主义。关键在于，在理论科学史和科学哲学颠覆科学理论客观性的同时，人文学者仍然坚信任何理论都是用语言（符号系统）把握客观实在的正确性。历来要有批评科学理论的资格，必须先理解科学理论，但无论是数学之艰深，还是科学知识之专门，都是人文学者望而生畏的。哲学的语言学转向一举扫除了人文学者对科学理论的敬畏，因为任何理论都可以理解为人用语言（符号系统）把握客观实在。这样一来，科学理论再复杂难懂，它也是一种语言结构。反映客观实在本是科学高于宗教和意识形态的前提，既然科学理论也做不到把握客观世界，那么它和其他符号系统一样，理应接

---

① 详见托马斯·库恩：《哥白尼革命：西方思想发展中的行星天文学》，吴国盛、张东林、李立译，北京大学出版社 2003 年版；托马斯·库恩：《科学革命的结构》，金吾伦、胡新和译，北京大学出版社 2003 年版。

② 详见保罗·费耶阿本德：《反对方法：无政府主义知识纲要》，周昌忠译，上海译文出版社 1992 年版。

③ 蔡仲、邢冬梅：《后现代思潮中的反科学主义》，第 343 页。

受人文学者的批评。

后现代主义产生广泛影响的著作是 1979 年法国哲学家利奥塔尔发表的《后现代状态：关于知识的报告》。该书实现了法国后结构主义和后现代主义之结合：后结构主义扎根于语言哲学，认为任何真理和价值原则的形成都依赖特定的语境，于是不可能存在普世性的科学真理与社会法则。[①] 随着将理论视为主体用符号系统把握客观世界，基于自然语言研究的符号学便流行开来，它和维特根斯坦后期哲学结合，促使后现代主义思潮的泛滥。在后现代主义批评形成过程中，维特根斯坦的作用十分奇特。维特根斯坦早期著作把任何理论都视为语言结构，否定了形而上学，而他晚年的"语言游戏"学说又质疑科学的客观性，科学知识被视为一种叙事，或者说"语言游戏"。[②]

---

① "后现代主义"的概念最早出现在法国哲学界有关"后结构主义"的讨论中。所谓后结构主义是针对以语言学家费尔迪南·索绪尔为代表的结构主义而来的。他们一方面继承了结构主义对人文学科不能化约为自然科学的观点，相信是文化创造了自我而非反过来，即文化符号系统中的抽象结构的研究是理解人的科学的关键；另一方面，他们反对结构主义语言学对客观和科学方法的使用。（蔡仲、邢冬梅：《后现代思潮中的反科学主义》，第 340 页。）例如，索绪尔将语言定义为"储存在每个人脑子里的社会产物"（费尔迪南·德·索绪尔：《普通语言学教程》，高名凯译，商务印书馆 1999 年版，第 48 页），他将语言学与社会心理学联系起来，认为语言中的一切都是心理的（费尔迪南·德·索绪尔：《普通语言学教程》，第 27 页）。此外，索绪尔将语言学的任务界定为"寻求在一切语言中永恒地普遍地起作用的力量，整理出能够概括一切历史特殊现象的一般规律"（费尔迪南·德·索绪尔：《普通语言学教程》，第 26 页）。

② 作为后结构主义哲学核心的"叙事"或"语言游戏"来自维特根斯坦晚期的作品《哲学研究》。《哲学研究》源自维特根斯坦对《逻辑哲学论》的反思。在《逻辑哲学论》中，维特根斯坦还是一个本质主义者，（下接第 017 页脚注）

游戏规则是语言用户在实践过程中形成的某种契约或共识。①

因此，可以这样概括后现代主义思潮和以维特根斯坦为代表的哲学语言学转向的关系：哲学革命先否定形而上学的意义，把科学和逻辑视为唯一代表客观真实的语言系统，然后又发现一切理论都是语言的游戏，即"所有的事实都是'社会性建构起来的'，科学理论不过是各种'神话'或'叙事'，科学争论最终可以借助'修辞学'或'结成同盟'得以解决，真理仅仅是主体之间的相互一致的见解"。② 这样一来，占星术与天文学、炼金术与化学、巫蛊之术与生命科学本质上都处于同样的位置，属于不同类型的"叙事"或"文化符号"。科学和数学被拉下神坛。人文研究的使命就是解构各式各样的科学理论，使其处于哲学的批判之下。"两种文化"真正的对话开始了，这就是后现代主义批评及其引发的"科学战争"。

（上接第 016 页脚注）　相信存在一个普遍的逻辑结构，但在《哲学研究》中，他走向了反本质主义的立场，认为语言的意义不在于它与世界共享的逻辑结构，而是人们如何使用它。语言各种各样的用法构成不同的"语言游戏"，不同的游戏之间绝没有普遍的本质。语言使用规则是在游戏过程中制定和修改的，属于一种约定和协定。（张志林、陈少明：《反本质主义与知识问题：维特根斯坦后期哲学扩展研究》，广东人民出版社 1995 年版，第 34—38 页。）因此，后现代主义的一个核心主张是科学研究本质上是一种"叙事"，即科学知识是语言竞技的产物，而非出于我们对世界的认识。

① 让-弗朗索瓦·利奥塔尔：《后现代状态：关于知识的报告》，车槿山译，南京大学出版社 2011 年版，第 37—38 页。

② 让·布里克蒙特、艾伦·索卡尔：《科学与科学社会学：超越大战与和平》，邢冬梅译，载《"索卡尔事件"与科学大战》，第 65 页。

史无前例的真实性危机

现在我们终于可以理解为什么科学战争宣布后现代主义为虚妄，会导致人文和科学从此不再对话这一奇特后果了。因为科学和人文对话的前提是两种文化存在着共同的真实性基础。当这种真实性基础被对话本身摧毁时，两种文化对话再也不可能了。

斯诺认为两种文化必须对话，但他不知道任何有意义的对话都需要以真实性作为前提。共同的真实观一直是 19 世纪以来科学与人文可以对话的先决条件，该条件可表达为世界为独立于使用符号之主体的"客观实在"。然而，这一基础必定被科学战争颠覆。为什么？因哲学语言学转向，形而上学被视为语言的误用，科学被等同于用符号表达客观世界。立足于上述真实观，人文学者批评现代科学理论、实现人文和科学对话。与此同时，科学家则认为科学理论虽然是某种特定的符号系统，但不是人文学者想当然的那种把握客观实在的符号系统。在微观世界，客观实在不存在，但这不能否定现代科学理论的真实性。也就是说，科学战争破除了客观实在是科学真实性基础的假象。后现代主义批评失败的背后，是真实性本身被哲学革命摧毁了。

本来，人是三种真实性之载体。它们分别是外部世界（经验）的真实性、人作为一个行动和价值主体的真实性，以及终极关怀的真实性。传统社会的现代转型导致三种真实性的互相分离，形成了终极关怀和理性分裂、价值和事实二分的现代心灵。我在《消失的真实》一书中指出，现代真实的心灵是不稳定的，它会退化为把一切都建立在客观实在之上的启蒙真实观。[①]斯诺之所以强调两种文化必须对话，正是因为终极关怀和理性分裂、价值和事实二分都体现在科学知识和人文知识的互相隔绝之上。换言之，两种文化的存在，是现代性的基础，只有保持两种文化的对话，现代社会结构才是健全的。斯诺万万没有想到：两种文化若要真正出现对话，只能以科学战争的形式呈现，其后果是作为真实性最后基础的客观实在遭到颠覆。

发现人用符号系统把握世界，是以语言学转向为标志的20世纪哲学革命最大的贡献，其在这一点上不可能有错。然而，它却不可能把握现代科学理论，因为现代科学理论并不是反映客观实在的语言结构。20世纪哲学革命对真实性理解的基本框架终于在科学战争中受到摧毁。如果不能解决符号真实性之根源，革命带来的就只能是破坏。科学战争以后，哲学家和人文社会研究碰到了一个棘手的问题：当客观实在不存在，主体又用符号表达经验世界时，如何知道符号系统不是主体的虚构，而是代表了真实的经验呢？这是真实性问题第一次严峻地呈现在全人类面前。而且，这个问题似乎是无解的。对于符号物种，如果真实性不是独立于主体的外部实在，那么它又能是什么呢？众所周知，自科学战争结束至今，20多年过去了，这个问题仍严峻地摆在每一个人面前。

其实，哲学家不知道早在20世纪相对论和量子力学取代

---

① 金观涛：《消失的真实：现代社会的思想危机》，中信出版社2022年版，第51—66页。

经典力学时，量子世界是否有客观实在就引起了科学家的争论。然而，即使微观世界没有客观实在，物理学研究仍在迅速发展，并没有发生哲学界和人文社会研究中那样的真实性危机。这一切就如在科学战争中所显现的那样，无论后现代主义批评如何执着于科学理论不能反映客观实在，科学家照样工作，总是能判别什么是真的。其实，自现代科学建立以来，其真实性基础一直坚不可摧。这就是受控实验和受控观察的普遍可重复性，只是科学家认为它之所以如此，是因为客观实在存在着。他们没有对受控实验和受控观察的普遍可重复性与客观实在的关系做进一步的深入思考。然而，思考两者关系的那一天终究会到来。事实上，当20世纪末发生科学战争时，这一天已经到来了。

为了分析"真实性是什么"的问题如何被量子力学解决，[①]必须讨论在科学战争期间发生的一件只有理论物理学家才知道的事情，那就是发生在量子力学两位奠基人——爱因斯坦和尼尔斯·玻尔之间的争论终于有了结果。自量子力学诞生以来，爱因斯坦一直是坚定的实在论者，不相信"月亮在你不看它时不存在"这种唯我论的哲学，而玻尔为了解释量子力学一系列不同于经典力学的特点，大胆地提出有点类似于唯我论的哥本哈根解释——"对象的存在取决于观察者"。爱因斯坦和玻尔的论战从20世纪20年代一直延续了两代人，在理论物理学家中引起了巨大的困惑。一直到1979年，物理学家约翰·惠勒

---

① 这里需要说明的是，科学和人文分属不同的领域，各自有着不同的真实性基础。量子力学革命解决的是科学真实是什么的问题，但它还是为寻找人文真实性的基础提供了启发性的思路。

提出一系列延迟选择实验，用于检验爱因斯坦主张的实在论是否正确。①在科学战争发生之际，延迟选择实验已被提出十几年了，这些实验虽然很难做，但在科学实验迅速发展的今天，其全部都有了明确的结果。也就是说，什么是真实性这个难题终于得到了解决。为了说明这些结果和真实性本质发现之间的关系，我先简单介绍一下惠勒的延迟选择实验。

受控实验如何证明"客观实在"不存在

延迟选择实验以光子（或光波）为对象，用受控实验来检验其是不是一种可以独立于主体选择（实验装置）的客观实在。虽然光子产生于特定的装置，但它只要是客观实在，就一定可以独立于实验装置。换言之，在某种选择（装置）产生了光子后，总可以用某种迅速的新选择（新装置）取代原有装置，并且在之后某一瞬间仍可以确定光子存在着。所谓"延迟选择"

---

① 后现代主义思潮形成的政治和社会背景是 20 世纪 60 年代的欧美左翼文化运动，而惠勒是这场运动的见证者。他一方面承认这场运动的积极作用，包括"少数族裔和妇女的平等意识有了明显提高，对不同己见的宽容程度大大增强，对环境的关切程度普遍提升，不同价值体系之间的对话得到加强"，另一方面也强调在这场运动的影响之下，"知识分子的谈吐不再像从前那般庄重，腐朽的道德标准大行其道，敌视科学的态度滋生，以及日渐增多的对于非理性和非科学言行的容忍"。对惠勒而言，他"喜欢探索科学的极限，喜欢沉思未来科学的可能发展方向"，因此"特别在意科学与非科学的界限，尤其无法容忍伪科学"。（引自约翰·阿奇博尔德·惠勒、肯尼斯·福特：《约翰·惠勒自传——京子、黑洞和量子泡沫》，王文浩译，湖南科学技术出版社 2018 年版，第 328 页。）

指的就是，当光子已经存在时，通过极为迅速地改变装置证明光子对装置（选择）的独立性，以显示它是一种和主体选择无关的客观实在。[①]这些实验在20世纪80年代前后都相继完成，[②]并得到否定的结果，即证明光子和光波不是客观实在。更重要的是，这些实验原则上可以运用到量子力学的研究对象即微观粒子中，其结果都和惠勒预见的一模一样。它带来了一个人们不敢相信的结论：世界本是由基本粒子组成的，实验证明所有基本粒子都不是客观实在，难道世界真的不是独立于主体而存在的客观实在吗？

我要强调的是，这是第一次用受控实验证明客观实在不存在，其结论虽然惊心动魄，但对物理学发展本身并没有太大意义。[③]而且，就物理学家的哲学争论而言，它也不是至关重要的。为什么？因为物理学家早就知晓在量子力学世界中，客观实在是一个幻觉。当客观实在不存在得到受控实验的证明时，相信量

---

① 关于这些实验的细节，可参见附录一。

② 延迟选择实验在2000年之后持续有科学家在做，并且实验测量的光子数量从20世纪80年代的一个先后增加到两个和四个，实验操作的细节也更加复杂。（详见Xiao-song Ma, Johannes Kofler and Anton Zeilinger, "Delayed-choice Gedanken Experiments and their Realizations", *Reviews of Modern Physics*, Vol. 88, No. 1, 2016。）

③ 虽然延迟选择实验在现实中完成对物理学理论的发展没有太大意义，但相关实验的精细化和技术发展对于量子物理技术的实际应用意义重大，例如延迟选择实验的理念可以应用于量子信息处理，此外，"延迟选择纠缠交换"的概念不仅对于提升量子通信的安全性具有应用价值，还可能运用到量子计算领域。（详见Xiao-song Ma, Johannes Kofler and Anton Zeilinger, "Delayed-choice Gedanken Experiments and their Realizations"。）

子力学哥本哈根解释的科学家一点也不奇怪。其实，惠勒在设计延迟选择实验时，已经预言了其结果。然而，我认为，就真实性的哲学研究而言，这些实验十分重要，因为它们第一次给出了哲学家和科学家都没有想到的东西，那就是真实性是对象和主体之间的一种关系，这一关系是由主体自由操控对象的方法规定的。

为什么可以这么讲？因为这些实验克服了一个原先看来无法解决的悖论，那就是它在证明客观实在不是真的同时，必须证明这个"证明客观实在不是真的"的实验本身是真的。这又如何可能呢？难道实验装置不是客观实在吗？事实上，这个关于实验装置是否为客观实在的疑难必须先悬置，否则我们的思考将一无所获。什么是实验装置？不管它是否属于客观实在，其都是主体所实行的一系列选择及其结果。关键在于，实验装置的真实性不是用客观实在来证明的，而是基于选择对主体的任意可重复性。这一切显示了选择的任意可重复性才是真实性的本质。有关实验装置的真实性悖论居然以如此独特的方式得到解决，这是过去哲学家做梦都未曾想到过的。这种独特的方式表明：真实性不是别的，它只能是对象和主体之间的一种独特而基本的关系。

下面来分析惠勒延迟选择实验的结构，其由三个要素组成：做实验的主体 X、实验装置 M 和作为实验对象的基本粒子 Y。因为 Y 是 X 用 M 产生的，在实验中看到的 Y 存在于一种由 X 和 M 规定的关系中，将这一关系记为 R（X，M，Y）。Y 是不是客观实在可以用 Y 独立于 X 和 M 来证明。惠勒延迟选择实验的本质是让 Y 形成后，迅速改变 M，如果 Y 可以独立于 R（X，M，Y），那么独立于 M 的 Y 可以被受控实验观察到。当实验否定上述想象，仍然证明 Y 由 M 规定时，Y 不是客观实在，但 Y 仍然是真实的。原因很清楚，Y 是受控实验的一部分，只要受控实验普遍可重复，它就是真实的。真实性作为主体 X、控制手段 M 和对象 Y 三者的关系才真正显现了出来。对于延迟选择实验的结构，惠勒曾提出一个比喻性的说明，即"烟雾缠绕的巨龙"。如图 0-1 所示，龙尾代表实验的准备，喻指光子（Y）的产生；龙头代表实验结果，即对光子的观察结果。龙的身体处在烟雾笼罩之下，无法看清，其对应的是光子运动的方式。根据波粒二象性的理论，光子运动既可能是以粒子的形式，也可能是以波的形式。图中的烟雾是无法驱散的，也就是说，实验者无法确定一个"客观实在"的光子运动方式。实验测量方式和设备（M）决定实验对象（Y）是作为粒子的形式运动的光子，还是以波的形式运动的光子。[①]简而言之，可以对惠勒的延迟选择实验做如下哲学总结。真实性 R（X，M，Y）作为主体 X、控制手段 M 和对象 Y 三者的关系，其完全取决于 M 的普遍可重复性。[②] 离开 M 的普遍可重复性，直接讨论 Y 和 X 的关系，以确定 Y 是什么及其是否为真，是没有意义的。

---

① Warner A. Miller and John A. Wheeler, "Delayed-Choice Experiments and Bohr's Elementary Quantum Phenomenon", Proc. Int. Symp. Foundations of Quantum Mechanics, Tokyo, 1983.

② 详细分析参见附录一。

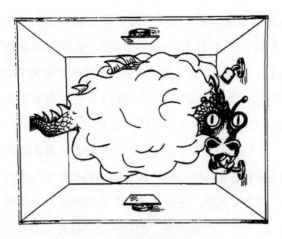

图 0-1 "烟雾缠绕的巨龙"

图片来源：Warner A. Miller and John A. Wheeler, "Delayed-Choice Experiments and Bohr's Elementary Quantum Phenomenon", Proc. Int. Symp. Foundations of Quantum Mechanics, Tokyo, 1983, p.74。

超越主观唯心论、现象学和操作主义

表面上看，把真实性定义为对象和主体之间的某种关系，强调其离开主体便不存在，这只是主观唯心论的陈词滥调。然而，从惠勒一系列延迟选择实验得出的真实性，并不是主观唯心论的真实观。[1] R（X，M，Y）中 Y 和 X 的关系，必须通过

---

[1] 惠勒在进行延迟选择实验的课题研究过程中，曾碰到过一些"不舒服和苦恼的事情"——量子力学理论被用于证明心灵学的正当性。他回忆说："我发现自己的言论越来越经常地被一些伪科学家引用来证明他们的那些见不得阳光的勾当是有科学上的依据的。20 世纪 70 年代曾掀起过这样的风潮，试图通过寻找真正的科学解释来使心灵学'合法化'。有些 （下接第 026 页脚注）

中介 M 才能成立，它不能还原为对象 Y 和主体 X 的直接关系。更重要的是，把 Y 和 X 联系起来的 M 本身并不包含主体 X。相较而言，主观唯心论把真实性视为对象和主体的关系时，根本没有考虑中介 M。事实上，因为 M 存在，对象的真实性是它和 M 的关系。M 不包含主体，这样，主体 X 在 R（X，M，Y）中是悬置的。这种真实观绝不是主观唯心主义的真实观。

　　主体在上述真实性结构中被悬置，这会使人想起现象学的真实观。现象学认为，任何被意识到的对象，都是主体意向性的结果。离开主体的意向性讨论对象是否存在没有意义。在此基础之上，20 世纪的现象学和存在主义哲学诞生了。在这一哲学脉络中，对象的真实性被视作对象和主体的关系，离开主体虽无意义，但当主体意向性被悬置时，仍可以讨论对象相对于主体的独立性。胡塞尔提出主体的悬置可以带来对象本质的还原，使其类似于客观实在的真实性显现出来。[①] 海德格尔走

（上接第 025 页脚注）　合格的科学家也投入其中。他们完全走错了方向，其主要原因就是误解了量子力学和测量理论的研究结果。我所尊敬的部分科学界同行认为我在研究上有点偏离主流，但我并不以为意。他们尽可以持保守态度，而我则一如既往地大胆尝试。但当我发现我的工作被人引用来支持超自然现象时，我真的是非常恼怒。"（引自约翰·阿奇博尔德·惠勒、肯尼斯·福特：《约翰·惠勒自传》，第 329 页。）

[①]　因为意识总是指向特定的对象，胡塞尔将意识的这一基本特征总结为意向。现象学关注的就是意向性对象，也就是经由意识被意识到的经验的存在。虽然对现代科学持批评态度，但胡塞尔并不否认我们有可能获得对世界的某种客观理解，如通过数学和精密科学，但他强调前提是意识必须悬置。（德尔默·莫兰：《现象学——一部历史的和批评的导论》，李幼蒸译，中国人民大学出版社 2017 年版，第 11 页。）然而现象学中意识的悬置是让对象按自己的方式呈现出来，如要求主体用现象学的方式观看、思考对象等。它和我们讲的 M 中不包含主体完全不同。

得更远，他用上述方法分析任何"存在"，并把个体的意向性视为主体意向性的基础。现象学和存在主义用对象和主体的关系给出了 20 世纪有巨大影响的另一种真实观。①

然而，这种用思辨方法实现的主体之悬置和我在前面指出的 R（X，M，Y）中主体被悬置是一回事吗？两者风马牛不相及！R（X，M，Y）中主体被悬置是 M 中不包含主体的推论，其得到 Y 的真实性由 M 的普遍可重复性规定。这就是受控实验的普遍可重复性，它构成了现代科学研究中坚不可摧的真实性标准。现象学悬置主体的方法不但不能推出科学的真实性，反而通过否定客观真实，形成了不同于语言分析的另一条批判现代科学的思路。正因如此，现象学和存在主义只能是众多后现代主义学者的另一种思想资源，甚至有学者提出海德格尔是后现代主义思想上的教父。②

_____

① 在海德格尔那里，基于经验对象和主体意向性的关系，存在的基本结构被发现了。（吕迪格尔·萨弗兰斯基：《来自德国的大师：海德格尔和他的时代》，靳希平译，商务印书馆 2007 年版，第 198 页。）海德格尔通过现象学的思考，发现离开主体的意向性，存在是一个自相矛盾的观念，即存在的否定也是存在。他通过对主体的悬置，发现主体和存在发生畸变。据此，存在之研究导致他对现代技术进行反思。借用一位学者的总结，在技术无限制扩张的过程中，物从归属于大地、归属于自然的单纯事物沦为主体的单纯对象，接着又从主体的单纯对象沦为单纯的材料，仅仅作为有用途的材料而存在。与此同时，人"从存有之守护者、万物之成全者脱颖而出成为绝对主体，成为万物的基底，成为万物绝对不可动摇的基础，又从绝对主体沦为技术工人，沦为技术摆布链的帮办"。（唐文明：《海德格尔对技术的存有论追问》，载万俊人主编：《清华哲学年鉴 2005》，当代中国出版社 2007 年版，第 327 页。）
② 理查德·沃林：《海德格尔与后现代》，周宪译，《南京大学学报（哲学·人文·社会科学）》1999 年第 3 期。后现代主义代表人物 （下接第 028 页脚注）

由此可见，我将真实性 R（X，M，Y）作为主体 X、控制手段 M 和对象 Y 三者的关系，其完全取决于 M 的普遍可重复性，这种真实观和主观唯心论及现象学都不同。我将其称为真实性哲学的真实观。读者或许还有疑问：这种对真实性的定义和操作主义的真实观很相似，它真的是一种以前从未被发现的新的真实观吗？众所周知，和 20 世纪哲学语言学转向同步形成的是美国物理学家珀西·布里奇曼的操作主义，后者形塑了今天很多实验科学家的真实观。

　　操作主义的观念渊源可以追溯至 19 世纪 70 年代形成的实用主义，后者强调行为、行动或实践对哲学的决定性作用。其中，实用主义创始人之一查尔斯·皮尔士认为，要确定某一对象的概念，不能只靠静止的观察与思考，而要靠给对象施加适当的操作和行为，即要在这个对象上实施与概念相一致的操作，以操作的结果来检验这概念。[1]20 世纪 20 年代，布里奇

（上接第 027 页脚注）　之一雅克·德里达曾说："我的哲学教育主要得益于黑格尔、胡塞尔、海德格尔。"（转引自德尔默·莫兰：《现象学》，第 484 页。）他还提出："我所企图做的研究，如果没有海德格尔的问题之提出，则是不可能之事……如果不注意到海德格尔关于存在和存在者之间的区别，我的研究也是不可能之事，此一存在的——存在论的区别本身，某种意义上，仍然未被哲学所思考。"（转引自德尔默·莫兰：《现象学》，第 499—500 页。）事实上，后现代主义研究中经常出现的"解构"一词，也可以溯源至海德格尔在 1927 年的演讲"现象学的基本问题"。在这场演讲中，海德格尔首先提出了"解构"与"构筑"的相互对立。之后在《存在与时间》中，他又进一步指出，"毁坏"可以作为发现产生哲学的原始经验的一种解释学工具。（转引自德尔默·莫兰：《现象学》，第 490 页。）

[1]　杜丽燕、余灵灵编：《布里奇曼文选》，余灵灵、杨富芳译，社会科学文献出版社 2009 年版，编者前言，第 4 页。

曼根据相对论、量子力学等物理学新发现，对实用主义的观点进行了发挥，形成操作主义的思想，[①]即主张以操作行为来定义对象的真实性。在《现代物理学的逻辑》中，布里奇曼提出："概念的恰当定义不是依据它的性质，而是依据实际操作给定的。"他还以"长度"为例进一步说明："物体长度是什么意思？我们如果能说出任何一个以及每一个物体的长度是多少，我们显然知道长度是什么意思，对于物理学家来说这就够了。为了找到物体长度，我们必须做确定的物理操作。当测量长度的操作被确定时，长度概念因此被确定，那就是说，长度概念所包含的不过就是决定长度的那一系列操作。"[②]也就是说，确定一个概念的意义的基本方法，不是指出这个概念反映客观实在，而是与这个概念相关的一套操作。

确实，前文立足于延迟选择实验提出的真实观看上去与操作主义十分相似，但是操作主义并没有提出操作的普遍可重复性是经验真实性的标准。我要强调，真实性哲学的真实观，在对控制手段 M 的注重上与操作主义有交集，但它和操作主义有根本性的不同。操作主义最大的问题是不能理解数学作为纯符号系统的真实性。布里奇曼将数学定义为一种"纸和笔的操

---

① 布里奇曼本人比较反感"操作主义"的说法，他曾直言："我憎恨'操作主义'一词，它似乎包含一种教条，或至少是某种命题。我设想的东西太简单了，不足以被冠以如此骄傲的名字。更准确地说，它是由不断地进行操作分析而形成的一种态度或观点。就它包含某种教条而言，它只是一种信念，即认为最好去分析操作过程或事情发生的过程，而不是分析具体物或存在物。"（杜丽燕、余灵灵编：《布里奇曼文选》，第81页。）

② 杜丽燕、余灵灵编：《布里奇曼文选》，第211—212页。

作"，认为"理论物理学家的大部分数学活动与他写在纸上的数学符号的操作有关"。[①] 从这一观点出发，他认为数学的真实性来源于与经验相符合，即"我们怎么知道数的概念永远不会导致矛盾？唯一的答案来自经验。因为我们使用这个概念而它很适用"。他还举例说："看看我的孩子们是不是都来吃晚餐了，或者我的邻居和我交换萝卜的苹果是不是够数，要是没有这些用处，数就不'存在'。对像数这样的数学对象而言，基本的要求就是在运用时不能导致矛盾。"[②]

不同于操作主义，在真实性哲学的真实观中，数学的真实性是一种纯符号系统的真实性，而非来自经验。为什么？既然真实性 $R(X, M, Y)$ 为主体 X、控制手段 M 和对象 Y 三者的关系，我们用控制手段 M 的普遍可重复来证明对象 Y 的真实性时，并没有限定 Y 是什么。当 Y 是经验对象时，我们推出受控实验普遍可重复为真；当 Y 是符号系统时，同样可以用 M 的结构来规定 Y 的真实性。这一观点可能会让读者感到不可思议，当对象是和经验无关的纯符号系统时，它怎么能是真的呢？根据真实性哲学的真实观，Y 是因为具有 M 的结构才是真的，这样，只要 M 把自己的结构赋予符号系统，符号系统就是真的。我们发现了纯符号系统存在真实性。

换言之，既然真实性只是主体与对象的某种关系，这种关系又由对象、主体及主体操控对象的方法三者形成的某种结构规定，那么作为关系的真实不仅对经验对象是成立的，而且将

---

① 杜丽燕、余灵灵编：《布里奇曼文选》，第 48 页。
② 杜丽燕、余灵灵编：《布里奇曼文选》，第 254 页。

对象换成符号同样有效。我们第一次证明了纯符号系统即使不指涉对象，亦存在真实性。这有点不可思议，但只有接受这种真实观，才能理解为什么数学对现代科学是不可缺少的。[①]

从"逻辑的世界"到"数学的宇宙"

自牛顿力学建立以来，数学和经验世界的关系一直困扰着科学界。20 世纪 30 年代，爱因斯坦曾好奇地发问："数学，这个独立于经验的人类思维的产物，为何能如此完美地符合物理实在中的对象？"[②]1960 年，美国理论物理学家尤金·维格纳发表专文，指出必须探索数学在自然科学研究中为何发挥着让人难以置信的效用。[③]2009 年，美国天体物理学家马里奥·利维奥在一部引起广泛关注的著作中感慨："上帝是数学家吗？"[④]这个问题长期得不到解决，其困难在于，随着数学研究远离算术和欧几里得几何学，它不等同于经验的特点越来越明显。人们意识到数学是一种符号系统，但任何符号系统都是人类思想的建构，现代科学为什么可以用数学这样一种纯思想的建构来预见经验上未知事物的存在？

――――――――――

① 更具体的论证请见第一编。

② 转引自马里奥·利维奥：《最后的数学问题》，黄征译，人民邮电出版社 2019 年版，第 2 页。

③ Eugene P. Wigner, "The Unreasonable Effectiveness of Mathematics in the Natural Sciences", *Communications in Pure and Applied Mathematics*, Vol. 13, Issue. 1, 1960.

④ 马里奥·利维奥：《最后的数学问题》，第 1 页。

20世纪哲学革命第一次回答了数学是什么这一问题，那就是科学被视为用符号系统把握客观实在时，数学终于得到看上去毫无疑义的定位，它源于符号和客观事物一一对应，即用符号关系来把握客观事物的关系。哲学家发现，数学即是逻辑思维本身。逻辑是符号系统一种独特的结构，把数学看作符号系统的结构，这是对数学认识的巨大进步。但是，把数学等同于逻辑并没有解决其为何对经验有预见性的问题，因为逻辑推理是同义反复，同义反复不能推出经验上不知道的事物。在某种意义上，哲学革命后，数学作为符号系统的结构被发现，然而，数学的预见性变得更神秘了。这种神秘性一直被人文学者和科学家共同的真实观掩盖着。为什么？只要独立于主体符号系统的客观世界存在着，它就是真实性的最终标准。用符号系统表达客观实在构成了逻辑的世界，科学很容易被等同于这个由符号系统构成的逻辑的世界本身，而数学只是逻辑的世界之形式结构罢了。随着客观实在的真实性被科学战争摧毁，数学神奇的预见性才真正凸显出来，成为人类思想必须正视的问题。这时，"逻辑的世界"不得不转化为"数学的宇宙"。①

---

① 事实上，随着"逻辑的世界"开始动摇，还出现了一种数学即隐喻的观点。1990年国际数学家大会上，苏联数学家尤里·马宁就开始呼吁道："对数学知识的诠释是一种具有高度创造性的活动。在一定程度上，数学是一部关于自然和人类的小说，一个人无法准确辨别数学到底教了我们什么，正如一个人无法准确说出《战争与和平》教会了我们什么。"在这个意义上，他将数学视作一种隐喻，强调其既有基于科学的一面，也有涉及人的本性的一面。（Yuri I. Manin, *Mathematics as Metaphor: Selected Essays*, American Mathematical Society, 2007, p.28.）问题在于，如此严格的数学怎么会是随心所欲的隐喻呢？

事实不正是这样吗？科学战争结束以后，把数学等同于真实性本身的观点流行了起来。2014 年，麻省理工学院物理学教授迈克斯·泰格马克出版了一本畅销书《穿越平行宇宙》。2017 年，该书在中国出版。作者认为，宇宙中的万事万物，都是纯粹的数学。换言之，只有"数"才是终极实在。他这样论证："物理世界的基本结构——空间自身。从内禀性质的意义上说，空间是一个纯粹的数字对象，因为它唯一的内禀性质就是数学性质——数字，比如维度、曲率和拓扑性。""物理世界的所有'物体'都是由基本粒子构成的。从内禀性质的意义上说，基本粒子也是纯粹的数字对象，因为它们唯一的内禀性质都是数学性质……比如电荷、自旋和轻子数。"不仅如此，"某种尚有争议的，比三维空间及其内部的基本粒子更加基本的东西——波函数及其栖身的无限维度的希尔伯特空间。粒子可以被创生，也可以被消亡，还可以同时处在几个不同的位置。但是，不管过去、现在还是将来，波函数都只有一个，它在希尔伯特空间中循着薛定谔方程决定的路径运动着，而波函数和希尔伯特空间都是纯粹的数字对象"。[1]

　　在科学战争之前，数学即宇宙这种观点是荒谬的。它虽然能够克服数学研究对经验世界具有预见性的难题，但其错误人人皆知。人们早就知道并不是所有在数学上为真的东西在经验上也是真的，如虚数具有无可怀疑的数学真实性，但在经验世界没有意义。"数学的宇宙"代替"逻辑的世界"，意味着真实

---

[1]　迈克斯·泰格马克：《穿越平行宇宙》，汪婕舒译，浙江人民出版社 2017 年版，第 259 页。

性基础的彻底丧失。人们接受"数学的宇宙",是因为自己早已生活在科学上真假不分的世界中。今天科学技术越是发展,它和幻想之间的差别越模糊。例如,很多人相信生物科技可以使个人永生,我们可以把自我意识储存在计算机中使其超越死亡。科幻故事和科学预言已经失去了明确的界限。①

更为麻烦的是,"数学的宇宙"代替"逻辑的世界"还意味着现代性的大倒退。把世界的真实性等同于数学的真实性,实际上是回到柏拉图的理型,这是轴心文明起源之初古希腊文明的真实观。今日我们生活在其中的社会来自轴心文明的现代转型,其真实性危机不可能通过回到轴心文明起源时的真实观解决。然而,当客观实在被证明不存在时,对什么是真实的认识水平却倒退回了轴心文明起源时,这不仅出现在西方,还发

———————

① 只有在"数学的宇宙"的支配下才能出现伟大的科幻电影。伟大的科幻电影要满足两个条件,一是科幻要有真实的科学根据,二是数学真实和科学真实不可区分。这两个前提均在 21 世纪初具备,故今日是出伟大科幻电影的时代。这方面一个典型的例子就是 2014 年上映的科幻电影《星际穿越》。业界公认该片是有史以来最成功的科幻片,其中对黑洞的描述完全基于科学理论计算。更重要的是,电影的执行制作人基普·索恩是美国的一位理论物理学家,他因发现引力波而获得诺贝尔物理学奖。在他看来,数学是一种终极的语言。在数学的基础上进行实际观测,我们就能知道自己是不是走在正确的轨道上。如果仅凭数学去研究这黑暗而神秘的宇宙,进度将会非常缓慢,电影作为不同于数学的另一种语言,则有助于研究者利用起直觉,跳跃性地猜测我们要研究的方向。故在打造《星际穿越》之后,他还开启了引力波世界的窗口,在他身上已经可以看到科幻故事和科学预言打成一片。(详见《打造〈星际穿越〉之后,他还开启了引力波世界的窗口》,雷锋网,https://www.leiphone.com/category/zhuanlan/GwDcS4sDQhgRkYQ.html。)

生在印度，其代表性事件是吠陀数学的兴起。[①] 事实上，不仅是西方有科学战争，来自其他轴心文明的现代社会也有类似的科学战争，其后果亦是回到轴心文明现代转型前的真实观。[②]

[①] 吠陀数学把数学计算视为来自古印度吠陀经典，其创始人是巴拉蒂·克里希纳·第勒塔季。他自称在森林中经历了长达 8 年的孤独沉思，观想根本的数学真理，最终整理出一部《吠陀数学》。（Bharati Krishna Tirthaji, *Vedic Mathematics or Sixteen Simple Mathematical Formulae from the Vedas*, Motilal Banarasidass, 1965, Author's Preface.）问题在于，这本书并无可信的材料，以证明其内容就是来源于吠陀时代。例如，《吠陀数学》一书立论的基础是第勒塔季总结的 16 行吠陀经文，但这些经文的总结并没有直接的文本依据。（S. G. Dani, "Myths and Reality, on 'Vedic Mathematics'", Tata Institute of Fundamental Research, https://www.tifr.res.in/~vahia/dani-vmsm.pdf.）然而，不管这本书的说法多么牵强附会，它都赢得了印度的宗教激进主义政党特别是印度人民党的追捧。后者公开主张在学校中用吠陀数学取代现代数学，以解除知识的殖民化。自 20 世纪末以来，已有多个印度人民党掌权的邦将吠陀数学规定为学校的必修课之一，如 1992 年北方邦、2017 年贾坎德邦、2021 年古吉拉特邦和喜马偕尔邦，都颁布了相关政策。（米拉·兰达：《印度的科学大战》，张成岗译，蔡仲校，载《"索卡尔事件"与科学大战》，第 213 页。）在学校教育中，《吠陀数学》被等同于来自吠陀经典的数学。（S. G. Dani, "On the Pythagorean Triples in the Śulvasūtras", *Current Science*, Vol. 85, No. 2, 2003.）

[②] 吠陀数学的兴起，体现了现代人应对真实心灵丧失的另一种方式：恢复传统社会的终极关怀，并以此来吸纳现代科学对人的价值世界的冲击。也就是说，现代科学被等同于一种属于西方社会的"地方性知识"，建立一套统一科学理论的理想，似乎是不切实际的。由此，人们越来越热衷于去挖掘并推广各种地方性科学，从而与西方科学相抗衡。正是在上述氛围下，吠陀数学在现代印度日益流行起来。吠陀数学本质上是向传统社会的回归，试图用终极关怀的真实性来规定科学真实。借用一位印度裔美国学者的话来说，"真正的问题是吠陀数学，正如很多进步的印度数学家和批评家所断言的，仅仅提供给学生代替假定中的'西方'代数学方程式的计算工具，而这些计算工具不过是'西方'代数方程中的例子。在民族自豪感的名义下，学生被剥夺了概念分析的工具，这些概念上的工具在解决他们像数学家和 （下接第 036 页脚注）

将数学等同于经验世界这种真实观的呈现，说明现代真实的心灵已完全解体。科学战争之后，人类正面临着史无前例的真实性危机。[①]

经历了哲学语言学转向的人类真的无路可走了吗？我认为，随着"逻辑的世界"转化为"数学的宇宙"，真实性哲学终于有机会显现出来，因为只有通过这一转化，代替客观实在的真实性基础才有可能被发现。在真实性哲学看来，数学在自然科学研究中发挥着让人难以置信的效用，对于这个现象的理解出奇地简单。不错，数学是人创造出来的，其作为人创造的符号结构，当然不是自然存在物。它为什么可以预见经验呢？关键正是真实性是对象和主体的一种关系，数学作为符号系统，只要具有真实性结构，它必定也是真的。更重要的是，正因为符号系统和经验同构，在某种前提下它一定能预见真实的经验。

如前所述，真实性 $R（X，M，Y）$ 为主体 X、控制手段 M 和对象 Y 三者的关系，我们用控制手段 M 的普遍可重复来证明经验对象 Y 的真实性时，是把 M 的结构赋予 Y。Y 的真实性标准是受控实验的普遍可重复性。同样，我们也可以将

（上接第 035 页脚注）工程师一样将要遇到的真实世界的数学问题中，是非常有用的"。（米拉·兰达：《印度的科学大战》，第 214 页。）中国也有同样的情况，在发扬中国传统的热潮中，在中小学教授《九章算术》的呼声日益高涨。

① 自 20 世纪 70 年代以来，随着后现代主义思潮对现代性的全面解构，有一种观念兴起并在今天日益流行：科学理性本身是西方帝国主义和种族主义的源头，它"编译了西方和帝国主义的社会文化价值的密码，因而对于非西方人们的利益来说是抱有敌意的"。（参见米拉·兰达：《印度的科学大战》，第 208 页。）

M 的结构赋予符号系统，从而得到符号系统的真实性。这一符号系统就是数学，它和经验对象 Y 是同构的！人可以用受控实验去发现自然界的未知现象，也可以用符号结构的探索来做类似的事情。在经验上发现未知现象，是科学探索；人可以用符号想象去做与其同构的事情，这就是数学研究。数学对科学不可思议的有效性，正来自二者具有相似的结构。

为什么需要真实性哲学

对惠勒延迟选择实验做哲学总结，把真实性表达为 X、M、Y 之间的一种独特关系 R（X，M，Y），其中蕴含着一个神奇的内核。这就是对主体而言，符号系统和经验世界的真实性可以是互相分离的，甚至是互相独立的，但它们始终保持同构。这种新的真实性观念彻底改变了"人是什么"的哲学界定。自从人被视为符号物种以来，人发明符号指涉经验世界被认为是主体的起源。① 现在看来，这一观点即使不是错误的，亦是有严重误导性的。因为任何真实性都必须分成"经验的"和"符号的"，根据真实性的结构，它们都是主体受控过程对对象的映像（规定）。这样一来，在某种意义上，经验真实和符号真实是同时起源的。人作为符号物种，重要的并不是可以用符号把握经验世界，而是拥有一个和真实经验世界平行、真实存在的符号世界。

---

① 这方面最具代表性的学者是德国哲学家恩斯特·卡西尔。（详见恩斯特·卡西尔：《人论：人类文化哲学导引》，甘阳译，上海译文出版社 2013 年版。）

进一步而言，真实性作为对象和主体的关系，存在着多种形态。为什么？我们可以根据 R（X，M，Y）中 X、M、Y 的不同选项将真实性分成不同的对象和领域。所谓"对象"，是根据 R（X、M、Y）中 Y 属于经验还是符号来划分的，即真实性存在两个对象：纯经验的和纯符号的。虽然这两个对象的真实性始终同构，但根据符号系统和经验之间是否存在联系，真实性又可以区分出多种形态。所谓"领域"，取决于 M 是否包含主体 X 以及主体是"个别"还是"普遍"。科学真实作为真实性的一大领域，是 M 不包含主体即主体可悬置所决定的那一类。然而当 M 包含主体，即主体在可重复之受控操作中不能悬置时，其可重复性结构和受控实验不同，但同样规定了对象的真实性。我们立即发现，这就是和科学真实不同的人文社会以及艺术的真实性，我称之为主观真实。

在主观真实的领域（人文社会及艺术世界），其经验真实性和科学世界不同，这一点人人皆知。真实性哲学将人文社会和科学分为不同的领域，是想强调它们对应符号系统有着不同的真实性基础。在科学领域表达经验的符号系统是数学和逻辑语言，而在人文社会领域表达经验的符号系统是自然语言。自20 世纪哲学语言转向以来，数学被等同于逻辑，逻辑语言被视为精确的自然语言。这是一个巨大的错误！数学不是语言，逻辑语言和自然语言的真实性基础不可混为一谈。因为规定这两个符号系统的 M 之结构不一样，一个包含主体，另一个不包含主体。研究不同领域的真实性，必须首先明确不同领域的真实性基础，意识到不同领域的符号系统必定有着不同的真实性。

此外，不仅每一个真实性领域都存在"经验真实"和"符号真实"两个不同的对象，而且就主体而言，X 可以指个别人也可以指所有人，即 X 和 M 及 Y 一样，亦有两个选项，那就是"个别"与"普遍"。据此，我们可以进一步区分出科学真实、社会真实和个体真实，它们构成真实性的三大领域。这三大领域互相补充，各有自己的真实性标准。每一个领域都存在自己的经验真实和符号真实，但经验真实和符号真实都保持着同构。对真实性不同领域、不同对象的研究恰恰是科学、人文社会和艺术永恒的主题。斯诺提出的两种互相隔绝的文化，只是对不同真实性领域不完全相交的朦胧感觉，而不同领域、对象和形态真实性之间的关系，却从来没有得到过研究。

这样一来，20 世纪的哲学革命也必须重新界定了。100 多年来，人们只从用符号把握经验世界来定位哲学的语言学转向。因为客观实在被视为唯一的真实性基础，符号系统的真实性被错误地归为它如何反映客观实在。这样，真实的符号系统只能是建立在客观实在的地基之上不断增高的建筑。它既不能理解客观实在如何扩充，也不能想象符号系统真实性对客观实在真实性（实际上应该说经验的真实性）扩张的推动。更为可怕的是，当客观实在的存在遭到否定时，符号真实的大厦面临全盘性崩坏。科学战争带来的后果已证明了这一点。

现在，我们才知道：用符号系统把握经验，实际上是去建立横跨真实的经验世界和真实的符号世界之间的拱桥。建立拱桥的目的是让相应领域的真实性可以不断扩张。没有建立拱桥或拱桥的断裂并不会导致相应领域真实性的解体，而只会导致真实性不再具有扩张的能力罢了。根据真实性三大领域，我们可以发现三座横跨经验世界和符号世界的拱桥。第一座是在现代科学领域，其经验世界就是处于不断迭代之中的受控实验，其符号世界就是纯数学研究和逻辑语言，拱桥则为现代科学理论。第一座拱桥的架桥过程始于古希腊时代，到20世纪相对论和量子力学的建立才最后完成。第二座拱桥存在于社会领域，其经验世界是人类社会行动本身，相应的符号系统是自然语言，横跨经验世界与符号世界的拱桥正是社会组织和其相应的机制。第二座拱桥的建立和人类社会的起源同步。至于第三座拱桥，它建立在人的心灵深处，其经验世界为主体对某种对象之投入以形成情感，准符号系统为艺术作品，拱桥不仅指艺术创作（和审美）本身，还涉及将个别主体转化为普遍主体的机制。第三座拱桥和第二座拱桥一样古老，甚至年代更为久远，因为主体、自然语言就是在第三座拱桥的建立过程中起源的。

三座拱桥代表了可以不断扩展的真实性本身，而架桥需要寻找把真实的符号世界和真实的经验世界联系起来的具有双重结构的符号系统，我称之为拱顶石。只有找到拱顶石，符号真实和经验真实才能打通和互动，从而使真实性处于不断扩张之中。在我们的眼前，显现出一种将科学、人文社会和艺术统一起来的理论，这就是真实性哲学，其范围之宏大以及各领域和对象关系之复杂，超出了今日学科的想象。因为真实性哲学必须去研究真实性各式各样的形态，现代科学只代表真实性三大领域中某一领域之若干独特形态而已。

那么，这种新的哲学可以解决 20 世纪哲学语言学转向和科学革命带来的问题，实现科学和人文之间真正的对话吗？为此，我们先来探讨 20 世纪科学和人文之间对话碰到的两个难点。第一个难点是：如何理解客观实在？它是在什么前提下成为科学和人文共同的真实性基础的？当它被新的真实性原则取代时，人文知识和科学知识应该是一种什么样的关系？第二个难点是：用 20 世纪科学哲学和理论科学史研究来批评现代科学是否可行呢？在真实性哲学的理论科学史视野中，现代科学是什么？它将往何处去？换言之，真实性哲学展开之前提是先理解 20 世纪人文和科学最后一场对话即后现代主义批评为什么会失足。

重新认识科学真实：拱桥和拱顶石

如前所述，科学战争的发生源自人文学者根本不了解现代科学的真实性基础。随着相对论和量子力学成为现代科学的基础，真实性必须被准确地定义为主体 X、实验手段 M 和对象 Y 之间的一种关系。然而，如果忽略科学真实的扩张，并且不用数学那样准确的思维来把握真实性的形态，则可以发现客观实在为真在常识层面是正确的。否则，它不会成为启蒙时代以来科学与人文共同接受的真实性基础，20 世纪的哲学革命以及理论科学史研究也不会发生。事实上，客观实在为真只是真实性哲学把真实性定义为 R（X，M，Y）中主体 X、实验手段 M 和对象 Y 之间关系的特例。也就是说，客观实在为真并不是全错，只是其成立需要前提。

延迟选择实验在检验经验对象 Y 是否为客观实在时，运用的方法是测量 Y 相对于 M 的独立性，即当 M 发生变化时（如附录一中实验装置 1 变为实验装置 2），经验对象 Y 有没有改变。我问一个问题：当实验结果证明当 M 变化时，Y 不改变，即如果光子或光波真的是客观实在，延迟选择实验本身还是不是真的呢？当然是真的！也就是说，延迟选择实验既可以证明客观实在不存在，也可以证明客观实在存在。那么，在什么前提下，客观实在为真呢？这就是去分析当 M 变化时经验对象 Y 不改变的前提。这一前提正是"实验"只能得到 Y 的信息，而不是决定 Y 是否存在，即其条件是 M 为普遍可重复的受控观察。M 只规定了可以得到经验对象 Y 的信息，而信息的可靠性同样要求相应的 M 普遍可重复。由此，我们得到经验对象 Y 为客观实在的前提：Y 必须被一个普遍可重复的受控观察证明。换言之，经验对象 Y 的真实性由 R（X，M，Y）规定依然如旧，只是 M 还必须包含一个普遍可重复的受控观察。至于受控观察和受控实验得到的真实性，它们都取决于 M 的普遍可重复性。受控观察只是受控实验不可迭代或退化的形态。[①]

这样，我们得出了一个重要结论：科学经验不是泛泛的经验，而是具备某种独特真实性结构的经验。这种真实性结构就是受控实验或受控观察的普遍可重复性。当科学发展处于现代

---

① 这方面的详细论述见第一编第一章。

科学还没有建立的"前科学"阶段，特别是经典物理学没有被相对论和量子力学取代时，客观实在作为真实性的基础并无大错，因为和受控观察相对应的正是客观实在。普遍可重复的受控观察这一前提，很容易被简化为"严格而准确的观察"，这正是启蒙时代以来被科学家与人文学者共同接受的真实性基础。在这种真实观中，M是被隐去的，真实性作为对象Y和控制手段M的关系不可能被发现。至于M的结构投射到符号系统更显得不可思议，数学对科学研究的预见性也就变得神秘莫测了。只有在R（X，M，Y）关系结构中讨论各种真实性形态时，才能发现M同样规定了符号系统的真实性。这就是R（X，M，Y）中M把自己的结构映像到相应的符号系统Y，当主体可悬置，即M不包含主体X时，我们得到了纯符号系统也就是数学的真实性。

我在《消失的真实》一书中已经证明：自然数既是普遍可重复受控观察和受控实验的符号结构，也是普遍可重复受控实验的无限扩张结构的符号表达。[①] 其实，根据M对符号结构的塑造，可以把所有纯数学的门类推出来。本书第一编第一章和第二章立足于如何自洽地给出符号系统和受控实验普遍可重复的结构，定义集合论的公理，并将数学各分支进行定位。而且，只要将控制结果的不确定性纳入普遍可重复的受控实验，就能导出现代数学的另一门类——概率论和统计学。本书第一编第三章将证明：概率论和统计学之所以和其他数学不同，是因为

----

① 金观涛：《消失的真实》，第19页。

其为可能性之真实的符号研究。这是第一次严格地指出数学是什么，说明人作为符号物种不仅是用符号表达经验，还建立了一个真实的符号世界。

这一切终于可以使我们做出思想的飞跃，并超越以往的所有哲学概念重新规定哲学研究的基本框架。本书第一次对经验做出定义。据此，我发现一个以往哲学从未考虑过的维度，那就是主体发明符号之意义主要不是实现符号和经验——对应并用逻辑进行思考，而是寻找具有双重结构的符号系统以架起真实的符号世界和真实的经验世界之间的拱桥，使经验真实可以在符号真实的推动下不断扩张。长期以来，真实性只是从属于存在论的；现在，真实性研究的问题变成真实性如何通过符号和经验的互动不断扩张。①

据此，我们终于可以解决科学战争中碰到的第二个问题：20世纪科学哲学特别是库恩的范式说错在哪里？20世纪科学哲学是一种立足于"前科学"的哲学和科学史理论，完全没有看到科学真实不断拓展才是现代科学的本质。如果科学真实的标准是客观实在，科学理论就只是用严格而准确的语言（一种对逻辑陈述的错误理解）表达客观实在，科学理论当然是自然语言的建构，后现代主义批评完全正确。只要看看亚里士多德的物理学就知道：它难道不是一种范式吗？它作为某一个时代某一群人的共识，确实和意识形态没有任何区别。然而，一旦把研究对象转为现代科学，就会发现现代科学的建立导致科学

_____

① 这方面的详细论述见第四编第一章。

真实的不断扩张。这时，真实性标准必须从客观实在中解放出来，因为科学经验真实性标准已从普遍可重复的受控观察转化为包含受控观察的受控实验。表达科学经验真实的符号系统也不仅仅是逻辑语言，而是数学。科学哲学和理论科学史研究的核心应该是科学真实的各种形态，特别是横跨科学经验世界和数学世界的拱桥是如何建立的。

我在《消失的真实》第二编中指出：现代科学正是一座横跨科学经验世界和符号（数学）世界的拱桥，它是以欧几里得几何学为范本、通过批判亚里士多德学说建立起来的。这样一来，立足于牛顿力学之前的科学史研究对现代科学的批评完全无效，我们只有通过对拱桥的结构分析，才能发现科学真实的形态以及架桥的普遍法则。唯有如此，才能真正认识不断扩张中的科学真实，并通过科学真实的扩张，理解科学真实的不同形态及其呈现的顺序。为此，本书必须完成《消失的真实》一书提出的任务，通过分析横跨数学世界和科学经验世界的拱桥，为真实性哲学提供方法。

我发现，建立拱桥的核心环节是找到拱顶石，拱顶石必须是一个具有双重结构的符号系统。所谓双重结构，其一重为符号系统的数学结构，它联系着数学世界。另一重就是符号系统的经验结构，它对应着经验世界。只有双重结构的符号系统才能把经验真实和符号真实整合在一起，使它们在互动中扩张。本书第二编第一章将证明：在科学真实领域，自然数正好具有这种双重结构，其经验结构是自然数大小，符号结构由皮亚诺-戴德金公理规定。然而，不可测比线段的存在，使自然数不能表达最基本的受控实验——空间测量。这样一来，人类最早找到的连接经验世界和符号（数学）世界的拱顶石，只能是用逻辑语言表达测量和几何作图的公理并用公理推出定理的欧几里得几何学。其实，用几何公理推出定理实为陈述和递归函数对应，这是巧妙地利用了自然数的双重结构尝试架桥。几何公理的背后是实数对架桥的意义，它是在欧几里得几何学向牛顿力学的扩展过程中被发现的。

　　本书第二编第二章和第三章将勾画现代科学理论作为拱桥的整体形态，它由实数这一拱圈和建立在拱圈上的由逻辑陈述构成的上盖组成（见图 0-2）。实数和自然数不同，实数大小为经验结构，它的经验结构和最基本的受控实验一一对应。刻画实数的公理就是其纯符号（数学）结构，我发现了空间和时间这两种最基本的测量和实数的关系。正因如此，科学真实领域拱桥的建设虽然始于古希腊时期不可测比线段的发现，但要等到相对论和量子力学的出现才最后完成。

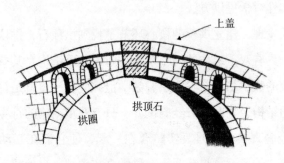

图 0-2　真实性哲学的拱桥（刘蘅绘制）

　　我在第三编第一章会进一步证明：现代科学理论作为横跨

经验世界和数学世界的拱桥，其拱圈是时空测量及各种基本测量关系之研究，这些研究组成了物理学基本定律。立足于拱圈之上由逻辑语言表达的受控实验之陈述组成了现代科学各门学科之上盖，正因为现代科学是这样一座拱桥，它的存在促使经验真实和符号真实互动，从而导致科学真实（作为数学符号和科学经验互相维系之整体）的不断扩张。这促使近 300 年来科学真实从真实性的三大领域中凸显出来，人类进入现代科学和数学的时代。

虚拟世界和科学研究不能揭示主体

真实性哲学对现代科学的追问，除了使我们理解什么是科学真实、指出 20 世纪语言哲学和科学哲学在哪里出错，究竟有什么意义呢？对现代科学拱桥的分析使我们发现了科学真实在扩张中会出现各种不可思议的新形态。更重要的是，它还指出现代科学无论怎样发展都不会触及主体。人类终于可以从真假不分的世界中走出来。借助真实性哲学，我们将以开放的心灵面对真实性形态大扩张，并破除"意识会在人工智能中涌现"之恐惧。

真实性哲学和实在论的最大不同，是前者通过符号世界和经验世界关系的分析，得出一个结论：科学真实存在四种不同的形态。所谓真实性的形态，是主体进入某种真实领域时真实性的呈现方式。它取决于经验真实和符号真实这两个对象间是否存在着拱桥。科学真实的四种形态分别是"有可能无限扩张之经验真实"、"不可扩张之经验真实"、"建立了现代科学理论的科学真实"以及"作为虚拟物理学之时空理论的科学真实"。有可能无限扩张之经验真实是现代科学理论确立前的经验世界，我称之为形态 A。不可扩张之经验真实是虚拟世界，我称之为形态 B。建立了数学和可能无限扩张的经验真实拱桥的科学真实是现代科学理论形成之后的经验世界，我称之为形态 C。存在着数学和不可扩张经验真实的拱桥之科学真实是虚拟物理学，我称之为形态 D。①

在现代科学出现即量子力学和相对论革命之前，人类只能处于形态 A 之中。随着现代科学的建立，我们从形态 A 走进形态 C。这时，科学经验真实随着现代科学理论的运用迅速扩张，其他两种科学真实的形态相继显现。继形态 C 之后出现的是形态 D，即人类会一度深陷在虚拟物理学的研究中而不自知。只有随着科学真实进一步扩张，才能发现形态 B 即虚拟世界的存在。只有虚拟世界在 21 世纪充分展现之后，虚拟物理学的本质才能被发现。换言之，科学真实的形态沿着 A → C → D → B 的顺序呈现。虚拟物理学只是虚拟世界来临的前奏曲。②

正因为客观实在是主体在前科学时代知晓的科学真实形态，囿于这种错误的真实观，虚拟世界很容易被认为是电子幻觉。然而，科学经验真实性的结构是受控观察和受控实验的普遍可重复性，虚拟世界中主体只要不去做人类从未做过的受控观察和受控

① 关于存在科学真实四种形态之证明，见第三编第二章，四种形态见表 3-1。
② 详见第三编第二章和第三章。

真实与虚拟

实验，其经验真实性结构和非虚拟的经验世界没有任何差别。它们和日常物理世界的不同仅在于，已有的受控实验不能无限制地通过组织和自我迭代扩张，也就是无法不断创造出新的普遍可重复的受控实验。因此，虚拟世界和元宇宙都是真实经验世界的一部分，进入元宇宙意味着主体拥有的直接经验真实大扩张。

虚拟世界和元宇宙的呈现第一次揭示出为什么人类生活在时空之中。在虚拟世界成为人类日常生活的一部分之前，哲学家从来没有问过这个问题。根据真实性哲学，受控观察和受控实验的普遍可重复作为科学经验真实性的唯一基础，其中没有时间和地点。换言之，科学真实性是一种结构，无论是经验还是符号，只要具有这种结构，其就是真的。据此，只要立足于符号与经验二分，在科学真实领域，立即得到纯符号的真实性和纯经验的真实性。纯符号的真实性是数学世界，正如数学世界不需要时间和空间，作为主体感知和操控稳态的纯经验的真实性也不需要时间和空间。正因为虚拟世界中普遍可重复的受控实验和受控观察对应的经验亦是真的，我们可以把科学真实之经验分成两种形态。一种是存在着自洽的时空测量，我们称之为物理世界。物理世界中普遍可重复的受控实验可以通过组织和迭代不断扩张。另一种由独特的普遍可重复的受控实验集合组成，这些受控实验不能和时空测量对应，这一受控实验的集合虽然是普遍可重复的，但不能通过组织迭代形成新的受控实验。它们构成了形形色色的虚拟世界。

在本书第三编第一章，我将证明时间和空间的真实性亦必须用时空测量这一类独特受控实验的可普遍重复来定义。这样一来，"事物存在于时空之中"的真实性就转化为两类普遍可重复受控实验的关系。一类是判定某一事物（或其性质）存在的受控实验，另一类是相应的时空测量。所谓"事物存在于时空之中"的真实性实际上意味着这两类受控实验必然是互相伴随的。"事物存在于时空之中"实际上只是受控实验可以不断拓展的必不可少之前提。真实性哲学提出了一个有效的判据来解决一个当代哲学难题：我们出生并生活在其中的世界会不会是更高级文明创造的虚拟宇宙？

如果人类真的是生活在高级智慧创造的虚拟世界中，那么这个世界不存在互相自洽的时空测量。所谓互相自洽的时空测量，是指对每一个经验上真实存在之对象，都必定可以配备一个普遍可重复的时空测量，所有这些时空测量不仅是普遍可重复的，而且一定是互相不矛盾的。此外，倘若我们生活在虚拟世界中，这个世界的受控实验就不可能通过组织和迭代产生新的受控实验。只要这一对未知领域的探索不可穷尽，我们就不可能生活在高级文明设置的虚拟世界中。总之，科学真实存在着四种形态表明，一旦建立起横跨科学经验世界和数学世界的拱桥，拱桥和它横跨的两岸就不存在明确的边界。这样，主体可以从经验世界进入科学理论而不自知，研究者也不能清醒地意识到自己已经越出了物理学的边界而进入纯数学，这一切都会带来真实性的迷失。真实性哲学可以帮助我们澄清科学真实各种形态呈现所造成的思想混乱。①

---

① 这方面的详细论述见第三编第二章和第三章。

一旦发现科学真实的不断扩张依赖横跨经验世界和数学世界之拱桥，我们还能得到另一个启示：在科学真实的扩张中，主体一直处于被悬置状态，即它本身并不属于拱桥及其横跨的两岸。这样，无论数学世界和经验世界的互动促使拱桥及其两岸如何扩张，它们都不会碰到主体。也就是说，现代科学无论怎样发展，都不可能揭示什么是主体。这让我们对自己（主体）的认识从启蒙时代的真实观中解放出来，作为一种主张客观实在为真的观念，启蒙真实观在拒绝元宇宙的同时，却将主体等同于人的大脑，认为其是客观实在的一部分，科学既然以客观世界作为研究对象，揭示主体当然是现代科学的任务。现在我们知晓：通过科学实验和人工智能来寻找主体，这是缘木求鱼。一旦人类从这个时代最大的乌托邦中解放出来，我们就可以恢复已失去的主体性了。原来，主体必须到社会真实和个体真实中去界定，其起源只有通过社会真实之演化和个体真实的普遍化才能发现。① 科学和人文之间真正的对话也就可以在新的基础之上开始了。

现代性基础的重建

为了实现科学和人文之间的对话，我们必须明确如下原则：人是真实性的载体，真实的心灵寄托在科学、人文社会和艺术这三座横跨符号世界和经验世界的拱桥之上。虽然三座拱

---

① 这方面的详细论述见第四编第二章。

桥之间存在着联系，但它们是不同的，不能混为一谈。三座拱桥都有自己形成和演化的历史。在演化过程中，有的拱桥之建立以其他拱桥的存在作为前提，例如，现代科学拱桥的建立条件是人类社会实现超越突破，现代科学是轴心文明融合并转型的产物。人类社会行动和自然语言之间的拱桥则是社会组织本身，研究主体如何复杂化必须去分析这座拱桥。社会组织起源于"原社会"，它或许和第三座拱桥即艺术活动有关。[①] 真实性哲学为这三座拱桥提供了统一的分析框架，正如可以用符号真实和经验真实同构来寻找横跨数学世界和经验世界的拱顶石那样。然而，我要强调的是，在研究真实性的三个领域、分析它们之间不可分割的联系之前，真实性哲学首先是把三座拱桥严格地区分开来，因为它们的真实性结构不同，我们绝不可以用主体（观念）被悬置的科学和社会科学研究来解决终极关怀和道德问题。这恰恰是当今人类最大的思想盲区。

自从科学战争终结人文和科学对话以来，关心人文社会的科学家意识到必须提出一种新的文化来实现对现代社会的反思，这就是前文所说的"第三种文化"。第三种文化认为可以用认知科学和历史的社会科学研究来解决当代世界终极关怀退到私领域带来的道德沦丧问题。2018年美国认知心理学家史蒂芬·平克出版《当下的启蒙——为理性、科学、人文主义和进步辩护》就是代表。该书主张价值和生命的终极意义只能建立在科学与理性之上。平克指出，这本是启蒙运动的主张，可

---

① 这方面的详细论述见第四编第三章。

以追溯到康德提出的"勇于运用自己的理智"。① 因为启蒙时代以来的科学和人文共同的基础已被科学战争摧毁，故必须用 20 世纪末至今全球化的成就和新兴的认知科学，重建现代社会的价值基础，平克把用科学理性推出终极关怀和价值称为"当下的启蒙"。② 虽然平克的观点受到部分人文学者和新自由主义者的抵制，③ 但很多人认为这是走出现在思想困境的唯一

---

① 1784 年康德在《柏林月刊》上谈启蒙时曾给出一个定义："启蒙就是人类摆脱向我招致的不成熟。不成熟是不经过别人引导就不能运用向己的理智。如果不成熟的原因不是在于缺乏理智，而在于不经别人的引导就缺乏运用理智的决心与勇气，那么这种不成熟就是自我招致的。"（康德：《历史理性批判文集》，何兆武译，商务印书馆 1990 年版，第 22 页。）请注意，康德对启蒙的定义不仅仅是人摆脱童年的蒙昧能应用自己的理性，而且还强调人意识到自己的思想必须是独立自主的，即有能力和勇气不受社会和他人（历史和现实世界的权威）意见的支配，由个人做出判断。这里蕴含着两种全新的价值，一是理智（我们称之为"科学理性"）必须是可以超越信仰和道德的，二是个人独立。理性古已有之，但在现代性产生之前的传统社会，理智不能独立于信仰和道德作为判断是非和价值的最终根据。我们把独立于信仰和道德之理性称为工具理性。故启蒙首先意味着工具理性成为社会制度和行动正当性的最终标准。第二种价值更为重要，该理智的运用不必经别人的引导，它完全是由个人独立自主的决定，即每一个个人必须是独立、理性而自由的。它对应个人权利和工具理性成为社会制度和行动正当性的最终根据。（金观涛：《中国历史上的两次启蒙运动》，载《五四运动的当代回想》，南洋理工大学中华语言文化中心 2011 年版，第 97 页。）因此，必须从轴心文明现代转型的大历史看待启蒙。在此意义上，启蒙并不能归为把终极关怀和道德建立在科学和理性之上。

② 史蒂芬·平克：《当下的启蒙——为理性、科学、人文主义和进步辩护》，侯新智、欧阳明亮、魏薇译，浙江人民出版社 2018 年版，第 1—3 页。

③ 2005 年，时任哈佛大学校长劳伦斯·萨默斯宣称，在高科技和工程领域可能存在因天赋和兴趣不同而导致的"性别差异"，也就是所谓的"女子学理逊于男"的观点。之后，萨默斯立即受到广泛的批评，被指责发表性别歧视的言论。为此，他不得不公开道歉并引咎辞职。在一片批 （下接第 054 页脚注）

出路。① "当下的启蒙"能恢复科学与人文的对话，实现现代性的重建吗？只要我们去分析其真实性基础，立即发现这是不可能的。

早在 2011 年《人性中的善良天使——暴力为什么会减少》一书中，平克就通过认知科学、神经科学、社会和进化心理学以及有关人性的科学研究，利用海量的数据，试图"提供一个新的历史观和道德观"。② 他展示 115 张图表、近 2 000 个注释

（上接第 053 页脚注）评的声浪中，平克却坚定地支持萨默斯，为他辩护。他认为，萨默斯不过是提出一个假说，猜想两性有统计学的差异，这样的假说理应经受验证，而不是遭到嘲笑。（史蒂芬·平克：《当下的启蒙》，前言。）平克反对作为现代社会主流的"政治正确"，坚持科学理性的态度，认为对任何问题的讨论都应当以现实资料为支撑。这种观点使他成为 21 世纪最富争议性的学者之一，2020 年 7 月，超过 550 名学者联名向美国语言学会发表公开信，要求将平克从"杰出学者"的名单中除名。（李文轩：《超 550 位学者发公开信，指控史蒂芬·平克轻视社会不公》，界面文化，https://www.jiemian.com/article/4687786.html。）《当下的启蒙》反映出的问题，在当前社会日益普遍。

① 今天越来越多的科学家和技术工程师对人文历史领域指手画脚，用科技来代替人文。如美国生物学家爱德华·威尔森提出"应然"只是事实陈述的一种简略表达，道德可以从科学中推出。英国演化生物学家理查德·道金斯更是坚信科学是无所不能的，认为信仰像天花一样有害，但比天花更难以清除。（John Staddon, "Science and Morals: Can Morality be Deduced from the Facts of Science?", The New Behaviorism, April 8, 2019, https://sites.duke.edu/behavior/2019/04/08/science-and-morals-can-morality-be-deduced-from-the-facts-of-science/.）还有一些神经科学研究者根据某些实验，断言人根本没有自由意志，完全看不到人有选择能力是一切道德存在的前提。（Kerri Smith, "Neuroscience vs Philosophy: Taking Aim at Free Will", *Nature*, No. 477, Issue. 7362, 2011.）这些都是试图用科学真实性的结构来规定人文真实性的结果。

② 钱永祥：《重看历史，重建道德》，载斯蒂芬·平克：《人性中的善良天使——暴力为什么会减少》，安雯译，中信出版社 2015 年版，第 1 页。

和上千项参考资料，证明了如下"事实"：人类历史上的暴力几乎呈现一致的下降趋势。从中世纪晚期到 20 世纪这段时间内，欧洲国家的凶杀率下降了 90%~98%；启蒙运动以来，不同形式的暴力也陆续遭到废除，如奴隶制、残酷处罚、虐待动物等。第二次世界大战结束后的几十年内，人类见证了史无前例的超级大国和发达国家之间的和平。冷战结束之后，各种武力冲突（如内战、种族清洗和恐怖袭击）在世界范围内一直在下降。1948 年《世界人权宣言》颁布之后，人们对较小规模的侵权行为如对少数族裔、妇女、儿童和同性恋者的暴力侵犯也越来越反感。这一切都意味着人类的道德持续进步，其中一个重要推动力便是知识和理性在处理人类事务中具有越来越重要的作用。①《当下的启蒙》把《人性中的善良天使》的结论再推进一步，认为人类终极关怀和道德只能建立在科学理性之上。②

《当下的启蒙》用现代科学和理性来对抗正在蔓延的非理

---

① 斯蒂芬·平克：《人性中的善良天使》，第 1—7 页。

② 在平克看来，我们每天看到更多的负面新闻，因此回顾历史的时候，也更容易想起战争和伤痛，忘记人类取得的成就。他将这一现象归因于三种心理机制的共同作用。一是"乐观的豁裂"，人们往往通过玫瑰色的眼镜来看待自己的生活，认为自己会比一般人更为幸运，免受离婚、失业、意外事故、疾病和犯罪之苦。二是"忘恩之罪"，人们往往倾向于忘恩负义，"忽视'科学发现让生活变得更加美好'这一客观事实"。三是"可得性偏差"，即新闻传播者更热衷于其中的负面事件，而非正面的消息。这样一来，我们日常容易被误导，相信这个世界变得越来越糟。如何扭转这种认知偏差呢？平克给出的解药是理性：站在全人类的角度，理性是人类对抗这个艰难世界的最大武器；站在个人角度，理性也值得成为每个人的信仰。（参见史蒂芬·平克：《当下的启蒙》，第 40—67 页。）

性主义和民族主义，其苦心无可非议。①但我要问：这种重建终极关怀和道德的方法是有效的吗？答案是否定的，否则我们不能解释为什么近年来非理性主义和民族主义愈演愈烈。为什么在启蒙运动以来人类在各个领域取得巨大成果的前提下，重提启蒙精神不可能克服现代社会的危机？因为它犯了一个致命的错误，那就是用一个领域的真实性来取代所有领域的真实性。科学领域与人文社会领域存在完全不同的真实性结构，科学真实根本推不出作为人文社会真实的终极关怀和道德。人们早就知道实然推不出应然，事实推不出价值，但一直没有将其上升到真实性基础的高度。第三种文化之所以会用认知科学和社会科学来推出终极关怀和道德，是源于科学战争之后真实性的沦丧。科学家想当然地把科学真实中存在的拱桥当作其他两座拱桥，力图用该拱桥的扩张来解决其他两座拱桥存在的问题即现代性危机。最后的结果只能是加速非理性主义和民族主义的泛滥。

例如，平克认为可以从"人同此心，心同此理"来推出

---

① 平克称之为两种过时的思想，一种是所谓的"有神论道德"，即道德只能来自上帝。平克认为这种观念的缺陷在于：一方面，不存在一个可证实的上帝的存在；另一方面，假设上帝存在，"如果神有充分的理由认为某些行为是合乎道德的，那么我们可以直接诉诸这些理由"（史蒂芬·平克：《当下的启蒙》，第 463 页）。另一种是"浪漫英雄主义"，即"卷土重来的威权主义、民族主义、民粹主义、反动思想甚至法西斯主义背后的意识形态"。这种思想曾导致 20 世纪两次世界大战，给现代世界带来了浩劫（史蒂芬·平克：《当下的启蒙》，第 479 页）。

道德价值，① 并举例说一些非西方文明的道德和人生意义不是建立在对神之信仰之上。② 确实，道德价值是"好"的普遍化，每个人只要将个人之好普遍化，就能得到"己所不欲，勿施于人"的道德原则，但这种道德论证的模式本是源于中国文明的超越视野，平克没有看到它和现代性的核心价值是矛盾的。平克的主张不仅滑向功利主义而不自知，③ 而且会鼓励某些社会回到传统道德对现代普世价值的否定。其实，科学战争摧毁科学和人文共同的真实性基础，只是现代真实心灵解体过程中的最后一步。人文社会这另一座真实性赖以扩张的拱桥早已残破，重建终极关怀和道德的真实性之前提是找到新的方法去修补这座拱桥。

我在《轴心文明与现代社会：探索大历史的结构》一书中指出，古希腊人曾以认知理性为终极关怀，试图以此来解决生死问题。但随着认知理性的充分展开，此路被证明不通，除非生死问题已经被其他终极关怀解决，再让认知理性和之相联系。这就是古希腊认知理性与希伯来救赎宗教的融合，以及由此带来的现代性起源。④ 我在《消失的真实》中这样论证：现

---

① 平克提出："弗林曾经推测认为抽象推理能力中包含了道德感，我也赞成这个推测。从生活中抽离自己的换位思维，以及'我只是运气好了点'或者'如果每个人都这样做，世界会变得怎样'的沉思，无疑都是共情和伦理产生的基础。统计的结果印证了一条启蒙运动中关键的洞见：知识和健全的制度带来道德上的进步。"（参见史蒂芬·平克：《当下的启蒙》，第 265 页。）

② 史蒂芬·平克：《当下的启蒙》，第 471—474 页。

③ 史蒂芬·平克：《当下的启蒙》，第 450—454 页。

④ 金观涛：《轴心文明与现代社会：探索大历史的结构》，东方出版社 2021 年版，第 106 页。

代性起源之后，古希腊认知理性与希伯来救赎宗教走向二元分离，但由其推出的终极关怀是不稳定的。现代性的另一要素民族主义会在社会现代转型过程中凸显出来，力图取代终极关怀。民族主义作为现代性基础的同时，心物二分的二元论转化为现代人的宇宙观，其暗含着"事实是客观的，价值是主观的"的主观价值论，以及符号系统没有真实性之客观实在论。[①] 因此，轴心文明的现代转型过程中真实心灵的丧失有其必然性。正如我在《消失的真实》一书中所说，如果没有启蒙运动，现代社会只能局限于加尔文宗社会（英、美），其他社会无法借由学习现代价值来建立现代民族国家。然而，现代价值系统的普世化，却是从对上帝的信仰和认知理性并存转化为其互相排斥的"大分离"。民族主义代替终极关怀成为人生终极意义，并导致民族国家之间的战争，其直接破坏了现代民族国家组成的全球化秩序。民族主义带来的灾难会使人们怀疑现代社会的基础，终极关怀和道德价值丧失真实性，这意味着由其他两座拱桥支持的真实心灵早已经残破不全。[②]

这样一来，可以推出如下结论：无论科学技术的真实性如何扩张，都不可能使其在终极关怀和价值领域起作用。也就是说，今日由终极关怀和道德价值支配的真实心灵早已解体，如果找不到人文社会和艺术的真实性，人文和科学的对话毫无意义。那么，真的没有办法恢复终极关怀和道德的真实性吗？当然有！那就是用真实性哲学去重建其他两座破损的拱桥。这又

① 金观涛：《消失的真实》，第 57 页。
② 金观涛：《消失的真实》，第 58 页。

如何可能呢？根据真实性哲学，修复拱桥唯一的方法是找到并利用类似于拱顶石的东西。

什么是拱顶石？如果经验对象是 Y，我们把相应的符号对象记为 S（Y），所谓横跨经验世界和符号世界的拱桥，就是用一个具有双重结构的符号系统将 Y 和 S（Y）联系起来。"拱顶石"是拱桥的拱圈正中间那块上大下小的梯形石，它最后放下，因为上大下小，因此可以把拱圈挤紧，使整个拱圈成为一个整体。拱桥之所以不需要桥墩，是因为它完全依靠桥的两头来支撑桥的重量。由于拱顶石的存在，桥的重量转化为朝向两侧的巨大压力。桥的重量越大，拱顶石转化的压力就越大，桥也就越坚固。倘若拱顶石要能够横跨符号世界和经验世界，它必须具有这样的结构：一头具有 Y 的真实性，和经验世界连成一体；另一头具有 S（Y）的真实性，和符号世界连成一体。这就是拱顶石具有双重真实性结构的准确含义。

拱顶石的奇妙之处在于，它的存在保证了真实性符号对象和经验对象的互相沟通，使真实性能够通过拱桥形成一个具有自我修复能力的整体，从而可以不断扩张。其实，当现代性刚起源时，科学真实中的拱桥还在形成中，而人文社会和艺术领域的拱桥本是存在的。如前所述，人文社会领域拱桥的残破，使丧失的终极关怀无法重建，道德价值如同空中楼阁，其原因正是现代社会的发展特别是科学真实的扩张，摧毁了其他真实性领域的拱桥。既然在真实性的任何一个领域，经验真实和符号真实同构，那么只要找到拱顶石，拱桥总是可能重建的（见图 0-3）。

图 0-3　符号真实性和经验真实性之间的拱桥

　　由此可见，现代性的重建需要真实性哲学。寻找人文社会和艺术领域拱桥的拱顶石首先要去分析这两个领域的真实性结构，从经验真实出发确定相应的纯符号真实之结构。其中最困难的是寻找具有双重结构的符号系统，特别是那条直接把符号真实与经验真实联系起来的拱圈。读者或许已经发现，正确的程序是从分析科学真实领域中存在的拱桥出发，发现建桥的普遍模式，再将其运用到远比科学真实复杂的其他领域中去。这正是本书为自己提出的任务。

　　我相信人类思想的发展具有不可逆转性。20 世纪哲学语言学转向是人类认识到自己用符号把握世界的伟大革命，虽然其后果大多只是破坏性的。今天真实心灵的重建首先要做的是避开使其进入错误的陷阱。在人类历史上从来未曾有过今天这样的境遇：科学用琐碎的事实掩盖了追求真理的心灵，无限繁复的计算使人看不到数学是一种真实的符号结构。在大多数现代科学的信奉者心中，乌托邦的幻想取代了主体的自由意志。在这个真实心灵被科学事实蒙蔽的时代，一切必须从揭示纯符号的真实性开始。

第一编

数学和符号真实

真实性研究的第一步，是证明纯符号系统的真实性存在。纯符号的真实性原本应该是在人生活的自然语言世界中发现的，但自然语言离不开指涉对象，用自然语言证明纯符号的真实性困难重重。为此，我们不得不转向纯数学。

本编从自然数的皮亚诺-戴德金结构出发，提出自然数是普遍可重复受控实验的符号结构。然后，通过集合论选择公理的分析发现：数学的基础之所以是集合论，是因为数学本身就是普遍可重复的受控实验及其各个环节的符号表述。一旦将上述发现引向概率和统计数学，我们就可以从数学走向哲学。

为了寻找一种允许纯符号系统本身为真的新哲学，我从讨论什么是符号出发，重新定义经验及其可靠性，并指出经验的真实性就是其可靠性。我还进一步指出，用真实的符号结构来表达可靠的经验，让符号结构符合经验结构是远远不够的，我们必须去建立横跨科学经验世界和数学符号世界的拱桥。这是一个具有双重结构的符号系统。

第一章 数学真实的基础是逻辑吗

在追求真实的历程中，有些失败必将永载史册，因为正是它们为寻找通向真理的道路提供了指引。如果不是对这些教训刻骨铭心，我们会不断地在原地徘徊，甚至再一次陷入错误的泥沼。从逻辑推出自然数的失败，就是这样一个具有划时代意义的路标。

经验的真实性和逻辑的真实性

为了讨论什么是科学真实及其结构，我不得不再一次回到《消失的真实》反复讨论过的 20 世纪哲学革命对社会思想的巨大冲击。这就是揭示出人和动物的差别是人能自由地创造并使用符号，[①] 而语言的本质是用符号来指涉对象。符号和对象的关系是一种约定，即符号是主体可以自由选择的。这样一来，

---

① 我认为，人与动物的区别是人能自由地创造并使用符号，这是 20 世纪语言学革命的隐含前提，但其并未得到哲学家清晰的表达和论述。一个例外是卡西尔及其《人论》，他给出了一个著名的定义：人是符号的动物，并认为，"符号化的思维和符号化的行为是人类生活中最富于代表性的特征，并且人类文化教育的全部发展都依赖于这些条件"。然而，卡西尔对符号本身的定义稍显含混，只提出符号是指称者，是人类意义世界的一部分。此外，他也没能注意到纯符号系统自身可以为真。（详见恩斯特·卡西尔：《人论》，（下接第 064 页脚注）

当符号和对象之间存在确定的对应（指涉）关系时，符号的相同和从属关系也就是对象之相同和从属关系。这就得出一个结论：对象之间的关系和符号（语言）之间的关系同构，对此进行理论表达带来逻辑经验论和分析哲学的诞生。

我在《消失的真实》第三编指出，逻辑经验主义和分析哲学认为，科学以客观实在的事物为研究对象，而陈述就是用严格的语言来表达研究对象。严格的语言具备两个特征：一是符号和其指涉的客观对象（包括对象的性质和它们之间的关系等）一一对应；二是符号系统的使用及其推导必须符合逻辑，不能自相矛盾。因此，严格的语言亦被称为逻辑语言。在逻辑经验论者和分析哲学家看来，当符号和经验对象一一对应时，符号之间的关系和对象之间的关系相同，因为对象之间关系的真实性是客观事物给予的，符号之间关系的真实性亦来自客观事物的真实性。根据上述观点，一旦离开经验世界的真实性，讨论符号系统的真实性就是没有意义的。如果符号和经验世界的关系真的如逻辑经验论和分析哲学所描绘的那样，那么真实性的本质就是反映客观实在，也就不存在横跨符号世界和经验世界的拱桥，本书的论述便没有意义。

（上接第 063 页脚注）　第45—70页。）在我看来，正是因为对符号本身缺乏一个清晰的、具有共识性的定义，语言学者持续在争论动物（特别是黑猩猩）是否具备学习和使用符号的能力，并通过实验得出了支持各自观点的结论。（Mark A. Krause and Michael J. Beran, "Words Matter: Reflections on Language Projects with Chimpanzees and their Implications", *American Journal of Primatology*, Vol. 82, No. 10, 2020.）本书的目标之一就是揭示什么是符号，以及"自由地创造和使用符号"到底意味着什么。

然而，逻辑经验论和分析哲学始终面临一个来自现代自然科学的挑战，那就是如何解释数学在现代科学理论中的核心位置。自然科学研究必须运用数学，数学作为一个满足特定结构的符号系统，它的真实性是由客观事物（经验）真实性规定的吗？当（数学）符号不指涉科学经验时，"数学为真"还是一个有意义的说法吗？逻辑经验主义和分析哲学为了解释数学在科学中的地位，认为当数学不指涉客观事物（经验）时，只是逻辑而已。这种解释看上去很合理，因为数学推理似乎应该等同于逻辑推理，而逻辑推理本质上只是符号系统中符号的等价取代和包含关系。逻辑经验论者和分析哲学家认为，数学理论千变万化，其本质只是符号之间的等同、包含关系和指涉对象方式之不同形态。①

　　表面上看，把数学等同于逻辑是自明的。因为任何数学推理的每一步都是符合逻辑的推理，其作为整体当然是符合逻辑的。更重要的是，数学是人创造的符号系统，符号可以不指涉对象。然而，只有符号系统指涉经验世界之后，我们才能判别其真假；数学作为一个符号系统是真的，这样它似乎只能是逻辑。19世纪下半叶数理逻辑的出现似乎更加强了"数学等同于逻辑"的信念。②这构成了逻辑主义学派对数学

①　详见金观涛：《消失的真实》，第249—267页。
②　例如，逻辑经验主义的代表人物之一罗素提出："在历史上数学和逻辑是两门完全不同的学科：数学与科学有关，逻辑与希腊文有关。但是二者在近代都有很大的发展：逻辑更数学化，数学更逻辑化，结果在二者之间不能划出一条界线；事实上二者也确是一门学科……如果还有人不承认逻辑和数学等同，我们要向他们挑战……"（引自《罗素文集（第3卷）：数理哲学导论》，晏书成译，商务印书馆2012年版，第225页。）

的探索。①

　　然而，将数学等同于逻辑会碰到一个绕不过去的难题：什么是"自然数"？②人类在知晓"逻辑"之前，就在使用自然数。任何一个文明都有自然数观念，自然数是数学的起点。什么是自然数？从经验角度这个问题很容易回答：对数"数"过程的符号表达。③但自19世纪末起，哲学家意识到算术不同于几何，它似乎可以和经验脱钩，特别是很接近逻辑。④19世

────────────

① 我在《消失的真实》第二编指出，"数学被包含在逻辑之中"的观点可追溯至亚里士多德。尽管亚里士多德没有明确这样讲过，但早在古希腊已经出现数学的本源是被包含在形而上学（或形式逻辑）之中的看法。只有集合论严格地定义了符号系统的等同和包含关系后，是否可以从逻辑导出数学才转化为有意义的探讨。（参见金观涛：《消失的真实》，第183页。）

② 德国数学家高斯有一个广泛流传的说法："数学是科学的皇冠，数论则是数学中的皇冠。"（引自 Richard Courant and Herbert Robbins, *What is Mathematics? An Elementary Approach to Ideas and Methods (Second Edition)*, Oxford University Press, 1996, p.21。）

③ 自然数可以定义为"符号的序号等同于该序号表达的符号数目"，这里"数"来自经验，故自然数是数"数"过程的符号表达。事实上，自然数对应的英文翻译有两个，一个是 natural number，另一个则是 counting number。不同的数学入门书对自然数的定义也都是"人类为了计数而发明的符号"。（例如高尔斯主编：《普林斯顿数学指南（第1卷）》，齐民友译，科学出版社2014年版，第25页；Richard Courant and Herbert Robbins, *What is Mathematics?*, p.1。）

④ 17世纪末，数和代数学已经被视作独立于几何学而存在，代表人物包括牛顿、莱布尼茨、欧拉等。然而，当时的数学家并未能效仿《几何原本》，发展出一个数和代数学的演绎推导结构。究其原因在于，几何学的概念、公理和原理在经验直观上远比算数和代数更容易理解，特别是几何作图有助于解释相关原理。相较之下，无理数、负数和复数的概念要抽象得多。（M. 克莱因：《数学：确定性的丧失》，李宏魁译，湖南科学技术出版社2012年版，第161—163页。）一直要到19世纪集合论诞生之后，人们才逐渐意识到算术和代数学与几何学的根本差异在哪里。

纪集合论诞生，康托尔指出，所谓数"数"本质上只是两个集合（符号系统）元素之间存在一一对应。①这样，数"数"可以和经验没有关系。既然自然数只是符号系统的一种结构，那么从逻辑（符号的等同和包含关系）导出这种结构，就成为证明数学即逻辑的核心任务。因此，从19世纪末到20世纪20年代，数学家和哲学家一直在证明自然数本质上是立足于逻辑的。然而，使逻辑经验论哲学家惊奇不已的是，几十年的努力没有成功，用逻辑来推出自然数是不可能的。数学推理包含了逻辑，但数学不是逻辑。

20世纪从逻辑推出自然数的失败，对回答"什么是数学"十分重要。第一，正是该探索揭示出对自然数的定义，除了要将数"数"归为集合元素之间的一一对应外，关键在于数学归纳法必须成立。这就是自然数为具有皮亚诺公理所规定结构的符号系统，通过分析其结构的认识论意义，可以发现皮亚诺公理描述了主体如何自由地给出符号，并从对象（包括符号）和主体的关系给出真实性的结构。第二，正是在用集合研究逻辑基础的过程中，康托尔集合论的问题暴露了出来，即它是不严格的，会导致悖论。排除悖论引发了集合论的公理化运动。随着集合论的发展和公理化，"选择公理"被提出。讨论选择公理的认识论意义，可以发现它正好对应主体能够选择符号系统

---

① 这就是康托尔有关"基数"或者"势"的理论。他提出，在有限的情况下，如果不同的元素集可以建立起一一对应的关系，我们就说它们有一样的数量（基数或者势）。（参见卡尔·B. 博耶：《数学史（修订版）（下卷）》，尤塔·C. 梅兹巴赫修订，秦传安译，中央编译出版社2012年版，第608页。）

并将其自由组合，从而使其表达受控实验的控制过程。将该结论和对自然数的定义结合，立即得出一个重要结论：数学是普遍可重复的受控实验，以及其经组织无限扩张之符号表达。

受控实验的普遍可重复，以及其经组织无限扩张是一种结构。只要符号系统具备该结构，其不指涉经验时亦为真。这就可以推出不同于经验真实性的纯符号真实性存在。建立不同真实性系统之间沟通的桥梁，不仅是可能的，而且是必需的。为了展开所有这方面的讨论，让我们来分析逻辑不可能推出自然数这一事实是怎样发现的。

从弗雷格到罗素

我在《消失的真实》第三编指出，用逻辑来定义自然数的尝试最早由弗雷格做出。如果数学即逻辑，逻辑推理是符号系统的等同和包含关系，那么自然数应该可以用符号的"包含和等同关系"唯一对应的对象来表达。弗雷格正是这么定义自然数的。

弗雷格意识到，既然数"数"实为两个符号系统建立符号之间一一对应，它可以和经验世界完全无关。[①] 这样，自然数

---

① 弗雷格认为自然数不是一个概念，而是对象，具有某种独立性和实在性。但他对自然数作为对象的真实性缺乏清晰有力的论述，只是以数字 4 为例，含混地说道："对于每个和 4 这个数打交道的人来说，4 实际都是完全一样的；但是这与空间性没有任何关系。并非每个客观的对象都有一个空间位置。"（参见 G. 弗雷格：《算数基础》，王路译，商务印书馆 1998 年版，第 78 页。）

的真实性只能源于符号的逻辑推演。弗雷格对自然数的定义中，有一个关键的概念：类（概念的外延）。[①]众所周知，由个体规定类需要先确定个体性质，再寻找具有该性质的所有个体，其全体就是由该性质规定的类。根据弗雷格1884年出版的《算术基础》，对每一个集合 S 都有一个性质（概念）F，可以把所有具有性质 F 的集合称为 F 的外延，亦可称为类。当两个类一一对应时，两个类具有相同的数，即"等数"。[②]

当对象是客观事物时，对象的性质也是客观事物的一部分，它是由经验规定的。为了使代表自然数的类从逻辑导出，规定类的性质不能来自经验，它只能是符号是否等于或属于自己。只要将性质 F 视为包容或等同（请注意，这是纯粹符号系统的逻辑属性），该性质定义的类就是自然数，即一个个"数"是与这些类唯一对应的符号。这就构成了弗雷格对自然数的定义：适合 F 这个概念的数是"与 F 这个概念等数的"这个概念的外延。[③]简而言之，由符号包含或等同关系这一性质规定的所有类定义了自然数。下面以 0 和 1、2 为例说明这一点。

由于所有集合都等同于自身，等同于自身当然是集合的性质，它对应的对象应该是一个数。因为不存在任何满足"不等同于自身"这一性质的对象，如果说该性质规定一个类的话，

---

① 在弗雷格的数学哲学体系中，对"类"这个概念的使用是定义自然数的关键步骤，但这个概念在《算数基础》中并没有得到详尽的分析，弗雷格假定人们知道什么是一个类（概念的外延）。（详见达米特：《弗雷格——语言哲学》，黄敏译，商务印书馆2019年版，第40—46页。）

② G. 弗雷格：《算数基础》，第84—86页。

③ G. 弗雷格：《算数基础》，第85页。

它是空的，这就是 0。0 是"不等同于自身"定义的对象。表面上看，这确实描述了 0 的性质。弗雷格再用"等同于 0"作为性质来定义"类"，寻找和它对应的符号。由于只有一个对象即 0 等同于 0，所以满足这个概念的对象（类）只有一个（元素），这似乎也描述了 1 的性质。[①] 接下去用"既包含 0 也包含 1"作为性质，寻找该性质定义的所有类对应的符号，这样定义了 2。显而易见，用包含已给出类作为集合之性质来定义更高的类总是可能的。这样，可以给出所有自然数。

这确实是一个美妙的证明，符号等同和包含确实是逻辑的属性，用它导出自然数意味着算术和几何不同，它是完全基于逻辑的。据此，自然数就从逻辑（符号的等同和包含关系）推出来了。问题在于：用集合对自身部分的等同和包含作为性质（如"不等同自身"和"属于自身"）给出新的集合（类），再

---

① G. 弗雷格：《算数基础》，第 96 页。弗雷格在定义 1 的时候指出：为了 1 的客观合理性，对 1 的定义不假定任何观察的事实。他还强调：即便所有理性的动物都进入冬眠，定义自然数的句子之真假也不会发生变化，而且完全不受影响。（G. 弗雷格：《算数基础》，第 96—97 页。）基于此，弗雷格否定了数学是一种心灵建构的说法。他区分了两类主体活动：主观感知和客观认知，前者对应我们的个人感受，后者则是对客观世界的认识过程。他还以色盲为例，指出：色盲对色彩的主观感受肯定与常人不同，但这并不妨碍他谈论"红的"和"绿的"，因为这些颜色词表达的通常不是人的主观感受，而是一种客观性质。色盲可以通过别人对颜色的区分，或者物理实验，认识到这种性质。（G. 弗雷格：《算数基础》，第 43—44 页。）在弗雷格看来，数也是如此。问题在于，主观感知和客观认识的界限在哪里？它们各自的真实性基础又是什么？对此，弗雷格并未给出清楚的解答。（对于弗雷格这一观点的商榷，可参见 Michael Dummett, *Frege: Philosophy of Mathematics*, Harvard University Press, 1991, p.79。）

用被给出的类产生更高的类，它是否总是可行的？事实上，罗素正是在思考"由一切'自己不属于自己的集合'组成之集合是否属于自己"时，发现集合论中存在悖论。为什么？一个集合是否属于自己是集合的逻辑性质，由该性质给出一切自己不属于自己的集合，该集合如果具有自己不属于自己这一性质，一定被包含在一切自己不属于自己的集合中，故它是自己属于自己的。然而，如果该集合是自己属于自己的，它一定具有定义该集合整体元素（自己不属于自己）之性质，即自己是不属于自己的。这是一个悖论！罗素悖论引发了集合论公理化和数学基础的争论。[1] 弗雷格立即认识到用符号系统等同和包含性质无法定义自然数，他明确宣告由逻辑推出自然数的失败。[2]

---

[1]　关于弗雷格对自然数的定义，以及罗素悖论，我在《消失的真实》第三编中提供了一个相对通俗的介绍。（详见金观涛：《消失的真实》，第 253—254 页，第 259 页。）

[2]　罗素在 1902 年将自己发现的悖论写信告知弗雷格（Russell, "Letter to Frege", in Jean van Heijenoort, ed, *From Frege to Godel: A Source Book in Mathematical Logic, 1879—1931*, Harvard University Press, 1967），弗雷格意识到自己短时间内无法解决罗素悖论，只能在自己即将出版的《算术的基本规律（第 2 卷）》中坦言自己的这一窘境："即便是现在，我也没能弄清楚……如何将数理解为一个逻辑对象并加以研究"，并附上了罗素悖论的全部论证过程。（Gottlob Frege, *Basic Laws of Arithmetic, Volumes I & II*, translated and edited with an introduction by Philip A. Ebert and Marcus Rossberg, Oxford University Press, 2013, pp.253-265.）在集合论的悖论被发现之后，以及在弗雷格自己的《算数的基本规律》的形式系统中，"类"这个概念就不再被视作简单明确的，而此时逻辑主义也就失去了大部分吸引力。最终，弗雷格在中断数学哲学研究长达 20 年之后，彻底拒绝了关于类的理论，认为这个概念是语言造成的幻觉。这也使他最后放弃了逻辑主义。（达米特：《弗雷格》，第 40—46 页。）

从此，排除集合论悖论代替了用逻辑推出自然数的努力。为什么集合论中会出现悖论？康托尔从符号系统是否互相包含的角度考察如何严格地给出符号和符号系统，这就是元素及其组成的"集合"。元素是主体给出的符号，而集合是由已给出符号组成的整体。一般说来，先定义元素，再规定由元素组成（即包含元素）的集合。但在某些情况下，主体不得不根据已知前提（整体）来给出符号，如果用集合的某种"性质"来规定属于它的元素，主体在自由地给出符号系统中就可能出现符号规定的自我否定的循环：某些符号先规定其他符号，再通过其他符号反过来再一次规定自己；一旦该过程不自洽，就会引发悖论。事实也是如此，自康托尔提出了系统的集合论学说之后，不同学者发现了一系列有关集合论的悖论。[①]集合论的悖论是通过公理化克服的，所谓公理化是建立规定集合的若干原

① 详见胡作玄：《第三次数学危机》，四川人民出版社 1985 年版，第 85—92 页。关于集合论悖论，一个典型例子是康托尔有关超限序数的讨论。序数最常见的定义就是把每个序数等同于先于它的所有序数构成的集合。我们把从 0（所有序数中最小的）到 10 这些序数组成集合 {0, 1, 2, ……, 10}，该集合就是序数 11。这就带来一个问题，如果我们要定义一个"所有序数的集合"，这个序数一定大于集合内的每个序数，但同时它又必定属于这个"所有序数的集合"。这就引发了悖论。康托尔提出的超限序数帮助解决了这个悖论。所谓超限数指的是大于所有有限数（自然数）的数，最小的超限序数是 ω，"所有的有限序数组成的集合"就得到了自洽定义。但对所有超限序数组成的集合而言，并没有类似 ω 的对应物。这样一来，在定义"所有超限数组成的集合"的时候，就又会出现悖论。（参见 Joseph Warren Dauben, *Georg Cantor: His Mathematics and Philosophy of the Infinite*, Princeton University Press, 1979, p.242; Georg Cantor, "Letter to Dedekind", in Jean van Heijenoort, ed, *From Frege to Godel*, pp.113-117。

则（公理）来排除符号系统生成过程中自我否定的循环。

罗素认为，虽然弗雷格失败了，但只要用公理化方法排除集合论的悖论，就可以用类似于弗雷格的思路从逻辑来推出自然数。[①] 罗素提出用类型论作为公理化方案，他认为，自然数的运算本质上是类的合并和包含，为了证明这一点，罗素与其老师阿尔弗雷德·怀特海共同完成并出版的《数学原理》，将"无穷公理""选择公理""可化归公理"加入集合论作为公理。其中，"无穷公理"实为把每一个类和"非类符号"一一对应时需要假定存在无穷多"非类符号"。罗素的想法和人们对自然数的直观理解相符合，很容易让人误解罗素已经克服了弗雷格的困难，即自然数已被证明是符号性质规定的"逻辑类"。其实，这是一个错觉。《数学原理》的推理过程极其冗长、复杂，作为其推论前提的公理也并非全然自明的，如罗素本人就承认"可化归公理"是自己逻辑主义的一个瑕疵。[②] 因此，罗素的观点虽然得到很多哲学家的关注，但数学家不接受罗素提出的集合论公理化方案。[③] 也

[①] 弗雷格在自己生活的时代，一直寂寂无闻，他的工作只有罗素、维特根斯坦和胡塞尔有比较准确的了解。罗素的《数学的原则》专门有一个附录讨论弗雷格，他和怀海特合著的《数学原理》在序言中特别强调"在关于逻辑分析的所有问题上，我们都主要受惠于弗雷格"。维特根斯坦的《逻辑哲学论》也在正文中反复援引"弗雷格的伟大著作"。胡塞尔的《逻辑研究》也引用了弗雷格的研究。（参见达米特：《弗雷格》，第46—47页。）

[②] 详见图尔特·夏皮罗：《数学哲学：对数学的思考》，郝兆宽、杨睿之译，复旦大学出版社2009年版，第111—120页。

[③] 在1959年完成的《我的哲学的发展》一书中，罗素就曾抱怨说："大家只从哲学的观点来看《数学原理》，怀特海和我对此都表 （下接第074页脚注）

就是说，至今仍没有证明自然数可以从逻辑推出。但需要说明的是，罗素的类型论经过纯化和改造，还是可以被应用在数学和逻辑学研究中的，例如普林斯顿高等研究院集合大批数学家和计算机科学家，从2012—2013年开始致力于同伦类型论的开发，他们还对外发布了一本开放源码的书籍《同伦类型论：数学的一价语义基础》。这本书试图在同伦类型论的基础上，为数学提供一个不同于集合论的新基础。①

我认为，20世纪数学发展已经证明数学是不可能建立在逻辑之上的。数理逻辑属于抽象代数，只是某一种结构的符号系统。抽象代数不能还原为数理逻辑，甚至数学推理亦如此。就拿逻辑推理本身而言，它是从某一组符号串通过符号的等同和包含关系推出另一个符号串，如果数学推理是单纯的逻辑推

（上接第073页脚注）失望。对于关于矛盾的讨论和是否普通数学是从纯乎逻辑的前提正确地演绎出来的问题，大家很有兴趣，但是对于这部书里所发现的数学技巧，大家是不感兴趣的……甚至有些人，他们所研究的问题和我们的问题完全一样，认为不值得查一查《数学原理》关于这些问题是怎么说的。"（《罗素文集（第12卷）：我的哲学的发展》，温锡增译，商务印书馆2012年版，第85页。）英国数学家戈弗雷·哈代还转述过罗素的一个噩梦，在梦中，罗素来到2100年的剑桥大学图书馆，他看到一位图书管理员带着一个大桶在书架间来回走动，逐一拿下书架上的每本书翻阅，然后要么把书放回书架，要么把它扔进桶里。最后，他来到罗素三卷本的《数学原理》（这是世界上仅存的一套纸质版）前面；拿下书翻了几页之后，管理员似乎因为书中各种奇怪的符号而感到困惑，之后他合上书，在手上反复掂量、犹豫……（Godfrey Harold Hardy, *A Mathematician's Apology*, Cambridge University Press, 2012, p.83.）

① 关于这本书的相关信息，可访问 Hometopy Type Theory, https://homotopytypetheory.org/。

理，某一个符号串是否被包含在另一组符号串中，必定是可以判定的，即在单纯的逻辑推理中，数学命题非真即假，不可能存在不能判别真假的数学命题。20 世纪 30 年代，哥德尔证明，在算术逻辑（包含自然数命题的谓词演算）中存在不可判定的命题，即对于任何一组给定的公理定义的数学系统，总可以找到一个有关自然数的数学命题，我们不能用逻辑证明它的真假。[①]哥德尔的成果表明，数学推理不能简单地等同于符号的等同和包含关系。[②] 数学再一次显示了其神秘性！

皮亚诺公理和科学真实的结构

虽然从逻辑推出自然数以失败告终，但自然数确实可以定义为具有某种特定结构的符号系统，它和来源于客观事物及其性质的经验无关。我在《消失的真实》第二、第三编指出，意大利数学家皮亚诺第一次给出自然数（非经验）的严格定义。[③]自然数是这样的集合：其中任何一个元素都可规定一个后继元

[①] 哥德尔定理的提出对罗素和怀特海的《数学原理》形成致命一击。在 1930 年和 1931 年的两篇文章中，哥德尔先后证明《数学原理》中存在形式上无法判定真假的命题。（详见 Kurt Gödel, "Some Metamathematical Results on Completeness and Consistency"; Kurt Gödel, "On Formally Undecidable Propositions of Principia Mathematica and Related Systems", in Jean van Heijenoort, ed, *From Frege to Godel*。）

[②] 任何一个数学证明都对应着一个哥德尔数，而数学推理除了运用符号等同和包含关系外，其整体必须满足递归可枚举结构。

[③] 金观涛：《消失的真实》，第 240—243 页，第 309—311 页。

素，它和已经给出的元素不同；而且数学归纳法有效，即如果一命题对其中某一元素成立可以推至对其后继元素亦成立，那么该命题对所有元素成立。下面用严格的论述来表达皮亚诺公理，①集合 N 只要满足如下 5 个条件，其元素就是自然数（我们用 a* 表示 a 的后继元素）。

1. 1 属于 N。

2. 当 a 属于 N 时，有唯一的 a* 属于 N。

3. 当 a* 属于 N 时，a* 不是 1。

4. 对任何 a、b 属于 N，若 a* 和 b* 相同，a 和 b 相同。

5. 若 M 属于 N，且 1 属于 M，对于任意 a 属于 M，有 a* 属于 M，则 M 等于 N。②

皮亚诺公理是什么意思？我们可以把该结构投射到经验对象，看看它代表着什么。当这组公理不是描述符号系统，而是人做受控实验（受控观察）时，我们会发现皮亚诺公理的背后

---

① 皮亚诺在 1889 年提出了 9 条公理来定义自然数，但其中第二至第五条公理在当代并未囊括到一般所言的"皮亚诺公理"中。（详见 Giuseppe Peano, "The Principles of Arithmetic, Presented by a New Method", in Jean van Heijenoort, ed, *From Frege to Godel*. p.83。）

② 需要说明的是，这里对皮亚诺公理的形式表达做了一些调整。在皮亚诺所处的时代，集合公理化运动还没完成，他不可能清楚地区分集合与"类""性质"，后两者是经验对象才拥有的。例如，在原初的皮亚诺公理中，会先定义起始符号 1（或者 0）为常量符号或自然数。此外，皮亚诺还定义了一个符号 K，其指的是类或"集族"。换句话说，皮亚诺认为集合是"类"的子概念。（详见 Giuseppe Peano, "The Principles of Arithmetic, Presented by a New Method", p.94。）本书在讨论皮亚诺公理的时候，省略了上述有缺陷的内容，只涉及今日数学家重新加以表述的严格定义。

正是受控实验（受控观察）的普遍可重复性。当一个元素代表某一次受控实验（受控观察）时，所谓后继关系，是做一次受控实验（受控观察）后，还可以做下一次同样的受控实验（受控观察），或某人做某一受控实验（受控观察）后，另一个人可以做同样的受控实验（受控观察）。

此外，皮亚诺第五公理保证了数学归纳法的成立，因此又被称作归纳公理。[①] 这一公理对应着如下原则：某人做某一次（个）受控实验（受控观察），能得到某个结果。只要下一次控制同样条件，下一次（或另一个人做同样的）受控实验（受控观察）亦能得到同一结果。这样一来，只要控制某一组条件，在任何情况下（或任何人）必定能得到同一结果。我在《消失的真实》中将其称为受控实验（受控观察）的普遍可重复，它是科学经验真实性的最终标准。

我在导论中指出，量子力学在今天已经证明"客观实在为真"并非永远正确的。因为当对象依赖主体时，和主体可重复控制无关的客观对象有时并不存在。[②] 这时，只能用受控实验（受控观察）能不能普遍可重复来判别实验对象和相应的性质是否为真。换言之，"普遍可重复的受控实验（受控观察）为真"，已经成为科学界判定科学真实的金科玉律。它是比"客观实在为真"更为基本的真实性基础，而表达自然数的符号结构居然和判定科学真实的受控实验结构相同。这表明自然数的

---

① Giuseppe Peano, "The Principles of Arithmetic, Presented by a New Method", p.83.

② 严格证明参见附录一。

定义虽不能用逻辑推出，但正好描述了科学真实的结构。

　　我认为，自然数的皮亚诺公理具有重要的认识论意义，因为它第一次用符号表达了科学真实的结构。换言之，真实性本质上是一种结构，它可以是经验的，亦可以是符号的。它在代表符号时，可以和经验没有关系。表面上看，皮亚诺公理 5 个条件中条件 1 有 "1"，"1" 是来自经验的，是数 "数" 时定义的单位。其实这里 "1" 只是一个起始符号，可以和测量单位无关。我们亦可以用 "0" 作为起始符号，这时得到了包含 "0" 的自然数集，这是自然数的另一种等价的定义。① 读者或许会感到奇怪：如果没有测量单位 "1"，仅仅从符号的后继关系以及它们互不等同，就能定义自然数吗？当然不能！如我们给出序列 a_1、a_2、a_3、a_4、a_5、a_6……，它们也满足 "对该集合任何一个元素都可规定一个后继元素，使它和已经给出的元素不同"，这一序列和自然数也一一对应，但它并不是自然数集。为什么？因为皮亚诺第五公理不成立，故上述序列不是自然数，而只能是自然数的子集合，或和自然数集合一一对应的另一个集合。

　　这里至关重要的是，定义自然数需要数学归纳法即皮亚诺第五公理成立。条件 5 的妙处在于：它不仅用数学归纳法成立来代替数 "数" 单位，还指出所谓满足一个命题 P 的所有集合只能由数学归纳法有效地给出。也就是说，数学归纳法成立

---

① 事实上，在皮亚诺 1908 年提出的公理版本中，皮亚诺就是以 0 为起始符号的。（参见 Giuseppe Peano, *Formulario Mathematico, editio V,* Turin, Bocca frères, Ch. Clausen, p.27。）

可以转化为两个等价的法则。第一，如果一个命题 P 对其中某一元素成立，可以推至对其后继元素亦成立，那么该命题对该集合所有元素成立。第二，只有数学归纳法才能有效地给出具有 P 的所有对象（元素），形成一个有关对象（元素）的全称命题。

早在 18 世纪，休谟就感到数学归纳法与经验世界似乎没有必然的联系。[①]事实上，皮亚诺公理及其包含的数学归纳法，讨论的不是客观存在的经验世界，而是具备自由意志的主体如何给出符号系统，以及如何从控制（或相应的符号）来定义具有某种规定性的"所有"对象。让我们分析皮亚诺前 4 条公理，在客观世界，经验上给出有限个不同对象（包括主体）后，并不一定存在和已知对象不同的下一个对象。然而，对主体实行控制而言，主体做过有限次的控制后，一定还可以做另一次控制。也就是说，皮亚诺前 4 条公理是在描述主体的自由，而第五公理归纳公理则给出了"所有"具有某种规定性的对象。什么是"所有"？具有某种规定性（性质）的所有对象涉及对象的全称，其可能有无穷个。这是一个以前无法讲清楚的概念，只有数学归纳法提供了给出无穷个对象的有效方法，它可以证

---

① 休谟建立了两种知识类型或人类理性的研究对象。一是观念的关系，包括几何、代数、算术等科学，这类研究在直觉上或演绎（数学归纳法本质上是一种演绎方法）上具有确定性。它仅仅依靠思想的活动就能完成，并不依靠在宇宙中任何地方存在的东西。二是实际的事情，与之相关的一切推理都建立在因果关系上。这种关系的知识不是由先天推理获得，而是当我们发现任何一些特定对象互相恒常地会合在一起时，完全从我们的经验中来的。（参见大卫·休谟：《人类理智研究》，周晓亮译，沈阳出版社 2001 年版，第 23—26 页。）

明有关对象的全称陈述为真，这一点对真实性哲学特别是定义科学真实至关重要。

如果把皮亚诺公理中的元素视为主体，某一元素的后继元素为不同于某一主体的另一个主体，归纳公理正对应着如下原则：如果某一对象对某一主体成立，能得到对另一个主体也成立，则该对象对所有主体成立。如果皮亚诺公理中的元素是用某一种方法定义的一个对象，某一元素的后继元素为不同于某一对象的另一个对象，归纳公理则指出：如果某一对象是真的，能得到对下一个对象也是真的，则用某种方法规定的所有对象都是真的，"有关对象为真"的全称陈述成立。

这一切又有什么意义呢？我在《消失的真实》导论中指出，所谓真实性是对象和主体的一种关系，这种关系构成主体对对象之评价，以及其与评价对象互动的前提。[①] 但我在《消失的真实》中并没有论述这种关系是什么。在本书导论中我指出，真实性作为主体 X 和对象 Y 的关系，必须通过控制手段 M 来界定。也就是说，真实性是主体 X、对象 Y 及 M 三者之间的关系，并指出 X 和 Y 的真实性取决于 M 的可重复性。而 M 的可重复性是指做过一次后还能再做一次，当可重复性满足数学归纳法时，则得到真实性作为一种关系的普遍成立。由此可见，数学归纳法对判别真实性是否普遍成立具有关键性意义。

现在，我们得出一个令人吃惊的结论：自然数作为某种特

_____

① 金观涛：《消失的真实》，第 11—12 页。

定结构的符号系统，居然代表了所有悬置在对象之外的主体和对象的关系，定义了科学真实必须满足的前提。当这种符号系统不存在时，上述关系就不存在，这时说"某一对象为真"将不再有意义。

客观实在和普遍可重复的受控观察

上面的结论有点不可思议，难道自然数不存在（即它不是真的），就不能凭"客观实在"来判别经验世界对象的真实性吗？其实，只要我们将分析严密化，就会发现确实如此！

人如何知晓对象是客观实在的？所谓客观实在，是指该对象必须有如下两个性质。第一，主体对其观察不会改变该对象；第二，该对象对所有主体（观察者）为真。"所有主体（观察者）"是主体（观察者）的全称，它包含了无穷多个主体（观察者）。定义所有主体（观察者）需要如下程序：控制某一组条件，其可以让某一主体（人）通过相应的操作确定观察到对象存在，只要仍控制这一组条件，下一次另一个主体（人）仍可以通过相应的操作确定观察到对象存在，这样该对象对所有主体（观察者）均存在。这正是利用数学归纳法定义了所有主体（观察者），它也是确认该对象为真所必不可少的前提。我们将满足上述程序的观察称为一个普遍可重复的受控观察。受控观察普遍可重复之符号表达就是自然数。

简而言之，实在论哲学认为客观性就是真实性，客观实在为真似乎是不需要证明的。[1] 但实际上，确证对象为客观实在，必须依靠一个普遍可重复的受控观察。只有在受控观察普遍可重复之时，对象的客观实在才能得到证明，也就是为真。普遍可重复的受控观察和自然数存在一一对应关系。由此可以推知，如果自然数不存在，相应的观察不可以和一个自然数集一一对应，这就意味着此对象的真假无法通过一个普遍可重复的受控观察加以确认，即使该对象被当作"客观实在"，它亦可能不是真的。

让我们暂且回到《消失的真实》第三编举过的例子。"这里存在渡鸦"和"尼斯湖有湖怪"分别为两个表达客观实在的陈述。表面上，渡鸦是客观实在，它保证了第一个陈述的真实性。某人在某时看到过尼斯湖怪，尼斯湖怪似乎也是客观实在，但客观实在不能保证第二个陈述的真实性。上面两个陈述的差

---

[1] 实在论哲学在历史上有着复杂的渊源流变，这里无法深究。但一般而言，实在论者倾向于认为"存在"意味着独立于任意主体的信仰、语言行为、概念图式等。（Alexander Miller, "Realism", *Stanford Encyclopedia of Philosophy*, December 13, 2019, https://plato.stanford.edu/entries/realism/.）进入 20 世纪之后，也有西方学者提出新的实在论（如霍尔特等：《新实在论》，伍仁益译，商务印书馆 2013 年版），其中德国哲学家马库斯·加布里尔近年来受到很多关注，他提出了所谓"意义域"的理论，主张关注对象的意义，即对象的属性或特质。不同对象有不同的意义，每个对象也都包含多种意义，而我们每个人日常认识的仅仅是对象的特定意义（或性质）。借此，他试图超越传统形而上学和后现代主义的二元对立。但问题在于，"意义域"理论预设人无法从整体上去把握世界的意义，在此基础上，加布里尔提出一个说法：世界并不存在，而认识过程被解释为每个个体对特定对象的特定意义的把握。（Markus Gabriel, *Fields of Sense: A New Realist Ontology*, Edinburgh University Press, 2015.）然而，新实在论始终无法清晰地定义什么是意义。

别在哪里呢？对于第一个陈述，我们能控制一组条件（如把渡鸦关在笼子里或走近渡鸦），对任何一个想确证该陈述的主体（人），我们可以一次又一次地重复这组控制条件（把笼中渡鸦给人看或看到停在树上的渡鸦），从而证明相应陈述为真。对于"尼斯湖有湖怪"这一陈述，则并不存在这样一组条件，即找不到相应的受控观察。除非某一天真的抓到了尼斯湖怪，该陈述才和一个普遍可重复的受控观察相对应。[①]

现在我们终于发现逻辑经验主义和分析哲学真实观的破绽了。表面上看，陈述"这一只渡鸦是黑的"为真的条件是客观实在的真实性，因为黑渡鸦客观实在，由符号"这一只渡鸦"和"黑的"用"从属关系"（逻辑）组成的符号串"这一只渡鸦是黑的"才是真的。但实际上，上述符号串只是主体表达有关对象的信息，并不能保证有关对象信息为真。要确认陈述的真实性，除了符号正确地指涉对象外，还需要一个普遍可重复的受控观察：无论谁对上述陈述为真有怀疑，我们都可以把该渡鸦给他看一看。

由此可见，任何客观实在为真的符号表达实际上都是由两个不可分割的部分组成的，一是符号正确地指涉对象，二是指涉对象的符号串必须和一个表达真实性的符号结构——自然数相联系。两个部分缺一不可。简而言之，正因为主体（人）是用符号把握对象的，符号系统正确地指涉对象只是主体获得对象的信息并用符号串表达了该信息，这无法保证对象本身的真

---

① 金观涛：《消失的真实》，第 296—304 页。

实性。保证经验世界的真实性还需要主体具有处理经验信息的某种正确方法。该方法可以用特定的符号结构表达，这就是自然数（的真实性）。如果表达经验的符号串不对应着结构上具有真实性的符号系统，仅仅靠符号正确地指涉对象，是无法保证任何一个符合逻辑之陈述是真实的，正如获得信息并不能保证信息可靠一样。①

经验论哲学认为存在着真实的外部世界，人对外部世界的感知就是认识的基础。② 现在我们以主体获得外部世界的信息和掌握判断信息的可靠方法取代经验论的出发点，并将其和经验符号表达相联系，这等于是重建了经验论的哲学基础。这就带来一个问题：只要科学以客观实在的事物为研究对象，自然数作为一个代表受控观察普遍可重复的符号集的存在，并与对象是客观实在完全等价，我们为什么不可以用客观实在来代表受控观察的普遍可重复呢？只要两者真的完全相同，逻辑经验主义和分析哲学的主张仍然正确，我们并不需要一种取代它的新哲学。

---

① 一个例子是各种视错觉的流行，如月亮幻觉，即月亮在地平线附近的时候，会显得比在天空中的时候更大；还有铁道错觉，对于在两条收缩线中的物体，我们会认为接近收缩点的物体更大，即使它们的大小是一样的。事实上，各种魔术之所以奏效，也是因为利用了人在接收外部信息过程中出现的各种错觉。（参见 Stephen Macknik, Susana Martinez-Conde and Sandra Blakeslee, *Sleights of Mind: What the Neuroscience of Magic Reveals about Our Everyday Deceptions*, Picador, 2011。）

② 关于经验主义一般特征的总结，可参见 Peter Markie and M. Folescu, "Rationalism vs. Empiricism", *Stanford Encyclopedia of Philosophy*, September 2, 2021, https://plato.stanford.edu/entries/rationalism-empiricism/。

事实上，上述观点是错误的。为什么？根据客观实在为真的原则，确证的永远是单称陈述。正因如此，20世纪笼罩在逻辑经验论和分析哲学阴影下的科学哲学都认为全称陈述只能证伪。我在《消失的真实》第三编中以合成生物学中想象人造渡鸦为例，证明当可以通过一个普遍可重复的受控实验制造出渡鸦，并发现其为黑时，"一切渡鸦为黑"不再是一个猜测。人造渡鸦一旦被制造出来，它亦可以被认为是某种客观实在，但是其对应的全称陈述可以被确证。[①] 在实验室合成渡鸦和在自然界发现渡鸦有什么不同呢？关键是某些客观实在可以是人造的。人造渡鸦对应着普遍可重复的受控实验，我在后文将指出，在很多情况下受控观察只是受控实验退化的结果。

总之，受控观察普遍可重复不可以由客观实在来取代。更何况人类的认识论除了必须涵盖人造物在内的形形色色的客观实在外，还要面对非客观实在的真实性。由此可见，逻辑经验论和分析哲学的真实观必须被更广泛的真实观取代。为了理解这种新的真实观，首先要去分析人造客观实在和自然界被观察到的客观实在之差别。如前所述，当人造渡鸦仅仅是被观察的对象时，我们不能说一切人造渡鸦为黑是真的；只有其被一个普遍可重复的受控实验制造出来之后，一切人造渡鸦为黑才是真的。在这一切的背后正是受控实验和受控观察的差别。换言之，我们必须去问：什么是受控观察？在什么前提下一个普遍可重复的受控观察可以转化为一个普遍可重复的受控实验？

---

① 金观涛:《消失的真实》，第299—304页。

受控实验及其结构

20世纪科学理论对人类认识论最大的贡献是严格定义了什么是观察。在此之前，观察仅仅被视为人对客观实在的感知，实际上它是主体获得对象的信息。伴随这一观点的流行，信息论作为一门全新学科崛起了。为了确保对象的信息是可靠的，主体必须可以控制获得对象的通道，即它是一个受控观察。[①]所谓受控观察指的是，通过控制某一组条件，可以让某一主体（人）通过相应的操作确定观察到对象。何为"控制某一组条件"？何为"观察到"？控制某一组条件是指主体可以进行一系列自由选择，如选择自己的空间位置去面对某一对象，[②]或选择某些东西做成一个装置（如笼子或望远镜）。"观察到"是主体得到对象的信息。[③]换言之，控制某一组条件实为主体 X 选择可控制变量 C，而所谓观察到对象存在，是指 X 控制 C 后，存在一个通道 L，使得对象 O 的信息可以通过 L 到达 X。整个过程可以表达为图 1-1。

[①] 20世纪信息论的奠基人是克劳德·香农，他在 1948 年发表的代表性论文中指出，通信的核心是主体从一组可能的信息中选择一个信息，整个通信系统是为这一主体选择过程设计的。（详见 Claude Elwood Shannon, "A Mathematical Theory of Communication", *The Bell System Technical Journal,* Vol. 27, Issue 3, 1948。）

[②] 如前所述，把对象放到笼子里拿到观察者面前，亦属于这种选择。

[③] 关于信息的严格定义，我在"科学的经验：有默会知识吗"一节给出。

图1-1　受控观察

受控观察和一般观察不同，其强调观察过程的完全可控，完全可控的目的是保证信息的可靠。正因为观察实为主体通过控制条件获得对象的信息，观察条件完全可控意味着它具有控制过程的普遍可重复性，据此可以得出一个结论：为了保证信息的可靠，要求获得对象信息的过程（观察）是可以任意重复的。

因"受控观察可重复"和"获得信息为真"等价，故必须严格定义受控观察可重复。受控观察可重复包括两种情况。第一，受控观察对某一主体 X_n 可重复，即 X_n 实行第一次控制 C 并观察到 O 后，能实行下一次控制 C 并也观察到 O。这时，O 对 X_n 是真的。第二，受控观察对所有主体可重复，即不仅第一种情况成立，且当 O 对主体 X_n 为真时，对 X_{n+1} 亦为真。也就是说，在控制变量 C 和通道 L 不变的前提下，将某一个观察主体 X_n 变为另一个观察主体 X_{n+1}，受控观察结果仍然可重复。这时，O 对所有主体 X 均为真。我们将满足上面两个前提的受控观察称为一个普遍可重复的受控观察。

一个普遍可重复的受控观察包含了所有的主体，但它只能形成一个有关 O 的单称陈述。为什么？定义所有主体需要数学归纳法，所有主体由"当 O 对主体 X_n 为真时对 X_{n+1} 亦为真"得出。这里，变换主体亦是一个受控过程。由于受控过程规定的全称只包含观察者，不包含O，这样被确证的有关O之陈述只能是单称陈述。在什么前提下，有关O的全称陈述可以被某种受控过程确证呢？根据前面的分析，O必须如同控制条件和主体那样一次又一次可重复，且满足数学归纳法。也就是说，O属于主体可以控制的变量。也就是说，L的存在不仅使主体可以获得对象的信息，还包括X通过选择C和L对O实行控制。这样，O从可观察变量转化为可控制变量Y，即主体和对象之间存在如图1-2所示的结构。

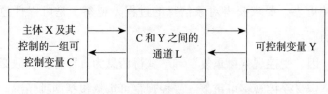

图1-2　受控实验

该结构最大的特点是Y不仅是可观察变量，还是可控制变量。我们称这一结构为受控实验。与受控观察普遍可重复的定义类似，当某一个受控实验不仅对某一主体可重复而且对任何主体均可重复时，我们称其为一个普遍可重复的受控实验。当受控实验普遍可重复时，数学归纳法证明所有Y对所有主体均是真的。这里，所有的Y可以形成一个全称陈述。也就是说，受控实验普遍可重复对应着Y的全称陈述为真。正因如此，现代科学理论大多是用全称陈述表达的，我们把受控实验作为现代科学的基础。

综上所述，普遍可重复的受控实验和普遍可重复的受控观察之间的差别在于，Y不仅是可观察变量（主体可以获得其信息的对象O），还是可控制变量。所谓可控制变量，是指它和C集合中的元素一样，是主体X可以进行自由选择的。当然，X对Y的选择，需要通过选择它掌握的可控制变量集C和通道L。正因为Y也是新的可控制变量，可以将其加入主体掌握的可控制变量集C中，从而扩大主体可控制变量的范围。这时，受控实验中Y和C可被视为同一类，即可以建立一个将Y并入C的反馈。也就是说，受控实验存在着两种类型。一类是Y加入C后，会形成一个和以前不同的新受控实验，我们称之为可迭代的受控实验。[①]另一类是Y加入C后，并不足以形成一个和以前不同的新受控实验，或加入C只能形成一个新的受控观察。[②]对后一种情况，受控实验是不可以自我迭代的。

　　总之，我们得出如下结论：科学经验的真实性建立在普遍可重复的受控观察和受控实验之上，其符号表达均为自然数。

---

① 一个例子是X射线的发现，德国科学家伦琴是在研究阴极射线的过程中发现了X射线的。伦琴对阴极射线的实验设计，又受益于前人特别是德国科学家赫兹及其学生勒纳德的相关实验成果。事实上，赫兹与勒纳德在自己的阴极射线研究中已经探测到X射线，但并没能认识到两种射线的差异。一直到等到科学界弄清楚阴极射线的本质之后，才可能将阴极射线作为可控制变量，并通过X射线去研究新的受控实验。（参见 Joseph F. Mulligan, "Heinrich Hertz and the Development of Physics", *Physics Today,* Vol. 42, No. 3, 1989。）

② 例如，对光、原子结构、热力学的研究进展，无疑推动了20世纪天文学家对各类星体的研究。星际化学这一天文学分支学科的出现，就源自人类对原子、分子结构认识的加深。（Laurie M Brown、Abraham Pais、Brian Pippard 编：《20 世纪物理学（第 3 卷）》，刘寄星主译，科学出版社 2015 年版，第 330—441 页。）然而，天文学依旧属于受控观察，因为人类至今不具备控制研究对象的能力。

受控实验分为可自我迭代与不可自我迭代。对可自我迭代的受控实验而言，迭代形成一个新的受控实验，其出现意味着受控实验的扩张。对不可自我迭代的受控实验而言，将可控制变量 Y 加入 C 虽不能形成一个新的受控实验，但有可能建立一个新的受控观察，它是受控观察扩张之前提。当我们用符号串来表达科学经验真实时，普遍可重复的受控观察对应着被确证的单称陈述（符号串），普遍可重复的受控实验则对应着被确证的全称陈述（符号串）。科学真实的符号表达是被证明为真的单称和全称陈述（符号串）所组成的。

对于一个彻底的经验论者，当客观实在不能作为真实性的最终基础时，只能接受普遍可重复的受控实验和受控观察作为科学真实的基础。"普遍可重复"实为某种结构，这种结构本身既可以是经验的，也可以是符号的，其符号表达就是自然数。如此一来，我们不得不接受自然数不指涉经验对象时，它本身也是真实的。前面在讨论定义自然数的皮亚诺公理时，我指出这还是一种规定所有相关对象的符号结构。换句话说，只要把一个符号对应一种受控实验，自然数的结构就给出了所有受控实验。这样一来，我们也就可以研究受控实验通过组织和自我迭代扩张与一般受控实验的关系了。

戴德金公理：受控实验的组织、迭代和扩张

现在，我们来研究可自我迭代的受控实验。对于这一类受控实验，当 Y 并入 C 后能形成一个新的受控实验时，新的受

控实验又产生了新的可控制变量。因为新形成的可控制变量总是可以加入 C，并可能形成新的受控实验，当由可观察变量到主体掌握的可控制变量的反馈始终存在（见图 1-3）时，我们看到受控实验的不断扩张。那么，如何用符号来研究受控实验的扩张呢？

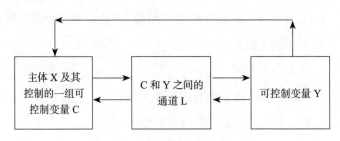

图 1-3　受控实验的自洽扩张

当我们用一个符号代表某一次受控实验，该符号的后继符号代表做下一次相同的受控实验时，该受控实验普遍可重复规定了相应符号集的结构，具有这一结构的集合就是自然数。现在我们改变符号指涉的对象，用一个符号对应某一种受控实验或受控观察，用该符号的后继符号代表和已做过的受控实验或受控观察不同的另一个受控实验或受控观察。在做出这样的改变后，同样要求该集合满足数学归纳法，我们再一次得到了所有自然数的集合。也就是说，自然数对应着所有受控实验和受控观察，而受控实验通过组织和自我迭代不断扩张的符号表达，只是自然数的子集合。将这一数学结果投射到认识论上，我们立即发现，自然数为真，不仅意味着可以定义所有受控实验和受控观察，还可以用此来研究由某些受控实验通过组织和自我迭代产生的受控实验集合与所有受控实验（包括受控观察）的关系。

《消失的真实》第三编讨论自然数时，除了皮亚诺公理，还列举了对自然数的另一种定义，它是由数学家戴德金提出的，即自然数还是满足如下 4 个公理的集合。

1. C 是一集合，c 为 C 中一元素，f 是 C 到自身的映射。

2. c 不在 f 的值域内。

3. f 为一单映射。

4. 若 A 为 C 的子集并满足如下条件——若 a 属于 A，则 f（a）亦属于 A，且 a 不在 f 的值域内，则 A=C。[①]

其中条件 4 和皮亚诺公理条件 5 相同，即数学归纳法成立。

[①] 戴德金公理是在 1888 年问世的。然而，当时戴德金并未明确给出自然数的定义；他给出的是 4 条定义单无穷集合 S 的公理，但指出 S 集合的元素是自然数或序数。倘若用现代数学语言来表达 1888 年公理，则如果 S 是一个单无穷集合，则它一定有一个子集 N、一个映射 f，以及 N 中的一个元素 1，使它们满足以下条件：第一，f（N）是 N 的子集；第二，1 是 N 的元素，且对任何集合 X，如果 1 是 X 的元素，且 f（X）是 X 的子集，则 N 是 X 的子集；第三，1 不是 f（N）的元素；第四，f 是一个单映射。（Richard Dedekind, *Essays on the Theory of Numbers*, authorized translation by Wooster Woodruff Beman, Dover Publications, Inc, 1963, pp.53-67.）本书所采用的是 1888 年公理的等价形式，其对应的是戴德金 1890 年写给汉堡的一位中学校长汉斯·克费施泰因的信中对 1888 年公理的重新叙述，但省略了 1890 年公理中有关后继元素的规定。（Richard Dedekind, "Letter to Keferstein", in Jean van Heijenoort, ed, *From Frege to Godel*, p.99.）相较 1888 年公理，本书采用的是今日数学界从戴德金当年公理出发得到的自然数的定义。此外，在 1888 年公理的表达中，数学归纳法和自然数定义的关系是隐藏在整个公理结构中的。本书采用的公理表达，则在第四条公理中清晰呈现如何通过数学归纳法来定义自然数。

前三个条件是什么意思？戴德金公理中前三个条件叙述了该集合元素产生的过程：将一个已知的元素 c 代入映射 f 得到元素 f（c），c 不在 f 的值域内，即 f（c）不同于 c。再将 f（c）代入映射 f，得到的结果亦不在其值域内，这意味着它与 f（c）和 c 都不同，如此等等。由此可得出两个结论：第一，如果把由 f 产生的所有元素作为 C 集，f 就是 C 到自身的单映射；第二，f 在规定 C 集的各个元素时，由它产生的新元素必须和已得到的元素不同。这样，戴德金公理中前三个条件是指，由某一个元素产生一个和它不同的元素，再由这两个元素产生一个和它们都不同的第三个元素，如此等等，最后形成集合 C。

如果满足戴德金公理前三个条件的集合中每一个元素都对应着受控实验或受控观察，f 就是根据已知的受控实验和受控观察，产生一个和它们不同的受控实验和受控观察。也就是说，f 定义了受控实验和受控观察的扩张。接着，我们要求该集合满足条件 4。这样我们可以断言：上述由 f 形成的受控实验和受控观察扩张链涵盖了所有受控实验和受控观察。为什么？因为戴德金公理条件 4 即数学归纳法成立。也就是说，f 产生的所有元素定义了所有的受控实验和受控观察。

现在，可以进一步用符号表达已知的受控实验和受控观察经组织和迭代不断扩张了。令 C_1 为满足戴德金公理集合 C 的子集合，c 为 C_1 中的元素，F 是 C_1 到自身的映射；当 c 不在 F 的值域内，F 为多对一或单映射时，C_1 表达了受控实验和受控观察经组织和迭代不断扩张形成之集合。这里，F 代表了组织和迭代方式，它产生了一个由某些受控实验和受控观察一意规定但又和它们不同的受控实验或受控观察。[①]

当 C_1 集合有无限多个元素时，意味着受控实验通过组织和迭代无限制地扩张，即由某一组受控实验一定可以产生规模更大、程度更复杂的新受控实验和受控观察。显而易见，C_1 是 C 的子集合，而 C 是自然数，当 C_1 有穷多个元素时，它为自然数中一个递归可枚举的子集合。这样一来，揭示某一个特定受控实验或受控观察与由已知受控实验和受控观察经组织和迭代形成之扩张链的关系，就是去分析自然数集合中一个递归可枚举集能否包含某一特定的自然数。在本书第四编第二章，我们将用它来揭示哥德尔不完全定理的认识论意义。

为什么只有一种科学真实

自然数最不可思议之处是，它既可以用皮亚诺公理来表达，也可以用戴德金公理来定义，故自然数的公理亦被称为皮亚诺-戴德金结构。在经验上讲，受控实验或受控观察普遍可重复，不同于受控实验或受控观察无限扩张。前者是关于科学经验的真实性，后者则涉及科学经验如何扩张。如果将这两件事都表达为符号系统，其结构完全相同。这一点令人深思。

---

① 由一组已知受控实验通过组织和迭代规定的新受控实验分为两种，一种是和已知受控实验互相自洽的，图 1-3 为由已知受控实验自我迭代形成的新受控实验的典型例子。另一种是和已知受控实验矛盾的，所谓矛盾是指其可控制变量和已知受控实验有冲突。这两种情况都属于受控实验通过组织和迭代的扩张，之所以强调第二种情况，因为在量子力学中受控实验的组织和迭代大多如此，我们将在第三编第一章讨论。

科学经验的真实性和科学扩张的符号表达相同，蕴含着什么样的认识论意义呢？根据自然数是受控实验普遍可重复的符号结构，我们可以说自然数作为符号系统本身就是真的。这样，从符号系统本身来讲，自然数的戴德金结构必定也是真的。也就是说，当每一个自然数对应着一个（组）受控实验，且前一个（组）受控实验一定可以产生下一个（组）新的受控实验时，我们可以断言：自然数也定义了所有受控实验。显而易见，这一结论在经验世界不一定成立，但自然数为真意味着受控实验的符号表达是可以无限扩张的。也就是说，对于有限个受控实验和受控观察，我们总是可以在符号上给出一个和它们不同的受控实验和受控观察，其为受控实验和受控观察在符号上的扩张。这无疑表明用符号表达所有受控实验和受控观察是一定可以做到的。简而言之，自然数定义了所有作为整体的受控实验和受控观察的符号表达。

在所有受控实验和受控观察中，有的是可以重复的，有的是普遍可重复的，即是真实的。我们立即得出一个结论：个人真实和科学真实是所有受控实验和受控观察集合的子集合。在所有普遍可重复的受控实验和受控观察中，有的可以通过组织和迭代不断扩张，有的不可以通过组织和迭代不断扩张，它证明科学真实经验可以分为两种不同类型。第一种类型人人皆知，那就是我们在物理世界的科学经验。第二种类型则要等现代科学发展到一定程度才呈现，它是主体进入虚拟世界的科学经验。[①]

[①] 《消失的真实》只分析了普遍可重复的受控实验和受控观察的第一种类型。关于第二种类型，我会在第三编第二章讨论。

自然数的皮亚诺-戴德金结构表明，上述各种经验即受控实验和受控观察之间的关系都可以用自然数集合、其元素及子集合加以表达并进行研究。

自现代科学形成以来，科学家有两个基本信念，一是大自然之书是用数学写成的，数学研究有助于发现新的受控实验和受控观察。二是科学技术发展是无限的，不会在某一天终结。为什么如此？一直没有人能回答。今天我们终于知道答案了，这正是因为科学经验的真实性的符号表达和科学经验扩张的符号表达相同。自然数既是普遍可重复的受控实验和受控观察的符号结构，又是受控实验和受控观察不断扩张的符号表达，这样一来，存在着无限个自然数不仅代表了科学经验可以无限制扩张，[①] 还意味着作为整体的受控实验和受控观察的不断扩张可以用符号来研究。换言之，科学真实的发展既然是依靠普遍可重复的受控实验和受控观察的不断扩张达到的，那么它在付诸实现前，其结构可以在心灵中用符号预演，这正是数学对科学经验扩张的意义。

今天只要我们去分析任何一个普遍可重复的受控实验和受控观察，就会发现它们往往是由另一些普遍可重复的受控实验和受控观察组成的。另一些普遍可重复的受控实验和受控观察还可以进一步化约，最后它们可归为人对自己和可利用事物的空间位置的选择，用力改变事物到自己想要达到的形态等。更重要的是，所有这些"选择"和"改变"本身也是普遍可重复

---

① 关于普遍可重复的受控实验和受控观察可以通过组织和迭代无限扩张的前提，见"为什么我们生活在时空之中""物理世界和虚拟世界"二节。

的受控实验和受控观察，只是其可控制变量是人生来具有的罢了，我们称其为人所拥有的基本受控实验和受控观察。

简而言之，对每一个已知的普遍可重复的受控实验和受控观察，都可以得到一条基本受控实验和受控观察通过组织和迭代形成的扩张链，这些扩张链也可以按次序互相联系起来，形成一条扩张总链。这条扩张总链构成了今日所有的普遍可重复的受控实验和受控观察。它就是人类掌握的科学技术，其有一个源头，那就是人所拥有的基本受控实验和受控观察。所谓现代科学，就是从这一源头不断扩张以至延伸到无穷的链条罢了。

据此我们可以想象：如果存在着和人不同的主体，他们有着和我们不同的基本受控实验和受控观察，其掌握的科学技术是否可以和我们掌握的不相交？显而易见，对一条从基本受控实验和受控观察通过组织和迭代形成的扩张链而言，当这条链的起始元素不同时，它们是不尽相同的。例如蝙蝠拥有的可观察变量和可控制变量与人类不同，它们可感知的经验世界（包括对客观实在的界定）和人类明显有别。如果科学仅仅是用符号对客观实在做表达，蝙蝠的客观世界及其符号表达肯定和人类不同。现在我要问：如果蝙蝠也有意识和自由意志，它们科学世界的基本原理和人类科学世界的基本原理是否相同？科学基本原理基于普遍可重复的受控实验和受控观察不断扩张的链，蝙蝠和人类的差别仅在于扩张链的起点，其相当多的部分是重合的。也就是说，扩张链作为整体是基本一样的，因为它们都可以通过组织和迭代无限制地扩张。之所以会如此，是因为蝙蝠和人类生活在同一时空之中。①

现在，我们可以知晓为什么逻辑经验论和分析哲学的科学观一定是错的，因为其把科学等同于用逻辑语言表达客观实在。如果客观实在对应着普遍可重复的受控观察，自然数仅仅刻画了主体获得客观实在信息的可靠性，那么我们面临的真实经验世界不可能随着主体的控制活动而扩张。这样的科学只能是某种扩大了的博物学，因为自然数集合不代表受控观察范围的扩大。在相应的科学理论研究中，自然数之间的关系是没有意义的，科学理论的符号推演只是三段论式的同义反复。只有利用自然数的戴德金结构，自然数之间的关系才对应着从一个（组）已知的受控实验如何得到另一个（组）受控实验，以及受控实验自我迭代及组织方式。也就是说，如果离开数学，我们无法理解什么是科学经验真实，以及科学真实为什么可以不断扩张。

上面我用数学代替了自然数。虽然自然数和受控实验普遍可重复及其无限扩张存在对应，但这并不等于我们已经把所有受控实验的结构符号化了。既然如此，又怎么能把数学研究看作受控实验及其无限扩张的符号预演呢？虽然自然数是数学的起点，但现代科学运用的数学远远超过了自然数。数学是什么？它作为主体的发明为什么一定是真的？这些问题困惑哲学家已有 2 000 年之久，至今没有答案。

---

① 为什么生活在同一时空中，不同的扩张链必定相交？这是因为时空测量与普遍可重复的受控实验和受控观察并存且互相自洽，是受控实验和受控观察可通过组织和迭代不断扩张的前提，对此我在第三编第二章会具体讨论。

下面我将证明：自然数对应受控实验普遍可重复，以及通过组织和自我迭代无限扩张，这只是受控实验一种最简单的符号描述。除自然数外，受控实验的各种细节都可以进一步符号化——无论是受控实验本身，还是其普遍可重复性，抑或是其通过组织和自我迭代的无限扩张，而且所有这些符号表达都可以是自洽的。该符号系统的整体就是神秘的数学大厦。

第二章　什么是数学

数学是发明还是发现？这个问题困扰了人类 2 000 多年，令人奇怪的是，很少有人去追问这个难题出现的原因。其实，答案很简单。我们之所以困惑，是因为数学是具有特定结构的符号系统。100 多年来，哲学深陷在符号系统的结构真实性的迷雾中，一切的根源是哲学家不理解什么是符号，以及主体如何自洽地给出符号。

集合论：自洽地给出符号系统

为了证明数学是什么，必须先回忆一下自然数是如何定义的。我们先给出一个集合，然后定义集合元素之间的某种关系，它们构成了集合的某种结构。自然数就是集合的一种特定的结构。我们在研究这一结构时，发现自然数是受控实验普遍可重复及其无限扩张的符号表达。20 世纪数学家发现，几乎所有数学分支都可以用类似的方法来建立，其代表是法国的布尔巴基学派。这样一来，要回答何为数学，证明数学是普遍可重复受控实验无限扩张的符号表达，必须先解决两个问题：第一，什么是集合？第二，集合的结构和受控实验的结构是什么关系？

集合是由组成它的元素来定义的。[①] 元素就是符号，已经给出的符号全体构成一个集合，可称为符号系统。用符号表达对象，首先要给出符号。我认为，集合论研究的正是人如何给出符号的学问。[②] 问题在于，自由给出符号是人的本质，因为主体是可以给出符号的，集合论的成立毋庸置疑，还有必要当作一门学问来研究吗？问题的难点在于，集合论首先要解决如何才能自洽地给出一个符号系统。所谓自洽，是指给出某一集合（或元素）的同时，不能又不给出该集合（或元素）。如果某元素是属于某集合的，它不能不属于该集合。[③] 也就是说，

---

① 这个定义可能让一些不具备相关专业背景的读者感到疑惑，似乎对集合的定义只是同义反复，也就是自己定义自己。其实，这个定义重在呈现的是一种符号关系：一个符号 M 通过特定方式规定其他符号 a、b、c……反之亦然。我们将这一符号关系表述为：集合 M 由符号 a、b、c……组成。关于集合论的一些基本内容，德国数学家、拓扑学创始人之一菲利克斯·豪斯多夫撰写的《集合论》一书提供了清晰易懂的介绍。（参见 Felix Hausdorff, *Set Theory*, translated by John R. Aumann, et al., Chelsea Publishing Company, 1957。）

② 豪斯多夫有一个说法：在集合论领域，"什么都不是自明的，其真实陈述，常常会引起悖论，而且似乎越有理的东西，往往是错误的"。（转引自 M. 克莱因：《数学：确定性的丧失》，第 264 页。）这个说法一方面涉及 20 世纪集合论悖论的发现，另一方面也表明集合论的研究对象是纯符号，与我们的经验世界无涉，因此不具备自明性。

③ 为了更形象地理解集合论悖论，让我们来看德国哲学家、逻辑学家格雷林和纳尔在 1908 年叙述的一个例子，其是关于可以描述自身和不可以描述自身的形容词的。如形容词 short 和 English 都可以用于描述自身，但另外两个形容词 long 和 French 就不行。这样一来，可以得出一个推论：一个形容词要么可以用于描述自身，要么不可以。我们将前者称为自谓的，后者为他谓的。现在让我们来考虑"他谓的"这个词，如果它是他谓的，由于它能够用于描述自身，应该是自谓的；但如果它是自谓的，则依"自谓的"一词 （下接第 102 页脚注）

给出符号系统时，必须排除悖论。

为什么在给出符号系统时会出现悖论？关键是给出符号系统的元素时，往往需要一些前提，当这些前提也是某种给定的符号系统时，一旦新给出的符号系统否定了原有的前提，就会引发悖论。这意味着我们没有给出确定的符号系统。就拿前面讲过的自然数的戴德金结构来说，先要给出一个集合 N，然后才定义其结构（如自己到自己的映射）。N 作为一个符号系统，我们如何知道它的元素已经自洽地给出了呢？关键是集合 N 的元素是用如下方法得到的：先给出第一个符号，再给出和它不同的下一个符号；显然，对已给出符号组成的任何一个符号系统，都可以进一步给出与已给出符号不同的符号。这里新符号和已给出符号的不同就是其前提，没有这个前提，我们不能规定新符号，也就不能给出作为整体的符号系统。显而易见，如果新符号否定其被给出的前提，符号系统就不存在了，我们也无法进一步规定符号系统的结构。

因此，集合论的成立，需要用一组公理来描述主体怎样

（上接第 101 页脚注）的定义，它要能描述自身，所以它又是他谓的。这样一来，每一个关于"他谓的"这个词的假设都会导致矛盾，用符号来表示这个悖论就是：词 X 是他谓的，若 X 并非 X。（引自 M. 克莱因：《数学：确定性的丧失》，第 267 页。）正是由于意识到集合论悖论的存在，1899 年康托尔在写给戴德金的一封信中对集合做出了更明确的定义。他区分了两类符号系统，一类符号系统是其所有元素放在一起，会出现自相矛盾的情况；另一类则不然。唯有后者才是集合。然而，在同一封信中，康托尔也证明了他提出的朴素集合论本身就是自相矛盾的。（Georg Cantor, "Letter to Dedekind", p.114.）由此可见自洽地给出符号系统的复杂性。

才能自洽地给出一个符号系统。这组公理至少由两个部分组成：第一，排除集合生成过程中的悖论；第二，定义什么是空集。所谓空集是指不含任何元素的集合。人们很容易认为不含任何元素的集合就是不给出符号，这是错的。为什么？如果这样定义空集，立即会导致集合论的自相矛盾：给出符号和不给出符号同时成立！因此，空集不是无（不给出符号），它是不包含元素的集合。什么是不包含元素的集合？一种流行的解释是：可以将集合想象成一个装有元素的袋子，而空集的定义是袋子为空（它不包含任何符号），但袋子本身确实是存在的。什么是袋子？袋子比喻讲的正是主体给出符号系统这一规定性，空集只是说在满足该规定时不给出符号（元素）。正因如此，集合论必须规定如下公理：空集必须是任何非空集合的真子集。[①]

目前流行的集合论公理大多是排除悖论所必需的原则。这些原则（公理）排除了符号和符号系统生成过程自我否定的循环。正因如此，这些原则制定时既必须足够狭窄，以保证排除一切矛盾，又必须充分广阔，使康托尔集合论中一切有价值的

[①] 关于空集的意义，豪斯多夫指出，对于集合元素的定义往往不会告诉我们这些元素是否存在。举个例子，假定存在一个自然数集合 n，对于任意自然数 x、y 和 z，都满足 $x^{n+2}+y^{n+2}=z^{n+2}$。我们无法确定集合 n 是否包含元素。空集的意义在于，面对任何有关集合的公理，我们都能确定集合本身的存在，无法确认的只是集合中是否包含元素。否则，在每一条有关集合的公理中都需要加一句"假设集合存在"。换句话说，空集的给出是一种"权宜之计"。（Felix Hausdorff, *Set Theory*, p.13.）其实，上述看法只是空集存在的表浅理由。更深层的理由是，我们要肯定给出符号系统但又不给出某一特定符号，这就需要定义空集或用其他公理推出空集。

内容得以保存下来。公理化方案众多，其提出和完善过程相当复杂，至今数学界对各种公理体系评价不一。[①] 表面上看，既然集合论公理化是为了排除悖论，只要一组公理能够排除悖论，这组公理就是可以接受的。例如罗素的类型论也是集合论的一种公理化方案，但数学界普遍承认的集合论公理是不包括类型论的。为什么如此？我认为，集合论是讨论人如何给出确定的符号和符号系统的，这意味着在集合论中给出的符号和符号系统还没有指涉经验对象。这时，符号不具有经验对象才有的性质。[②] 众所周知，只有性质才能定义"类"，给出具有该性质的所有元素，故不能把类的存在作为集合论的公理（即使这有

---

① 美国数学史家、哲学家莫里斯·克莱因在 20 世纪 80 年代出版的专著中评论道："毫无疑问，19 世纪末的公理化运动是有助于加固数学的基础的，虽然它并没有为解决基础问题画上句号，但一些数学家从此却开始了对新创的公理体系的细枝末节的修改。有些人可以通过重述公理，使表述更为简洁。有人则通过烦琐的文字叙述把三条定理合为两条。还有一些人则选择新的未定义概念，通过重新组织那些公理因此而得到与原来相同的理论体系。如我们看到的，并非所有的公理化都毫无用处，但所能做的这些修修补补实在是意义不是很大。解决实际问题要求人们全力以赴，因为必须面对这些问题，但公理化却允许各种各样的自由。它基本上是人们深层次结果的组织，但是人们是否选了这一组公理而不是那一组，是 15 条还是 20 条，是无关紧要的。实际上，甚至一些杰出的数学家也曾花费过时间来研究过各种各样的变体，它们被贬斥为'微不足道的假定'。本世纪的最初几十年中在公理化上花的时间和精力是如此之多，以至于魏尔在 1935 年抱怨说公理化的成果已经穷尽。尽管他很清楚公理化的价值，他还是恳求人们回到实际问题上来。他提出公理化只是对实在的数学赋予精确性和条理性，它是一个分类函数。"（引自 M. 克莱因：《数学：确定性的丧失》，第 372 页。）

② 在某些集合论公理系统的表述中，会规定符号系统的性质，这些性质实际上是符号系统的结构。

助于排除悖论）。[1] 由此可以断言，罗素的类型论对数理逻辑虽然有意义，但对于如何自洽地给出符号系统并不是最优的方案。换言之，集合论公理化的目的是指出主体如何才能自洽地给出符号系统，其涉及主体及其自由意志，意义重大，因此它足以成为数学的基础。

1908 年，德国数学家恩斯特·策梅洛提出第一个公理化集合论体系，包括外延公理、初等集公理、分离公理、幂集公理、联集公理、选择公理、无穷公理。[2] 之后，德国数学家阿道夫·弗伦克尔和陶拉尔夫·斯科伦进一步完善了策梅洛提出的公理，并分别独立提出了替换公理。冯·诺依曼则提出了正则公理。1930 年，策梅洛提出了他的第二个集合公理系统，并沿用 1928 年冯·诺依曼的说法，将其命名为 ZF 系统。相较于 1908 年的版本，ZF 系统放弃了无穷公理，也不再包括初等级公理，吸收了正则公理和替换公理，并提出了一个配对公理。

---

[1] 举个例子，策梅洛 1908 年提出的分离公理，其核心内容为，每当命题函数 f(x) 被定义为一个集合 M 的所有元素时，M 拥有一个子集 M'，其中的元素正是 M 中 f(x) 为真的那些元素 x。对于上述公理，策梅洛并没能清楚说明什么是"规定性"（Ernst Zermelo, "Investigations in the Foundations of Set Theory I", in Jean van Heijenoort, ed, *From Frege to Godel*, p.199），有混淆经验性质和符号性质（符号系统的结构）的危险。之后，阿道夫·弗伦克尔和陶拉尔夫·斯科伦指出了这一问题；虽然策梅洛并未接受前者的修正方案，而又不知道后者的方案，但还是对原先的公理内容做更精炼的表达。正如斯科伦指出的，分离公理的根本缺陷并没能随着策梅洛的修正而得到彻底弥补。（Abraham A. Fraenkel, "On the Notion of 'Definite' and the Independence of the Axiom of Choice", in Jean van Heijenoort, ed, *From Frege to Godel*, p.285.）事实上，后来形成的集合论公理都是在争论中经反复推敲而确定下来的。

[2] Ernst Zermelo, "Investigations in the Foundations of Set Theory I", pp.205-207.

此外，选择公理也并未明确给出——原因是策梅洛认为选择公理较为特殊，是一个更具普遍性的公理，弗伦克尔也持有相似观点。[1] 今天，我们习惯说的 ZFC 系统就是 ZF 系统加上选择公理。[2] 虽然数学家并不完全清楚这些公理背后的认识论意义，

---

① Lorenz J. Halbeisen, *Combinatorial Set Theory: With a Gentle Introduction to Forcing*, Springer, 2011, pp.62–63; Heinz-Dieter Ebbinghaus, *Ernst Zermelo: An Approach to His Life and Work*, Springer, 2007, pp.199-200.

② ZFC 公理的作用可分为三个部分。一是界定什么是集合。根据外延公理，每个公理都由其元素规定，只要其包含任意元素，而策梅洛 1908 年版本集合论系统中的初等集公理内容是规定空集的存在，后发现这条公理可以由外延公理（以及分离公理）推导出来。二是规定构造集合的形式化原则。（1）分离公理：每一个命题函数 f(x) 都能从每一个集合 M 中分离出一个子集合 M'，后者由所有 M 中使 f(x) 为真的元素 x 组成。（2）配对公理：假设存在任意两个元素 a 和 b，那么必定存在一个集合以 a 和 b 作为其元素。（3）幂集公理：对于任意一个集合 M，都存在一个集合 M' 以 M 的所有子集合为元素，包括空集和 M 自身。（4）联集公理：对于任意一个集合 M，都存在一个集合 M' 由"前者的元素"的元素组成。这个公理指的是一个集合的元素的并集也是集合，假设集合 M 为 {（a, b），（c, d）}，集合 M' 即为 {a, b, c, d}。（5）替代公理：如果一个集合 M 的元素 x 通过一个映射，替换为值域内的任意元素 x'，那么值域内就能找到一个集合 M' 以 x' 为其元素。这个公理的实质为值域内一个集合 M 可以通过一个映射形成另一个集合 M'。三是防止特定类型的集合出现，即正则公理：在一个从非空集合 A 开始递减的集合序列中，后一项集合永远是前一项集合的元素。这个递减序列会终止在基本元素 t，t 与 A 的交集为空集。基本元素指的是那些自身不是集合但可以成为某个集合元素的数学对象。这个公理主要是防止两类集合的出现。一类是自我循环或以自己为元素的集合。试想如果以空集为递减序列的终点，就会出现递减序列的自我循环，即空集 S 不断以自己为元素生成新的集合。另一类是无限的集合，即一个无限集合序列 a_n 使对于所有 i，a_{i+1} 永远是 a_i 的元素。（Ernst Zermelo, "On Boundary Numbers and Domains of Sets: New Investigations in the Foundations of Set Theory", in Herausgegeben von （下接第 107 页脚注）

但其确实能自洽地给出不指涉经验对象的符号系统。简而言之，集合论通过公理化排除了悖论，从此以后所有的数学都可以通过赋予集合某种结构来定义。

选择公理的意义

在集合论公理系统中，最有意思的是选择公理。它可以表达为我们总可以在已知集合中选出代表元素组成一个新集合。选择公理有很多等价的形式，[①] 以下是一个较简单的描述：设 C 为一个由非空集合组成的集合，那么我们可以从每一个在 C 中的集合中都选择一个元素 y_i 和其所在的集合 C_i 配成有序对来组成一个新的集合。[②] 选择公理和集合论的其他公理不

（上接第 106 页脚注） Heinz-Dieter Ebbinghaus and Akihiro Kanamori, ed, *Ernst Zermelo, Collected Works. Volume I: Set Theory, Miscellanea*, Springer-Verlag Berlin Heidelberg, 2010, pp.401-405。）至于选择公理的独特意义，我会在下文中展开讨论。

① 关于选择公理的意义，罗素曾举过一个例子。假设存在无限双鞋子，我们可以从中选择所有的左脚鞋子，构成一个"左脚鞋子组成的集合"。这一选择的基础是左右脚的鞋子是不同的。这时，选择公理不是必要的。然而，假设存在无限双袜子，左右脚的袜子毫无区别，这时我们如何从每双袜子中选择一只组成一个有意义的集合呢？在这种情况下，选择公理的意义就显现了出来（详见《罗素文集（第 3 卷）：数理哲学导论》，第 150—152 页），它为我们对袜子的选择提供了一个规则。其实，罗素这个例子很容易产生误导，因为他讲的是对事物的选择，选择公理讲的是对符号的选择。

② Felix Hausdorff, *Set Theory*, p.13; Ernst Zermelo, "Investigations in the Foundations of Set Theory I", p.204.（请注意，本书对该公理做了等价的另一种表述。）

同，目的不是切断规定集合过程中出现自我否定的循环，而是强调：一旦给出集合，主体就可以对元素进行选择，并可以将自由选择之结果和已给出符号集建立——对应。事实上，选择公理并非排除悖论所必需的，而是有了这个公理以后，不仅整个数学都可以建立在集合论之上，而且很多极重要的数学定理可以得到证明。

选择公理碰到的最大问题是它会推出一些直觉上不可思议的结论，其原因是我们的直觉思维过于含混不清，以至无法去判断选择公理的真假。[①]1924年波兰数学家斯特凡·巴拿赫和阿尔弗雷德·塔斯基证明了如下定理：如果选择公理成立，那么一个球面在被切割成有限块后，可以拼接出和原来球面一样大小的两个甚至一万个球面。人们称之为巴拿赫-塔斯基悖论，又名"分球怪论"。分球怪论在经验上之所以不可能，是因为每个球的面积有固定大小，即对任意一个经验上可感知的由"点集"组成之"球面"，必须规定"点集"的测度。在集合论公理体系中，并没有规定集合必须有测度。也就是说，只要"所有集合均为可测集合"这一限定不存在，分球怪论就可以成立；巴拿赫-塔斯基悖论便是存在不可测集合的例子。如果我们接纳选择公理，则必须接纳不可测集合。反之，若不接纳选择公理，则必须默认所有集合皆是勒贝格可测的。[②]分球怪论面世之后，引起轩然大波，不少学者因此主张彻底抛弃选

---

① Horst Herrlich, *Axiom of Choice. Lecture Notes in Math. 1876*, Berlin: Springer-Verlag, 2006, p.VII.

② Stan Wagon, *The Banach-Tarski Paradox*, p.28.

择公理。① 然而，本书第一编第三章将指出，如果所有集合均是勒贝格可测的，任何事件序列都有确定概率，这肯定不正确。事实上，并不是任何一个集合都有大小，即一定是可测的，因此选择公理是可以接受的。

如前所述，在数学基础中，存在着两种集合论：一种是不包含选择公理的集合论，其简称 ZF 系统；另一种是包含选择公理的集合论，其简称 ZFC 系统。在一段相当长的时间内，数学家认为 ZF 系统不能包含选择公理，然而，哥德尔在1938 年出人意料地证明了 ZF 系统与选择公理彼此兼容。② 之后，数学家又开始普遍倾向于接受选择公理。经过长时间的反复研究，数学家发现，离开了选择公理，很多集合论定理都无法得到证明。③ 正是立足于集合论的公理化运动，布尔巴基学派用元素之间的关系（即规定集合结构）把所有已知的数学分支建立在集合论之上。更重要的是，选择公理对证明各条数学重要定理具有重要价值。④

---

① Stan Wagon, *The Banach-Tarski Paradox*, p.217.

② 这里还包含另一层面的问题，即选择公理与其他集合论公理的关系，或者说选择公理是否具有独立性。1968 年，美国数学家保罗·科恩通过力迫法证明选择公理独立于 ZF 系统，即有些定理在 ZFC 系统下是假的，但倘若将选择公理替换成其他与 ZF 系统自洽的公理，这些定理就有可能被证明为真。（详见 Horst Herrlich, *Axiom of Choice*, p.IX。）

③ Horst Herrlich, *Axiom of Choice*, pp.VII-VIII.

④ 1949 年，以布尔巴基名义发表的一篇文章提出，立足于策梅洛的集合论公理和选择理论，他们能够建立起现代数学的整个大厦。（参见 N. Bourbaki, "Foundations of Mathematics for the Working Mathematician", *The Journal of Symbolic Logic*, Vol. 14, No. 1, 1949。）

这一切在认识论上意味着什么呢？如果将选择公理放到图 1-2 中考察，可以发现："由非空集合组成的集合"可视为一受控实验的条件集 C_i；从 C_i 包含的非空集合中逐个选出的代表元素，即为实验可控制变量 y_i，再由 y_i 组成新的条件集 Y_i。因为 y_i 亦是可控制的，属于条件集 C_i，C_i 与 Y_i 的对应关系就是 L_i。上述分析表明，一旦选择公理成立，就可能实现受控实验的组织的符号化，或者用符号系统表达受控实验通过组织和自我迭代不断扩张。换言之，选择公理不仅主张主体有规定元素并对元素进行组合的自由，而且可以用符号来表达通过组织和自我迭代不断扩张的受控实验结构。其中，我们可以明确区别出哪些是实验条件集，哪些是由其规定的可控制变量集，哪些又是代表两者之间存在的通道集合 L_i。

选择公理是集合被给出后进一步规定集合的结构，在此意义上，它似乎已经不属于集合论（即主体如何自洽地给出符号系统），而有点像建立在集合论之上的数学门类。照理说，集合论是研究主体如何给出符号系统的理论，不应该涉及集合结构的原理，因为集合结构是数学研究的对象。其实，把选择公理作为集合论公理，是因为它对数学的各个门类都有重要意义。我认为，这意味着所有数学门类都有着共同的前提，那就是受控实验的基本结构。为什么？如前所述，选择公理表明给出受控实验的符号表达是可能的，但没有进一步涉及受控实验的细节。既然选择公理和所有的数学门类有关，那么数学各分支实为一个可以无限扩张之受控实验的细节研究。所谓细节，是在肯定一个可以无限扩张之受控实验的前提下，进一步用符号表达该实验不同环节的细致结构。只有这样，我们才可以理解为什么选择公理对重要数学定理的证明具有重要意义。

数学定理的证明实为用公理通过逻辑推出相应的定理，当公理不包含相应的定理时，定理便无法证明。这一点对集合论亦成立，本来集合论公理是为了让主体自洽地给出符号系统，其目的是用该符号系统建立数学。数学家通过实践发现，选择公理的加入，使所有数学都可能建立在公理化集合论之上。这表明选择公理可以成为数学和集合论之间的桥梁。将这一结论和选择公理具有受控实验基本结构相联系，立即得到数学是受控实验结构的符号表达。选择公理对数学定理证明之重要，这本是数学家从实践中得出的结论，它居然和我们从认识论理解选择公理得出的结论相同，这本身是令人惊异的！

我们可以这样概括本节的讨论：给出各个数学门类之公理只是进一步规定了可以无限扩张的受控实验各环节，自然数只是其中之一而已。

数学：受控实验基本结构的纯符号表达

迄今为止，还没有哲学家描绘过数学大厦应该包含哪些部分，以及其整体构造（各部分之间的关系），现在我们终于可以这样做了。因为只要考察受控实验的基本结构，以及组成它的所有环节如何符号化，我们就能把握数学研究总体上包含哪些不同领域，以及它们之间的联系。

图 1-2 所示受控实验的基本结构可以分为四大环节。第

一个环节是主体 X 对可控制变量 C 集中的一组元素进行控制
（使其成为确定的），控制包括如何自由选择变量，并对其进行
自由组合。第二个环节是可控制变量 C 集和可观测变量或新
的可控制变量 Y 集的关系，即通道 L，它实际上是映射。[①] 我
们可以研究形形色色的映射结构，并通过控制某些变量来制造
映射。前者是科学发现，后者对应新技术和新仪器的建立。第
三个环节涉及受控实验一次又一次可重复的性质。第四个环节
是通过把 Y 加入 C 集，促成新受控实验的产生。受控实验的
无限扩张和受控实验的普遍可重复虽然是不同的两回事，但它
们都属于一个受控实验和另一个受控实验的关系范畴，二者在
结构上可归为同一种类型。

上述 4 个环节都可以符号化。其中第三、第四个环节的符
号化在前文中已经做过讨论，它就是自然数。第一个环节和第
二个环节的符号表达又是什么呢？它们对应着和自然数不尽相
同的符号结构。我们先来讨论第一个环节。它是主体 X 对 C
集中某些元素之控制，就是指某些元素实现而其他元素不实现。
实验者只有确实地控制了某一组条件 C_i，才能做某一个实验。
这时，通过映射 L_i，发现 Y_i 亦成为可控制的。这是受控实验
不同于受控观察最重要的特点。但如何才能知道某一组条件被
控制，以及实验结果是在控制特定变量集合时出现的呢？

我曾和实验科学家讨论过这一问题。我问他们：你们怎么

---

① 映射可以是一对一的，也可以是一对多的，亦可以是多对多的。所谓一对多
是指 C 集中的一个元素对应 Y 集中的多个元素，或 C 集中的多个元素对应 Y
集中的一个元素。

知道实验结果是在某些条件受到控制的前提下得到的呢？他们说很简单，只要设计对照实验做比较就可知道。任何一个受控实验有效，前提是必须同时做另一个（组）实验，它与原先实验在控制条件上是相反的（当一个受控实验条件为 C_i 时，对照实验条件为非 C_i），只有两者差异极为明显，才能表明原有结果是在控制特定变量的前提下得到的。正因如此，对照实验是任何受控实验不可分割的一部分。举个例子，在医学上证明某种药物有效，必须做双盲实验，双盲实验就是一种特殊的对照实验。表面上看，对照实验是确定 C_i 和实验结果 y_i 的关系，确保 y_i 是可控制（可靠）的，它没有涉及 C_i 本身的确定。其实，确定 y_i 可被主体控制和 C_i 被主体控制是一回事。前文指出，C_i 本身往往是人掌握的最基本受控变量（如对自己和控制对象位置的选择）进行某种受控实验之结果。实际上，即使是人对自己或对象位置的选择，亦必须以得到自己和对象位置的信息为前提，即它亦是更为基本的受控实验中的 y_i。

非常有趣的是，用符号准确地表达一个实验及其对照实验结果的明显不同，就能得到"邻域"的定义。也就是说，某一受控实验的条件与其对照实验的控制条件必须为"非邻域"。什么是"邻域"？什么又是"非邻域"？假设在一个平面上存在一个中心点 a，再定义一个半径 δ，与 a 的距离小于 δ 的所有的点组成的集合 B 就是"邻域"。[①] 这个概念想表达的是，B 内所有的点与点 a 都没有明确的界限，处于难以区分的状态。

_____

① Felix Hausdorff, *Set Theory,* p.127.

我在《消失的真实》中指出，选择位置是人类最早的控制行动之一：人确定选择某一个点而不是另一个点。[1] 那么，如何知晓被选定的控制位置是实验者想要的那一点？这涉及控制的本质。因为任何控制都是一个达到确定目标的过程，但我们如何知道目标已达到呢？我发现，这只能用邻域的结构来定义。换言之，没有实现一个控制的标志是控制结果落在该目标的"非邻域"。建立在邻域上的数学理论，是比几何学更基本的拓扑学。[2]

通常人们都是从空间经验出发理解拓扑学原理的。形象地讲，对邻域做连续变换，不管变化多大，相邻关系都不会改变，根据邻域可以定义拓扑不变性。如图 1-4 所示，一个球面通过拉伸可以变形成椭球面或其他各种形状，只要每一种形状经拉伸邻域不变（洞的数量不变），即为拓扑不变性。拓扑不变性就是邻域规定的不变性。如果出现洞的数量改变，即由椭球面变成甜甜圈形状，就是拓扑相变。

---

① 金观涛：《消失的真实》，第 315 页。
② 我们可以借由美国数学史家、哲学家克莱因的一段总结来理解什么是拓扑学：19 世纪的若干发展结晶成几何的一个新分支，过去很长一段时期中叫作位置分析，现在叫作拓扑。拓扑所研究的是集合图形的那样一些性质，它们在图形弯曲、拉大、缩小或任意的变形下保持不变，只在变形过程中既不使原来不同的点融化成同一个点，又不使新点产生。换言之，这种变换的条件是，在原来图形的点与变换了的图形的点之间存在一个一一对应，并且邻近的点变成邻近的点，后一性质叫作连续性。（参见莫里斯·克莱因：《古今数学思想（第 4 册）》，张理京、张锦炎、江泽涵译，上海科学技术出版社 2002 年版，第 260 页。）

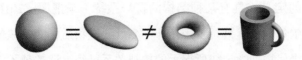

图 1-4　拓扑不变性示意图

图片来源：Dia'aaldin J. Bisharat, et al, "Photonic Topological Insulators: A Beginner's Introduction", arXiv. https://arxiv.org/ftp/arxiv/papers/2104/2104.00122.pdf。

其实，完全可以离开空间经验从纯符号系统的结构来定义邻域，也就是说拓扑学可以完全不需要空间经验。邻域满足如下公理：

1. 若 A 是 x 的邻域，则 x 属于 A。

2. 若 A 和 B 都是 x 的邻域，则 A 和 B 的交集也是 x 的邻域，即邻域对有限交运算封闭。

3. 若 A 是 x 的邻域，则所有包含 A 的集合都是 x 的邻域。

4. 若 A 是 x 的邻域，则存在一个被 A 包含的集合 B（可以相等），使得 B 是其中所有点的邻域。换言之，若 x 有一个邻域，那么一定可以将其缩小，缩小到它是其中所有点的邻域。更关键的，这样的邻域当且仅当它是 x 中的开集，这也是邻域公理为何等价于开集公理。

表面上看，上述对邻域的定义中使用了邻域本身，事实上，正是这种自相关结构，刻画了两个元素（符号）相邻的本质。之所以没有明确定义什么是"点"，是因为"点"是可以进一步用自然数（或自然数序列）来定义的，它对应着受控实验的整体结构。所谓某一受控实验的对照实验，其控制的状态变量和原有实验控制的状态变量不相邻，它必定可以用上述更普遍的定义（具有某种结构的符号系统）来把握。2016 年的诺贝尔物理学奖被授予用拓扑不变性研究物质相变的三位科学家。当代物理学定律所揭示的拓扑关系已经远远超越了空间经验。在拓扑结构中，控制过程是普遍可重复的，因此可以用自然数组成的集合对其进行表示。也就是说，拓扑结构中亦存在自然数的基本结构。换言之，当读者看到数学家用实数的点集合描述邻域时，一定不要误解这是在分析来自空间感知的经验。

　　总之，将拓扑学和受控实验基本结构中第一个环节的符号表达联系起来，确实是意味深长的。它意味着数学研究中存在一个包含自然数结构但不等同于自然数结构之符号系统，数学家称其为拓扑结构。拓扑结构用准确的符号关系表达了我们来自经验的连续性观念，即如何在连续的形变（如从球面拉伸为椭球面）中保持不变。它构成了数学的第一个重要领域。

　　受控实验的第二个环节由 C 集到 Y 集的映射组成，其符号研究就是这两个集合之间的关系 L，在受控实验的定义中，我们称其为通道，数学家称其为"约束"。假定 Y 和 C 都是数，L 就是函数。当 Y 集和 C 集中的元素都互为邻域，L 使 C 的邻域仍然和 Y 的邻域相对应时，函数是连续的。它们之间的关系是数学分析研究的对象。人们通常用函数关系表达自然规律。实际上，这只是 L 简单而特殊的形态。

　　一般情况下，C 和 Y 都是符号，因此我们称 L 为映射。符号之间最简单的一对一映射构成了关系。网络图就是集合自身到自身的映射，对其理论的研究就是图论。① 当 Y 集等同于 C 集，映射是其中两个元素对应一个元素时，我们得到"半群"的定义。同样，可以赋予映射越来越复杂的性质，依次可以定义"群""环""域"等。② 此外，由映射规定的符号之间的关系亦称为符号系统的结构，如果两个各具结构的符号系统在不同元素之间能够一一对应，它们便是同构的。因整个抽象

① 图是由给定的顶点以及连接两个顶点的边组成的。图论最早起源于 1736 年瑞士数学家莱昂哈德·欧拉对柯尼斯堡七桥问题的解答：当时东普鲁士柯尼斯堡（今俄罗斯加里宁格勒）市区跨越普列戈利亚河两岸，河中心有两个小岛。小岛与河的两岸有 7 条桥连接。在所有的桥都只能走一遍的前提下，如何才能把这个地方所有的桥都走遍？欧拉把柯尼斯堡七桥问题简化为平面上的点与线组合，每一座桥视为一条线，桥所连接的地区视为点，最终提供了一个否定性的答案。（参见 Robin J. Wilson, "History of Graph Theory", in Jonathan L. Gross, Jay Yellen and Ping Zhang, ed, *Handbook of Graph Theory,* CRC Press, 2013, pp.31-32。）

② 限于篇幅，本书无法逐一讨论所有的抽象数学概念和理论。这里借助克莱因的说法，为不具备专业知识背景的读者提供一个对抽象代数中基础概念的印象，它们都属于某种结构的集合。（1）群：一些元素（个数有限或无限）组成的集合和一种运算，当对集合中任意两个元素施行这个运算时，所得结果仍然是这个集合中的一个元素。（2）环：一个抽象的环是一组元素组成的集合，它关于一种运算形成一个交换群（即给定集合 S 上的二元计算，如果对 S 中的任意 a、b 满足 a+b = b+a），而且它还受制于可作用于任意两个元素的第二种运算。这第二种运算是封闭的（即对于一个数集，如果其中任意两个数在进行一种运算后，结果仍在这个数集中，那么我们说这个数集对于这种运算是封闭的），并且是结合的［满足结合律 a×（b×c）=（a×b）×c］，但可以是也可以不是交换的，可以有也可以没有单位元素（当单位元素和其他元素结合时，并不会改变那些元素，如自然数加法中，0 就是一个单位元素）。它还适合分配律，即 a（b+c）=ab+ac 和（b+c）a= ba+ca。（3）域：由 n 个量 A_1, A_2……A_n 生成的域 R，是指这些量经过加、减、乘和除（除用作除数以外）得到的一切量所构成的集合。（参见莫里斯·克莱因：《古今数学思想（第 4 册）》，第 233 页，第 243 页，第 249 页。）

代数都能从此推出，受控实验第二个环节之符号表达是数学的代数结构。显而易见，映射 L 中每一个元素的存在，需要相应的受控实验可普遍重复作为前提。这样，代数结构和拓扑结构一样，本身必定和自然数结构相联系。学过抽象代数的都知道，数同时具有很多种代数结构。一旦从纯符号的代数结构来定义数，就可以理解为什么自然数可以完全和数"数"这种经验无关。因此，数学家经常会感受到数的美妙。

受控实验的第三和第四个环节是受控实验的普遍可重复及其无限扩张。前面我已经讲过两者的符号表达都是自然数。在此，我要强调：受控实验第一和第二个环节的实现，当然亦包含了它们的每一环都普遍可重复，由此，在拓扑结构和代数结构定义的深层次中，都对应着自然数结构。换言之，函数空间、拓扑空间都可以用点集理论来研究，这也是数论和数学分析往往渗透到拓扑空间和代数结构之中的原因。然而，自然数结构毕竟不能等同于拓扑结构和代数结构。此外，受控实验无限制地扩张，虽然亦用自然数表达，但它和受控实验的普遍可重复不同。受控实验的第三和第四个环节，属于一个受控实验和另一个受控实验之关系的范畴。简而言之，受控实验 4 个环节的共同性在于，可以将各个受控实验排在一个秩序中，该秩序满足传递律，即当 A 在 B 前，B 在 C 前时，A 必定在 C 之前。这种关系的符号表达构成一个特殊领域，这就是序结构研究。

数学的整体性：从费马大定理到朗兰兹纲领

上述分析可以得出两个结论。第一，立足于受控实验基本结构的四大环节，数学整体由集合的拓扑结构、代数结构和序结构组成，这三种基本结构中的任何一种不能化约为其他两种。第二，拓扑结构和代数结构都对应着自然数结构。这样，即使数学被分解成不同的门类，数学家进行越来越细的专门研究，数学的整体性也不应遭到遗忘。[①] 关于数学的整体性，我要强调两点。第一，任何一种专门的数学结构都存在于普遍可重复的受控实验结构之中，它甚至可以转化为另一个受控实验的整体结构。如拓扑学中对可控制变量落到邻域的控制活动，本身是另一个受控实验（例如将 c_i 视为另一种受控实验的 y_i）。第二，因为任何一个环节和门类的符号表达中都包含受控实验的普遍可重复性与经组织和迭代的无限扩张，甚至自我迭代的自洽性，也就是自然数所代表的真实性的符号结构，所以数学各门类是不可能被人为地割裂开来的。

[①] 美国的《数学评论》和德国的《数学文摘》杂志每隔 10 年左右会联合发布一版数学主题分类目录，对现有数学知识进行一个分类。最新的一版是 2020 版，它将数学分成 63 个分支、6 000 多个子类。（Introduction to the Database MathSciNet — Mathematical Reviews, ETH—Bibliothek, 2021, p.18, https://ethz. ch/content/dam/ethz/associates/ethlibrary-dam/documents/Standorteundmedien /Medientypen/Datenbanken/MathSciNet/MathSciNet_handout_eng.pdf; MSC 2020—Mathematics Subject Classification System, Mathscinet, https://mathscinet. ams.org/mathscinet/msc/pdfs/classifications2020.pdf.）试想一下，一个在数学专业读到博士的人，可能也就只能接触到其中几十个子类。

上述结论是否正确？我们先来讨论数学的整体性，这是一个长期以来遭到忽略的命题。特别是 20 世纪证伪主义科学哲学将数学视为"拟经验"之后，数学被看作从经验（数和形）抽象出来的观念系统。根据这种观点，数"数"和认识几何形状本是两种互相独立的经验，这样随着数学发展的专门化，有些领域（如拓扑学和抽象代数）的研究似乎应该是独立的。20 世纪末，费马大定理的证明表明这种看法是错的。

所谓费马大定理，是指当整数 n > 2 时，$x^n + y^n = z^n$ 没有正整数解。表面上看，这只是一个数论的问题，17 世纪法国数学家费马在阅读"代数之父"、罗马数学家丢番图的《算术》拉丁文译本时，曾在书页旁写道："不可能将一个立方数写成两个立方数之和；或者将一个 4 次幂写成两个 4 次幂之和；或者，总的来说，不可能将一个高于 2 次的幂写成两个同样次幂的和。"在列出这个结论的第一个边注后面，费马这个好恶作剧的天才草草写下一个附加的评注："我有一个对这个命题的十分美妙的证明，这里空白太小，写不下。"[1]费马一个不经意的发现却成为后世数学家孜孜不倦的钻研课题。在相当长一段时间内没有一个人会想到这个数论问题几乎涉及了所有数学领域，因为其证明是不可能借由纯数论的专门研究得出的。

正因为费马大定理涉及数学的整体性，其证明经历了 200 多年的挫败。费马大定理的证明一方面得益于微分几何学家的成果。这首先是由美国数学家格尔德·法尔廷斯在 1983 年得

---

①　西蒙·辛格：《费马大定理：一个困惑了世间智者 358 年的谜》，薛密译，上海译文出版社 2005 年版，第 60 页。

出的，他认为，通过研究与不同的 n 值相联系的几何形状，可以在证明费马大定理的方向上取得进展。与每一个方程相对应的集合几何形状是不同的，但其共同之处是都有刺破的洞（请回想图 1-4）。方程中 n 的值越大，集合形状中洞的数量越多。法尔廷斯证明：由于这些形状总有一个以上的洞，相联系的费马方程只能有有限多个解。[①] 这里，费马大定理证明已和拓扑学发生了关系。另一方面，费马大定理的证明还涉及函数论。1955 年，日本数学家谷山丰提出椭圆方程与模形式（一种解析函数）之间存在某种联系。[②] 谷山的猜测后经日本数学家志村五郎和英国数学家安德鲁·怀尔斯进一步精确化而形成了所谓的"谷山-志村猜想"。1984 年，德国数学家格哈德·弗赖在一次数论研讨会上宣称，费马大定理就与"谷山-志村猜想"等价，[③] 其由美国数学家肯尼斯·里贝特证明。[④] 这说明了证明费马大定理还必须涉及函数论，即它不仅和拓扑结构有关，还和代数结构直接相联系。1993 年，怀尔斯以"模形式、椭圆曲线与伽罗瓦表示"为题，分三次做了演讲。听完演讲的人们意识到"谷山-志村猜想"或者说费马大定理已经得到证明。[⑤] 之后，经过对 1993 年证明的修正和完善，1995 年，他把最终共计 130 页的证明发表在《数学年刊》上。[⑥] 总之，费马大定

① 西蒙·辛格：《费马大定理》，第 214—215 页。
② 西蒙·辛格：《费马大定理》，第 171 页。
③ 西蒙·辛格：《费马大定理》，第 181 页。
④ 西蒙·辛格：《费马大定理》，第 184—186 页。
⑤ 西蒙·辛格：《费马大定理》，第 226—227 页。
⑥ 西蒙·辛格：《费马大定理》，第 251 页。

理的证明过程，呈现了数学的整体性。它涉及拓扑、代数和序结构的整合。

其实，早在费马大定理被证明前，数学研究的这种整体结构已经被发现了。1967 年美国数学家罗伯特·朗兰兹在给怀尔斯的一封信中提出一组意义深远的猜想，精确地预言了数学中某些表面上毫不相干的领域（数论、代数和群论）之间可能存在某种联系。[①] 据此，他发展出一项雄心勃勃的革命性理论，试图寻找统一所有数学课题的链环，这就是著名的"朗兰兹纲领"。正是由于朗兰兹纲领和费马大定理的证明背后都是数学的整体性，《科学》杂志在 2000 年刊登的一篇文章将两者的关系描绘成"堂表亲"。[②]

朗兰兹纲领包含一系列猜想，这里无法讨论其中的所有细节。下面我想讨论的是朗兰兹 1967 年给怀尔斯的信中提出的一个重要命题，即数论中的伽罗瓦表示与函数分析中的自守形式有密切联系。[③] 我在《消失的真实》第二编指出，群论是伽罗瓦在研究一元 n 次方程是否可以用根式解时提出的。解方程实际上是对方程式做等式两边始终相等（即方程不变）的各种变换，所谓一个一元 n 次方程可以用根式解，实为一系列变换

---

① Robert Langlands, "Letter to André Weil from January, 1967", The work of Robert Langlands, http://sunsite.ubc.ca/DigitalMathArchive/Langlands/functoriality.html.

② Dana Mackenzie, "Fermat's Last Theorem's First Cousin", *Science,* Vol. 287, Issue 5454, 2000.

③ Robert Langlands, "Letter to André Weil from January, 1967"; Stephen Gelbart. "An Elementary Introduction to the Langlands Program", *The Bulletin of the American Mathematical Society,* Vol. 10, No. 2, 1984.

的结果，即 x 的 n 次方等于一个由方程系数通过加、减、乘、除和开方等构成的符号串。伽罗瓦发现，所有这些变换都具有一个重要性质，那就是任何两个变换的结合仍是保持方程等式的变换。他将所有这样的变换称为"群"。一个"群"的任何两个元素根据一个法则结合，其结果还属于这个集合。此外，任何一个变换，必定有一个逆变换，两者结合等于不对方程进行变换。解方程实际上是对"群"的结构进行研究。一个群可以有子群，子群还可以有下级子群，依次类推，所谓方程可以用根式解，就是相应的变换群有特殊的结构，它有一系列子群，直到包含那个不变的元素。当没有代表变换对方程化约的一系列子群时，这个方程式就是不可以用根式解的。①

　　刻画一元 n 次方程解在变换中具有不变性的群即为伽罗瓦群。值得注意的是，伽罗瓦群及其子群的关系代表了代数多项式化约的可能性，而代数多项式则联系着多维流型和曲面的拓扑性质如尖点类型等。由此可见，伽罗瓦群在朗兰兹纲领中担任关系网的核心角色一点也不奇怪，本来它就把代数多项式相应的几何结构和数论中整数多次方的关系联系起来了。在此意义上，朗兰兹纲领的提出实为数学发展中某些被忽略和遗忘东西的恢复。这里问题的关键在于：为什么如此重要的关联居然在数学发展中被忽略甚至遗忘了呢？

　　原因不难理解，在群论被提出前，对受控实验环节 L 的研究主要是函数论，比函数论更基本的代数结构尚没有被数学

---

① 　金观涛：《消失的真实》，第 236 页。

界意识到。群论出现后，群论研究迅速超出伽罗瓦群，向两个方向发展：一是用"群"揭示对称的本质和类型；二是研究符号之间关系的抽象代数形成，数学研究中的代数结构被发现。显而易见，这是两个极为宏大而不同的新领域。伽罗瓦群中天然蕴含的数论和代数多项式、几何拓扑结构之联系，在上述两个方向的进展中没有太大意义，它只有在这些宏大而不同的领域充分发展后才能被发现。

我们可以将朗兰兹纲领视作现代数学的"罗塞塔石碑"。[①] 众所周知，正是罗塞塔石碑帮助我们破译了古埃及文字。罗塞塔石碑共刻有同一段诏书的三种语言版本，上面的 14 行是象形文字，中间的 32 行是古埃及通俗文字，下面的 54 行是古希腊文。"罗塞塔石碑"的比喻旨在强调：数学在发展过程中因专门化会使其不同领域变得互相割裂，正如人类自然语言的分化要借由类似于罗塞塔石碑的发现才能互相沟通。

2018 年朗兰兹获得阿贝尔奖，朗兰兹纲领则被誉为数学界的大一统理论，科学界承认这是 20 世纪数学最重大的成果。[②] 我则认为应该顺着这一思路问一个更基本的问题，那就是为什

---

① 这个比喻来自布尔巴基学派创始人之一安德烈·韦伊。他在 1940 年写给妹妹的一封信中解释了自己对数学大趋势的理解，并以现代数学的"罗塞塔石碑"来比喻一个能够联系数论和几何学的理论框架。（"A 1940 Letter of André Weil on Analogy in Mathematics", translated by Martin H. Krieger, *Notices Of the American Mathematical Society*, Vol. 52, No. 3, 2005.）朗兰兹纲领无疑属于韦伊定义的数学"罗塞塔石碑"。

② Davide Castelvecchi, "'Grand unified theory of maths' nets Abel Prize", *Nature,* 20 March, 2018. https://www.nature.com/articles/d41586-018-03423-x.

么拓扑学、几何学和代数几何这些看来从空间形态抽象出的专门研究一定离不开数论（自然数的结构）。前面我们用受控实验前两个环节得到拓扑结构和代数结构时指出，因为这两个环节本身必须满足受控实验普遍可重复的条件，而受控实验普遍可重复等同于科学经验的真实性，其结构就是自然数。这样一来，数学的整体性只是真实性原则被贯彻到其整体的必然推论。

布尔巴基学派重构数学的发现

从受控实验基本结构分析得出的另一个结论（数学由拓扑结构、代数结构和序结构这三个不可互相化约的部分组成）正确吗？这一观点的证明涉及 20 世纪数学发展中的另一重大成果，这就是布尔巴基对数学的重建。

在 20 世纪 30 年代之前，没有人知道现代数学是根据何种内在逻辑发展出来的，亦不知今后会出现何种新的数学门类。数学领域由哪些内容组成，似乎是在新领域出现前无法预先判定的。然而，如果数学家可以用集合论给出迄今已知的所有数学分支，正如从集合论中导出自然数那样，那么他们就会看到数学各门类的关系，知道哪些分支可以互相化约，由此就可以判断上述结论是否成立。事实亦是如此。

把数学建立在集合论之上，是第一次世界大战后由法国数学家完成的，这就是 20 世纪著名的布尔巴基学派的工作。第一次世界大战后一群法国青年数学家决定从集合论出发，用纯演绎的方式把整个数学推出来，他们用共同的笔名"布尔巴基"发表自己的成果。为什么法国青年数学家要做这一尝试？一个大的背景是第一次世界大战后的法国数学界处于青黄不接的状态中。相较之下，同时期德国数学突飞猛进，涌现出一大批一流的数学家。面对这种情况，一群青年数学家意识到数学传统必须重建。[1] 当时集合论已经公理化，但是整个数学真的可以建立在集合论之上吗？前面我谈到用逻辑推出自然数的失败，但自然数可以建立在集合论上，它是具有某种特殊结构（满足一组公理）的集合。人们自然会问：其他数学分支是否亦可以如此？模仿自然数公理，把19世纪所有数学分支建立在集合论之上，是数学研究的当务之急，由此引发整个数学基础的确立。

法国青年数学家顶着整个数学界的压力，接续了因第一次世界大战而中断的数学发展历程：把所有已知数学门类如几何、

---

[1]　胡作玄：《布尔巴基学派的兴衰》，知识出版社 1984 年版，第 81—83 页。安德烈·韦伊回忆说自己在读大学期间，对于第一次世界大战对法国数学的破坏深感震撼，这驱使韦伊及其同代人、更年轻的一代人去填补战争造成的人才真空。（André Weil, *The Apprenticeship of a Mathematician,* translated by Jennifer Gage, Springer Basel AG, 1992, p.126.）当然，这并不意味着布尔巴基学派的创始人们一开始就有着非常明确的重建数学的计划。该学派创始人之一克劳德·谢瓦莱在 1985 年接受了一次媒体访谈，根据他的回忆，布尔巴基学派的创立动机一开始非常单纯：当时法国缺少高质量的微积分教材，而该学派的创始人们最初只是想写一本新的教材，以满足日常教学需求。（Denis Guedj, "Nicholas Bourbaki, Collective Mathematician: An Interview with Claude Chevalley", translated by Jeremy Gray, *The Mathematical Intelligencer,* Vol. 7, No. 2, 1985.）安德烈·韦伊在回忆录中也提出了类似的说法，甚至说自己当时完全没有意识到一个新的数学学派诞生了。（André Weil, *The Apprenticeship of a Mathematician,* pp.99-100.）

代数、拓扑学等都建立在集合的某种结构之上。20 世纪 30 年代中期，以布尔巴基为笔名发表的论文开始面试。他们的长篇巨著《数学原理》的首要目标就是重建 19 世纪成熟的"分析的基本结构"。许多数学家不相信这种"从零开始"的数学论述方式是可能的，认为这帮人疯了，[①] 但这群法国青年数学相信可以用集合论把所有数学一门一门地建立起来。

在 1949 年发表的一篇文章中，布尔巴基学派宣称："我不满足于宣称这样的事业是可行的，而且我已经开始在证明它……随着我的书的出版越来越多，我的证明将变得越来越完全。"[②] 布尔巴基学派采用公理方法对数学各个不同的分支进行重建，近 2 000 年来形成的数学各门类（如代数、一般拓扑、实变函数轮、线性拓扑空间、黎曼几何、微分拓扑、调和分析、微分流形、李群等）被纳入集合的不同结构。这一工作改变了整个数学的面貌，正如他们所说："数学好比是一座大城市，其郊区正在不断地并且多少有些混乱地向外伸展，与此同时，市中心又在时时重建，每次都是根据构思更加清晰的计划和更加合理的布局，在拆毁旧的迷宫式的断街小巷的同时，修筑新的更直、更宽、更加方便的林荫大道，通向四面八方。"[③]

现在我要问：为什么布尔巴基学派可以从集合论导出所有

---

① H. 嘉当:《布尔巴基与当代数学》，胡作玄译，载布尔巴基等:《数学的建筑》，江苏教育出版社 1999 年版，第 144—145 页。

② 布尔巴基:《数学的建筑》，胡作玄译，载布尔巴基等:《数学的建筑》，第 34—35 页。

③ N. Bourbaki, "Foundations of Mathematics for the Working Mathematician".

数学？关键是运用了公理化方法，即把数学视为由公理规定的符号系统。[①] 自欧几里得几何原本开始，公理就成为数学的基础。用具有某种结构的集合可以定义自然数进一步证明了这一点。因为在给出公理的每一步，都要求它是一个主体可自由选择的受控过程，这样用集合的公理化来给出符号系统的结构，实际上就是将受控实验（过程）的各个环节中形形色色的细节符号化。前文我用图 1-2 所示的受控实验基本环节，只是刻画了所有受控实验共同拥有的结构。其中，不仅每一个环节可以细化，而且每一个细节亦可以再细化，受控实验可以如同分形那样表达为自相似但各部分并不相同的系统。所谓用各式各样的公理定义数学的门类，正是用符号表达受控实验各种更精细的结构。

在用公理定义了迄今所知的所有数学后，通过结构类型的分析，布尔巴基学派指出，数学存在三个基本的研究领域，每一个领域虽然和其他领域有关，但是它们各自不能被其他领域取代。第一个领域是拓扑结构的研究，第二个领域是代数结构的研究，第三个领域是序结构的研究。[②] 也就是说，从集合论对数学符号结构的定义可证明：拓扑结构、代数结构和序结构不能互相化约。换言之，布尔巴基从数学研究本身得出的结论，和我对受控实验环节的分析结果惊人的一致！这更进一步证明了数学真实乃是普遍可重复受控实验不断扩张的符号表达。

我在《消失的真实》第二编指出，数学真实起源于自然数

---

① H. 嘉当：《布尔巴基与当代数学》，第 140—142 页。

② H. 嘉当：《布尔巴基与当代数学》，第 144 页。

和欧几里得的《几何原本》。① 数论和欧几里得几何都有极强的经验色彩，拓扑学比几何学抽象，但仍有经验的影子。抽象代数和经验差不多完全无关，故在数学中被认为是最难掌握的内容。如果从集合论出发，最容易掌握的反而是代数结构。例如，皮亚诺-戴德金结构一开始就是从代数结构出发来定义自然数的。

　　如果学过抽象代数，就能发现自然数集合是半群，而实数集合既是群，又是环。也就是说，从符号系统的代数结构来讲，看似简单的自然数（和实数）极为复杂，因为它把代数结构和序结构联系起来。所有数学均可归为集合的结构，数学真实是非经验的，因此，布尔巴基学派认为，数学教学的顺序应该改变，其不应从自然数和几何开始，而应从集合论和抽象代数开始。今日抽象代数之所以那么难懂，是因为从小形成的算数和几何学经验束缚了我们的思想。换言之，以往数学概念和经验联系太紧，妨碍人类掌握数学的真谛。受到这一理念的影响，欧美教育界开始重编中小学数学教科书，一开始就从最抽象的层面讲数学，但最后并未获得成功。布尔巴基学派以为只要排除经验的干扰，人们就能更好地掌握数学真实。然而，他们的想法在实践上却以失败告终。②

---

① 金观涛：《消失的真实》，第 150—154 页。

② 20 世纪 60 年代，欧美各国在中小学教育中掀起一场新数学运动，新的课程相较于过去，更早给学生引入形式逻辑原理、朴素集合论甚至群论的学习。在这场运动中，尽管布尔巴基学派没有扮演任何官方角色，但其数学理念对新课程的设计产生很大影响。新数学运动在推行过程中受到来自各方的批评，如过度形式化和抽象、脱离实际等，最后以失败告终。（下接第 130 页脚注）

为什么布尔巴基学派数学教育没有成功？数学真实作为普遍可重复之受控实验不断扩张的符号表达，当符号没有指涉对象时，它当然是非经验的，可以由主体根据某些规则（立足于普遍可重复的受控实验结构）自由创造，但经验上可感知的受控实验的基本结构毕竟是其原型。这样一来，从经验出发学习数学是有道理的，特别是几何学和自然数，它直接和受控实验的常识相联系。数"数"是人类最早在经验上熟悉的受控过程，几何学从最基本的受控实验（空间位置测量）中抽出，从其出发教数学应该是不可避免的。当然，这会带来一个严重后果，那就是妨碍人们认识数学真实是符号系统本身的真实性。一个符号系统可以不指涉对象，其结构本身就保证了它的真实性，这对 20 世纪的哲学家来说是不可思议的。

（上接第 129 页脚注）（莫里斯·马夏尔：《布尔巴基：数学家的秘密社团》，胡作玄、王献芬译，湖南科学技术出版社 2012 年版，第 190—204 页。）数学史家胡作玄则认为："虽说 Bourbaki 的活动是以教育开始，但他们的目的并不一定是要推行新数学，他们也不一定对中小学数学教学有多大兴趣，这只不过是有些好事者在借题发挥罢了。"（胡作玄：《布尔巴基学派的兴衰》，第 120 页。）

第三章　可能性的"真实"研究

可能性横亘在未来和现在之间，让我们做出选择。自从概率论被发明，人类终于找到了选择的理性根据。然而，可能性为什么有不同的概率？为什么概率论的计算是真的？2 000 年来，从未有一个时期如今日那样，人在面临选择时被一种自以为"科学"但远没有经过深思熟虑的信念主导，这就是在社会生活甚至科学研究中日益泛滥的概率论。

大数定理：概率之谜

在数学领域，概率论和统计数学是一个与一般数学不同但又极为重要的领域。那么，本编第二章对于数学真实的分析，是否适用于概率论和统计数学呢？我们又该如何理解概率论和统计数学的真实性呢？

在相当长的时间中，数学家认为概率与来自《几何原本》的所有数学观念都不同，甚至于离开经验，概率论是否为真都无法判定。[①] 直至 19 世纪末，概率论仍不是一门严格的学科。

---

① 在古典概率论起源和发展的过程中，理性主义和决定论的世界观在欧洲占据统治地位。在这种背景下，一些古典概率论的代表人物如雅各布·伯努利和皮耶-西蒙·拉普拉斯，都认为概率是用来测量人类的 （下接第 132 页脚注）

1900 年，德国数学家大卫·希尔伯特在法国举办的国际数学家大会上做了题为"数学问题"的著名讲演，他根据 19 世纪数学研究的成果与发展趋势总结了 23 个问题，其中第六个问题是用数学的方式实现物理学的公理化，而处在首位的便是概率论和力学的公理化。① 概率论可以和数理逻辑甚至是抽象代数那样，成为具有某种特定结构（真实）的纯符号系统吗？表面上看来，这是不可能的。即便希尔伯特在 1900 年也将概率论视作物理学（而非数学）的一部分。

因此，概率论对 20 世纪哲学（特别是数学哲学）一直构

（上接第 131 页脚注） 无知，而非真正的机遇；上帝（或者某种超级智能）无需概率，在万事万物背后都有一个终极因的存在，立足于因果规律必定能准确预测未来。概率则是相对于人对客观因果规律的知识而言的，更多的是一种心灵状态，而非事实状态。因此，任何概率论成果都必须受到经验的检验，才能证明为真；一旦发现经验现实与概率论的推断不吻合，后者就必须做出调整。一个典型例子是 18 世纪 30 年代提出的"圣彼得堡悖论"。有一个"掷硬币掷到正面为止"的赌局，第一次掷出正面，就给你 1 元。第一次掷出反面，那就要再掷一次，若第二次掷的是正面，你便赚 2 元。若第二次掷出反面，那就要掷第三次，若第三次掷的是正面，你便赚 2×2 元……如此类推。限定最多可以掷 100 次（100 次都是反面，就不给你钱了），那么，你愿意支付多少钱到赌局。按照古典概率论，这里你愿意支付的钱即为期望值——每次可能的结果乘以其结果概率的总和。那么，在一个掷 100 次的赌局中，你应该愿意支付 50 元。但在现实中，很多人不愿意支付 50 元参加赌局。对今天的应用数学家而言，这并不构成对概率论的挑战，但在 18 世纪 30 年代，它威胁到了概率论的有效性。为了解决这个问题，瑞士数学家丹尼尔·伯努利最终提出了期待效用原则取代期待值。（参见 Gerd Gigerenzer, *The Empire of Chance: How Probability Changed Science and Everyday Life*, Cambridge University Press, 1989, pp.2-18。）

① David Hilbert, "Mathematical Problems", *Bulletin of the American Mathematical Society*, Vol. 37, No. 8, 1902.

成巨大挑战。关于什么是概率，逻辑经验论和分析哲学存在两种看法。[①]一种是将其视为经验研究，这方面的代表人物之一是德国哲学家汉斯·赖欣巴哈。他先将概率陈述视作"类"之间的关系，即"关于一个特定序列的一类元素的陈述之间的一般蕴涵关系"。[②]之后，他以频率来定义概率，即"概率是在一个无限序列中频率的极限"。[③]这种解释面临的最大问题在于，在经验世界中，任何序列都是有限的。在这种情况下，我们不可能通过对经验世界的观察获得有关"无限序列中频率的极限"的信息。[④]另一种主流看法以美国分析哲学家鲁道夫·卡尔纳普为代表，其根据数学即逻辑的大前提，认为概率是符号

---

① 这两种看法还可以被放置在更大的背景下看待，即20世纪围绕什么是概率，相关的数学、哲学家分化为两个阵营，一是频率主义者，二是贝叶斯主义者。为了说明两者的区别，我们来看一个陈述：明天有70%的概率下雨。对频率主义者而言，这意味着假设存在无数个明天，则其中70%会是雨天；对贝叶斯主义者而言，则意味着根据今天（假设是2021年12月12日）的相关信息，预测明天（假设是2021年12月13日）的天气。70%则代表预测者对于明天下雨的确信程度。（David Howie, *Interpreting Probability: Controversies and Developments in the Early TwentiethCentury*, Cambridge University Press, 2004, p.1.）逻辑经验论内部围绕"什么是概率"形成的两种观点，大体也延续了频率主义和贝叶斯主义的区分。

② Hans Reichenbach, *The Theory of Probability,* translation by Ernest H. Hutten and Maria Reichenbach, University of California Press, 1949, p.46.

③ Hans Reichenbach, *The Theory of Probability,* p.68.

④ 关于这个问题，赖欣巴哈提供了一个含混的、折中的解决方案，他以赌徒做比喻，对此做出说明：赌徒每次下注之前，必做一次预言，虽然他懂得计算出的概率只有在较多次数的情形下才有意义，于是他打赌，认定较为可能的事件一定发生。这种认定并不表示他对结果有把握。事实上，这并不意味着对于所考虑的单个情形的任何判断，而只是表示判定 （下接第134页脚注）

系统符合经验的即"确证度",故在认识论上亦属于逻辑范畴。[①]
卡尔纳普的观点存在两个绕不过去的困难。第一,根据逻辑经验论,只要符号系统符合(指涉)经验对象,它就获得经验的真实性。任何一个随机事件都可用一个符号串来表达,该符号串是符合经验的,故不存在符号串的确证度问题。为了建立符号系统的确证度,必须将概率论的研究对象限定在全称陈述,或那些不是直接指涉经验对象的符号系统。然而,一旦做出这一限定,概率论就只涉及如何从单称陈述得到全称陈述,即归纳逻辑的一部分,而实际上概率论的研究范围比归纳逻辑广泛得多。第二,确证度的计算必须基于等概率事件的存在,概率论不能保证这一点。[②]故直至今天,概率论都不能有效地纳入逻辑经验论和分析哲学的数学观。

其实,正当布尔巴基学派把各门数学建立在集合论之上时,

（上接第 133 页脚注）较为可能的情形比相反的判定在行动上更有利。赖欣巴哈指出,"较有利"可以用一个频率命题来解释,即如果赌徒遵照总是认定最可能的情形的原则的话,那么长期赌下去,他得到成功的次数比不按这原则的成功次数为多,而概率论的频率解释论证了认定最可能情形的合理性。可是确实也不能保证在所考虑的个别情况下都取得成功。但是它提供给我们一条原则,重复运用这条原则可以使我们取得成功的次数超过违背这个原则时的成功次数。(参见 Hans Reichenbach:《概率概念的逻辑基础》,胡作玄译,载洪谦主编:《逻辑经验主义》,商务印书馆 1989 年版,第 399—400 页。)

① Rudolf Carnap, "The Two Concepts of Probability: The Problem of Probability", *Philosophy and Phenomenological Research*, Vol. 5, No. 4, 1945.

② 18 世纪英国数学家托马斯·贝叶斯和拉普拉斯最早提出这一假说,即所有互不相容的事件都先天有着同等的发生可能性,也就是先天概率均匀分布。这个假说何以为真,一直存在争议,有学者推测贝叶斯甚至为此可能曾经拒绝发表自己的成果。(参见 Gerd Gigerenzer, *The Empire of Chance*, p.31。)

概率论的基础终于有了答案。1933年，苏联数学家安德雷·柯尔莫哥洛夫证明：概率论和其他数学分支一样，也是建立在一组公理之上的符号系统。我认为，概率论公理实为将对控制结果的不确定性（随机事件）研究纳入受控实验普遍可重复为真的结果。下面我以大数定理的发现来说明如何用普遍可重复的受控实验来研究随机事件（控制结果的不确定性）。

所谓大数定理，是指在实验不变的条件下，重复实验多次，随机事件的频率会接近它的概率。比如，我们抛一枚硬币，硬币落下后，某一面朝上是不确定的（即是随机事件），能确定的只是硬币某一面朝上或朝下的概率。所谓"朝上"或"朝下"的概率是指可能发生的事件（硬币某一面朝上或朝下）在总可能性空间中所占的比例。因为总共只有硬币某一面朝上或朝下两种可能，它们是相同的。这样，每一种占可能性空间的比例都是1/2，即某一面朝上和朝下的概率均为1/2。频率是指若干次实验后，随机事件发生数占实验总次数的比例。当我们抛硬币的次数足够多，达到上万次、几十万次甚至百万次时，就会发现硬币某一面朝上（或朝下）的次数约占实验总次数的1/2，也就是随机事件的频率似乎在"逼近"它的概率。

表面上看，"频率逼近概率"出于经验观察，故一开始大数定理被称为"大数定律"。定律何来用于指来自经验的法则，它和数学推出的定理是不同的。这样，概率论似乎类似于物理学，也建立在经验规律之上。然而，人们很快就发现将大数定理视为经验定律是不能成立的。原因在于，即便重复再多次实验，硬币某一面朝上（或朝下）的次数并不一定是实验总次数的一半。既然大数定理不是经验观察的结果，即当实验的总次数趋于无穷时，"频率一定逼近概率"在经验上并不成立，那它又是什么意思？①

直至 1713 年，瑞士数学家雅各布·伯努利才给出了大数定理的数学证明。该证明是数学的，不需要经验检验。② 从此以后，"大数定律"成为"大数定理"。③ 伯努利的数学推理方式如下。还是以抛硬币为例，每次硬币正面朝上的概率为 p（$0<p<1$），我们将此定义为一个随机事件 A。通过排列组合，可以算出在 n 次相继独立的抛硬币实验中，随机事件 A（硬币正面朝上）恰好发生 k 次的概率为

$$p_S(k) = \binom{n}{k} p^k (1-p)^{n-k}, \quad k = 0, 1, \cdots, n$$

① 16 世纪意大利数学家吉罗拉莫·卡尔达诺最早发现，随着实验次数的增加，频率会向概率趋近，但他当时并没能将这一问题数学化、形式化，最后不得不用"运气"来解释频率和概率之间的偏差，并放弃寻找有关概率的数学理论。（参见 Gerd Gigerenzer, *The Empire of Chance*, pp.2-18；Oystein Ore, *Cardano: The Gambling Scholar*, Princeton University Press, 1953, pp.170-171。）

② 这里需要说明的是，尽管伯努利提出了大数定理的数学证明，但他关注的重心仍然是通过概率论寻找经验世界中的因果关系，包括探索自然界的运转模式和人类的决策方式。（Gerd Gigerenzer, *The Empire of Chance*, pp.29-30.）换言之，他提出的大数定理作为一种纯数学真实是浸泡在"经验之海"中的。此外，我在"概率论的公理基础"一节会指出，概率论中的定理是一个概率为 1 的陈述，伯努利对大数定理的数学证明并未能彻底符合这一要求。因此，伯努利的大数定理后来为概率论的频率主义学派提供了基础，赖欣巴哈对概率论的频率解释正是从伯努利的大数定理出发的。（Hans Reichenbach, *The Theory of Probability*, pp.261-310.）

③ 当然，后世数学家还是会经常沿用"大数定律"的称呼，但大家都清楚，这一定律经过伯努利的证明已经成为定理。

这里，伯努利根据排列组合从某一随机事件 A 的概率算出另一随机事件（A 在 n 次重复实验中发生 k 次）的概率。由此，可以进一步用数学得出：当 n 趋于无穷时，随机事件 A 出现 np 次的概率会不断接近 1。[1] 表面上看，"大数定律"是指我们在经验上观察到随机事件 A 的频率逼近它的概率，伯努利则指出这是不成立的，因为上述随机事件并一定发生（即不是真的）。但根据排列组合，可以算出随机事件频率逼近其概率的"概率"，计算证明，随着 n 趋向无穷大，随机事件频率逼近其概率的"概率"会越来越接近 1。

准确地讲，μ 是 n 次独立实验中随机事件 A 发生的次数，当随机事件 A 在每次实验中发生的概率为 p 时，所谓随机事件频率逼近其概率是指对任意正数 ε，存在如下公式：[2]

$$\lim_{n \to \infty} P\left(\left| \frac{\mu_n}{n} - p \right| < \varepsilon \right) = 1$$

上述公式显示，大数定理是数学定理而非经验定律。也就是说，随着抛硬币的次数日益增多，硬币某一面朝上（或朝下）的次数趋于相同并不是真实的事件，而是一种"可能性"。大数定理是指，随着抛硬币的次数增多，该随机事件（硬币某一面朝上或朝下的次数趋于相同）发生的"可能性"越来越大。用数学公式表示，就是它占总"可能性空间"的比例趋于

[1] Dimitri P. Bertsekas and John N. Tsitsiklis, *Introduction to Probability, 2nd Edition*, Athena Scientific, 2008, pp.297-298.

[2] Dimitri P. Bertsekas and John N. Tsitsiklis, *Introduction to Probability, 2nd Edition*, p.271.

1，即其概率接近于 1。[①] 由此可见，概率论推出的大数定理本身是一个概率上成立之陈述，它之所以为真，只是因为其发生的概率无限接近于 1 而已。

这一点可以用数学证明，基于如下两个前提。第一，抛硬币本身是一个无限可重复的实验，每一次硬币某一面不是朝上就是朝下，只有两种可能，这一点不会改变。这样，可以把每次实验可能性空间的大小定为 1，由此可以得到 n 次实验的总可能性空间的大小为 1 的 n 次方。第二，根据这两起事件是等可能性的，我们可以算出每一个随机事件序列（它亦是随机事件）的概率。所谓随机事件序列的概率，是随机事件序列可能性占总可能性（可能性空间）的比例，该比例随着实验次数增多而趋近于 1。大数定理的成立，基于符号系统结构（数学）的真实性而不是经验的真实性！

随机事件的符号表达及其真实性

让我们来分析大数定理为符号（数学）真实性的根据。本书第一编第二章指出，数学是普遍可重复受控实验的符号结构，规定数学各分支的公理实为受控实验各环节的细部结构，以及它们普遍可重复的符号表达。受控实验的普遍可重复是一种结构，其为真意味着该结构是真的，它保证具有该结构的符号系统也为真，这是数学作为纯符号系统为真的根据。显而易见，

---

① 关于"可能性"和"可能性空间"，我在本章后半部分会给出严格定义。

随机事件不满足普遍可重复性的要求。如果以受控实验（经验）普遍可重复为真实性标准，随机事件本身就不是真的，其符号表达当然亦无真实性可言。

然而，我们明明知道随机事件的存在，并可以用一个符号串来指涉它，说其不是真的，这和人们的直觉矛盾。问题出在什么地方呢？我仍用抛硬币为例来分析其真实性。在抛硬币实验中，就每次实验结果（硬币某一面朝上或朝下）而言，哪一种可能性实现是随机的，不具备普遍可重复性？[①] 我们之所以觉得每一次实验都为真，是因为该实验的结果（硬币某一面朝上或朝下）可以被一个普遍可重复的受控观察（或实验）证明。然而，这里被证明为真的是抛硬币的结果，而不是导致该结果的过程。

什么是导致随机事件结果的过程？它是指我们抛硬币的控制动作导致硬币某一面一定朝上（或朝下），它作为随机事件本身，不具备普遍可重复性。我们觉得其为真是看到该随机过程的结果即硬币某一面朝上（或朝下），它是可能性的实现。对于这一结果的真实性，基于硬币某一面朝上（或朝下）可以用一个普遍可重复的受控观察（或实验）来证明。我们认为随机事

---

① 在不同学术领域，"随机性"存在不同的定义，例如一些哲学家倾向于将随机性理解为人的"无知"；在信息科学领域，随机性则被定义为相对于"信号"的"噪声"。本书采用的随机性定义是数学的，其最早是由奥地利数学家理查德·冯·米塞斯在 1919—1928 年提出的。米塞斯指出，随机性意味着在一个观察值的序列中，如果预先缺乏关于这个序列本身的知识，则无法预测一个特定的观察值会在序列的哪个位置中出现。（更详细的讨论请参见 Deborah J. Bennett, *Randomness,* Harvard University Press, 1998。）

件是真实的，这是用其结果来代替过程带来的错觉，因为随机事件（可能性）实现后，它已经不是随机事件（可能性）了。

既然抛硬币的结果为真，那么规定结果的过程即随机事件本身难道不是真的吗？抛硬币有两种可能结果，即硬币某一面朝上或朝下。我们通常所说的抛硬币过程，是指这两种结果中必然有一种出现，而不是其中某一种一定出现。换言之，正因为我们已经把这两者中的任何一个发生视为抛硬币的过程，抛硬币的过程作为某种控制活动当然是真的。因为这时抛硬币已经不是随机事件，它是一个普遍可重复的受控实验！

通过上面的严格分析可以得出如下结论。首先，作为包含随机事件所有可能结果之"随机事件整体"对应着一个控制活动，它不是随机事件，因为这一控制活动是普遍可重复的，它必定是真的。我们可以用一个符号真实之公理来表达"随机事件整体"。其次，随机事件发生后，其结果对应着普遍可重复的受控观察或受控实验，故是真的。这促使随机事件的符号表达成为可能。为什么？因为随机过程和其结果一一对应，当我们用一个符号串指涉随机过程的结果时，它也对应着导致该结果的随机过程。最后，正因为随机事件的结果是真实的，我们可以分析各个结果对应的另一些受控观察和受控实验，研究它们之间的关系。如果这些关系是真实的，我们一定可以用另一组代表符号真实的公理表达它们，这就是随机事件的概率。这样，也就得到定义随机事件概率的公理。它和"随机事件整体"对应的控制行动的公理一样，亦是受控实验普遍可重复的符号表达。

由此可见，虽然随机事件本身不满足受控实验普遍可重复的要求，不能将其真实性表达为普遍可重复受控实验的符号结构，但它和普遍可重复的受控实验存在着如下三个割不断的联系。第一，随机事件整体对应着普遍可重复的受控实验。第二，随机过程的结果可以用普遍可重复的受控观察（实验）证明，我们用指涉其结果的符号串加上限定以准确表达随机事件，即用符号串指涉随机事件是可行的。第三，当随机事件的结果对应着测量时，测量也是普遍可重复的受控实验。这样随机事件本身虽不是真的（不对应着普遍可重复的受控实验），但其结果的测量是普遍可重复的。也就是说，只要随机事件符号集可测，其测量结果即"测度"是真的。

正因为随机事件上述三个和普遍可重复的受控实验相连接的部分都对应着真实的符号结构，我们可以将随机事件纳入科学真实的研究，用这些相连接的部分之符号表达建立一个纯粹的符号系统。该符号系统就是概率论的公理。它们和本编第二章数学系统满足的公理系统不尽相同，但同样是真实的。

概率论的公理基础

我们先来分析表达"随机事件之整体"的公理。因为随机事件整体是一个普遍可重复的受控实验，我们将其可能性大小定为 1。这样，做 n 次实验的可能性空间大小是 1 的 n 次方，它必定也是 1。也就是说，一次实验的可能性空间和 n 次实验可能性空间大小均由普遍可重复的受控实验之结构规定。可能性空间大小为1是随机事件整体为真的一种符号表达。据此，只要计算出某一个随机事件占可能性空间的比例是1，我们就可以将其当作随机事件之整体，即认为它是真的。

任何一个随机事件一旦发生，其结果都可以被普遍可重复的受控观察或受控实验证明，它们当然是真的。也就是说，只有那些已经发生的随机事件是真的，其才可以作为尚未发生的随机事件的前提。至于随机事件本身，只能用与其结果相关的受控实验或受控观察来判断其占总可能性之比例。只要这些受控实验或受控观察普遍可重复，随机事件结果占总可能性之比例就是真的。换言之，随机事件本身和表达它的符号串虽没有真实性，但我们可以对随机事件的结果即表达它的符号串进行测量，如果其有确定数值，可算出它占可能性空间的比例，我们称其为随机事件的概率。当每一个随机事件的结果都对应着普遍可重复的受控实验时，测量值（占可能性空间的比例）是真的。这样，我们也就得到随机事件概率的真实性，其构成概率论公理的另一部分。

概率论中最神秘的是随机事件的等可能性假设，哲学家一直不明白其背后的认识论根据是什么。其实，在真实性哲学的科学真实框架中，它只是随机事件结果的测量这一受控实验的普遍可重复而已。在抛硬币例子中，硬币某一面向上和向下出现的概率都是1/2，表面上看，这是出于它们是等可能性事件。为什么这两个随机事件是等可能的？我们知道，为了确定被抛硬币两个面是等可能的，硬币制造必须保证上下两个面的绝对对称（其各部分密度无差异），也就是硬币制造过程上下两个面对称的真实性。[①]何谓硬币制造的真实性？这是一个普遍可重复的受控实验。换言之，正是硬币制造这一个普遍可重复的受控实验，保证了抛硬币时硬币某一面向上和向下各占总可能性的1/2。由此可见，随机事件有确定不变的概率，前提是这一随机事件的概率必须可以测量。

　　什么是测量？如果用集合表示事件，则测量意味着在该集合的子集合与实数之间建立一一对应，使两个不相交子集的并集对应的实数是两个子集合对应实数之和。[②]可测量代表了集合必须有一种结构，这种结构对应着一批没有列出的受控实验或受控观察，它们的普遍可重复性保证测量的可行，并可以用自然数来定义，通过自然数的结构可以推出实数集合。随机事件可测量是指其关系和实数集同构，这一切都基于一大批受控实验（观察）的普遍可重复。换言之，随机事件具有确定的概

---

① 回顾概率论的发展历史可见，早期概率论研究往往与赌博紧密联系在一起，为此，很多古典概率学者苦恼不已，一直试图将概率论拓展应用至赌博以外的领域，但遭受了很多挫折。（Gerd Gigerenzer, *The Empire of Chance,* pp.19-26.）为什么会如此？一个原因就在于，任何赌博活动中，如摇骰子和彩票，每次随机事件都是等可能的，即骰子的各个面或不同彩票都是互相对称的。在其他领域，很少有如此普遍、自明且多样的等概率随机事件。

② 高尔斯主编：《普林斯顿数学指南（第1卷）》，第386—387页。简单来说，测度论将长度、面积、体积等概念严格化，使无法被常规方法测量的数学对象可能被测量。例如，一个有无限多个孔的正方形被切割成了无穷多份并散落在了无限的平面中，借助测度论我们仍然可以表示出这个七零八碎的物体的"面积"（测度）。柯尔莫哥洛夫通过研究概率和测量之间的关系，得出了概率论的公理。（Slava Gerovitch：《现代概率论之父：柯尔莫哥洛夫的"随机"人生》，载返朴，https://fanpusci.blog.caixin.com/archives/247059。）正如我下面所说，集合可以测量实为将其和某种普遍可重复的受控实验对应。

率这一要求本身，对应着一批我们没有列举出的普遍可重复的受控实验（其中包括基本测量）。[1] 我们可以想象一下如果随机事件没有概率（即其数值是不确定的），也就是当概率测量不是普遍可重复的受控实验时，计算随机事件的集合之概率完全没有意义，作为"数学"的概率论不再存在。

简而言之，随机事件（实验）本身虽不满足普遍可重复的要求，不具有一般数学真实的结构，但它可以被纳入两种普遍可重复的受控实验：一种是随机事件之整体，我们称之为可能性空间，其大小规定为1；另一种是对随机事件的概率测量，它是随机事件占可能性空间的比例。在概率论中，这对应的概念是"概率分布"。任何关于概率论的计算之前提，乃是概率分布已知。这样一来，用符号来表达这两种普遍可重复受控实验的结构，就得到概率论独特的公理系统。从概率论公理推出定理，实为计算随机事件的概率。因为概率等于1的事件对应着一个随机事件整体的实验，它应该是普遍可重复的，故是真实的。正因如此，在其他数学分支中，定理乃是真的陈述，而概率论中的定理只是一个概率为1的陈述。本书"大数定理：概率之谜"一节曾讨论伯努利最早证明了大数定理。这里需要强调的是，大数定理最后完成还要等到柯尔莫哥洛夫。为什么呢？大数定理可以分为弱大数定理和强大数定理，通俗的解释，前者的代表就是伯努利提出的定理，指的是随着实验重复次数趋向无限，随机事件频率逼近其概率的"概率"会越来越接近

---

[1] 关于什么是基本测量，我会在第二编第二章和第三编第一章讨论。

1；后者指的则是随着实验重复次数趋向无限，随机事件频率逼近其概率的"概率"是 1，这项工作是由柯尔莫哥洛夫完成的。[1] 换言之，大数定理在柯尔莫哥洛夫这里才真正成为一个概率为 1 的陈述。

在抛硬币的例子中，定义"随机事件整体"和"随机事件的概率测量"相当简单，用它们来计算其他事件的概率只需运用排列组合。在分析一般的随机事件时，定义概率需要考虑所有随机事件的集合及其测度，也就是如何测量"事件集"占总可能性空间的比例。该过程类似于空间测量，不同的是被测量的元素不是点、线和面等，而是符号。这一门数学被称为测度论。测度论要回答的问题包括哪些集合是可测的，哪些集合是不可测的，等等。

我在讨论集合论的公理系统时指出，选择公理的存在保证了可以用符号系统表达受控实验的基本结构，但会得到不可测集合。[2] 不可测集合的存在意味着并不是所有集合的大小都能得到规定（可能性空间的测度以及子集合占总可能性空间的比例）。这表明虽然对于任何随机事件都能用一个符号串表达它们，但只有当该符号串是一个可测集合时，它才具有概率。也就是说，概率论只研究具有确定概率的随机事件的符号系统，但哪些随机事件存在着概率，哪些随机事件没有概率，这是一

---

[1] Dimitri P. Bertsekas and John N. Tsitsiklis, *Introduction to Probability, 2nd Edition*, p.271, p.281.

[2] 不具备专业背景的读者可以结合前文提及的分球怪论来理解这一问题。分球怪论的内容是：一个球面在被切割成有限块后，可以拼接出和原来球面一样大小的两个甚至一万个球面，但可测量要求切割后的球面各部分大小之和等于原来球面的大小。换言之，分球怪论与可测量性的要求是互相违背的。

个极为复杂的问题。虽然在经验上概率论对应着测量这一受控实验，但如果将其表达为符号系统的结构，就需要理解什么是对象的测度（长度、面积、体积等），这是一门专门的数学。此外，计算由随机事件组成的任何一个集合的测度，需要勒贝格积分。[①] 测度论和基于勒贝格积分的实变函数（以实数作为自变量的函数）都是在 20 世纪初成熟的，正因如此，直到 1933 年苏联数学家柯尔莫哥洛夫才出版了《概率论基础》一书，首次以测度论和勒贝格积分理论建立了概率论的公理基础。

概率论的基本公理如下：设 Ω 为基本事件（这就是和前面讲的随机事件整体对应的控制过程），S 是它的样本空间，E 是随机事件。对于 E 的每一个事件 A 赋予一个实数，记为 P（A），称为事件 A 的概率。[②] 这里 P（A）是一个集合的函数，

---

① 我们可以通过函数曲线下面积的计算来理解积分：将函数曲线下的不规则区域分解成若干宽度相等的长方形，当宽度无限趋近于 0 时，则可以将函数曲线下的面积转化为长方形面积之和，这就是积分方法最简单的解释，最早由德国数学家波恩哈德·黎曼提出。勒贝格积分是对黎曼积分的改造，其由法国数学家亨利·勒贝格发明。勒贝格曾用一个例子说明其积分方法和黎曼不同：如需要付一笔钱，可以从口袋里拿出钱来，并按拿出来的次序付给债主，直到达到总和为止，这就是黎曼积分；但是也可以用另外的办法来做，在把所有的钱拿出来以后，按照相同的币值把钞票和硬币排列起来，然后把钱一堆一堆地付给债主。这就是勒贝格积分。（高尔斯主编：《普林斯顿数学指南（第 3 卷）》，第 196 页。）对于任何一个符号系统，在求其测度（如面积）时，勒贝格积分可以严格定义可积前提，故比黎曼积分准确。

② 美国数学学者斯拉瓦·杰罗维奇对柯尔莫哥洛夫公理及其涉及概念有一个通俗的解释："最基本概念是'基本事件'，即单一实验的结果，例如掷硬币。所有基本事件构成了一个'样本空间'，即所有可能结果的集合。举个例子，假如某个区域常会出现闪电，样本空间就包括该区域（下接第 147 页脚注）

要满足下列条件：[①]

1. 非负性：对于每一个事件 A，有 P（A）≥ 0。

2. 规范性：P（Ω）= 1。

3. 可列可加性：设 A_1 与 A_2 为互不相容的两个随机事件，则有 P（$A_1 \cup A_2$）= P（A_1）+ P（A_2）。

《概率论基础》用一组公理定义了随机事件及其概率，并用概率无限接近于 1 的符号串来代替概率论中定理的证明和推导的确定性。希尔伯特第六问题终于得到解决。

统计数学的结构

下面让我们总结一下截至目前本章的讨论。与前面推出的数学各分支的受控实验结构相比，抛硬币这一实验的控制虽普遍可重复，但结果是不确定的。我们将其称为控制结果不确定的受控实验。一旦把这一类独特的受控实验纳入从普遍可重复

（上接第 146 页脚注） 所有可能发生闪电的位置。一个随机事件被定义为样本空间中的一个'可测集'，而随机事件的概率则是可测集的'测度'。例如，闪电击中某位置的概率只取决于这个位置的面积（'测度'）。两个同时发生的事件可以用它们的测度的交集来表示；条件概率可以看成测度的相除；两个互不相容的事件其一发生的概率则用测度的加法来表示（也就是说，A 或 B 被闪电击中的概率等于它们面积之和）。"（引自 Slava Gerovitch：《现代概率论之父：柯尔莫哥洛夫的"随机"人生》。）

① 这里罗列的今天公认的柯尔莫哥洛夫公理内容，并用现代数学语言稍做转化。（更详细的内容请参见 A. N. Kolmogorov, *Foundations of the Theory of Probability, Second English Edition*, translation edited by Nathan Morrison, Chelsea Publishing Company, p.2。）

受控实验的结构推出数学的过程，就可以得到"随机事件真实性"的符号表达。这时，数学真实就转化对随机事件概率的测量，以及可能性空间整体在受控实验重复中形成多维空间事件（集合）的测度计算，寻找测度为1的符号串代替了原来用公理推出定理之过程。正是这一切构成了概率论不同于其他数学门类独特的论证结构。

这样一来，与本编第二章的分析类似，只要将受控实验的结构分解成各个环节，我们同样可以得到概率论和统计数学的各个分支。我在本编第二章指出，受控实验由4个环节组成。第一个环节是主体 X 对可控制变量集 C 进行控制，第二个环节是可控制变量集 C 和可观察变量集 Y 之间的映射 L，第三个环节是受控实验及其各个部分的普遍可重复性，第四个环节是如图 1-3 所示的把 Y 集加入 C 集并促成新受控实验的产生（受控实验的组织和自洽迭代）。第一个环节对应着符号系统的拓扑结构，第二个环节对应着符号系统的代数结构，第三和第四个环节是符号系统的序结构。受控实验的4个环节中，第一、第二和第四个环节都可以引入控制结果的不确定性，据此可以得到概率论和统计数学的各个门类。

为此，我们先来严格定义什么是控制结果的不确定性。如前所述，控制的定义是主体从可控制变量集 C 中选出某一子集合 C_i。所谓控制结果的不确定性是指，选择的结果即子集合 C_i 包含若干元素，它们是互不兼容的，其中某一个实现时，其他不实现。这时，哪一个元素作为主体控制结果必定是不确定的。一旦认识到控制结果不确定性是它们互不兼容，结果的互不兼容又可以归为其相应的选择（控制）互相排斥，我们对不确定性就有了一种全新的认识。这就是在真实性哲学的框架中，控制结果的不确定性即为主体面对的互不相容的可能性，其本质乃是在一个控制序列中实现某个基本控制后，达到每一种结果之进一步控制和其他结果之进一步控制互相排斥。这一基本观点对本书第三编中讨论的一个问题至关重要，那就是为什么量子力学是现代科学的基石。

在本编第二章定义符号系统的拓扑结构、代数结构和序结构时，我们从没有考虑控制结果 C_i 包含元素的互不兼容性。在讨论 C 集合到 Y 集合的映像时，亦没有涉及映射的不确定性。显而易见，对图 1-2 所示受控实验的前两个环节，都能引进控制（或映射）结果的不确定性。

先在受控实验的第一个环节引进控制结果的不确定性。如前所述，主体 X 实行某种控制，实为从可控制变量集 C 中选出子集合 C_i，当 C_i 中的各元素互不兼容时，主体对 C_i 集的控制结果是不确定的。虽然 C_i 集中哪一个元素 c_i 在控制过程中实现是不确定的，但控制结果 c_i（可能性的实现）可以用普遍可重复的受控观察来证明，而且集合 C_i 必须是可测的。我们立即发现，满足上述条件的 C_i 集就是概率论公理基础中定义的基本事件 Ω 和样本空间 S，也就是我前面说的可能性空间整体。随机事件 E 就是控制结果 c_i 对应的过程，当可能性空间整体大小定为 1 时，其子集占可能性空间的比例就是概率。换言之，对可能性空间整体、部分以及各元素的测度进行规定，可以得出概率论的公理。由此可见，所谓概率论乃是将控制结果的不确定引入受控实验的第一个环节所得到的符号系统。

如果控制结果的不确定性出现在受控实验的第二个环节（即由 C 集合到 Y 集合的映像 L），我们得到随机过程的定义。考虑如下控制：主体 X 的控制使得 C 集合中子集合 C_i 实现，c_i 是 C_i 的元素，c_i 到 Y 集的映射是一对多的。令 $Y_i=$ L（c_i），Y_i 不止一个元素，且各元素互不兼容，即当 c_i 确定（它是 C_i 规定的结果）时，Y_i 中只有一个元素和 c_i 对应。这意味着由 L 规定的 Y_i 集有若干个元素，其中哪一个出现是不确定的。也就是说，当 c_i 发生时，c_i 规定的 Y_i 集中哪一个 y_i 作为映射结果是随机事件。随机事件 y_i 和前面分析过的随机事件不同，其发生是有前提的，也就是 C_i 集中相应元素的存在。数学中把依赖特定前提的随机事件称为随机过程，其研究和前面讲的概率论不尽相同。

随机过程和随机事件的差别主要表现在概率的定义上。随机过程是依赖参数的随机事件，其概率随 C_i 集中相应元素的不同而不同，它是 c_i 的函数；随机事件的概率则是不变的。当然，随机过程中事件集亦要满足可测要求，因为 C_i 规定 Y_i 是一个普遍可重复的受控实验，即 P（Y_i）=1。而 P（y_i）是 C_i 的函数，也就是随机事件 y_i 的概率是可测量的，Y_i 是可测集合。依赖参数的随机事件可视为随机变量，不仅其由条件参数规定，其发生的概率亦取决于参数。[①]

------

① 让我们用两个例子来说明随机变量和随机过程的区别。掷骰子能产生的是一个随机变量 1/6，每次掷骰子的过程各自独立，产生的随机变量都是 1/6；对于随机过程，数学家经常用的一个比喻是酒鬼漫步，（下接第 151 页脚注）

规定了随机过程之后，可以进一步在受控实验的第四个环节（图 1-3）引进控制结果的不确定性。受控实验的第四个环节为受控实验的迭代，即将 Y_i 集加入 C 集。本来，随机过程依赖的条件 C_i 是确定的，一旦考虑受控实验的自我迭代，C_i 变成随机事件之结果。虽然其结果为真，但发生机制为随机事件，其为控制结果不确定所导致的。这时，随机过程所依赖的前提本身是随机过程的结果。这就带来了随机过程的复杂性，其类型取决于 Y_i 集和 C_i 集的关系，以及将 Y_i 加入 C_i 带来的结果。当 Y_i 集就是 C_i 集，且 P（Y_i）只和 c_i 有关时，上述随机过程相对简单，它是马尔可夫过程。马尔可夫链是最常见的也是可以不考虑历史的随机过程。[①] 当集合 Y_i 满足连续性要求

（上接第 150 页脚注） 想象在曼哈顿东西南北格点化的街道中有一个小醉汉，他每到达一个交叉路口都会随机选择前后左右四个方向其中的一个，然后继续前进（或后退），在走到下一个路口时又随机选择一次方向……每一次随机选择形成一个随机变量。酒鬼漫步的路径是其多次随机选择行走的所有路径的集合。随机变量序列集合起来，便形成了"随机过程"。然而，不同于反复掷骰子的过程，酒鬼的每一次随机选择都依赖上一次的随机选择，而非各自独立的。随机过程中的随机变量 X_i 可看作时间 t_i 的"函数"。（引自张天蓉：《酒鬼漫步的数学——随机过程》，载知识分子，http://zhishifenzi.com/column/newcolumn/1102.html。）

① 时间上离散的过程，也被称为"链"。马尔可夫链是由俄国数学家安德烈·马尔可夫提出的，对于这个概念可以借由下面的例子来说明：爱丽丝在上一门概率论的课，每周上课可能进步，也可能退步。假设在给定的一周中，她进步了，那么她在下一周进步和退步的概率分别为 0.8 和 0.2。如果在给定的一周内，她退步了，那么她在下一周进步和退步的概率分别为 0.6 和 0.4。换言之，她下一周进步和退步的概率只取决于本周是进步还是退步，而与更早之前的学习状态无关。（案例引自 Dimitri P. Bertsekas and John N. Tsitsiklis, *Introduction to Probability, 2nd Edition*, p.30。）

时，这就是一个维纳过程。①

对不同类型的随机过程的研究，构成了统计数学形形色色的门类。对统计数学家而言，如何确定随机过程的类型以及随机变量的概率，往往是一件困难的事情。在此，我把控制结果的不确定性引入图 1-2 和图 1-3 所示的受控实验的各个基本环节，以说明概率论和统计数学的结构，有助于判别在何种前提下随机事件和随机过程概率是存在的。今日，贝叶斯条件概率的运用日益广泛，很多人用其代替因果关系，甚至认定任何随机事件都有概率。② 我认为，必须清醒地意识到这种统计数学泛化的危险性，因为很多时候讨论随机事件的测度、计算随机

---

① 维纳过程又被称作布朗运动，19 世纪，英国植物学家罗伯特·布朗在用显微镜观察时发现悬浮在水中的花粉微粒不停地做凌乱不规则的运动，这些微粒被称作布朗粒子。由于液体内大量的分子不停地做杂乱的运动，不断地从四面八方撞击悬浮颗粒，在任一时刻，每个颗粒受到周围分子碰撞的频率约有 10^{21} 次 / 秒。虽然所有粒子的平均位移为零，但对每个粒子而言，它们一直都在不停地运动，并且随着时间的推移，运动轨迹的"包络"离 0 点越来越远，整体看起来越来越发散。"控制论之父"诺伯特·维纳从数学上分析研究了理想化的布朗运动，即维纳过程。（引自张天蓉：《不仅喝醉的酒鬼会漫无目的地游荡，花粉也会》，载知识分子，http://zhishifenzi.com/column/view/974?category=。）

② 最典型的一个例子是人工智能的深度学习，其依赖的正是贝叶斯网络。关于这一过程，可参见朱迪亚·珀尔、达纳·麦肯齐：《为什么：关于因果关系的新科学》，江生、于华译，中信出版社 2019 年版，其中朱迪亚·珀尔是"贝叶斯网络之父"。在这本书中，作者试图从概率中寻找因果性，例如该书第八章详细介绍了如何通过必要性概率计算方法来进行反事实的因果推理。我认为，这本书反映出当前科学的迷失，问题的本质应该在于为什么概率计算在经验世界中是真实的。

过程的概率并没有意义，因为它们不是真的。[①]

可能性和纯符号系统的真实性

可能有人不同意我把随机事件和随机变量都归为控制结果的不确定性。20 世纪下半叶以来，人们倾向于将不确定性本身视为客观存在，主张它和主体控制无关。下面我来证明这种观点正如把数学定理等同于经验法则一样，是这个时代最大的错觉。表面上看，似乎很难否定不确定性可以是一种和主体控制无关的客观存在，熵就是典型例子。然而我要强调的是，对科学而言，问题的本质是我们如何知道不确定性（包括熵）是真实的，并用符号串或测量来表达这种真实性。如前所述，概率论和统计数学成立，其公理必须满足规范性要求，即对于随机事件整体即基本事件 Ω，其概率 P（Ω）等于 1；随机过程

---

① 对统计学家而言，数据优先于观点和解释。因为数据是客观的，而观点是主观的。但对于上述信念的反思，一直未曾间断过。例如，1954 年美国统计学家达莱尔·哈夫就出版了一本书，讨论人们利用"客观准确的"统计数据来撒谎的各种把戏。一个最简单的把戏是对不同"平均数"的使用：在同一个区同一时间段，先是一个房地产商告诉你本地居民的人均年收入是 1 万美元，然后是纳税人委员会告诉你本地人均年收入是 3 500 美元。两个数据都是"客观准确"的，只是前者是平均数，后者则是中位数，但两者都属于广义的平均数。（Darrell Huff, *How to Lie with Statistics*, W. W. Norton & Company, 1954, pp.27-28.）2018 年，朱迪亚·珀尔和科普作家达纳·麦肯齐也出版了一本畅销书，涉及相关问题，他们在书中举了一个例子：一个国家的人均巧克力消费量和该国诺贝尔奖得主的人数之间存在强相关，这种相关性在统计学上是成立的，但它有意义吗？（朱迪亚·珀尔、达纳·麦肯齐：《为什么》，第 48 页。）

亦如此，作为随机过程整体的基本过程 Y_i，其概率 $P(Y_i)$ 亦必须等于 1。表面上看，作为不同于随机事件（过程）的基本事件（过程），它们之所以为真，是因为其客观实在。然而，我们又如何知晓上述客观实在（一个基本事件或过程）一定为真，且可以用符号串表达它们并进行测量呢？

我在"客观存在和普遍可重复的受控观察"一节讨论过客观性为真的前提，强调客观实在是指某一类对象（或过程），如果它要为真，则必须满足如下两个要求：第一，主体对其观察（获得其信息）不会改变该对象（或过程）；第二，该对象（或过程）对所有主体（观察者）为真。满足这两个要求需要一个普遍可重复的受控观察。更重要的是，我在"客观存在和普遍可重复的受控观察"一节证明了一个认识论法则：当我们用逻辑语言表达客观实在时，指涉普遍可重复受控观察所确认对象（或过程）的符号串，通常是单称的，严格说来是非全称陈述。随机事件（过程）的整体是所有随机事件（过程）之总和，单称陈述不能表达它的存在。表达随机事件（过程）整体的基本事件（过程）是一个全称陈述。这就带来一个问题：对于该全称陈述，我们如何知晓它是真的呢？我在"受控实验及其结构"一节证明：全称陈述为真，其指涉的对象（或过程）一定是普遍可重复的受控实验。

现在我们终于理解随机事件（过程）整体的基本事件满足 $P(\Omega)=1$ 和 $P(Y_i)=1$ 这一规范性公理的背后是什么了，这就是其必须可纳入普遍可重复的受控实验所导致的，随机事件（过程）作为一个整体，只能是普遍可重复受控实验的结果。

如果随机事件（过程）不是由受控过程的结果不确定性规定，我们就无法用符号系统把握其整体，更谈不上对符号系统进行测量，即得不到基本事件的概率一定是1这一前提。这时就不可能用概率论和统计数学研究随机事件和随机过程。

换言之，将所有随机事件（过程）视作主体控制结果不确定所导致的，是一项认识论要求，其出于真实性之本质。[①] 也就是说，我们可以把不确定性作为客观定律，正如今日物理学将"测不准原理"视为和主体无关的"不确定性原理"那样。但是，这种看法不能纳入真实的科学研究（即用符号系统对其进行有效的表达），因此只是空泛的哲学想象而已。不确定性一旦纳入数学，它就已经被当作普遍可重复受控实验的结果了。对于那些不能定义为主体控制不确定的随机事件和过程，它们或许存在，但概率论对其没有意义，我们运用统计数学计算得出的结果亦不一定是真的。

---

① 把不确定性的变化视为主体控制的结果，可以解决现代科学的一些难题。例如物理学把熵视为和主体无关的客观实在，会带来一个问题，那就是主体获得信息是系统熵的减少，它并不需要从外界输入能量。这时热力学第二定律即自发过程的熵增加会被破坏，还可以制造第二类永动机。苏格兰物理学家詹姆斯·麦克斯韦曾给出如下想象：一个绝热容器被分成相等的两格，中间是由"妖"控制的一扇小"门"。该"妖"是一个能获得信息的主体，即可以知道容器中的空气分子运动速度快慢。他发现运动速度快于平均速度的分子时，便打开"门"，选择性地将运动速度较快的分子放入一格，而将运动速度较慢的分子放入另一格。这样，其中的一格就会比另一格温度高，整个系统的熵因这一主体存在而变小了。更有甚者，可以利用此温差驱动热机做功。这就是第二类永动机。（需要注意的是，麦克斯韦并未使用"妖"这一概念，这一命名来自英国数学家、物理学家威廉·汤普森。）（下接第156页脚注）

一旦发现受控实验只存在控制结果确定与不确定两种类型，我们就可以把一般数学和概率论、统计学整合起来，并得出一个意想不到的结论，那就是普遍可重复受控实验及其组织迭代的符号表达，亦涵盖了可能性真实的纯符号研究！什么是可能性？可能性是主体面对的这样一种对象，该对象在主体没有进行控制（选择）前不具有经验的真实性。我们自然会问：如果可以用符号表达它们，作为和经验无关的纯符号系统的各种可能性具有真实性吗？这时立即发现可能性存在着两种不同类型，一种是主体通过控制（选择）一定可以达到，另一种却不一定。

换言之，如果在科学真实框架内讨论可能性的两种类型，

（上接第155页脚注） 麦克斯韦妖的问题要等到1982年才得到解决。美国物理学家查尔斯·班尼特发现，麦克斯韦妖是一个信息处理器。它需要记录和存储关于单个粒子的信息，以便决定何时开门、关门。并且它需要定期删除这些信息，清一下"内存"才能进一步工作。根据"擦除"原理，擦除信息会带来熵的增加，将远远超过粒子分选所引起的熵减。这样整个系统的熵并不会因麦克斯韦妖的存在而减少。至于第二类永动机是否可能，科学家提出一条法则：系统获得信息必须有能量。根据这一物理学定律，麦克斯韦妖获得信息的能量就是利用温差做的功。（Andrew Rex, "Maxwell's Demon: A Historical Review", *Entropy*, Vol. 19, Issue 6, 2017.）换言之，第二类永动机是不可能的。然而，为什么存在这样的法则呢？其实，当我们从控制结果的不确定性来定义可能性时，已经潜含着用可能性空间大小来定义其整体的不确定性程度即"熵"。C_i（可能性空间）变小是主体实行控制的结果，控制必定需要能量。这样，系统获得信息一定要输入能量。换言之，并不需要提出新的物理定律，就能证明第二类永动机是不可能的。据此，孤立系统熵增加的原理实为我们把主体控制过程一点点排除。在此，我将信息和熵这类基本概念归为控制结果不确定性，指出这些基本科学概念只有在普遍可重复的受控实验中才具有真实性。这对于第三编从认识论的基本原理来讨论自然界普遍法则的真实性十分重要。

第一种是普遍可重复受控实验的结果，第二种对应着控制结果不确定的受控实验。为什么？当控制（选择）一定能成功时，对主体而言，控制（选择）达到的目标作为主体选择前面临的对象，虽然不是经验真实，但一定是（符号）真实的。这时，将其称为可能性，只表示尚没有去做某一个已知的普遍可重复的受控实验而已。对这些对象真实性的纯符号研究，得到的就是普遍可重复的受控实验及其组织迭代的结构。它就是本编第二章数学的内容。那么，对另一种类型可能性符号表达的真实性研究是什么呢？所谓另一类对象，是指在主体没有控制（选择）之前，因其对应着控制结果的不确定性，主体并不能断言它们（符号）一定是真实的。

请回忆上面对控制结果不确定性的定义，主体控制结果 C_i 存在不止一个元素，当其中某一个元素实现时，其他元素则不实现。这里，不确定性是用控制（选择）结果（C_i 包含的元素）互斥来定义的。当其中某一个实现时，它成为经验真实，那些不能实现的可能性不能转化为经验真实。这样一来，在主体没有控制（选择）之前，不能判定所有（符号的）对象之真假。它们和第一种控制（选择）前就是真实的对象明显不同，只是"可能的"。说其为"可能的"的意义并不只是主体没有进行选择（控制），而是出于选择（控制）结果的互不兼容。将这一类可能性的符号纳入科学真实研究框架，得到的正好是概率论和随机过程的公理结构。

从新康德主义开始，一些哲学家就把数学视为研究可能性的，其目的是把数学真实和经验真实区别开来。然而他们没有定义什么是可能性。人人皆知，可能性不是一种经验真实性，那么说可能性为真是什么意思呢？人们万万没有想到，这只是在讲纯符号真实性而已！事实上，正因为可能性存在着两种不同类型，将其纳入科学真实认识论结构，相应的纯符号系统真实性必定存在着两种不尽相同的标准。这正是数学和概率论（统计）必须分成两个完全不同的门类加以研究的原因。

从哲学上看，不等同于经验真实的可能性为真，实际上只是数学和概率统计为真的另一种表述。这一切意味着什么呢？我认为，它无非表明真实性存在着两种不同的对象，一种是经验的，另一种是纯符号的。虽然这两种对象同构，但它们可以互相分离，各自独立地存在。这样一来，主体如何用符号系统把握经验的根本问题，也就变成如何建立横跨经验世界和符号世界的拱桥。唯有如此，真实性才能通过两个世界的互动扩张，而现代科学恰恰是这样一座拱桥。

第二编

科学真实的扩张：
经验世界和数学世界的互动

一旦认识到表达真实经验的符号串是横跨经验世界和符号世界的拱桥，哲学的整体图像就发生了翻天覆地的变化。真实性存在的形态和真实性如何扩张代替客观实在成为哲学研究的中心，正是在研究如何用真实的符号结构表达可靠经验的过程中，我们发现了隐藏在数"数"过程中的秘密。自然数是第一个具有双重结构的符号系统，但是要用它架起横跨经验世界和数学世界的拱桥，必须克服空间长度"不可测比"的困难。

生命唯有依靠自我复制才能克服死亡，难道真实性也是如此？令人深思的是，无论是个体真实、社会真实还是科学真实，它们均在不断扩张中。正因如此，世界才是今天这个样子。人类至今尚不能理解一个可以自我复制又自我维系的稳定系统如何起源，但现代科学向我们显示了具有不断扩张能力的真实性结构的形成机制。原来，支配逻辑陈述的公理化结构背后，是一座横跨经验真实和数学真实的拱桥。

唯有建立横跨符号世界和经验世界的拱桥，作为对象、主体和控制手段三者关系的真实性才能不断扩张。我们终于理解用符号把握经验为什么如此重要了，因为这是建立横跨两个世界的拱桥，唯有建立拱桥，真实性才能扩张！分析拱桥的结构再一次使我们恢复了哲学的自信，我们终于可以分析科学真实的各种形态及其呈现的方式了。

第一章 横跨两个真实世界的拱桥

在人类这一符号物种出现的 10 万年历史中，现代科学直到 2 000 年前才开始显现。为什么从语言走向科学如此困难？理论科学史研究发现，现代科学只能起源于古希腊几何学。在这一令人惊异的事实背后，是具有双重结构的符号系统的内在规定。它可以表达为由逻辑语言组成拱桥必须依附数"数"的双重结构。

在数"数"的背后：自然数的双重结构

在《消失的真实》一书中，我就指出现代科学理论就是横跨数学真实和经验真实的拱桥。[①] 为了剖析这座拱桥的结构，我首先要指出，从真实性本身的扩展来讲，科学（经验）真实和数学（符号）真实的展开都只能依靠自身的真实性结构。如前所述，纯粹数学围绕提出定义（命题）、公理化、定理的推导和证明猜想展开，其发展必须基于数学真实自身的"逻辑"；科学（经验）真实通过普遍可重复的受控实验确立，其扩展依赖受控实验的自我迭代和组织。虽然科学（经验）真实和数学

---

① 金观涛：《消失的真实》，第 335—350 页。

真实各自都可以独自发展，但在欧几里得《几何原本》出现之前，数学真实从来没有根据自身的真实性结构顺利地拓展过；同样，现代科学理论尚未形成之时，科学（经验）真实的进展亦是缓慢的，其发现也没有通过受控实验自我迭代和组织呈不断加速的趋势。这时，数学真实和科学（经验）真实的展开大多出于偶然事件。虽然技术与受控实验之间的关系十分密切，但技术的进步所依靠的受控过程之迭代和组织也不是经常发生的。这一切导致传统社会科学和技术发展的缓慢。

科学技术史和数学史都表明，古希腊哲人发现几何学是数学真实和科学（经验）真实在互动中扩张的第一步。随着欧几里得《几何原本》建立了从公理导出所有（几何学）定理的公理化思维模式，几何学就成为横跨数学真实和科学（经验）真实拱桥的第一块拱顶石。从此以后，通过对欧几里得《几何原本》的模仿，在各个领域把科学（经验）真实和数学真实互相联系起来的架桥工程开始了。17 世纪之后，《几何原本》的公理化结构通过数理天文学进入力学，形成了第二块拱顶石，那就是以牛顿命名的经典力学。以实数为符号系统的现代力学理论形成之后，数学真实和科学（经验）真实的扩张开始呈加速发展趋势。我们看到新拱顶石的不断出现与互相整合，其后果是横跨科学（经验）真实和数学真实的拱桥越来越宽。在《消失的真实》中，我已简述过现代科学形成的历史。现在必须从新的视角，再一次检讨这一过程。我先分析拱桥的第一块拱顶石是如何发现的，然后叙述一块块拱顶石如何互相整合，最后形成现代科学理论神奇的整体结构。①

　　几何学源于经验测量。空间测量是人类最早掌握的受控实验之一，但是在古希腊人发现几何公理之前，它从来没有和数学真实建立真正的联系。横跨科学（经验）真实和数学真实拱桥的最初形态是几何学，其出现是一件令人惊异的事情。几何学一方面联系经验世界，另一方面立足于数学世界（具有真实性结构的纯符号系统）。数学真实的运行可以通过原始拱桥传递到经验真实，帮助其扩张。经验真实对数学真实的推动亦如此，而传递这种推动力的正是拱顶石。因此分析古希腊几何学出现的各种前提，就成为研究建立横跨符号真实和经验真实拱桥的拱顶石的最佳案例。

　　如前所述，横跨经验真实和符号真实之拱桥必须是具有双重结构的符号系统。不可思议的是，这样的符号系统自从人类学会数"数"以来就已经存在，那就是自然数。至今我们仍不知道自然数是如何起源的，但只要会用自然数进行各种计算，第一个具有双重结构的符号系统已经摆在人类面前了！我在"皮亚诺公理和科学真实的结构"一节指出，自然数可以视为一个和经验无关的纯符号系统，因为它具有皮亚诺-戴德金公理给出的结构。该结构最大的问题是很难用于数学计算。让我们试想在该纯符号系统中做加、减、乘、除等

---

① 虽然本章内容和《消失的真实》第二编有重叠，但前者实际上是从一个更深的层面，剖析现代科学形成机制。《消失的真实》第二编是历史叙述，本章则是哲学分析。建议读者在阅读本章时，将其与《消失的真实》第二编的相关内容进行比较。

运算，其过程如下：先在符号系统中定义什么是加、减、乘、除等运算。就纯符号系统本身而言，任何一种运算实为从集合中任意两个元素找到其他一个元素的映射，该映射必须满足一组法则。用这一组法则来做加、减、乘、除等运算不仅复杂而困难，而且要让这些法则对集合内所有元素有效，自然数集必须进一步拓展。学过初等数学就知道，只有扩大到复数集合，加、减、乘、除等计算才对其所有元素都是有效的。[①]换言之，当自然数作为一个非经验的纯符号系统时，它很难用于进行计算。

为了计算，必须从另一个角度定义自然数。该定义人人皆知。先定义什么是 1，它既是计数的单位，又是起始元素。然后把两个 1 定义为 2，2 是 1 的后继元素，接着把三个 1 称为 3，3 是 2 的后继元素，如此等等……该定义实际上是把自然数视为其序号等同于大小之集合。请注意，给出计数单位必须立足于经验（计数的单位），对后继元素的定义也离不开经验（计数的单位），故这是自然数的经验定义。[②]我后面将证明，用经验定义符号（即符号系统符合经验），实际上是用符号关系表达经验对象的结构。比如 2 是两个 1，3 是继 2 之后用单

---

① 举个不严格的例子，当我们考虑 1 减去 3 这个运算的时候，负数就显得尤为必要；当我们继续考虑负 1 的开方这个运算的时候，就必须有复数。

② 严格来讲，2 等于两个 1，3 等于三个 1……但这只是"准经验"结构，只有当数"数"的单位是完整经验对象，如尺、公斤等单位时，自然数大小才具有经验结构。当单位不确定时，自然数只具有"准经验"结构。这一点对理解虚拟物理学极其重要。详细分析见第三编第三章。

位数目数三次，这些都是数"数"的经验（结构）的符号表达。①一旦理解了自然数的经验结构，我们就有一个惊人的发现：在自然数定义中符号系统的经验结构和其作为纯符号之真实性结构完全重合！

简而言之，实际上，作为数学起点的自然数本身就具有双重结构：一重结构是皮亚诺-戴德金公理，它具有纯符号的真实性；另一重是和经验对象的结构相同的符号结构，"数"的大小代表数"数"经验的结构。在《消失的真实》和本书"经验的真实性和逻辑的真实性"一节，我指出可以用符号之间一一对应来数"数"，这种表达集合大小的方法是非经验的，而先规定数"数"单位，用单位的倍数表达经验对象的大小，这种数"数"方法是经验的，得到的符号系统的结构是经验对象之间的关系。"自然数为真"不仅表明其为普遍可重复受控实验之符号结构，还在于它表达了数"数"的经验结构。它是第一个将经验世界和数学世界加以整合的具有双重结构的符号

① 在此，数"数"的经验结构要求该经验是真实的，它和想象中的数与经验事物建立对应关系不是一回事。什么是想象中的数与经验事物建立对应关系？让我们以古代中国人对自然数的认识为例，老子《道德经》中提出："道生一，一生二，二生三，三生万物。"在《大戴礼记》中，数字及各类数字的联系被用来刻画生物物种的数量和生物出生的时间。在《山海经》中，对天地与万物的大小和距离都给出了十分具体的数字。在《淮南子·坠形训》中，人与动物的妊娠时间与数字的变化被穿凿在一起："天一、地二、人三，三三而九，九九八十一；一主日，日数十，日主人，人故十月而生；三九二十七，七主星，星主虎，虎故七月而生。"（引自黄秦安：《论中国古代数学的神秘文化色彩》，《陕西师范大学学报（哲学社会科学版）》1999年第11期。）这些都是想象中的数与经验事物建立关系。

系统！为什么自然数有如此神奇的结构？我们不知道。然而，正因为自然数的双重结构，由自然数纯符号的真实性（自然数的公理）推出的定理在经验上一定是正确的。数论研究的不断拓展就是符号真实和经验真实互相促进的结果。

既然自然数是第一个具有双重结构的符号系统，它为什么不能成为科学真实中横跨符号和经验拱桥最早的拱顶石呢？因为数"数"所表达的经验似乎不是受控实验。下面我将证明：受控实验的基本结构可以包含在自然数中，但发现这一点极为困难。直至把自然数和线段（角度等）测量结果等同，才可能用自然数结构表达受控实验。理由很清楚，空间测量是最基本的普遍可重复的受控实验，如果我们能用自然数代表测量结果，自然数就能将自己的经验定义给予测量，自然数的双重结构立即转移到空间测量这一类独特的受控实验之符号表达中。空间测量一旦成为具有双重结构的符号系统，科学真实中受控实验和数学之间的拱桥就有了第一块拱顶石，经验真实和符号真实在互动中的扩张就可以开始了。

奇怪的是，每一个文明都知道空间测量可以用自然数来表达，但只有古希腊文明才孕育出了欧几里得公理系统。这又是为什么呢？关键在于，我们在直觉上感受到每一条线段都有一确定的测量值（两个自然数之比），但这个直觉是错的。只有先认识建立自然数之比和测量结果不可能一一对应，即发现存在着不可测量（比）的线段，我们才能找到第一块拱顶石。在所有轴心文明中，只有古希腊文明发现了不可测量（比）线段的存在。

测量可以等同于数"数"吗

测量是求两条线段的比例，如果以 a 线段作为尺，用它来测量另一个线段 b，得到比例是 b/a，它的意义是 b 和多少个 a 重合。当不能重合时，把 a 分为 n 等份，用 a/n 作为尺来数不重合的部分。通常认为当 n 相当大时，用其来数 b 是多少个 a/n 总是可能的。所谓测量结果，是指 b/a=m/n。这里，n 和 m 是自然数。换言之，测量作为求两条线段 a 和 b 的比例，就是去寻找相应的 n 和 m，一旦找到，就建立了测量过程和自然数集的对应关系。这也是用数"数"经验定义了线段的长度。为了分析上述对应是否可能，我们必须对测量过程做出更为细致的描述。

事实上，用数"数"经验结构定义线段的长度，其前提是它可以用数"数"来测量。所谓用自然数来测量是指用如下受控过程（实验）来比较两条已经给出的线段。先将任何一条（可控过程规定的）线段分为 n 等份，用该线段的 1/n 作为单位长度（即尺）来数自己和另一个（可控过程规定的）线段，看它们是尺的多少倍。当尺的 m 倍做不到和被测长度重合时，选比 n 更大的整数 n+1 将第一条线段再做等分，得到更精确的尺，看其若干倍能否和另一条线段相重合。用这样的方法一直做下去，使得到的尺的若干倍和被测量线段重合为止。通常认为，上述方法是可行的，即只要将 n 一点点变大，总可以找到一种测量单位即尺，使第一根线段是尺的 n 倍，第二根线段是尺的 m 倍。[1]

　　显而易见，n 和 m 不能同时是偶数。为什么？因为如果 n 和 m 均为偶数，则可用第一条线段的 2/n 作为尺再次测量，这两条线段长度分别为 n/2 和 m/2。如果这两个数仍然都是偶数，则用第一条线段的 4/n 作为尺进行测量，一直到其中一个为奇数为止。因此，整个测量过程如下：我们从 1 开始增加 n 的数目，用第一条线段 a 的 1/n 当作尺来数第二条线段 b，看尺的 m 倍能否和 b 重合；当 n 为偶数时，m 必定为奇数。这里，一个自然数如 n 首先是指某一种测量方法，其为将第一个线段 a 分为 n 等份，得到尺。与此同时，自然数还代表了测量结果，如对第一个线段 a 数了 n 次，对第二个线段 b 数了 m 次。由此可见，测量结果和自然数一一对应，是指对于任意两个由受控过程得到的线段 a 和 b，都能用上述测量方法找到两个最小的自然数 n 和 m 与其对应，这就是线段的可测量（比）性。

　　表面上看，线段的可测量（比）和线段存在长度等同，因为人在经验上可感知线段的大小即其有长度，故想当然地认为任何线段都是可测量（比）的。然而，这不成立！也就是说，存在着某些可控过程规定的两条线段是不可能用上述方法和自然数 n、m 对应的。下面就是一个例子。

　　图 2-1 是一个正方形，其作图是一个普遍可重复的受控

---

[1]　这里，我们进行测量时，要求被测量线段是静止的。如果对象处于运动状态，必须先找到和对象相等长度的静止线段，通过测量静止线段来知晓运动线段长度。

过程。我们可以用正方形作图得到两条线段，一条是正方形的边 AB=BC，另一条是正方形两个顶点对角线 AC。我们来寻找"尺"测量这两条线段的长度，即将 AB 分为 n 等份，用 AB/n 作为"尺"来数 AC。下面可以证明，无论怎么选 n，都不可能使尺的 m 倍和 AC 重合。为什么？因为作图可以证明：直角三角形 ABC 斜边之平方是另两条边平方的和。也就是说，$AC^2 = 2AB^2$，如果可以找到自然数 n、m 和 AB 及 AC 对应，必定有 $m^2 = 2n^2$。根据前面测量的定义，n 和 m 不能同为偶数，因为 m^2 是偶数，m 必定是偶数。这样，n 只能是奇数。然而，基于自然数公理可推知：当 m 是偶数，n 是奇数时，$m^2 = 2n^2$ 是不可能的。为什么？因为 m 是偶数，它可以表达为 m = 2p，于是有 $m^2 = 4p^2 = 2n^2$，则有 $n^2 = 2p^2$。这样，n 只能是偶数，这与线段测量要求 n 为奇数矛盾。

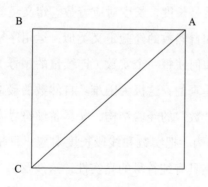

图 2-1 直角三角形斜边的不可测比性

不可测比线段的存在，表明不能将线段测量这类受控实验和自然数一一对应起来。原来，对那些不可测比的线段，用两个自然数之比来表达测量结果，这只是一种近似，充其量为数学（用自然数来数"数"）的应用，并不是发现了自然数经验结构和线段长短之间存在着必然的联系。这时，数学真实和测量结果之间存在着鸿沟，空间测量和线段及角度关系之研究不可能运用自然数结构所蕴含的数学推理（公理化推导）。这一切表明，即使在空间测量这种最单纯的受控实验中，找到横跨科学（经验）真实和数学真实鸿沟拱桥的第一块拱顶石也并不容易，这正是除古希腊外其他轴心文明没有发现几何学的重要原因。①

　　如何克服不可测比的困难？一个办法是改变数的定义，把每一条线段的长度和一个数对应。这就是把数的定义从自然数扩大到实数集，自然数只是实数集的子集合。从经验上定义实数很容易。这就是把线段等经验对象视为有大小的，其大小就是长度，长度对应着数。定义经验对象的大小如长度，这和自然数的经验定义类似，运用序号等于其大小的原则。但如何使每一个实数（连续量的序号）在不指涉经验对象时也是真的？这极为困难。自然数的最奇妙之处在于，它既具备数"数"的经验结构，又具备纯符号真实性的皮亚诺-戴德金结构。把实数和线段长度对应，只是其经验结构，如何让实数集具有纯符号的真实性，这涉及引进新的表达符号真实之公理。本章后文会谈到实数的公理化结构，这是 19

---

① 只有在古希腊认知理性的超越视野中，才存在"万物皆数"的想象。因此，也只有在古希腊人那里，不可测比的问题才能带来"数学危机"。（更详细的讨论参见金观涛：《消失的真实》，第150—158页。）

世纪下半叶才确立的。

由此可见，要找到横跨经验世界和数学世界的拱桥的第一块拱顶石，一开始只能用另一个办法，那就是先用逻辑语言陈述测量过程及其结果，它符合经验，使相应符号串具有经验世界的结构，然后再将这些符号串和自然数建立对应关系，使整个符号系统具有纯符号真实的结构。这样一来，测量就成为具有双重结构的符号系统。下面我们来证明这样的符号系统就是几何学。

第一块拱顶石：古希腊几何学

测量是由如下三个环节组成的：一是选择（或制造）测量的单位（比如尺子）；二是发现需要被测量的对象（比如线段）；三是测量方法和过程，它规定主体如何用测量单位去数被测量对象。其中第一个环节正好对应受控实验可控制变量 C，第二个环节是主体感知到已经存在的经验对象 O（获得对象的信息），而第三个环节对应受控实验中的 L，其意义是经验对象 O 转化为控制变量 C 和通道 L 一起规定的 Y。也就是说，对象 O 本是主体可感知的，它对应着一个受控观察，主体实行控制（测量）的结果是使对象 O 转化为（或在某种意义上等同于）相应受控实验中的可控制变量 Y。Y 是由测量单位和一个由数"数"组成的受控过程规定的。由此可见，测量可以严格地用受控观察和受控实验的基本结构加以定义。①

一旦用受控实验结构分析测量，立即就发现测量线段的长度只是同类受控实验中的一小部分。因为被测量的对象可以是任何几何图形，测量使用的单位可以是线段、正方形或某一个角度，测量方法和过程可以是线段、角度的移动，甚至是用线段作圆或形成其他形状。显而易见，我们可以用逻辑语言来陈述线段的移动和延长、用线段作圆，以及将一个角度移动到和另一个角度重合，等等。每一个陈述是由符号组成特定结构的符号串，符号串结构等同于测量这一类特定受控过程（实验）的经验结构。每一个符号串对应着测量这一类受控实验中某一个受控过程（实验）的经验结构，从一组符号串通过逻辑推出另一个符号串对应着从一组已知的受控过程（实验）通过组合和自洽迭代得到另一个受控过程（实验）。

显而易见，在测量这一类受控实验中，我们能找到一组最基本的控制过程（受控实验），如"作直线""作圆""分割某一直线线段作尺""让一条线段延长""移动一个几何对象"，其他该类受控过程（实验）都是这些基本受控过程（实验）组

---

① 表面上看，测量经验对象和数"数"经验最大的不同之处在于，测量过程中存在着可控制变量 C，数"数"过程中似乎没有这一要素；制造尺是将一条线段做 n 等分，这无疑是控制过程。其实，选择数"数"单位也是最基本的控制过程。换言之，数"数"亦可分解为上述三个环节，只是对数"数"单位的选择，通常不认为如同主体制造尺那样实现了某种控制。而且，数"数"过程中类似受控实验诸环节会被对象和人的手指一一对应掩盖，这使数"数"很难被发现也是一种独特的受控过程（实验）。更重要的是，它不能表达为受控观察和受控实验之有效结合，故它和具有双重结构之最基本受控实验不同。

织和自洽迭代而成的。当我们用符号串代表这些受控过程（实验）即用逻辑语言中的陈述描述它们时，立即会发现上述陈述集合就是欧几里得几何学。那些可以推出其他陈述的基本陈述构成了几何学中的定义和公理，其他陈述则是由公理推出的定理。

我在《消失的真实》中讨论过由公理推出定理的方式，那就是先立足于公理，用逻辑推出若干个结论，然后把这些结论放到公理中，用逻辑推出新的结论，如此循环反复，使相应陈述集合具有一个由公理推出定理的整体结构。这就是欧几里得几何学的公理系统。在《消失的真实》第二编中，我曾强调：由公理推出定理的方式虽用的是逻辑，但推导不是三段论式的。[①]为什么推导不可能是三段论式的？因为每一个陈述对应着该类型受控过程（实验）中的某一个，由公理推出这一陈述实际上是对应公理的那些受控过程（实验）进行组织和迭代。组织和迭代的符号表达不是一个如同三段论那样简单地从普遍推出个别的过程。

一旦理解几何学中从公理推出定理之背后是受控过程（实验）的组织和迭代，立即就知道为什么几何定理是真的了。众所周知，几何公理的真实性一开始是由主体规定的，而定理的真实性来自推导。表面上看，逻辑的真实性保证了从公理推出定理的真实性。其实，逻辑推导作为符号的等同和包含，使那些作为公理的符号串变成另一些符号串，其只能保证后者的结

---

① 金观涛：《消失的真实》，第145—149页。

构是前者结构的等价形态。换言之，定理为真是因为作为公理的符号串结构已假定为真，逻辑的功能只是把公理的真实性通过符号等同变换传递给定理。

几何公理之所以可以事先假定为真，是因为公理本是用一些符号串表达的一组基本受控过程（实验）的经验结构，这组基本受控过程（实验）是普遍可重复的。因为这组受控过程（实验）的组织和迭代亦是普遍可重复的，由其得到的受控过程（实验）当然亦是普遍可重复的。换言之，当逻辑推理把公理的经验结构变换到由其推出的定理的经验结构时，保证经验结构为真的受控过程（实验）普遍可重复性也就传递到相应的作为定理的符号串，使其对应的受控过程（实验）是普遍可重复的，即必定是真的。

上述分析使我们得出一个重要结论，那就是整个真实性的传递过程实为符号串中包含的经验结构与表达受控实验普遍可重复和自我迭代之纯符号结构的整合。为什么？因为受控过程（实验）的普遍可重复和自我迭代早已用纯符号结构加以表达了，这就是定义自然数的皮亚诺-戴德金结构。每一个普遍可重复的受控过程（实验）对应一个自然数，自然数的皮亚诺-戴德金结构保证了每一个作为符号的自然数的真实性。寻找公理本质上可以归为去确定表达公理经验结构的符号串和皮亚诺-戴德金结构中相应自然数的关系，从公理推出定理只是代表公理的自然数通过递归函数算出另一个自然数，被算出的自然数正好对应着那个被推出定理之符号串。换言之，如果形象地表达定理被证明过程，其为符号串经验结构和符号真实性结构的整合，形成一个具有双重结构的符号系统。它如同拱顶石一般，架起了横跨经验世界和数学世界之间的拱桥，从而保证了公理推出定理的真实性。欧几里得几何公理系统实为第一块横跨经验世界和真实符号世界拱桥的拱顶石。

欧几里得几何学这一具有双重结构符号系统的发现是一件划时代的事情。因为任何一个由逻辑陈述构成的符号串集，只要满足欧几里得公理系统的推导结构，就架起了横跨真实的经验世界和真实的符号世界的拱桥。也就是说，从测量这一独特受控实验类型中发现的架桥方法，可以推广到任何其他类型的受控实验中。这就是欧几里得几何公理系统对现代科学形成的示范作用背后的原理。

我在"为什么只有一种科学真实"一节指出，任何一个普遍可重复的受控实验都可以和自然数建立对应关系，使普遍可重复受控实验通过组织和自我迭代得到的新的普遍可重复受控实验，对应着由原有自然数算出的另一个自然数。欧几里得几何学的建立正是找到了受控实验和自然数的对应方法，那就是用逻辑语言表达一组最基本的普遍可重复的受控实验作为公理，再用公理推出定理的基本原则。换言之，该原则是普遍有效的，其不限于几何学。对任何一个现代科学门类，只要找到一组普遍可重复受控实验作为公理，并用逻辑语言陈述这些受控实验，从该门类的公理推出定理都和一个自然数序列一一对应。虽然20世纪30年代数学家才知晓每一个从公理集推出定理的过程都对应着一个哥德尔数，而且哲学家至今仍不知道和哥德尔数有关定理的哲学意义，但从古希腊几何学理论建立以来，这一由拱桥规定的现代科学理论结构已经被发现了！

欧几里得几何学的出现，不仅意味着找到了横跨经验世界与数学世界拱桥的第一块拱顶石，而且意味着已建立起的拱桥还可以进一步扩大。拱桥可以扩大指的是，根据第一块拱顶石还能找到可与其拼合的第二块拱顶石，拱桥的桥面得以增宽。为什么？欧几里得几何学虽没有把线段长度和"数"一一对应，但已经把诸如线段长度和几何形状的面积等看作某种如同自然数那样可以比大小的量，它们和自然数不同，属于"连续量"。在某种意义上，这些"连续量"和"实数"之间已经一一对应了。当时，虽然还没有实数观念，但可以提出这些连续量之间关系的公理了。一旦这些连续量之间新的公理加入几何公理体系中，就不仅为空间测量和实数建立一一对应提供了前提，还可以把握空间测量之外新的受控实验。当我们用逻辑语言及连续量计算对其进行表达时，符号串结构和实数结构的整合立即成为横跨经验世界和数学世界拱桥的另一块拱顶石。

如前所述，根据自然数的经验定义，可以对自然数进行加、减、乘、除运算。在欧几里得《几何原本》中，认为加、减、乘、除运算亦适合于线段等连续量。迈出这一步需要克服一个困难，这就是严格界定两个连续量的比例。两个线段的加、减运算有着经验意义，线段相乘也有经验意义，那就是求以它们为边的长方形的面积。然而，古希腊数学家已经知道两条线段之比无法用整数比例来表示，那么两个线段的连续量之比又是什么呢？我在《消失的真实》第二编指出，柏拉图学园的数学家尤多索成功解决了这一问题。分析尤多索方案，可发现其已经接近了实数的定义。[①]

　　尤多索将线段的比例定义如下：若 a、b、c、d 四个线段成比例，即 a∶b = c∶d，则对于任何两个自然数 m 和 n，必定存在下面三种关系：（1）若 ma < nb，则有 mc < nd；（2）若 ma > nb，则有 mc > nd；（3）若 ma=nb，则有 mc=nd。表面上看，这是跳过线段不可测比性，用连续量和自然数相乘（这是有经验意义的）来定义比例。实际上，尤多索对比例的新定义和 19 世纪戴德金用以其名字定义的分割来把握实数异曲同工。[②] 它证明连续量的比例是有大小次序的，并可以用

---

① 金观涛：《消失的真实》，第 163—164 页。

② 戴德金定理也称实数完备性定理。它断言：若 A|A′ 是实数系 R（即有理数集的所有戴德金分割的集合，并以明显的方式定义了大小顺序及四则运算）的戴德金分割，则由它可确定唯一实数 β，若 β 落在 A 内，则它为 A 中最大元，若 β 落在 A′ 内，则它是 A′ 中最小元。这个定理说明 R 的分割与全体实数是一一对应的，它又说明 R 的分割不会出现空隙，因此，这个定理可用来刻画实数的连续性。关于戴德金定理，不具备相关专业背景的读者可以参考卡尔·B. 博耶提供的一个通俗解释："如果把实数分为 A 和 B 两类，使得第一类 A 的每个成员都小于第二类 B 的每个成员，则对于每一种这样的分割，都有且只有一个实数导致这种分割，或称'戴德金分割'。如果 A 有一个最大数，或者 B 包含一个最小数，那么分割便定了一个有理数；但如果 A 没有最大数，B 也没有最小数，那么分割便定义了一个无理数。例如，如果我们把所有负有理数以及其平方小于 2 的所有正有理数放入 A 中，并把所有其平方大于 2 的正有理数放入 B 中，我们也就以定义一个无理数的方式，分割了整个有理数域——在本例中，我们通常把这个无理数写作 $\sqrt{2}$。戴德金指出，现在，关于极限的基本定理都可以得到证明，而无须求助于几何学。正是几何学，指明了通向连续性的恰当定义之路，但到最后，它被排除在这个概念正式的算术定义之外。有理数系中的戴德金分割，或实数的等价物，如今取代了几何量，成为分析学的支柱。"（参见卡尔·B. 博耶：《数学史（修订版）（下卷）》，第 606 页。）

其大小排列起来，和线段上的点建立一一对应关系。也就是说，在《几何原本》中，已经存在着寻找超越几何学的第二块横跨经验世界与符号世界拱桥之拱顶石的可能性了。

架桥的展开：从欧几里得几何学到牛顿力学

我们可以从两个方面叙述几何学理论建立经验世界和数学世界最早的拱桥后的发展。一是经验真实和符号真实的互动带动空间测量及相应受控过程（实验）的真实性研究不断深入，如哪些几何图形可用尺规作出，哪些不可能，结果是测量、作几何图形越出直观经验出现大扩张。二是数学真实从自然数运算和推理拓展为以几何为中心的公理系统后，还可以把连续量包括进来，将公理化结构进一步延伸到其他领域：先是欧几里得几何学运用到天文观察形成数理天文学，后是牛顿力学的建立。第二个方面的发展极为关键，从此以后，原初拱桥因找到新的拱顶石开始不断加宽，最后导致 20 世纪现代科学革命。下文先简述一下上述两个互相联系的环节展开的逻辑必然性。

如果去分析欧几里得《几何原本》的构成，就会发现其可分成两个部分：一部分是由几何公理推导得到几何定理，另一部分是数论研究。《几何原本》中几何部分远多于数论，而且几何部分和数论是分别论述的——即便今天看来在某些案例中两者是相同的。举个例子，对于自然数 n 和 m，$(n+m)^2 = n^2 + m^2 + 2nm$ 是显而易见的。欧几里得在《几何原本》第二卷则从几何学基本公理的证明得到 $(a+b)^2 = a^2 + b^2 + 2ab$。[1] 如果立足于实数,后一个证明包含了前一个证明。但在实数成为数学真实之前,因为存在不可测比的问题,《几何原本》的几何学证明是必要的。这不仅表明不可测比线段对《几何原本》公理系统形成的意义,还显示了基于自然数的计算和推理向连续量的运用,导致拱顶石扩张的必然性。

欧几里得在《几何原本》的第五和第六卷中专门讨论了比例。我在《消失的真实》中指出,表达现代科学的理性的词汇"工具理性"源于拉丁文 ratio,其希腊文原意是"比例"。柏拉图曾反复用比例观念来论证人对自然的认识和自然法则的同构性。[2] 柏拉图所讲的比例已不是毕氏万物皆数中自然数的比例,而是线段的比例。这说明"不可测比"的发现导致数学真实的中心已实现由自然数向几何学及连续量之转化。只要社会条件成熟,就可以用连续量来表达各种测量的经验结构,这意味着几何学向科学真实的其他领域扩张,在某种意义上,形成各门现代科学理论的条件已经具备了。因为只要用类似于《几何原本》中几何公理及处理连续量的方法表达其他受控实验,就能将相关的推理方法运用到更广大的范围。新的拱桥可在其他科学领域建立。

从古希腊到古罗马,可以看到圆锥曲线研究和静力学的形成。从几何学扩展来讲,第一步是将其推理方法运用到天文学

---

[1] 欧几里得:《几何原本》,兰纪正、朱恩宽译,译林出版社 2011 年版,第 47 页。

[2] 金观涛:《消失的真实》,第 152—153 页。

研究。为什么？几何学立足的受控实验是空间测量，由于天体运动大多近似于匀速圆周运动，只要将圆周按比例分割，空间测量就可以用来表达时间测量。线段的长度是连续量，当其等分为对时间的测量时，时间流逝亦成为连续的。既然欧几里得几何学已经可以计算连续量，几何的定理和计算就可以运用到天体运行研究。迈出这一步虽然用了 2 000 多年，但其扩张的内在逻辑是简单而明确的。

事实上，柏拉图学园对线段比例做出严格定义后，数理天文学就诞生了。尤多索不仅是数学家，还是天文学家。正是他想到用同心圆的几何关系来表达天体运动，数理天文学的基本框架由此形成，其中天体运动模型的研究就作为几何学走向力学的中间阶段。其实，一旦时间测量成为受控实验，就意味着力学成为现代科学的条件成熟了。因为只要再把力（加速度和质量）的测量加入，天体运动的模型就可以用力学解释了。换言之，几何学扩张的第一步是数理天文学，数理天文学中加入测量力（加速度和质量）的公理后，就可以得到力学。力学这一现代科学理论的核心是欧几里得几何学进一步扩大的产物。

现代科学理论形成的标志是牛顿力学的建立，而牛顿力学正是数理天文学沿着托勒密天文学到哥白尼日心说不断发展的结果。这一切均可以归结为几何学这一具有双重结构的符号系统的进一步扩张。事实上，牛顿在《自然哲学的数学原理》一书中运用的推导方式就是几何的，即在模仿欧几里得《几何原本》的公理化推导结构。这表明牛顿力学是以

《几何原本》为示范形成的，在某种意义上是《几何原本》的扩大。

牛顿的贡献体现在两方面，一是发明微积分，二是提出力学三定律和万有引力的公式。为什么微积分那么重要？关键在于，它定义了两个无穷小连续量的比例，认为这一比例也是连续量。而且，这些连续量和空间长度这一连续量一样，都是可以测量的。这促使原来受控实验的符号表达越出几何学的范围，发生大扩张，从而可以在《几何原本》中引进新的公理，拓宽了具有双重结构的符号系统。几何学的基本概念是"点""线""面""角度"，以及线段组成的"图形"（位置和距离），线段长度和角度的测量是其基础。数理天文学把圆周周期的分割作为时间，线段长度除以时间间隔只能得到速度，但得不到加速度。这时，只能用同心圆模型研究天体运动法则。微分作为两个无穷小连续量的比例，则可以定义各式各样的变化率。如速度是空间位置（距离）随时间的变化率，加速度是速度的变化率。有了变化率，加速度作为连续量成为数学的一部分，甚至力和质量亦成为数学必须涵盖的部分。这样一来，具有双重结构的符号系统就从几何学扩大到了力学。

什么是牛顿力学三大定律？它实际上是用速度变化率表达的一组新受控实验。第一定律是第二定律的特例。牛顿第二定律指出力等于质量乘以加速度，即加速度和力成正比。这一正比关系是伽利略为了研究自由落体运动，让小球沿斜面滑下以抵消重力、便于测量时发现的。这里，用斜面抵消重力正是一个普遍可重复的受控实验。控制斜面和水平面的夹角可以发现推动小球运动的力和小球加速度成正比。[①] 也就是说，牛顿第二定律描述了一组普遍可重复的受控实验。表面上看，这里还涉及对质量的测量，牛顿对"质量"的定义是物质的多少，实际上，这是一个循环定义。为什么？因为不同物质的密度和比重不同，用物质多少无法定义何为质量。[②] 在理论物理学中，"质量"最后只能用力除以加速度来界定。换言之，质量乃力和加速度成正比这一受控实验得到的两者关系中的常数（或力与加速度之比例），它也是一个连续量。

第三定律即"相互作用的两个物体之间的作用力和反作用力总是大小相等，方向相反，作用在同一条直线上"，是动量守恒的另一个表述，而证明动量守恒的是另一个普遍可重复的受控实验。该实验是惠更斯发明的。惠更斯在研究两个做单摆运动小球的碰撞并测量碰撞前后小球的速度时发现了动量守恒。该实验后由牛顿改进而趋于完备。[③] 牛顿力学三大定律实为和速度变化率相关的三个公理，其正确性可以用普遍可重复的受控实验证明。换言之，牛顿力学的公理与几何公理一样，其真

---

① 需要说明的是，伽利略的斜面实验并未直接提出加速度和力成正比，而是证明了物体运动的距离与时间的平方成正比（关于实验详情，参见 I. 伯纳德·科恩：《新物理学的诞生》，张卜天译，商务印书馆 2016 年版，第 94—97 页），但这一关系中蕴含了力与加速度的关系。

② 牛顿提出："物质的量是起源于同一物质的密度和大小联合起来的一种度量……它可以通过每个物体的重量得知：因为由极精确的摆的实验，我发现它与重量成比例……"参见牛顿：《自然哲学的数学原理》，赵振江译，商务印书馆 2006 年版，第 1 页。

③ 陈方正：《继承与叛逆——现代科学为何出现于西方》，生活·读书·新知三联书店 2009 年版，第 574—576 页。

实性也是基于普遍可重复的受控实验。牛顿力学的本质是用这些公理推出定理来说明自然现象。换言之，牛顿力学建立在扩大了的几何公理之上，它和几何学一样，都由公理推出定理。只是新公理的加入使公理系统大大超出《几何原本》，它成为一种新的世界观。牛顿把自己的著作命名为《自然哲学的数学原理》，这或许源于牛顿认为该书是《几何原本》扩大的自我意识。

我把牛顿力学视为一个近似于《几何原本》的扩大了的公理系统，这里有"近似于"的限定。为什么要加这一限定？因为在《自然哲学的数学原理》一书中，推导定理之前提并非都是基于受控实验的公理，有的只是假设。例如和牛顿力学三大定律同样重要的万有引力的公式，即"两物体之间的引力和质量（注意这是'引力质量'）乘积成正比，和它们之间距离平方成反比"，并不是基于普遍可重复受控实验的公理，它不一定是真的。此外，牛顿也没有区别惯性质量和引力质量，[①]以及如何用受控实验测量时间[②]等问题，这一切决定了它并非完

---

① 引力质量指的是一个物体对引力场的反应，惯性质量则指的是一个物体对引力和非引力所引起的加速的抵抗。牛顿认为二者是等效的，但无法从逻辑或理论中推导出这种等效，而只从实验中对其加以认识。（参见 I. 伯纳德·科恩：《新物理学的诞生》，第 229—233 页。）

② 这在一定程度上源自牛顿对绝对时间和绝对空间的不同认识，尽管两者都被定义为"自己的本性与任何外在的东西无关"，但牛顿在绝对时间的前面单独加上了"数学的"这一前缀。他还提出，我们是从现象出发，通过天文学方程来确定或者试图确定绝对时间的。可惜我们无法对空间做到这一点。（参见牛顿：《自然哲学的数学原理》，第 7 页；亚历山大·柯瓦雷：《牛顿研究》，张卜天译，商务印书馆 2016 年版，第 144 页。）

全建立在普遍可重复的受控实验之上。即便如此，《自然哲学的数学原理》显示出刚形成的现代自然科学理论巨大的预见性，它不仅推出由受控观察得到的开普勒三定律，第一次算出行星质量，而且对地轴进动和潮汐做出正确的解释。更重要的是，牛顿根据万有引力原理做出了一个惊人的预言：地球的赤道半径略长，两极的半径略短，地球的形状是椭圆的而非圆的。

计算和受控实验扩张的自洽性

我在《消失的真实》第二编中指出："1735—1744 年，法国巴黎科学院执行了一项探测计划，以检验牛顿理论。因为如果地球是扁圆形的，同样弧度在赤道附近和极区附近所对应的弧长会不同。法国巴黎科学院测量发现高纬度地区（芬兰）的弧长，小于低纬度地区（秘鲁）的弧长，牛顿的预言得到最终证实。"[1]1744 年康德正在大学读书，可以想象牛顿理论被证实对康德心灵的震动有多么巨大。为什么一个纯粹的几何和数学上的心灵创作居然能与自然界的天体运动相吻合？这个曾经导致康德先验观念论诞生的重要问题，也同样是真实性哲学的研究所必须面对的。

真实性哲学的研究结论不是存在着先验观念，而是人是会使用符号的物种。对比地球不同地区同一弧度的弧长，是一项没有做过的测量（受控实验）。任何一个受控实验和作为符号

---

① 金观涛：《消失的真实》，第 100 页。

真实的数学世界存在着对应，只要建立一座横跨经验世界与符号世界的拱桥，就能把符号世界中经过计算得到的结果传递到经验世界。即使这是一个没有做过的测量（受控实验），它也一定是真的。我前面曾反复强调：科学（经验）真实只能依靠自身真实性标准扩张。但是，哪些受控实验可以互相组织起来？哪些受控实验在组织过程中会出现互相之间不自洽？某一组受控实验不断自我迭代会有什么结果？当受控实验复杂到一定程度时，上述问题是很难判断的。这一切构成受控实验通过组织和自我迭代进一步扩张的障碍。然而，只要存在着横跨经验世界与符号世界的拱桥，主体就可以通过符号系统的推演，特别是计算，克服这些困难。

当然，在牛顿用万有引力公式推出地球的形状是椭圆的而非圆的这一例子中，万有引力的公式只是假说。我将在第三编指出，它可以用相对论推出，相对论基于普遍可重复的受控实验。然而，用广义相对论导出牛顿万有引力公式的过程相当复杂。因此，为了说明为何建立横跨经验世界与符号世界的拱桥之后，就可以用数学计算推出新的受控实验，我必须从分析最简单的例子开始。前面我已经证明自然数本身就具有双重结构。只要测量结果可以用自然数来表达，我们就可以建立一座最简单的横跨经验世界与符号世界的拱桥。为什么？如前所述，所谓线段的测量是指用如下受控过程（实验）来比较两条已经给出线段：先将任何一条（可控过程规定的）线段分为 n 等份，用该线段的 1/n 作为单位长度（即尺）来数自己和另一个（可控过程规定的）线段，看它们是尺的多少倍。当尺的 m 倍做不到和被测长度重合时，选比 n 更大的整数 n+1，将第一条线段再做等分，得到更精细的尺，看其若干倍能否和另一条线段相重合。如果用这样的方法一直做下去，使得到尺的若干倍和被测量线段终于可以重合，这时得到的自然数 n 既代表了测量对应的受控实验，也代表了测量结果（经验对象的结构）为 m/n。

如果仅仅考察测量本身（它可以用某个自然数 n 表示），当测量结果与自然数不存在确定的联系时，我们无法用自然数计算来判断上述受控实验是否一定可行。然而，只要测量结果是 m/n，因测量的经验结构和纯符号结构之间就存在着拱桥。这样，对作为测量结果的"自然数对 m/n"进行加、减、乘、除运算，得到另一个"自然数对"，它对应着从一组测量找到另一组测量。新的一组测量由原有测量自我迭代和组织产生，它们之间必定是互相自洽的。这样一来，当测量和"自然数对"一一对应时，就可以用测量结果的计算来检查相应测量是否互相自洽。

让我们回到前文对不可测比线段存在的证明，即图 2-1 直角三角形的斜边 AC 之所以是不可测比的，是因为假定了将 AB 分为 n 等份作为尺，再将其扩大 m 倍，使其结果和 AC 相等。这实际上是在用自然数表达受控实验的同时，又表达了受控实验的结果，也就是架起了横跨经验世界与符号世界的拱桥。这时，用 $m^2 = 2n^2$ 推出 m 和 n 不可能一个是偶数一个是奇数，也就证明了不存在相应的受控实验。换言之，计算之所以有效，是因为如果自然数作为双重结构的拱桥真的存在，其一重结构代表测量经验，另一重结构对应着一个受控实验，它们必须互相自洽。当二者不自洽时，便证明不存在这样的受控实验，即不能用这种方式建立拱桥。这里，之所以可以判断不能将自然数的双重结构直接赋予测量，以建立横跨经验世界和数学世界的拱桥，所依靠的正是拱桥双重结构具有用符号运算来推出某些受控实验是否存在的功能。

然而，上述例子只证明横跨经验世界与符号世界的拱桥的意义在于，可以用计算来预见测量过程是否自洽，而不能推出新的受控实验。也就是说，受控实验的范围并没有扩张。如前所述，受控实验可以通过自我迭代复杂化，形成新的受控实验，从而构成经验世界的真实性扩张。测量的自我迭代仍然是测量，把数和线段的测量结果一一对应，并没有形成超越测量的新受控实验，故其只能用于判定是否存在某种特定的受控实验。为了证明建立横跨经验世界和数学世界拱桥之后，数学计算可以预见那些仅仅靠经验自身扩张不可能形成的新受控实验，我们必须分析比线段测量更为复杂的例子。

受控实验的自我迭代在何种前提下会导致新受控实验的出现？在受控实验中，只有当 Y 不属于 C 但又可以加入 C 时，该受控实验的普遍可重复才意味着可控制变量集 C 之扩大。为什么？当 Y 属于 C 时，把 Y 中的元素加入 C，C 集合的类型并没有扩大，长度、面积和体积的测量就是典型例子。当 Y 不属于 C 集合但又可以加入 C 集合时，情况就不同了。本来主体只能控制 C 中的元素，现在 Y 中元素亦可通过约束 L 被控制。Y 成为新的可控制变量意味着新受控实验的出现。

举个例子。亚历山德罗·伏打发明电池，这是一个可普遍重复的受控实验。电池连接导线可以形成稳定的电流。从此，科学家可以用控制电流来做一系列相应的新受控实验。因为这时电流已成为新的可控制变量，它加入制造电池的可控制变量中，意味着受控实验通过自我迭代扩大了范围。1820年，汉斯·奥斯特发现当电线有电流通过的时候，磁针发生偏转；1826年，安德烈–马里·安培通过受控实验发现安培定理；1827年，格奥尔格·欧姆提出欧姆定律，并发明电流计。这就是受控实验进一步迭代形成一批新受控实验的典型例子。[①]

法拉第把磁铁作为受控变量，则是上述受控实验进一步的组织和自我迭代。法拉第是对电磁关系进行受控实验研究的大师，他测出电磁之间的作用力，用实验证明电流可以产生磁场，当磁场发生改变的时候，会产生电流。这些巧妙的实验带来电动机、发电机等全新仪器的发明，亦带动了有线电报和电力传输等新技术的普及，使人类进入电气时代。[②] 但我要强调的是，上面所讲的一切无论多么了不起，基本可归为图 1-3 所示受控

---

① 弗·卡约里：《物理学史》，戴念祖译，中国人民大学出版社 2010 年版，第163—172 页。我要强调的是，受控实验通过自我迭代的扩张是缓慢的，因为新控制变量的加入并不一定会带来一个新的受控实验。我在《消失的真实》第二编简述了现代化学的起源。拉瓦锡开创了现代化学，化学反应成为受控过程。英国化学家汉弗里·戴维继承了拉瓦锡的工作，把电引入化学研究，发现了很多新元素。从此电流成为受控变量。法拉第是戴维的助手，通过他的努力，电磁感应从化学研究中独立出来，成为受控实验。这里可以看到新受控实验通过自我迭代的形成，但每一步都是艰难的。（参见金观涛：《消失的真实》，第 219—222 页。）

② 弗·卡约里：《物理学史》，第 172—175 页。

实验通过自我迭代和组织的扩张，即不断把新发现的 Y 加到可控制变量集 C 中，形成新的受控实验。如果电磁研究的发展只存在受控实验通过经验性的组织和自我迭代进行扩张的机制，而缺乏数学计算的推动，无线电是不可能被发现的。因为发现无线电传播的新受控实验已经超出常识对已知电、磁受控实验组合和自我迭代的想象极限。

法拉第临死前还在做实验，但是这些实验都是他早已经做过的。这件事不仅表明法拉第以追求真理作为生命意义，还向我们提示了另一件事：法拉第一生做过的受控实验实在太多了，以至忘记了那些失败的尝试。为什么法拉第千方百计地设计新的实验，但他不可能想到去组合发射和接受无线电的装置呢？因为只有借助数学的计算才能做到这一点，而法拉第这样一位实验天才的数学水平却不高，他无法将自己的实验变成相应的数学方程，从而发现无线电波的存在。

为什么数学可以预见新的科学真实

我们明显可以区别两种不同的受控实验扩张的过程：一种是图 1-3 中实验者通过将 Y 加入 C 集，导致电磁受控实验的组织和自我迭代，其中不存在数学推导和计算；另一种是将相应新的受控实验转化为数学真实，再通过数学真实的自洽性来看存在哪些新的受控实验。发现无线电的新受控实验正是这样设计出来的，其关键的一步是麦克斯韦迈出的。麦克斯韦是一位数学家，但他充分理解电、磁实验的意义。麦克斯韦所做的是把法拉第和前人的受控实验转化成数学，从而引发物理学的大飞跃，这就是电动力学的产生。如何把已做过的每一个有关电和磁的实验转化为与数学有关的符号系统？第一步是从一个个具体的电、磁实验中提炼出可以和实验装置（如线圈、磁铁电池等）分离的概念（如电场和磁场），这些概念是和经验真实相对应的符号。第二步是将这些具有经验真实性的符号和没有指涉对象的符号系统（数学）联系起来。[①]

首先，必须把电磁作用从导线、磁铁等中剥离出来，仅仅把受控实验表达成控制变量和可观察变量之间的关系。这里有一个关键性转化：因为任何一个电、磁受控实验都是在空间的某一位置做的，也就是说，考虑可控制变量和可观察变量之关系时，必须排除超距作用。这样也就引入了场的概念，[②]并且对一些已知的可控制变量和可观察变量关系重新做

[①] 对牛顿力学而言，这两步都不太难。因为欧几里得的几何公理系统将数论和空间测量结合，并引进连续量，已基本完成这两步，牛顿要做的只是证明：力作用于球体，很多时候可以简化为作用于其质心（空间某一点），而质量也可以视为集中于质心。这样一来，只要把三定律作为新公理加入，新的力学世界观必定是数学化的。对电磁的受控实验，这两步则都必须从头做起。

[②] 所谓"场"，就是在空间不同点上会用不同值的一种物理量。例如，温度就是一种场——在这一情况下是一标量场，我们把它写成 $T(x, y, z)$。温度也可能随时间变化，那么我们应称温度场与时间有关，从而把它写成 $T(x, y, z, t)$。另一例为流动液体的速度场，我们把时刻 t 空间每一点的液体速度写成 $v(x, y, z, t)$，它是一个矢量场。如果以最抽象的方式来解释，场是位置与时间的数学函数。参见费恩曼、莱顿、桑兹：《费恩曼物理学讲义：新千年版（第 2 卷）》，郑永令、华宏鸣、吴子仪译，上海科学技术出版社 2013 年版，第 3—4 页。

表述。①

　　举个例子，根据大量可重复的受控实验，带电物体所受到的其他带电物体的作用力，在不同位置是不同的。力的大小可以由库仑定律来描绘，如带 q 电荷物体所受到带 Q 电荷物体之力 Fq 满足如下等式：$Fq = kqQ/r^2$。r 是两者之距离。表面上看，这个由受控实验得到的公式套用了牛顿万有引力，实际上不是如此。我在前面已经指出，牛顿有关万有引力的公式不是公理，而是一个假设，该假设的成立前提是超距作用的存在，这有违普遍可重复的受控实验为真这一基本原则。换言之，用场的观念看，因不存在超距作用，库仑定律成立，其前提是在 q 电荷存在处有一个电场 EQ（r），我们测到的作用力是 EQ（r）对 q 的影响。这样就得到：

────────────

① 关于引入"场"的意义，《费恩曼物理学讲义：新千年版（第 1 卷）》中有一个形象的比喻：如果我们在水池里，而在近处漂浮着一个软木塞，我们可以用另一个软木塞划水来"直接"移动那个木塞。如果现在你只注意两个软木塞，你能看到的将是一个立即响应另一个的运动——在软木塞之间存在着某种"相互作用"。当然，我们实际上所做的只是搅动了水，然后水又去扰动另一个木塞。于是我们就能提出一条"定律"：如果稍微划一下水，那么水中附近的物体就会移动。当然，假若第二个软木塞离得较远，则它将几乎不动，因为我们只是局部地搅动水。此外，假如我们晃动木塞，就会产生一个新的现象，即这部分水推动了那部分水，等等，于是波就传播开去，这样，由于晃动，就有一种波及十分远的影响和一种振荡的影响，这是无法用直接相互作用来理解的。所以那种直接作用的概念必须用水的存在来代替，或者，对于电的情形，用我们所谓的电磁场来代替。（引自费恩曼、莱顿、桑兹：《费恩曼物理学讲义：新千年版（第 1 卷）》，郑永令、华宏鸣、吴子仪译，上海科学技术出版社 2013 年版，第 3—4 页。）

$$EQ（r）=kQ/r^2（Q 在 r 产生之电场）$$
$$Fq=qEQ（r）（q 所受 Q 在 r 电场之力）$$

　　此外，和库仑定律一样，已知所有的由受控实验得到的定律都必须写成类似的方程，其中包括电场和磁场的变化率。这样得到安倍定律、高斯定律和高斯磁定律的场方程。从受控实验可知：有电的单极，却没有单极的磁，即对于磁场，不可能得到类似库仑定律这样的等式（方程）。这样，又可以得到一个新的场定律。1865 年，麦克斯韦通过位移电流假定（变化的电场产生磁场）对已做过的受控实验做了系统概括，提出如下方程序来表达一系列已知的定律：[①]

$$\nabla \cdot E = \rho / \varepsilon 0（高斯定律）$$
$$\nabla \times E = -\partial B/\partial t（法拉第定律）$$
$$\nabla \cdot B = 0（高斯磁定律）$$
$$c^2 \nabla \times B = j/\varepsilon 0 + \partial E/\partial t（麦克斯韦-安培定律）$$

　　每一个方程描述了电场、磁场和相应作用力在空间某一点的关系，因此这是一个刻画电磁场变化的方程组。它之所以成立，是因为高斯定律、法拉第定律、高斯磁定律、麦克斯韦-安培定律在空间每一点都成立。证明这些定律成立的是受控实验的普遍可重复，它们是在麦克斯韦之前所有科学家的工

---

① 详见费恩曼、莱顿、桑兹：《费恩曼物理学讲义：新千年版（第 2 卷）》，第 230—231 页。

作。形象地讲，这一方程组只是用数学符号表达相应的受控实验。我们只要把实验装置不断缩小，并和物质脱离，仅仅考察可观察变量和可控制变量之间的关系，就会得到上述方程组。由于每一点存在一组关系，其整体表述就是麦克斯韦方程组。为什么麦克斯韦方程组如此重要呢？因为所有电磁作用法则均可由它推出。下面举一个最简单的例子，只要用数学稍做推导，就立即得到如下 4 个结论：

（1）$[\nabla 2 - (1/c^2)\ \partial t2]\ E = 0$，B 服从同样的方程。

（2）其中 $c^2 = 1/\mu 0 \varepsilon 0$，c 是电磁波传播速度。

（3）电磁波所包含的和所传播的能量可以从其中电场和磁场的幅度计算。

（4）光的本质就是电场和磁场的波动。

先看（1），这是一个波动方程，即电场 E（磁场 B）的变动服从（1）规定的法则。它表明在某些点出现电磁场周期性变化时，该周期性变化会如波一样传播。也就是说，电磁场发生波动的时候，这个波动会在真空中传出去，就像水和空气波动的传播一样。根据（2），我们可以算出电磁波传播的速度。$\mu 0$ 和 $\varepsilon 0$ 都是可以通过实验测出来的，这样 c 是可以从数学上算出来的。由于 $\mu 0$ 和 $\varepsilon 0$ 已经从受控实验测出，从它们得到的 c 不仅和光速相同，[①]而且和参照系无关。这里包含一系列极为

① 真正用 $\mu 0$、$\varepsilon 0$ 算出光速的是德国物理学家赫尔曼·冯·亥姆霍兹，他在 1871 年任柏林大学物理学教授。亥姆霍兹测出电磁感应的 （下接第 194 页脚注）

重要的结论。麦克斯韦首先从（3）和（4）做出一个大胆的预言：光是电磁波。一旦受控实验变为数学符号，已知的电磁定律终于突破了直观想象不能逾越的障碍，做出了惊人的预见。

事实上，根据麦克斯韦的理论，很容易设计新的受控实验来证明电磁波。只要建立一个电流（或磁场）快速振荡的回路，就能在此线路外测到电流（或磁场）的快速振荡。没有麦克斯韦方程，即使是法拉第这样的实验奇才，都想不到这种新的受控实验，而设计这一并不复杂的受控实验，其前提是坚信麦克斯韦方程为真。走出这一步的是德国物理学家海因里希·赫兹。赫兹于 1884 年写出一篇重要论文，用一种新的方法推导出麦克斯韦方程，既不用力学模拟，也避开了位移电流概念，得出我们目前使用的不含标势和矢势的对称的麦克斯韦方程组。

赫兹想到一个实验可以证明电磁波存在，其装置如图 2-2 所示，这是一个电压振荡回路。它由一个电容器和一个线圈组成，只要接上电源，就会产生电流振荡。如果在线路外面收到电流振荡，就观察到了电磁波。赫兹在 1888 年借由上述受控实验发现了电磁波的存在，最终证明了麦克斯韦的预言。[①]1894 年，意大利工程师古列尔莫·马可尼将其应用到无线电通信领域，并成功穿越英吉利海峡在英国和法国之间建

（上接第 193 页脚注） 传播速度为 314 000 千米 / 秒，它和当时测出的光速相近。亥姆霍兹还由法拉第定律推导出电可能是粒子。由于他的一系列讲演，麦克斯韦的电磁理论才真正引起欧洲大陆物理学家的注意，并且促使他的学生赫兹于 1887 年用实验证实电磁波的存在。

① 弗·卡约里：《物理学史》，第 184—185 页。

立起无线电通信，从此开启了无线电的时代。马可尼因此在1909年获得诺贝尔物理学奖。[①]

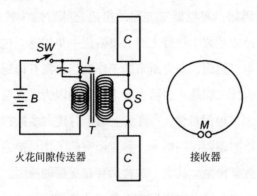

火花间隙传送器　　　　　接收器

图2-2　赫兹电磁波实验原理

　　概言之，如果在电磁领域没能架起横跨经验真实和符号真实的拱桥，法拉第做过的实验及其转化为技术，已是图1-3所示受控实验自我迭代的极限。缺乏用数学真实来表达相应的受控实验，电磁受控实验的进一步扩张往往是艰难而有限的。因为经验想象的不严格和拖泥带水，受控实验的自我迭代不可能实现飞跃性的自我组织。唯有用具有双重结构的符号系统建立一座拱桥，将经验真实和数学真实连成一体，受控实验的进一步大扩张才是可能的。

---

①　"Guglielmo Marconi: The Nobel Prize in Physics 1909", The Nobel Prize, https://www.nobelprize.org/prizes/physics/1909/marconi/biographical/.

数学真实的拓展：从自然数、实数到点集理论

　　众所周知，麦克斯韦方程的提出意味着继牛顿力学之后，横跨科学经验和数学符号之间的拱桥进一步加宽。这就是电动力学的诞生。然而，麦克斯韦的工作在当时没有得到物理学界的重视。为什么如此？表面上看来，这是因为麦克斯韦用的数学在当时看来艰深难懂，[①] 再加上那个时代大多数物理学家深受牛顿力学的超距作用影响，麦克斯韦的工作只被当作一种可有可无的数学模型。其实，这背后存在更深的原因。麦克斯韦方程是科学史上第一次用场方程来表达物理定律，场方程要能成为具有双重结构的符号系统，必须如自然数那样具有纯数学的真实性。[②] 也就是说，如果场方程没有物理意义，在很多人看来它还不是如同自然数那样的数学真实。场方程作为纯粹数

---

① 美国科学史家弗·卡约里曾指出："人们总是发现这本划时代的著作（作者注：麦克斯韦的《论电和磁》）难以理解。彭加勒写道：'最完全地揣摩麦克斯韦的含义的那些法国学者中的一个曾对我说："除了什么是带电物体以外，我理解这本书中的每一件事。"'赫兹把他的意思表述如下：'不管一个人多么热情地投身于麦克斯韦著作的研究上，即使他没有被罕见的数学困难所绊倒，也不能放弃对麦克斯韦的观念形成他自己的前后一致的观念的希望。我自己的遭遇也不比这好些。'"（引自弗·卡约里：《物理学史》，第184页。）

② 关于麦克斯韦方程的意义，杨振宁有过一段评价："人们常说，继库仑、高斯、安培、法拉第发现了电学和磁学的四条实验定律之后，麦克斯韦引入了位移电流，在他的麦克斯韦方程组中实现了电磁学的伟大综合。这种说法不能说是错的，但它并没有道出微妙的几何和物理直觉之间的关联，而正是这种关联促使场论在19世纪取代了超距作用的概念，也正是它带来了20世纪粒子物理中非常成功的标准模型。"（参见杨振宁：《麦克斯韦方程和规范理论的观念起源》，汪忠译，《物理》2014年第12期。）

学的真实性要等到 19 世纪末才得到公认。

简而言之，电动力学的建立作为经验真实和数学真实之间拱桥的进一步加宽，需要两个前提。第一，有关电磁领域普遍可重复的受控实验从化学实验中独立出来，可以通过自我迭代（和组织）扩张。第二，牛顿力学把来自经验真实的动力传递到相关数学领域，推动数学真实的发展；牛顿力学所用的新数学严格化，成为纯符号的真实性。在上述两个前提下，拱桥的再一次拓展和加宽才能顺利进行。我在讨论法拉第实验时已讲过第一个前提，现在分析第二个前提。

自牛顿力学建立后，因力学研究的需要，微积分和函数论突飞猛进，数学开始远远超越《几何原本》的内容。[1]但是，根据物理学研究需要提出数学问题，甚至发展出新的数学门类，这一切严格说来都不能称为数学真实的拓展。为什么？数学真实是一个符号系统，该符号系统不指涉任何经验对象时，必须仍然是真的。要在微积分和函数理论中抽掉经验（例如曲线连续、光滑、无穷小量等）极为困难，更重要的是，它们还必须建立在自洽的由符号结构规定的公理之上。牛顿力学出现之后的相当长一段时间，微积分中很多定义不清晰，有的甚至是自相矛盾的。数学家称使用无穷小量为继发现不可测比线段后第二次数学危机。正因如此，自牛顿和莱布尼兹发明微积分并将

---

① 牛顿在他那个时代被认为是数学家。牛顿去世之后被安葬在威斯敏斯特教堂，出席了葬礼的伏尔泰后来说："我见过一位数学教授，仅仅因为他在自己的本行十分了得，竟然像一位善待臣民的国王那样被安葬。"（转引自卡尔·B. 博耶：《数学史（修订版）（下卷）》，第 446 页。）

其成功运用到力学的 100 多年后，无穷小连续量的比例及其计算才严格化，可以独立于经验结构而存在，相应的数学真实才真正呈现出来。

正如我在《消失的真实》第二编所说，一直要到 19 世纪 20 年代数学家才开始把微积分和经验剥离开来。如捷克数学家伯恩哈德·波尔查诺给出了连续性的正确定义，挪威数学家尼尔斯·阿贝尔指出必须防止级数展开及求和的滥用。1821 年，法国数学家奥古斯丁·柯西在《代数分析教程》中指出，函数不一定要有解析表达式。他提出极限作为数学概念，指出无穷小量和无穷大量都不是固定的量而是变量，无穷小量是以零为极限的变量，排除了它既是零又不是零的矛盾。他据此定义了导数和积分。到德国数学家约翰·狄里赫利那里，函数终于获得了现代的定义。[①] 这一切被数学界称为数学分析学的确立，第二次数学危机被克服，其后果如同将自然数作为纯符号结构和数"数"经验结构区别开来一样，数学真实出现大扩张。描述实数集的公理被发现，现代数学的各个门类建立了。事实证明，在"点集论"和数学分析学确立之后，现代数学的发展可以独立于物理学经验的限制，开始了加速扩张的历程。这说明扩大了的拱顶石（牛顿力学基本定律）只是将经验世界真实性扩张的推动力传递到数学世界，数学真实的扩张还必须依靠自身的真实性基础。

建立实数集有两种方法，一是把自然数序列和线段测量结

---

① 金观涛：《消失的真实》，第 207—208 页。

果一一对应起来，然后把线段测量结果序列这一经验上的受控实验转化为纯符号表述，数学真实就会进一步扩张到一个比原来更大的范围。为什么说只要把自然数序列和线段测量结果一一对应起来后，数学真实就会进一步扩张到一个比原来更大的范围呢？因为自然数可以和经验剥离，其本身乃不指涉对象的纯符号系统。这样，寻找测量结果的序列和自然数序列一一对应的方法，就应该包含了剥离经验的过程。我仍以前面讨论过的不可测比为例来说明。等腰直角三角形之斜边长是直角边长的 $\sqrt{2}$ 倍，因为 $\sqrt{2}$ 不是有理数，斜边不能用直角边为单位测量得到的数表达。但是斜边 AC 的长度真的不能和"数"对应吗？事实上，我们可以用如下受控过程将 AC 的长度和自然数的序列一一对应。先计下用尺量 AC 时用的次数 n_1，然后将尺分为 10 等份，用它来量上一次测量中剩余没有测量（少于一个单位元）的部分，然后将 1/10 的尺再分为 10 等份，以此类推。对任何一个线段，总可以表达为一个自然数序列 n_1、n_2、n_3……其中，n_1 为用尺第一次度量的数，n_2 为用尺的 1/10 度量第一次度量后剩余线段得到的数，n_3 为用尺的 1% 度量第二次度量后剩余线段得到的数，以此类推。

由此可见，只要放弃"有限次测量"这一限定，不论用什么单位作为尺，对 AC 的长度进行测量的结果可以用一个无限自然数的序列规定，其收敛表明测量的结果是确定的。[①] 这样 $\sqrt{2}$ 虽不等于两个整数之比，但可以界定为某一无穷自然数序

①　严格证明这一点需要极限的概念。

列。自然数序列是可以和经验脱离关系的！这里我们看到：一旦采用无穷个自然数序列，数的定义越出自然数和由自然数规定的有理数，达到一个更大的范围，这就是实数。但这样做必须克服一个困难，任何一个经验上的受控实验不可能重复无限次。这时，必须将"做无限次受控实验"变成一组有限的且每一个都可以用普遍可重复受控过程表达的公理，也就是必须把无限个自然数序列收敛并进行符号化，用一组新的公理（它不是经验的）表达得到的集合，并将其和自然数公理进行整合。当然，该过程十分复杂，一直到 19 世纪中叶以后才实现。

　　自然数扩张的第二个方法是把自然数的加、减、乘、除运算的结果都当作数，而且上述运算对包括自然数在内的所有数都有效，这样得到负数和无理数甚至是包含实数的复数集合。如前所述，自然数的加、减、乘、除运算有经验意义，但同时存在纯符号意义。任何一种运算可视为集合中两个元素根据某种原则找到本集合在另一个集合的映射。这样一来，可以得到包含自然数在内的更大的符号集，它具有和自然数集类似的双重结构。复数和实数都是具有双重结构的符号系统。①

---

① 举个例子，任何两个正整数的和都是正整数，但任何一个正整数并不一定是两个正整数之和，只要加入任何一个正整数必定是两个数之和这一公理（即一个算术的方程式有解），立即得到负数的定义。正整数的范围立即得到扩大。就数"数"这一经验来看，负数是没有意义的——尽管它可以被赋予"差多少"的含义。但负数作为一个纯符号，并不一定要有经验意义。显然，这种数学真实的扩张方式对克服不可测比难题十分有效。整数进行基本运算加、减、乘、乘方时，所得仍是整数，但只要一个代数方程（如某一个数的平方等于 2）的解仍是数，立即得到数必须超越有理数的定义。虽然该数在经验

上可以和线段测量对应起来，但这种经验并不是定义无理数必需的。也就是说，我们可以用某种运算的封闭性定义实数集合。而自 19 世纪末数学分析学成熟后，上述方法成为数学界的共识，数学真实凭自身的结构就可以不断扩张了。复变函数和抽象代数的形成是最形象的例子。如运用将有理数扩大到实数的方法，实数集还可以进一步扩大。因为在实数范围内，还有些运算无法进行（比如对负数开偶数次方），为了使任何一个代数方程有解，我们应将实数集再次扩充，得到复数集。复数概念的形成，需要引进虚数 $\sqrt{-1}$。$\sqrt{-1}$ 完全没有经验意义，它只是一个纯粹的数学符号。真的存在这种数吗？我们不要忘记，任何数（包括自然数）都是纯符号，在此意义上虚数当然是数，它和实数的差别仅在于，虚数不能用于数"数"和直接指涉测量结果，即不能和经验对应。这样一来，只要加上若干公理，我们就得到一个可以包含实数集合的复数集合，即在实数域上定义二元有序对 $z=(a, b)$，并规定有序对之间有运算 + 和 ×，其必须满足下列公式。若 $z1=(a, b)$，$z2=(c, d)$，则有 $z1+z2=(a+c, b+d)$，$z1 \times z2=(ac-bd, bc+ad)$。换言之，这样定义的有序对全体在有序对的加法和乘法下成为一个域。此外，当 f 是从实数域到复数域的映射时，$f(a)=(a, 0)$，则这个映射保持了实数域上的加法和乘法，因此，实数域可以嵌入复数域中，可以视为复数域的子域。从实数集扩大到复数集，是一个伟大的飞跃。自然数集和实数集都可以有经验意义，对其进行的各种讨论无论多么抽象，都可以视为对数"数"和线段及空间形态之研究。一旦扩充到复数集，它就和经验没有关系，数学真实的纯符号性质便显现出来了。它可以完全摆脱经验，只是根据数学真实性的结构继续扩张。我们还可以继续问：复数域能不能进一步扩大呢？现代数学证明：能！这就是四元数。这一切显示了数域是一个不同于经验的真实世界。它虽由纯符号构成，但这个符号系统并不是主体可以随心所欲规定的，它和科学真实一样，需要自由的心灵去探索。在这种无穷的探索中，才能领略数学之美。由实数集扩大到复数集后，会带来一个问题：虚数已经完全不能指涉经验了，这样一个不断扩大的符号系统又有什么意义呢？难道它能成为具有双重真实性结构的符号系统（科学理论）吗？确实如此！运用了复数的科学理论比只用实数的科学理论更有预见性。为什么？我们不要忘记，数学是普遍可重复的受控实验及其无限扩张的纯符号表达。两个数进行运算得到另一个数可以代表两个受控实验结果结合得到新受控实验的结果，解方程则是问：根据两个已知的受控实验的结果能否推知从一个实验形成另一个实验的前提？关于复数计算如何用于研究受控实验的迭代，我将在"建立拱桥为什么需要复数"和"测量法则的数学表达：量子力学公理"两节中进一步论述。

上述两种方法殊途同归，最后形成定义实数及包含实数的更广泛数的公理系统。下面我们简单地描绘一下定义实数的新公理系统之形成。先将线段和数一一对应，得到实数的集合（R），其意义是 R 集元素是由线段的起点和终点位置构成的。换言之，在一条直线（通常为水平直线）上确定 0 作为原点，指定一个方向为正方向（通常把指向右的方向规定为正方向），并规定一个单位长度，称此直线为数轴。任一实数都对应于数轴上的唯一一个点；反之，数轴上的每一个点也都表示唯一的一个实数。

上面所做的只是把线段长度和数对应，必须将其和线段长度控制的经验剥离才能定义实数集。也就是说，要找到一组新的不是从经验得到但可以由受控过程给出的新公理来定义实数集。它们是不同于自然数公理的新公理，如自然数公理表明其是有序的，实数集则建立在更广义的次序之上。所谓广义的"有序"指的是，任意两个实数 a、b 必定满足且只满足下列三个关系之一：$a < b$, $a=b$, $a > b$。自然数服从传递律，实数大小亦具有传递性：若 $a > b$，且 $b > c$，则 $a > c$。又如实数具有阿基米德性质：给出任何数，你总能够挑选出一个整数大于该数。此外，实数集（R）具有稠密性，即两个不相等的实数之间必有另一个实数。这些公理有点类似于尤多索对线段比例的定义，差别在于，几何公理中不需要把线段这一经验排除，为了定义实数集合，排除经验必须依靠一个更为复杂的公理系统。①

---

① 我将在"发现时空：基本测量及其意义"一节讨论定义实数的公理系统。

必须强调的是，在上述公理规定的符号系统中，集合及其每一个元素的定义都和经验无关。虽然有关数轴的想象中，每个点的定义来自线段的位置，即是经验的，但在实数集公理化的定义中，每个点都是满足特定结构的纯符号，可以和经验没有关系。也就是说，数学真实从自然数公理定义的范围扩张到包括无理数在内的实数。虽然这一扩张的发生动力来自它和线段的测量（受控实验）建立联系，但实数集的定义是通过提出一组和经验无关但可以用受控过程把握的公理系统建立的，即其建立依靠的是符号系统本身具有的真实性结构。

定义实数的公理系统的形成，意味着点集理论和数学分析学的成熟。建立在点集理论和数学分析学之上的微分方程，即使不和经验相对应，也是真实的，正如自然数具有纯符号结构的真实性一样。由此我们可以理解，麦克斯韦方程组被物理学家普遍接受，成为电动力学的基础，为何要等到其提出几十年之后。原因除了是无线电波得到证明，还在于科学界对用场方程表达自然界基本规律的认可。而这一切的背后，可以说是一个比几何学更为广大、包含实数在内的具有双重结构的符号系统，架起了横跨电磁受控实验和数学世界的拱桥。①

---

① 我要强调的是，一旦用纯符号结构的真实性定义了实数，它就和自然数一样成为具有双重结构的符号系统。因为任何一个实数和线段上一个点对应，这就是实数的经验结构。实数的奇妙和自然数一样，都是经验结构和符号结构的合一，故能够成为横跨符号世界和经验世界的拱桥。

第二章　现代科学的语言结构

20 世纪最令哲学家尴尬的是发现用语法解释科学定律实乃后现代主义的笑话。今天，我们终于知道 20 世纪符号哲学在哪里犯了错，并可以吸取其成果。长达一个多世纪的逻辑语言研究告诉我们如何用符号表达经验世界结构，我们理解了用双重结构的符号系统建立横跨经验真实和数学真实拱桥的方式。

20 世纪的哲学革命：发现逻辑语言

19 世纪下半叶，牛顿力学这块继几何学之后的拱顶石与电磁研究中基于新受控实验及其数学表达新发现之拱顶石开始整合，横跨经验世界和数学世界的拱桥再一次加宽了。在这一比牛顿力学更为宏伟壮观的拱桥建立的同时，用逻辑语言表达各种受控实验、建立由公理推出定理的论述，从化学延伸至生物学等学科，现代科学理论进入了一个迅速发展并最后成熟的时期。

宏观审视自古希腊几何学开始的架桥过程，它从发现不可测比线段开始，到用逻辑语言表达测量这一最基本的受控实验，进而发现连续量是自然数的扩大，带来用连续量比例表达的新受控实验。上述过程的本质正是找到第一块拱顶石后，一块块新拱顶石相继形成，它们将受控实验扩张的经验传导至纯符号世界，结果是实数和复数的公理化，新的拱顶石互相整合。在上述横跨经验世界和符号世界的拱桥不断加宽的过程中，明显可以看到用逻辑语言表达各式各样科学真实的经验结构，并将该结构和扩张中的纯符号真实之结构整合，最后引发具有双重结构的符号系统大扩张。

就在这一关头，发生了认识论革命，这就是哲学研究的语言学转向。基于人用符号系统把握经验世界，"逻辑语言"被发现了。本来，欧几里得几何学用逻辑语言陈述空间测量，只是自然语言的严格化和应用，唯有哲学革命才能使人认识到必须用逻辑语言准确描述科学真实领域对象（包括经验）的结构。一方面，它导致源于欧几里得几何学的推理结构严格化，可以用于任何一门科学；另一方面，哲学家第一次意识到科学理论是具有某种结构的符号系统。寻找科学真实的符号结构成为哲学的使命，这是一件惊天动地的事情。

自古希腊以来，思想符合经验、正确的思考必须使用逻辑，这是哲学家的常识。只有用符号系统指涉对象来界定语言，什么是思想符合经验，以及为什么推理必须逻辑自洽，才能得到说明。为什么？因为符号和对象的关系是一种约定，人可以任意选择符号来指涉某一对象，这样作为符号系统的思想和（经验）对象相符，实为符号之间的关系和（经验）对象之间的关系同构。换言之，一旦符号和对象建立明确的对应关系，对象的性质（和结构）就可以用符号的结构加以表达了。因为符号和对象及其性质存在一一对应，不同符号的等同和包含关系就表达了对象的等同和包含关系。只要对象为真，相应符号的等同和包含关系就亦是真的。与此同时，符号系统的推理过程可以还原为对象的关系，故逻辑自洽实为指涉不能自相矛盾，其可以用符号和被指涉对象一一对应来界定。这样，表达真实经验世界（事实）的符号系统必须是一种逻辑语言，和经验对象结构相对应的是逻辑语言中具有特定结构的符号串，那就是可判别真假的"陈述"。①

简而言之，20 世纪哲学革命最了不起的成就是严格地定义了什么是人的思想和经验相符合，并发现表达科学真实必须使用逻辑语言。从此以后，哲学家把指涉对象的符号系统都泛称为语言，并用符号之等同和包含关系来定义逻辑。这样一来，哲学上长期处于含混状态的"思想和经验符合"与"逻辑自洽"就得到了明确的定义。正因如此，20 世纪初哲学家第一次认识到以往哲学研究都是不严格甚至是含混不清的。因为其在提出概念时完全没有考虑过相应的语言是否正确地指涉（经验）对象，当某些符号串完全违背符号必须和（经验）对象一一对应的原则时，相应的讨论是没有意义的。哲学家意识到形而上学命题和科学命题的不同，为了把人类从以前陷入的形而上学混乱中拯救出来，他们开始用逻辑语言定义科学，并在历史上第一次把科学理论视为逻辑语言中的符号结构，科学哲学兴起了。

吊诡之处在于，逻辑语言的发现（包括科学哲学兴起）在

---

① "陈述"通常也称为"语句"。

时间上和现代科学的成熟完全同步，但哲学家完全无视现代科学是一座横跨经验世界和数学世界的拱桥。他们在寻找什么样的符号系统才能把握科学真实时，不知道纯符号系统的真实性存在，忽略了符号系统必须具有双重结构，才能用以表达真实的经验。他们力图在客观实在为真这一基石上建立符号系统的大厦，为此，符号系统的结构得到了透彻的研究。然而，根据我前面的分析，客观存在是需要前提的，一旦这些前提不成立，大厦立即发生动摇，甚至分崩离析。也就是说，只有去寻找具有双层结构的符号系统，才能用符号表达科学真实。正因如此，逻辑语言的发现和研究导致了十分怪异的结果。一方面，语言的逻辑分析达到了极致，其为几十年后计算机程序的设计和机器证明提供了有效工具；另一方面，建立在逻辑语言结构之上的任何科学哲学都无法理解现代科学。①

　　我在《消失的真实》中已详细论证过，20 世纪哲学革命之所以在认识现代科学符号结构方面毫无建树，是因为犯了两个致命的错误：一是把数学等同于逻辑，二是坚信只有客观实在才是真的。这导致 20 世纪哲学家虽经历了哲学革命的洗礼，

---

① 对于这一论断，我们可以借由爱因斯坦对逻辑经验主义的两位代表人物摩里兹·石里克和赖欣巴哈的批评加以理解。在爱因斯坦看来，逻辑经验主义的哲学使科学变得太像工程了。经验主义者的图像所缺失的恰恰是爱因斯坦认为对创造性的理论物理最重要的东西，即人类智慧的"自由发明"。这并不是说理论家可以任意地拼凑图像，理论化要受到必须同经验吻合的约束。但爱因斯坦自己的经验告诉他，创造性的理论构建是不能够为一套建立和检验理论的法则所替代的。（详见霍华德：《作为科学哲学家的爱因斯坦》，黄娆、曹则贤译，《科学文化评论》2006 年第 6 期。）

但不可能在"符号是什么"的前提下认识何为经验，发现真实性实为对象和主体的关系。他们也不可能意识到纯符号系统的真实性存在，当然不可能想到用符号系统把握真实的经验世界，必须去寻找一个具有双重结构的符号系统。

既然 20 世纪哲学革命用逻辑语言认识现代科学是完全走错了路，那么为什么我们还要花时间讨论哲学的逻辑语言分析呢？关键在于，一个在方向上错误但在细节上经过充分展开的研究，只要能有效地排除其中的错误，就能对理解如何用符号结构把握对象（包括经验）结构十分有益。前面我在论述横跨经验世界和数学世界的拱桥时，强调它具有双重结构：一重结构是符号结构和经验结构相同，另一重结构是符号表达的受控实验普遍可重复。关于符号系统如何表达普遍可重复受控实验的整体及其各部分之细节，我在第一编第二章做了详细讨论，但对于一个符号系统如何用自己的结构来表达任何对象（包括经验）结构，尚未进行足够的分析，而这恰恰是 20 世纪哲学革命取得的最重要成就。换言之，探讨以逻辑经验论和分析哲学为核心的 20 世纪科学哲学失败的认识论根源，有助于深入理解符号串结构和对象（包括经验）结构的关系，从而使我们可以从纵横两个剖面整体地把握横跨经验世界和数学世界的拱桥，由此，科学真实的符号结构才能正确地呈现出来。

逻辑陈述和经验陈述

20 世纪哲学家用逻辑语言研究科学真实符号结构的出发

点，是把科学（理论）定义为可以判别真假的陈述，并将这些陈述视为由"逻辑的"和"经验的"两种不同类型组成。[①] 正如美国哲学家鲁道夫·卡尔纳普所说，逻辑性的陈述根据其是否符合逻辑就能分真假，而经验性的陈述必须和经验世界符合才为真。举两个例子："有一个大于 100 的素数"是一个数学的陈述，它可以和经验无关，凭逻辑推理就能判别其真假；[②] "如果杰克是单身汉，那么他是未婚的"，它虽和经验有关，但仅凭逻辑也能判别其真假。[③] 卡尔纳普认为，它们都属于逻辑性陈述。另一类是必须用经验判别真假的陈述，它可表达为符号串 R（x），其中 x 是客观存在的对象，R 是对象的性质。如 R 代表红色的，x 代表一朵玫瑰，基于经验观察，上述陈述为真。如果 x 是一只渡鸦，上述符号串和客观事实不符，故为假。R（x）是不同于逻辑陈述的经验陈述。

　　表面上看，上述对科学语言结构的界定无可非议。一方面，它把科学和形而上学区别开来了；另一方面，人们一直认为判别陈述真假只有两种方法，一是看其是否和经验相符，二是看其逻辑是否自洽。正是立足于这一看来不可能有错的起点，卡尔纳普提出了用语言（符号串）表达科学的若干意义公设（公理），[④] 为逻辑经验主义（实际上是 20 世纪的科学哲学）奠定

① 鲁道夫·卡尔纳普：《意义公设》，傅季重、周昌忠译，载洪谦主编：《逻辑经验主义》，商务印书馆 1989 年版，第 183 页。

② 鲁道夫·卡尔纳普：《经验论、语意学和本体论》，江天骥译，载洪谦主编：《逻辑经验主义》，商务印书馆 1989 年版，第 86 页。

③ 鲁道夫·卡尔纳普：《意义公设》，第 183 页。

④ 详见鲁道夫·卡尔纳普：《意义公设》，第 183—192 页。

了基础。然而，根据本书前面的论述，这一起点是错的！为什么？既然科学的符号表达是可以判别真假的陈述，那么只有从真实性结构对陈述进行分类，才能正确抓住可判别真假陈述的类型和结构。科学陈述中的一类是符合经验之陈述当然不错，其真实性基础是符合经验，严格地讲是表达经验符号串结构等同于经验结构；另一类可判别真假的陈述是数学陈述，数学陈述不等同于符合逻辑的陈述。①

数学陈述之所以为真，是基于纯符号结构的真实性，而不仅仅是因为这些陈述逻辑自洽。如果把数学的真实性转化为逻辑的真实性，会从根本上改变陈述的真实性基础，从而把数学排除在科学结构的符号表达之外，而这正是 20 世纪哲学家犯下的致命错误。换言之，表达科学真实的符号系统需要有双重结构：一重结构来自经验真实性，那就是它和经验对象结构相同（即符合经验）；另一重结构来自符号系统本身，那就是其代表数学的真实性。这两种互相整合的结构，不能化约为符合经验的陈述加上符合逻辑的陈述。一旦将数学等同于逻辑，得

---

① 卡尔纳普将数学陈述作为逻辑陈述的典型代表。他认为，任意一个有关自然数的陈述不是来自经验陈述就是来自逻辑关系的陈述。他列举了如下一些例子：（1）"五"这样的数字和"桌上有五本书"；（2）新对象的普遍名词"数"和"五是一个数"；（3）数的属性的表示式（例如"奇""素"）、数的关系的表示式（例如"大于"）、和函数表示式（例如"加"）和"二加三等于五"；（4）数量词（"m""n"等）和全称语句的量词（"对于每一个 n，……"）和存在语句的量词（"有一个 n 使……"）和通常的演绎规则。（参见鲁道夫·卡尔纳普：《经验论、语意学和本体论》，第 86 页。）根据我前面对自然数的分析，卡尔纳普的说法是有问题的。

到的陈述集就只具有一重结构，它不能代表现代科学的符号结构。

我们可以用下列陈述为例来说明这一点："所有单身汉都是未婚的。"该陈述只可以用逻辑来判定为真，完全是相同对象（或其属性）用不同符号表达造成的。我们用 x 表达对象，R 表达对象性质。这样，用 x 指"单身汉"是不准确的。x 指涉人，单身汉是对人的婚姻状态（性质）的规定，为 S（x），意思为单身状态的人。R 指"人处于未婚状态"，它也是对人的婚姻状态（性质）的规定。只有当 S（x）等于 R（x）时，我们才能得到"所有单身汉都是未婚的"这一结论。表面上看，该陈述的真假由逻辑赋予，其实这是一种错觉。只要符号和其指涉的对象存在一一对应，且对象相同，相应的符号亦相同，即 S（x）为真，我们就能导出 R（x）是真的。这里，所谓"逻辑导出"只是符号等同而已，而这些陈述的真实性还是来自经验真实性。[1]

那么，逻辑在判断上述陈述的真假中完全没有意义吗？有意义，但逻辑只是对同类陈述进行归并，而非提供另一种真实性结构，即其不能构成能判别真假陈述的另一种类型。为什么？通常表达对象的某一属性，使用 R（x）就够了。然而，因为主体有选择符号的自由，存在着和 R（x）相同的 S（x）。因为对于任何一个 R（x），都可以有若干和其相同的 S（x），所以在 R（x）组成的陈述集中，存在着一个子集合，该集合

---

[1] 参见蒯因：《经验论的两个教条》，第 18—27 页。

中每一个陈述都存在与其相同或可以从包含关系推出的另一个陈述。这些陈述之所以凭逻辑就能判别其真假，是因为它们符合经验，而逻辑推理的功能只是通过符号等价变换，把一个经验上为真的陈述转化为另一个相同的陈述而已。

我在《消失的真实》第三编中指出："表面上看，逻辑经验论主张存在两种真实性结构：一种是来自逻辑自洽的真实性，另一种是符号系统和经验符合的真实性。但只要稍加分析，就能发现来自逻辑自洽的真实性结构亦是基于符号系统和经验符合。什么是逻辑自洽？就是符号和对象的对应关系具有确定性。当规定某一符号指涉特定对象时，不能同时规定该符号不指涉这一对象，这就是逻辑自洽的根据。也就是说，逻辑的真实性来自符号和对象对应的确定性，其背后亦是符号结构的真实性由对象的真实性规定。"[1]

如前所述，因为纯符号真实性的存在，很多纯数学陈述为真并不只是它符合逻辑，而是其架起经验真实和符号真实的拱桥。这些陈述对科学极为重要，因为只有它们的存在，符号推理才可以预见新的科学事实。例如，"存在着无穷个素数"，它是一个数学陈述，并不能用它和经验符合来证明其为真。上述陈述之所以成立，是出于自然数的双重结构，即自然数最早建立了经验真实和符号真实的联系。19世纪末，一批逻辑学家主张自然数计算和几何不同，认为它是基于逻辑类之合并，就是想证明逻辑真实和经验真实的基础不同。其实，当弗雷格意

---

[1]　金观涛：《消失的真实》，第 257 页。

识到无法用逻辑类导出自然数时，把数学归为逻辑的努力已经失败了。但是，当时大多数哲学家坚信数学是逻辑，他们认为逻辑的真实性不能归为符号系统符合经验。

把数学等同于逻辑导致一个至今仍牢不可破的信念：在任何一种语言中，符号系统本身并无真实性可言，当它指涉（经验）对象时，对象就将自身的真实性赋予符号系统。正因如此，很多人至今仍认为数学是逻辑的一部分，属于逻辑语言，故数学亦应该是一种语言。我在前面已经证明：数学不是逻辑，数学作为满足特定结构的符号系统，它即使不指涉经验对象，亦具有真实性。换言之，符号系统指涉对象，使其成为语言，而数学在本质上并不属于语言。数学研究并不是语言学探索。① 然而，至今大多数哲学把数学称为表达科学真实的语言。既然数学被视为逻辑，逻辑推导是同义反复，数学本质上也应该是同义反复。那么，为什么数学计算可推出前提中看不到的新结论呢？哲学家不得不将其归为套套逻辑中符号指涉的变化。然而，这种说法不能解释数学的运用使科学理论具有预见性。

我们得出一个结论：20世纪语言哲学（从逻辑经验论至分析哲学）对科学（理论）的界定可以表达为图2-3。科学（理论）是所有符合经验的陈述，而可以由逻辑本身来判定真

---

① 如果数学本质上并不是语言，那它是什么呢？前面我把数学定义为满足特定结构的符号系统，该结构可用一组公理来描述。然而，对公理的描述不是也离不开运用逻辑语言吗？关键在于，20世纪对语言的定义高度强调用符号结构来代表经验上存在对象的结构。描述数学公理的逻辑语言的对象不是经验的。

假的陈述只是符合经验陈述的子集合。在《消失的真实》第三编中，我将这种科学真实的符号概括称为"广义符合论"，[①] 它使哲学家至今不能发现科学是横跨经验世界和数学世界的拱桥。事实上，这一错误的概括不仅支配着 20 世纪科学哲学对科学真实的认识，还形成了其用逻辑语言定义一个符号串如何才能正确把握经验对象结构的方法。

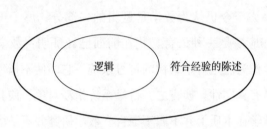

图 2-3　分析哲学中的现代科学理论

摹状词、变元和谓词演算

　　由此我们可以理解，为什么 20 世纪哲学家用符号指涉对

---

① 金观涛：《消失的真实》，第 258 页。逻辑学中一般会从两个层面审视一个陈述：有效性和真实性。有效性指的是命题之间的一种关联——作为演绎论证前提的命题集和作为该论证结论的一个命题之间的关联。如果后者是逻辑必然地从前者推出的，我们就说该论证是有效的。因为归纳论证永远达不到逻辑必然，有效性永远不适用于它们。有效性也永远不能适用于任何独立的单一命题本身，因为在任何一个命题内部都不可能找到这种必需的关联。至于真和假则是单个命题的特征。真，是其断言与实际情形相一致的命题的属性。在论证中作为前提的单个陈述可能是真的或假的，作为其结论的陈述可能是真的或假的。（参见欧文·M. 柯匹、卡尔·科恩：《逻辑学导论（第 13 版）》，张建军、潘天群、顿新国等译，中国人民大学出版社 2014 年版，第 36 页。）这实际上讲的就是广义符合论。

象来定义逻辑语言时，一直强调符号系统和对象必须满足两个前提：第一，对象必须是客观存在的；第二，任何一个有意义的陈述必须满足排中律，即"A 是 B"和"A 不是 B"两者必有一真。[1]

　　基于广义符合论，第一个前提显而易见，为什么需要第二个前提呢？逻辑语言要求符号必须和对象一一对应，不能自相矛盾。当两个集合元素存在着确定性对应时，我们不能否定这种对应关系。"A 是 B"指两者存在着对应，这时不允许"A 不是 B"，即两者不存在对应关系。将此表达为陈述，就是排中律："A 是 B"和"A 不是 B"两者必有一真。换言之，任何一个有意义的逻辑陈述必须满足排中律。值得注意的是，正是这两个要求促使逻辑语言对符号串做出了种种规定，发现了构成逻辑陈述必不可少的"变元"、[2]"量词"、[3]"谓词"，以及它们之间的关系。这一切促使逻辑语言从自然语言

---

[1]　逻辑学中有所谓三大定律：同一律、矛盾律和排中律。其中，同一律指的是在思维过程中，一切概念和命题都必须保持自身的同一性和确定性；矛盾律指的是没有陈述既是真的，又是假的；排中律指的是每个陈述或者是真的，或者是假的。（欧文·M. 柯匹、卡尔·科恩：《逻辑学导论（第 13 版）》，第 389—390 页。）我在接下来的讨论将表明，同一律和矛盾律实则表明符号和对象必须一一对应，不能自相矛盾，并由此推导出排中律。

[2]　什么是"变元"？我们可以借由下面这个例子来说明：p ⊃ q，q，∴ p。这里，字母 p 和 q 就是两个陈述变元，它们组成了一个不包含陈述的符号序列，具体的陈述可以被代入 p 和 q 所在的位置。（参见欧文·M. 柯匹、卡尔·科恩：《逻辑学导论（第 13 版）》，第 365 页。）

[3]　"量词"分为全称量词和存在量词，前者指的是诸如"所有""全部""每个"等，后者则对应诸如"有些""至少存在一个"等。（参见欧文·M. 柯匹、卡尔·科恩：《逻辑学导论（第 13 版）》，第 466—470 页。）

中分离出来，一种用符号串自洽地表达对象结构的"对象语言"终于形成。

为了说明广义符合论支配下正确的对象语言对符号串的要求，下面举个例子。在自然语言中，"金山不存在"这个陈述没有什么问题。然而，广义符合论要求逻辑语言用符号串表达对象时，对象必须客观存在。既然作为对象的"金山"不存在，那么如何用逻辑语言将一个不存在的东西言说出来？为了解决这一问题，必须引进表达不确定普遍对象的"变元"、"量词"、"谓词"和"谓词演算"，如此才能构成正确的陈述。罗素指出，"金山不存在"可改为：没有一个实体 c，使得当 x 是 c 时，"x 是金的，且 x 是一座山"是真的。其中，x 是对象之变元，"一座"是量词，它们作为符号，没有对象赋予的实在性；"是金的"、"是山"为谓词，而"没有一个实体 c（即和经验不符合或真值为 0）"是谓词演算。这里，正确的符号串由变元 x、量词"一座"、谓词"是金的"和"是山"，以及谓词演算组成。[①] 逻辑语言用独特的符号串及其演算，把表面上自相矛盾的自然语言陈述清晰自洽地表达出来。

上述例子表明：用逻辑语言可以表达不存在的对象，其方法是利用变元、量词和谓词之组合来描述对象，并根据陈述真假（谓词演算）来判定对象是否真的存在。"x 是金的，且 x 是一座山"这种用逻辑陈述来描述对象独特的符号串被称为

---

① 《罗素文集（第 8 卷）：西方哲学史（下）》，马元德译，商务印书馆 2012 年版，第 460—461 页。

"摹状词"。①用其作为对象构成新的有关对象之陈述，就把作为符号串的陈述复杂化了，但同样可以用逻辑语言加以自洽表达。②由此可见，为了得到符合逻辑语言要求的陈述，必须对摹状词、变元和谓词进行准确定义，以使逻辑语言中每一个陈述（符号串）都是逻辑自洽的。据此，用正确的符号串代替自然语言之陈述的逻辑语言成熟了。但如前所述，用变元、量词、谓词和谓词演算组成的符号串可以表达不存在的对象，也就是说，虽然广义符合论是逻辑语言形成之前提，但只要逻辑语言成熟后，广义符合论对逻辑语言不再是必不可少的。既然对象

---

① 罗素区分了两类摹状词：类是非限定摹状词，如一个人、一条狗，即英文前缀为"a 或 an"的词项；另一类是限定摹状词，即英文前缀为"the"的词项，一个例子就是"当今法国国王"。后者是罗素关注的重点。（详见《罗素文集（第 10 卷）：逻辑与知识（1901—1950 年论文集）》，苑莉均译，商务印书馆 2012 年版，第 55—74 页。）

② 当摹状词指涉的对象不存在时，用其做主语的陈述会违反排中律。罗素曾举过一个著名的例子。"当今的法国国王是秃头"是一个陈述，该陈述的主语指涉对象不存在，而且该陈述不满足排中律。根据符号串（陈述）必须满足排中律要求，"当今的法国国王是秃头"和其否定"当今的法国国王不是秃头"中必有一真。然而，无论哪个语句为真，都可以推出当今法国是有国王的，而事实上当今法国却没有国王。罗素指出，"当今的法国国王"实为描述不存在对象的摹状词。用摹状词充当了句子中的主语，才会导致排中律失效。如果用逻辑语言符号串表达，"当今的法国国王是秃头"如同有关"金山"的陈述一样，必须先用变元、量词、谓词和谓词演算表达"当今的法国国王不存在"，再陈述"当今的法国国王如何"。众所周知，有各种表达方法。其中一种如下，它由三个同时成立的陈述：（1）存在一个对象 x，x 是当今的法国国王；（2）对任意一个对象 y，如果 y 是当今法国国王，那么 y 是 x；（3）x 是秃头。这三个符号串每一个都不违反排中律。第二个陈述前提不成立，即相应的陈述为假，即不存在这样的 x，则第三个陈述为假。（详见《罗素文集（第 10 卷）：逻辑与知识（1901—1950 年论文集）》，第 55—74 页。）

的客观存在已经不再是使用逻辑语言的前提，那么逻辑语言真正的意义是如何用符号串正确地表达对象结构。它可以归为用逻辑自洽的符号串传递对象结构的信息。

我在"客观实在和普遍可重复的受控观察"一节曾指出，符号串符合经验对象的结构，实为用符号串传递对象结构的信息。所谓结构信息是对象之间关系的确定性，当符号和对象及其性质存在一一对应时，对象之间确定的关系（结构）也就被传递到表达对象的符号串中。我在"客观实在和普遍可重复的受控观察"一节中并没有涉及这一点是如何实现的，现在则可以讨论了。这就是必须使用逻辑变元、量词和谓词来组成陈述。逻辑变元没有规定对象（及其结构）是什么，通过量词和谓词使对象变元的符号结构确定下来。也就是说，一个陈述的建立就是使其符合对象（结构），且对象结构可以用符号串描述。正因如此，逻辑语言是自洽的"对象语言"。①

更重要的是，只有通过谓词演算才能判断符号串的真假，它可以和符号串分离。换言之，基于逻辑语言变元及其和谓词关系的分析，发现可以将符号串传递信息和对该信息真假的判断分离开来。我们终于知晓符号串符合（指涉）对象，其真正

---

① 为什么称其为对象语言？语言作为指涉对象的符号系统，当符号和经验对象及其性质存在一一对应时，在符号系统中只存在表达经验对象及其性质的符号，语言是真实经验对象及其性质的一种描述。虽然为了这些"符合逻辑地"指涉经验对象的符号串传递经验对象真实的信息，在相应的受控观察中必须存在主体的控制活动，但因为控制过程中主体不被包含在可控制变量中，即使把可控制变量放到语言中去，主体也不会在"符合逻辑地"指涉经验对象的符号串中表现出来，故其被称为对象语言。

的意义只是用符号结构传递了对象的结构信息，其包含的信息并不一定是可靠的。

陈述：传递对象的信息

符号串指涉（符合）对象，本质上只是用符号结构传递对象的结构信息，这一发现对认识如何用符号结构表达科学真实极为重要。为了更清晰地理解这一点，让我们再一次以"金山不存在"这一陈述为例，分析将其分解为变元、量词、谓词和谓词演算，会得到什么。如前所述，用逻辑语言表达"金山不存在"，其应为：没有一个实体 c，使得当 x 是 c 时，"x 是金的，且 x 是一座山"是真的。"x 是金的，且 x 是一座山"传递了对象结构的信息，而"没有一个实体 c"是对信息为假（不可靠）的陈述，原则上它可以和前一个陈述分开。上述两种陈述在"金山不存在"这一用自然语言表达的陈述中合在一起，使我们看不到传递对象结构信息和判断信息真假是两回事。一旦用逻辑语言把作为陈述的符号串严格化，立即就会看到：符号和经验事实的一一对应只意味着用符号串来传递对象之信息，而不能保证信息本身是可靠的。

读者或许有疑问：通常都认为符号串符合经验对象就意味着其为真，怎么说它仅仅传递了经验对象信息呢？我们来分析另一个陈述"尼斯湖怪不存在"，该陈述和"金山不存在"类似。二者的差别在于，前一个陈述的真假尚不确定。事实上，只要把"用谓词演算表达真假"从有关尼斯湖怪的陈述中去除，

"x 处于尼斯湖中，且 x 具有人们所说的湖怪特征"就和对金山的陈述几乎一模一样。之所以用"尼斯湖怪"来指涉某一对象，是因为有人看到过这一对象，即"尼斯湖怪"符合经验对象。这里，符合对象只是传递了对象的信息。由此可见，上述陈述和"x 是金的，且 x 是一座山"都符合（经验）对象，"符合"在原则上只是传递对象结构的信息，和该信息是否可靠无关。

一旦实现了这种区分，用逻辑语言表达科学真实立即突破了广义符合论的桎梏，我们可以讨论现代科学的逻辑语言结构了。既然符号串符合经验不能证明其为真，图 2-3 所示的广义符合论把科学等同于符合经验陈述的集合是错误的。在何种前提下与经验符合的符号串是真的呢？我在"经验的真实性和逻辑的真实性"一节证明：对象客观存在为真是需要前提的，那就是存在一个普遍可重复的受控观察来证明。

我要问一个问题：是否可以用逻辑语言来表达普遍可重复的受控观察呢？表面上看，我们只要用符号串来指涉受控观察的条件 C 和通道 L，再用一个符合经验的符号串来表达对象的信息，就构成了科学上为真的陈述。然而，事实真的是这样吗？受控观察的普遍重复包含着无穷多个观察者，一次观察或一个观察者需要一个符号串（陈述），表达它们需要无穷多符号串（陈述）。关键在于，受控观察的普遍可重复中，"普遍可重复"包含无穷多个主体。正如我在"经验的真实性和逻辑的真实性"一节所指出的，用符号系统来表达普遍可重复的受控观察，必须具有如下结构：如果某一个指涉经验对象的符号串对一个观察者成立，同一符号串对下一个观察者也成立，并由此对所有观察者成立。这里，"所有观察者"是用数学归纳法来定义的。只要把整个符号串当作一个符号，某一个观察者可重复，下一个观察者亦可重复，意味着该符号后存在一个后继符号。这样，一次又一次普遍可重复的受控观察给出的纯符号序列就是自然数。这表明用逻辑语言建立的指涉经验对象的符号串必须用某种方式和自然数相联系，这样才能传递经验对象的真实性。

由此可见，要保证信息的可靠性，必须让相应的陈述满足另一种结构：一次次观察作为一系列符号串（描述受控观察的符号串）和自然数相对应。我将其称为自然数（数学真实）嵌入指涉经验对象的符号串中。换言之，为了表达科学真实，我们必须用"普遍可重复受控观察证明的陈述"来代替图 2-3 中符合经验的陈述。普遍可重复受控观察证明的陈述可以分解为两部分结构，表层是用逻辑语言生成的指涉经验对象的符号串，深层为嵌入符号串中的自然数。表层使其表达了经验世界的结构，深层具有自然数的纯数学结构。就符号系统整体（符号串和自然数）而言，其具有双重结构。我在后文将指出，这一具有双重结构的符号系统，实为横跨经验世界和数学世界拱桥的一部分。

既然如此，建立在普遍可重复受控观察之上的用逻辑语言表达经验对象的符号串，是不是现代科学理论呢？仍然不是！为什么？因为它存在两个根本缺陷。第一，这些被证明为真的符号串只能是单称陈述，它不能描述作为普遍规律的现代科学理论。第二，科学的符号表达是一种对象语言，任何一个单称陈述指涉的具体经验对象，都有着众多性质。对象语言表达这些经验对象，需要难以限定的众多符号。下面可以证明：用对象语言来准确地形成一个和经验符合的单称陈述存在着几乎难以克服的困难。我们先讨论第一点。

我在"经验的真实性和逻辑的真实性"一节指出，普遍可重复受控观察证明的陈述只能是个别对象的陈述。为什么？表达受控观察普遍可重复的数学归纳法，只证明其对所有观察者有效。经验对象的可观察变量不可控，指涉该对象及其性质的符号必须被严格限定在该对象，也就是被普遍可重复受控观察证明之陈述不可能是全称陈述。全称需要根据对象的可观察变量给出一切具有该可观察变量的集合，它涉及"类"即无穷多的个别对象。当可观察变量不可控时，给出某一类（即全称）对象是不可能的。科学的目的除了研究经验世界的个别事实外，还有揭示个别事物遵循的普遍规律。表达个别对象为真的单称陈述，属于现代科学出现之前"前科学"的范畴，正如我们在博物学和动植物分类中看到的那样。[1]

----

[1] 这方面最具代表性的人物之一是亚里士多德，他进行过专门的动植物分类和博物学研究。例如，亚里士多德发现有些生物拥有若干共同的生理特征，其他生物却没有，这是迈向系统分类学的第一步。然而，他在生物分类方面的建树止步于发现物种之间的相似之处，从未建立起更宏观的层级关系，有些分类依据还显得十分想当然（例如，按照有无红色血液为动物分类）。此外，亚里士多德一定曾多次亲手操作或观摩过动物解剖，形成非常准确、精细的观察记录。例如，亚里士多德正确地分辨出了鬣狗的雄性和雌性，而很多后来的学者误把雌性斑鬣狗肥大的阴蒂当作阴茎，认为鬣狗没有雌性。问题在于，他的相关作品大多是描述性的，如《动物之构造》读起来像一本严谨的解剖学笔记，并没能形成具有普遍意义的科学分类。（相关讨论请参见约翰·G. T. 安德森：《探赜索隐：博物学史》，冯倩丽译，上海交通大学出版社 2021 年版，第二章。）

至于单称陈述中用对象语言表达经验结构信息的困难，我们必须用专门的一节进行讨论。换言之，即使指涉经验对象的符号串被普遍可重复的受控观察证明，它也不一定是表达科学真实的符号系统。这样，为了让逻辑语言传递经验对象的可靠信息，我们需要比受控观察更进一步的条件，那就是用普遍可重复的受控实验来保证指涉经验对象的符号串的真实性。

量词的意义：从受控观察到受控实验

为什么单称陈述中用对象语言表达经验结构的信息，存在着几乎不能克服的困难？如前所述，变元、量词、谓词的使用可以建立一个表达个别对象的单称陈述，但是我们不要忘记：逻辑语言是对象语言，用符号表达个别经验对象时，任何符号都是抽象的，即在指涉经验对象前没有经验意义。符号本质上不可能具有个别经验事物几乎难以穷尽的种种"性质之毛"。当主体用某一个符号指涉经验对象及其性质时，与某一个符号相对应的经验对象及其性质总是一个类，即该符号指涉同一类经验对象及其性质。这样，符号串符合经验对象传递的信息，都是通过全称陈述表达出来的。

虽然单称陈述已经用量词"一个"对符号串做了限定，使之表达某一具体对象，但是量词使用只是规定符号串可以不是全称，而不能表达具体对象的信息。为了获得经验对象的信息，必须让符号串符合经验对象的结构，但符号串不可能指涉只有个别对象才具有的几乎不可穷尽的细节。这样一来，即便符号系统已经符合被指涉的具体对象，通过符号和对象及其性质的一一对应建立了传递真实经验信息的通道，而且我们用一个可普遍重复的受控观察证明其为真，我们也不能判断被证明为真的究竟是哪一个符号串。换言之，由于符号串没有正确地指涉经验对象，原来设定的符号串传递的信息可能对科学没有任何意义。[①]

让我们设想一个案例：有一种植物是某个地区特有的，不能移植到其他地区。该植物的存在和各种性状都可以用单称陈述表达，这些陈述都可以被普遍可重复的受控观察证明，证明方式是让任何一个有疑义的观察者来此地看一看。我要问一个问题：这些单称陈述一定是科学的吗？假设一个表达该地特殊土壤成分和该植物性状的单称陈述传递了信息，这一信息亦被普遍可重复的受控观察证明了，但土壤成分可能和植物的某种性状完全无关，即该符号串并不是一个科学上有意义的陈述。事实上，任何一个普遍可重复受控观察证明的事实，都同时对应着几乎无限多个符号串，我们不知道这些符号串中哪一个正确地指涉了对象，即传递了有科学意义的信息。即使"某一只渡鸦是黑的"的陈述亦是如此。为什么？"渡鸦"是对鸟形态的描述，我们为什么不能把鸟的形态改为眼睛的颜色或羽毛的样子呢？这些被修改的陈述都是对同一个个别事实的描绘，而

---

① 正因如此，科学哲学界才会出现所谓的"迪昂-蒯因命题"，即从逻辑的角度看，科学定律既不可能被可获得的证据完全确立，也不可能被有限量的证据全盘证伪。（详见 Sandra Harding, ed, *Can Theories be Refuted? Essays on the Duhem—Quine Thesis,* Springer Science & Business Media, 1976。）

且它们都为普遍可重复的受控观察所证明。

对于符号串不能把握个别对象近于无穷的细节，我们是不是可以说"这一只渡鸦是黑的"呢？"这一只渡鸦"是一个符号串，该符号串是单称的，它不仅指涉鸟的形态，还包含这一只渡鸦形态近于无穷的种种细节。这当然是对的，但是"这一只"是指涉过程的符号，其中隐含着"指涉者"，它不是严格的对象语言。如果要把指涉者排除或悬置，对"这一只渡鸦"必须做一系列越来越细的限定，以至用符号来表达它几乎是不可能的。

在"渡鸦是黑的"这一符号串中，"渡鸦"是指涉对象性状的符号。其实，某种样子的鸟，它是一个类，包含着无穷多的个体渡鸦。"黑"也是一个有关颜色类的符号。"渡鸦是黑的"作为一个符号串，传达了经验对象的某种信息，但它是全称的。表面上看，加上"一个"这一限定后，R（x）中 x 可以是个别对象，但我们不要忘记，这是我们将其作为经验对象时的想象。在科学真实的语言表达中，一般说来，当 x 是符号时，它总是指涉一个类，R 亦是类。[①] 这是用符号指涉对象所

---

① 语言哲学中有"专名"（专有名词），其用于指涉个别特殊的专有对象。相关理论的代表人物是罗素，他主张世界是由许多互相有别的个体组成的。我们用专名来指称一个个别事物。实际上，要谈论个别的东西，必须借助专名，而要理解这个名称，唯一需要并有效的办法是亲知这一名称所指的个别者。至于什么是个别者，根据罗素的认识论，日常视作个体的东西不是真正的个体。苏格拉底是一个复合的存在者，有五官四肢，有音容笑貌。复合物可以分解为简单物，不断分解下去，就得到真正的个体，称作简单对象或逻辑原子。真实存在的只有个别的东西，而一个对象如果真　（下接第 226 页脚注）

不可避免的，简而言之，要保证符号串 R（x）为真，受控观察不再足够，因为受控观察不能证明"（所有）渡鸦是黑的"。我认为，这一切意味着在逻辑语言中使用量词。虽然加量词的符号串可以用于指涉个别对象，但其真正的意义是表示单称陈述和全称陈述的关系。[①] 也就是说，这只是在全称陈述的语境中表达单称陈述，从而使单称陈述传递的信息是有意义的，即这些单称陈述为真可以构成科学理论解释的一部分。

　　我在《消失的真实》第三编中指出，全称陈述为真的前提是其可以被普遍可重复的受控实验证明。在今日正在兴起的合成生物学中，控制变量是对基因的操作，合成生物的性状和颜色是可以通过基因操控达成的。当渡鸦的性状和颜色都成为受控实验的可控制变量和相应的可观察变量时，我们可以实现对可控制变量的控制（用基因控制渡鸦的性状），观察制造出

（上接第 225 页脚注）正是个别的，完全独立于其他对象的简单对象，那它是无法描述的。反过来说，如果它还能被描述，就说明它还能够被分析，还不是真正简单的东西。这些无法被描述的东西只能被指称，指称这种对象的语词是真正的专名或逻辑专名。把认识论和与意义指称论合在一起，罗素主张逻辑专名指称原子式的亲知材料，它们所指称的对象必须存在，我们才能有意义地使用它们。（陈嘉映：《专名问题》，载爱思想网，http://www.aisixiang.com/data/22794.html。）我认为，"专名"这类符号在人文社会研究中极为重要，但在以认知为目的的科学真实表达中不占中心位置，甚至可以忽略。此外，罗素对简单对象或逻辑原子的讨论，其实犯了波普尔有关原子陈述类似的错误。（参见金观涛：《消失的真实》，第 293—295 页。）

① 量词最早由弗雷格引入逻辑学中。他这么做的主要目的便是通过量词去捕捉逻辑的普遍性。一个例子是在他的逻辑体系中只存在全称量词的符号，存在量词主要是通过在全称量词之前加否定词加以表达。（参见达米特：《弗雷格——语言哲学》，第 722 页。）

的渡鸦是否为黑色。当控制渡鸦形态的基因亦规定其颜色时，"一切渡鸦皆黑"不再是有待证伪的假说，而是真的全称陈述。换言之，只要上述受控实验普遍可重复，"一切渡鸦为黑"这一符号串（全称陈述）就是真的。[①]

一旦用受控实验证明一切人造渡鸦都是黑的，我们也就对自然界看到的渡鸦均为黑色做出了科学的解释。这时，那些有关渡鸦性状的单称陈述都可以由有关渡鸦性状的受控实验的陈述用逻辑导出。由此可见，受控观察证明为真的陈述中，符号串之所以被证明正确地指涉了对象，即其传递的信息是有科学意义的，是因为它可以由受控实验证明为真的陈述导出（或加以解释）。这样一来，科学理论必须由图2-4所示的两类陈述组成。

图2-4 现代科学的语言结构

第一类是那些符合经验、符号串已被普遍可重复受控观察证明的陈述。为了表达它，必须对R（x）中的符号做种种限制（如使用量词"一个"，以及x是那些使观察普遍可重复的

---

① 金观涛：《消失的真实》，第299—304页。

条件规定的某一只渡鸦等），① 通常称其为单称陈述。第二类是那些符合经验又被普遍可重复的受控实验证明为真的符号串，亦是自然法则的陈述。在这一类陈述中，R（x）中 x 和 R 是指涉普遍对象及其性质的符号，通常称之为全称陈述。那些基于受控观察之表达个别事实的陈述必须可以用逻辑从表达自然法则的陈述中推出或可用其解释，以保证其正确指涉经验对象。这两类陈述共同构成了有关经验对象的科学理论。因为受控实验为真的陈述必定是受控观察为真的陈述，第一类陈述包含第二类陈述，二者关系一定如图 2-4 所示。

在图 2-4 所示的结构中，普遍可重复受控实验证明的陈述占据中心位置，因为普遍可重复受控观察证明的陈述中，符号串是否正确地指涉经验对象（即符号串是否有科学意义），需要看其是否可以用普遍可重复受控实验证明的陈述导出或解释。当受控观察证明的陈述不满足该前提时，其只是前科学的事实。原因在于，这时符号串虽然符合经验，但没有正确地指涉经验对象，它们不一定具有科学真实的意义。

我们可用科学史上著名的例子来说明这一点。亚里士多德有关物理学的很多陈述是由普遍可重复的受控观察证明的，但今天看来其中只有一小部分属于科学真实。最典型的莫过于地心说，亚里士多德为这一学说提供了各种在当时看来强有力的观察证据，包括地球的转动或者移动必然会使抛高然后坠落

---

① 对 x 加上量词如“一个”或“一些”，表面的目的是避免使用全称陈述，其实是将数“数”经验或观察前提加入符号串中。

的物体偏离其出发点。[①] 如果用逻辑语言表述地心说，我们有符号串 R（x，y），其中 x 为天体，y 为地球，R 是 x 绕 y 转。众所周知，只有当 x 为月球时，该陈述才是真的。为什么其他陈述都没有传递真实的信息？因为受控观察证明的单称陈述为真，需要符号串正确地指涉对象。受控观察证明的单称陈述可以是"地球在自转"及"天体在绕地球转动"等不同的符号串。只有用牛顿力学解释了天体运行的机制，所有相应的普遍可重复受控观察证明的陈述才有科学意义，而我在"架桥的展开：从欧几里得几何学到牛顿力学"一节已证明：牛顿力学差不多建立在普遍可重复的受控实验之上。

受控实验和受控观察最大的不同在于，对象及其性质的存在依赖主体对控制变量的选择。这样用符号串表达对象及其性质的同时，还必须用符号串表达这些对象及其性质存在的前提，即可观察变量和可控制变量的关系。这时，在逻辑（对象）语言表达的经验世界结构中，不仅刻画了对象是什么样的，还包括对象为何如此。可控制变量对应的符号串表达了原因，对象及其可观察变量对应的符号串表达了结果。也就是说，符号系统中除了表达对象及其性质外，还呈现出对象的变化以及其原因，因果性成为科学语言的核心。

---

① 陈方正：《继承与叛逆——现代科学为何出现于西方》，第 179 页。

现代科学理论的三个层次

上述讨论得出一个结论：受控实验的陈述在科学理论的符号表达中起着关键作用。一方面，受控实验的陈述可推出受控观察的陈述（或受控观察的陈述必须用受控实验的陈述解释），这使得主体用逻辑语言制造由受控观察证明的陈述时，发明的符号串能正确地指涉经验对象。另一方面，受控实验的陈述蕴含一个不可悬置的数学真实的内核，那就是每一个普遍可重复的受控实验都对应着一个自然数。我在"经验的真实性和逻辑的真实性"一节已证明：受控实验通过组织和自我迭代不断扩张，可以形成普遍可重复的受控观察，即可以用受控实验解释的受控观察也对应着自然数。这样一来，在图 2-4 所示科学真实的符号结构中，存在着一个表达数学真实的自然数核心。[1]

也就是说，代表科学真实的普遍可重复受控观察之陈述和普遍可重复受控实验之陈述集合，它们都对应着自然数集合。这一切使得表达科学真实的符号系统有着如图 2-5 所示的三层次结构。该三层次结构的最外层是普遍可重复受控观察的符号串集合。这些符号串传递了经验对象结构的信息。该信息之所以具有科学意义，是因为符号串正确地指涉经验对象，保证这一点的是这些单称陈述可以通过全称陈述推出或解释。全称陈述为图 2-5 的中间层次，它是描述普遍可重复受控实验的符号

---

[1] 每一个普遍可重复的受控观察和受控实验都对应着一个自然数集合，受控实验各个环节结构的符号表达更是涵盖了整个数学领域。这样一来，除了自然数，受控实验的陈述和作为纯符号系统真实性的数学就有着更为紧密的联系。

串，其不仅传递了作为类的对象结构之信息，还包含自然法则之陈述。全称陈述对应的自然数集合可以视为三层次结构的最内层，其作为纯符号系统的真实性来自皮亚诺–戴德金结构。我在"集合论：自洽地给出符号系统"一节曾指出，符号串代表的经验世界之结构和自然数的纯符号结构必须互相整合，这时符号串传递的经验世界信息才是真的。图 2-5 恰好描述了一个具有双重结构的符号系统：一重结构是符号串中符号之间的关系，表明经验世界是什么样的；另一重结构由符号串和自然数一一对应规定，自然数的纯数学结构代表受控实验（观察）普遍可重复，其保证主体得到的经验世界信息是可靠的。

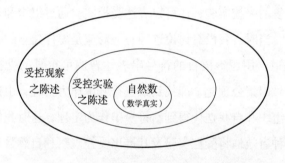

图 2-5　具有双重结构符号系统的三个层次

把图 2-5 所示符号系统的第一层次和第三层次联系起来的是第二层次，那就是受控实验的陈述。受控实验不同于受控观察，可以通过自我迭代和组织不断扩充。正因如此，我们可以用某些代表基本受控实验的符号串作为公理，经符号串组织和自我迭代得到的新符号串对应新的受控实验（和受控观察）。这些新受控实验的语句可以是定理，从公理推出定理的过程对应着受控实验的自我迭代和组织形成新的受控实验（和受控观察）。更重要的是，从公理推出定理的过程和图2-5第三层次的结构紧密相连，那就是从一组自然数通过递归函数得到另一个自然数。换言之，用符号串表达受控实验自我迭代和组织形成的新受控实验，就是寻找一些符号串经组织迭代后形成的后继符号串，用这种方式生成的所有符号（受控实验）构成了一个递归可枚举的集合，它是自然数的子集合。①

我在"经验的真实性和逻辑的真实性"一节用皮亚诺-戴德金公理定义自然数时，指出如果用一个符号对应某一个（或类）或几个（类）受控实验，那么自然数不仅对应着每一个普遍可重复的受控实验，还可以表达受控实验通过组织和迭代不断扩张。当时，我没有讨论这种一一对应是怎样建立的。现在我们知道，用逻辑语言的符号串表达普遍可重复的受控实验，并将符号串集公理化，即找到某些符号串作为公理，由这些符号串的组织和自我迭代得到新符号串作为定理，这时我们就找到了一种有效地将受控实验及其推出受控观察和自然数对应的方式。它架起了经验世界和数学世界的拱桥。

我在"第一块拱顶石：古希腊几何学"和"架桥的展开：从欧几里得几何学到牛顿力学"两节指出，几何学最早用逻辑

①　在经验层面，受控实验通过自我迭代和组织就能形成新的受控实验，当一种受控实验对应一个符号串（陈述）或一个符号（数）时，受控实验通过自我迭代和组织产生新受控实验，就是一个符号串（陈述）或符号（数）产生其后继符号串（陈述）或符号（数）。为了表达符号串（或数）生成新符号串（或数）的法则，必须对受控实验的符号串进行整理和重新表述，使其成为从公理或前提推出定理或递归函数的运算。

语言陈述空间测量，空间测量是最基本也是最简单的受控实验。欧几里得几何学第一次建立了以某些受控过程（实验）符号串推出另一些符号串的公理系统，从而形成了第一座横跨经验世界与符号世界的拱桥。现在我们终于证明：在科学真实的任何部分，只要立足于用逻辑语言表达受控实验，并模仿欧几里得几何学，亦能架起类似的拱桥，这一切导致现代科学理论的形成。换言之，图2-5中现代科学理论三个层次的关系，正好刻画了我在导论中反复强调的横跨经验世界和数学世界的拱桥的结构。拱桥没有桥墩，它需要来自经验和符号结构自身真实性的双向支撑才能存在。表面上看，符号系统通过正确地指涉经验对象使其获得经验的真实性，但如果不存在数学真实性的支持，符号串传达经验世界信息可能是错的。同样，如果只有数学的真实性，符号串结构不一定反映经验世界的信息。

在这座拱桥中，受控实验的陈述维系着经验世界和数学世界的互动。一方面，它规定逻辑语言中符号如何才能正确地指涉经验对象，即产生一个有科学意义（正确指涉经验对象）的符号串，使之能传递经验真实的信息，有助于经验世界正确的符号表达扩张。另一方面，一个或一组受控实验的陈述对应一个自然数，使其整体结构成为数学真实的一部分。数学真实性通过这种对应使逻辑语言中不存在的"普遍可重复性"得以表达。正因为受控实验的陈述通过自我迭代和组织扩张的过程和数学符号运算同构，我们可以通过逻辑推理和数学研究来揭示受控实验陈述扩张的自洽性。因此，受控实验的陈述是横跨两个真实世界拱桥的拱顶石。

当我们把现代科学理论作为一个整体进行考察时，图 2-5 中作为拱顶石的中层涵盖了所有普遍可重复受控实验的陈述，其符号串以及推出的受控观察证明的陈述作为具有双重结构的符号系统的表层，连接了整个经验世界。此外，把每一个受控实验和另一个符号（或符号集）对应，这些符号集就是自然数。在这座拱桥中，外层和中层是符号串，其为逻辑语言，表达和经验世界符合的内容。此外，每一个符号串对应着另一个符号，这些符号集具有纯数学的结构，它们作为符号系统的深层，是数学世界的一部分。正因为拱顶石具有三个层次，是一个具有双重结构的符号系统，它才支撑着横跨科学经验真实和数学真实的拱桥。

图 2-5 不仅可以描述现代科学理论的整体，也可以表达某一门现代科学学科。以化学为例，所有化学反应（化学性质）的受控实验陈述、相应物质及其性质的测量，共同组成了图 2-5 集的中层。由这些受控实验推出的可以用受控观察证明之陈述构成化学理论的表层（图 2-5 中第一个层次），它也是用化学原理对相应自然现象之解释。至于图 2-5 中作为数学真实的第三个层次，用物质量的计算和符号之间的关系刻画了化学实验的自我迭代和组织如何形成新的化学实验，即不同实验之间的联系。当我们用符号串来刻画化学反应通过组织和迭代如何产生新化学反应时，是用逻辑语言表达化学这门学科的核心内容，而用符号串对应的数学符号来表达相应关系时，是在描述化学理论的推理模式，也就是将化学反应的知识抽象为一些基本原则组成之公理。这些公理如何推出定理和未知的新

的结论，该过程代表着化学这门学科的思维模式及其理论的展开。[①] 上述分析表明，我们把所有受控实验的集合分成若干子集合，如果某一个子集合代表了某一类受控实验，以及它们通过自我迭代和组织而成的受控实验，那么该子集合对应的受控观察和自然数的子集也是一座横跨经验世界和数学世界的拱桥。原则上，一门现代科学的学科就是一座横跨经验世界和数学世界的拱桥。

一般认为，科学研究的第一步是对事实的确定，第二步是对事实进行分类，以形成不同的学科。上面的分析证明：这种看法不准确，因为这些不同类型的事实不一定是科学的，它们只是前科学的内容。确定什么是事实所依赖的是受控观察，但受控观察不能保证其对应的陈述中，符号已经正确地指涉经验对象。只有当受控观察可以用受控实验推出时，陈述才是科学的。什么时候受控观察可以由受控实验推出？通常是发现拱顶石，即从一组受控实验出发，可以推出其自我迭代和组织以形

---

① 除了把每一个受控实验当作一个元素构成的递归可枚举集（它是自然数的子集合）外，每一个受控实验本身都可以用数学符号来研究。这样，数学结构不仅是理论系统中由公理推出定理的递归关系，还出现在符号串内部，即其不仅决定符号串之间的互相联系，还影响符号串中符号与符号之间的关系。1979年，我与合作者刘铭曾尝试用突变理论建立相应数学模型，从而研究氢氧化物水溶液的酸碱性问题，并回应当代量子化学中的一个问题——键参数函数和化学性质的关系。（金观涛、刘铭：《氢氧化物酸碱性的突变模型》，《郑州大学学报（自然科学版）》1979年第1期。）这里并不是要强调我们的研究对今天化学理论发展有何意义，而是想表明即使不讨论化学定律本身，就结构稳定性而言，其经验表示和符号表示亦存在同构。这项研究在本质上也是在用符号串对应的数学符号来描述化学理论的推理模式。

成的新受控实验，受控观察往往是这些新受控实验的特例。上述过程正好对应着用拱顶石建立经验世界和数学世界的拱桥，拱桥的出现意味着立足于观察分类的前科学转化为以受控实验为基本原理的现代科学。①

简而言之，虽然现代科学理论在整体上是一座横跨经验世界和数学世界的拱桥，所有受控实验的陈述是拱桥的拱顶石，但从现代科学的形成过程来看，这一巨大的拱桥是由一座座小拱桥拼合而成的。由一组受控实验的陈述通过自我迭代和组织构成的一个集合，就是一座小拱桥的拱顶石。随着这样的符号系统在不同领域的形成，一座座横跨数学真实和经验真实的拱桥建立起来了，一座拱桥对应一门现代科学。为什么找到拱顶石来建立横跨经验真实和数学真实之间的拱桥总是可能的呢？其实，为了理解科学理论的全貌，真正要解决的问题是：一座座小拱桥和基于事实分类的不同学科是什么关系？因为基于受控观察的事实分类的陈述必须由受控实验的陈述推出，研究各门科学之间的关系，实际上是去探讨一座座拱桥如何排列，更

---

① 博物学、动植物分类甚至是大部分医学（如病理学）都立足于受控观察的陈述，它们属于前科学。最初天文学、地质学甚至进化论都是立足于受控观察的科学，直到晚近它们才和基于受控实验的科学（物理、化学原理和生命科学）建立联系，从前科学转化为现代科学。然而，迄今为止自然界尚有一些事实不能用物理和化学等原理来解释。如果某些科学事实始终只和受控观察相联系，而不能用基于受控实验的原理来解释，那么相应的科学理论只能是对个别事实的陈述，以及对这些事实进行分类。也就是说，至今存在不少研究领域仍处于前科学阶段，当找到拱顶石建桥时，前科学才转化为现代科学理论。

准确地讲，是去追问一块块拱顶石的形态。①拱顶石之间的互相联系，就是不同学科的关系，拱顶石如何互相包含和整合也就规定了现代科学理论的整体面貌。

---

① 讨论各门科学之间的关系，也就是去分析一座座拱桥的关系。纵观拱桥两边，在经验世界，不同科学研究的对象互相联系；在数学世界，各门科学运用的数学内容亦互相包含。这样，从两边的关系不能准确把握不同学科的差别。真正揭示不同拱桥关系的，是分析不同拱桥的拱顶石之间是否可以互相整合，它们中哪一些更为基本。换言之，一块拱顶石是一组互相紧密相关的基本受控实验，它规定了一门科学。基本受控实验组作为公理构成这一门科学的基本原理，正如欧几里得几何学可以从公理推出定理，我们可以从作为公理的基本受控实验组推出该学科各式各样的"受控观察"以解释相应的自然现象。这样，拱顶石虽不可以互相取代，但研究它们之间的关系、考察它们之间的整合时，我们可以比较不同的拱顶石，看哪个更基本。

第三章 拱桥的整体形态："拱圈"及其 "上盖"

多么雄伟而巨大的建筑！每一个为科学献身的人都以为之添砖加瓦而自豪，然而，有多少人想过这座现代科学的"巴别塔"是什么样的呢？实际上，它不是立足于地基的建筑，而是一座向虚无不断延伸的拱桥，它的扩张就是真实性战胜虚假。承载桥重的拱圈是对基本自然规律的探讨。这一切都源于测量，测量本是自我意识和宇宙互相交会之处。正因如此，现代科学才如此壮丽而神秘。

量化在科学中的位置

现在，让我们回到本编第一章开始但尚未完成的横跨经验世界和数学世界拱桥的整体研究中。我曾从两个方面研究拱桥的结构：一是用逻辑语言对最简单受控实验——空间测量进行陈述，分析作为陈述的符号串集合之公理化，以及几何学如何成为第一块拱顶石；二是讨论作为第一块拱顶石的几何学出现后，如何找到第二、第三块拱顶石，即古希腊数学家通过连续量的研究，形成了《几何原本》中最重要的部分，它促使现代科学理论从欧几里得几何学到牛顿力学再到电动力学之扩展，这是横跨经验世界和数学世界的拱桥不断加宽的过程。本编第二章又通过分析现代科学的逻辑语言，证明表达科学真实的符号串具有图 2-5 所示的三层次结构。它回答了为什么用逻辑语言表达受控实验得到的符号串集可以成为拱桥的拱顶石，但没有涉及这些拱顶石的关系，以及它们能否进一步整合，即拱桥是否可以不断加宽。

其实，图 2-5 所示的三层次结构虽然显示了拱桥的横剖面，但它是一幅不完整的图画。为什么说它是不完整的呢？因为即使建立了表达所有受控实验的符号串和自然数之间的一一对应关系，仍无法理解这些作为一块块拱顶石的受控实验的陈述集合是如何整合的。做不到这一点的一个重要原因是本编第二章完全没有涉及作为连续量的符号系统在架桥中不可取代的功能。连续量对应着实数，自然数只是实数的子集合。明确自然数在实数中的位置，是理解受控实验陈述集如何互相联系及整合必不可少的前提。然而，前文用逻辑语言表达普遍可重复的受控实验，以及这些符号串和自然数如何建立一一对应关系时，完全没有讨论实数如何成为横跨经验世界和数学世界拱桥的拱顶石。

在本编第一章开篇，我就指出，符号系统的双重结构一直隐藏在自然数中。自然数可以用皮亚诺-戴德金公理来定义，这是纯符号真实的结构；自然数还可以用集合元素的序号等于其大小来定义，此乃自然数的经验结构（即和数"数"的经验同构）。自然数的奇妙之处就在于上述两种结构合一，它天然就是具有双重结构的符号系统！只是因为不可测比线段的存在，这种奇妙的双重结构无法映像到测量这一最基本受控实验之中，使之成为符号世界和经验世界之间的拱桥。正因如此，只能先用逻辑语言表达几何测量来寻找拱顶石架桥。然而，一旦发现实数的公理化结构，情况就完全不同了。和自然数一样，实数具有经验结构（它就是实数的大小），同时又满足代表纯符号真实的公理（它由符号结构定义）。这是一个包含自然数集合但比其更大的具有双重结构的符号系统，只要经验对象可以量化即其可测量，作为测量结果的实数立即成为横跨经验世界和数学世界的拱桥的天然而直接的拱顶石。

正因为实数既可以表示测量结果，又代表测量这一普遍可重复受控实验本身，它是比用逻辑语言表达受控实验更为重要的拱顶石。该拱顶石有着逻辑语言不具有的功能，那就是测量结果的计算对应着寻找相应的受控实验。在本编第一章，我曾用两个例子表明数量计算可以用于预见相应的受控实验是否存在，如果其存在又是什么样的。一个例子是以等腰直角三角形的直角边为尺来测量斜边，另一个是如何设计一个受控实验来发现无线电波。第一个例子先假定线段测量值可以用两个自然数之比来表达，即自然数双重结构对应着长度测量这一受控实验。计算证明测量过程（受控实验）不自洽，从而表明自然数不能代表测量直接建立横跨经验世界和数学世界的拱桥。在用麦克斯韦方程推出电磁波的第二个例子中，方程推导就是连续量的计算，计算结果不仅表明新受控实验的存在，还指出它是什么样的。

众所周知，在所有成熟的现代科学学科中，都存在着量化研究。所谓量化研究，是指某些对象可以进行测量，测量结果是连续量，即实数。① 这样，我们可以通过各种连续量之间的关系，用计算结果预见新的事实或解释已知的事实。为什么量化和计算有着如此奇妙的功能？这一直是科学认识论很难回答的问题。现在我们终于知道量化在现代科学中的位置了，原来它是和用逻辑语言进行推理不同的另一种类型的拱顶石。

关于为什么现代科学理论可以通过公理系统用逻辑语言推出新的事实，我在本编第二章已做过充分讨论，其依靠的正是受控实验陈述以及该集合公理化的结构，架起经验世界和数学世界之间的拱桥，而量化研究所依靠的是另一种架桥方式。那就是利用实数同时具有经验结构和符号真实结构的基本性质，它是比人为设计的让符号串和自然数一一对应更为美妙的具有双重结构的符号系统。只要发现研究对象的某些性质可以量化，并分析各种可测的"量"之间的关系，它们就是相应受控实验之间的联系。当这些可测"量"之间的关系得到普遍可重复受控实验的证明时，相应的受控实验之联系往往是该学科最基本的原理。也就是说，通过量化，可以利用实数的双重结构，找到比用逻辑语言表达受控实验更有效的拱顶石来建立横跨经验世界和数学世界的拱桥。

既然如此，建立拱桥是不是一定需要这两种不同类型的拱顶石呢？该问题可以分成两个更基本的问题。其一，量化研究为什么在每一门现代科学学科中或多或少都存在？其二，在现

---

① 如果把数"数"也视为某种测量，测量结果有时是自然数。当测量对象和测量单位互相独立时，测量结果一般是连续量。至于在什么条件下，测量值会成为不连续量即量子化的，我将在第三编第一章中讨论。

代科学理论形成即建桥过程中，这两种不同类型的拱顶石是否有着某种不可分割的联系？在《消失的真实》第二编，我详细讨论了不可测比线段的发现如何促使几何学的公理化，它促进欧几里得几何学的形成。在本编第一章，我又以欧几里得几何学中连续量的比例为中心，说明拱桥如何加宽。换言之，当各式各样连续量的比例（如加速度、质量、电磁场变化率等）亦成为受控实验结果时，基于这些连续量测量的新受控实验立即成为新的拱顶石。它们可以把连续量计算和逻辑语言的推理整合起来，促进牛顿力学和电动力学的建立。这表明在几何学的建立以及从欧几里得几何学到牛顿力学的发展过程中，两类拱顶石是互相紧密关联着的。这是一个偶然的现象吗？当然不是。那么，这一切背后到底是什么机制在起作用呢？

前文我已经证明：现代科学理论中之所以同时存在着这两种不同类型的拱顶石，是因为架桥必须依靠具有双重结构的符号系统，而具有双重结构的符号系统只有两种形态：第一种形态是用逻辑语言表达受控实验，并使其和自然数一一对应；第二种形态是利用实数。事实上，正因为第二种形态的拱顶石比第一种形态的拱顶石更容易显示受控实验之间的关系，基于第二种形态的拱顶石中的计算，可以对用逻辑语言表达的符号串进行整理，建立符号串和自然数的正确对应关系，有利于找到第一种类型的拱顶石。换言之，建立拱桥必须用双重结构的符号系统，而该符号系统的两种形态是互相关联的，故具有这两种拱顶石的不同学科的逻辑陈述必定可以公理化。此外，量化研究的不断深入还可以把所有现代科学的符号表达建立在空间、时间以及和它们直接有关的基本测量之上。这一切必然促使各门学科整合成统一的现代科学理论。

两类拱顶石的关系

在现代科学理论的研究中，如何看待量化分析是一个长期没有解决的问题。[①] 在现代科学大多数门类中，如心理学、生物学甚至生理学和化学，量化研究只占据一小部分。既然量化研究并不是大多数现代科学的主要内容，而且数量计算不能代替用逻辑语言表达的受控观察与受控实验陈述，那么，在分析物理学之外其他学科的理论时，是不是可以忽略以量化关系这种方式存在的拱顶石？然而，只要去深入研究每一门现代科学建立的过程，就可以发现一个事实：量化分析无论在一门现代科学学科中一开始占多大比例，在其成熟过程中或迟或早都会显示出自身的中心位置。也就是说，一门现代科学学科的理论化，即转化为一个由公理推出定理的论述体系，和受控实验的量化研究存在着隐秘的关联。如果在一门科学学科中完全不需要量化，该学科大多只是一些受控实验事实的陈述，这些真的陈述往往不能用理论整合起来。

为什么？因为"受控实验的陈述对应自然数"作为第一类

---

① 13—17 世纪，量化分析的思维方式逐渐取代质性分析，在欧洲大陆兴起，关于这一过程，可参见 Alfred W. Crosby, *The Measure of Reality: Quantification and Western Society, 1250—1600*, Cambridge University Press, 1997。至于将量化引入有关存在或本体论问题的讨论，一个关键人物则是弗雷格，详见达米特：《弗雷格——语言哲学》，第 722—759 页。

拱顶石必须被嵌入实数的双重结构，它们才能互相联系。更重要的是，如果不存在实数集合的双重结构，不仅是各门学科用逻辑语言表达受控实验的陈述不能整合，而且将其公理化即和自然数集建立一一对应都十分困难。也就是说，建立横跨经验世界和数学世界的拱桥，需要"用逻辑语言表达受控实验的符号串"，以及"作为受控实验之测量"这两类拱顶石。而且在这两类拱顶石中，表达测量过程和测量值关系的拱顶石更为基本。它在建立自己和实数这一双重结构的符号系统的联系的过程中，把用逻辑语言表达受控实验的符号串整理成一个可由公理推出定理的系统（这也是和自然数建立某种对应关系）。

关于上述论点，可以用化学如何成为现代科学的例子来说明。每一个化学反应都是一个受控实验，受控实验普遍可重复保证该化学反应的逻辑陈述为真。今日的化学理论，基本内容是用逻辑语言描述这些受控实验及其自我迭代和组织。在现代化学理论中，相对于逻辑语言的陈述而言，定量研究所占的比例不大。然而，如果不认识化学反应中物质的定量关系，各式各样的化学反应无法纳入一个由基本定律（相当于几何公理）以及从其推导得到的法则（相当于公理推出定理）、各种化学反应式组成的逻辑陈述结构，用逻辑语言正确完整地陈述每一个普遍可重复的受控实验也都是不可能的。

我在《消失的真实》第二编指出，法国化学家拉瓦锡将天平用于化学反应研究是现代化学的开始。[1] 为什么天平那么重要？

---

① 金观涛：《消失的真实》，第219—221页。

除了天平的使用证明化学反应前后物质的质量守恒，推翻了历来被认为具有负质量的神秘的燃素外，更重要的是把物质质量的测量纳入化学反应的每一个受控实验。这样一来，科学家才可以从量化关系整理各式各样有关化学反应的陈述，让它们有可能成为一个从公理推出定理的符号系统，现代化学理论开始出现。

此外，天平的使用还导致化学反应等当量定律的发现。基于等当量定律，意大利化学家阿莫迪欧·阿伏伽德罗才能提出在等温等压前提下气体相同体积中包含分子数相同，表达化学反应的分子式成熟了。[①] 从此以后，所有化学反应的逻辑语言

① 只有用等当量定理研究气体的化学反应，如发现 2 体积的氢气和 1 体积的氧气可以通过化学反应得到 2 体积的水蒸气时，该化学反应才可能表达为"二个氢分子和一个氧分子合成两个水分子"。事实也正是如此，尽管人们很早就知道氢和氧化合成水的重要反应。然而，直至 1805 年，法国化学家约瑟夫·盖-吕萨克和德国化学家亚历山大·冯·洪堡共同进行的精确实验才表明，反应中 100 体积的氧需要 199.89 体积的氢，几乎恰好是 200 体积的氢。在这一实验结果的启发下，吕萨克进一步研究发现，任何气体在相同体积中都含有相同数目的原子，即所有气体的原子密度都是相同的。然而，吕萨克的假说存在一个悖论，即如果这个假说是真实的话，那么在氧和氢化合成水蒸气时，1 个体积的氧相当于含有 1 个氧原子，则 2 个体积的氢就相当于含有 2 个氢原子，所生成的 2 个体积的水蒸气就相当于含有 2 个水的复杂原子。这样，1 个水的复杂原子也就必然是由 1 个氢原子和半个氧原子所构成的。半个氧原子！？原子能分裂成两半？这在化学反应中也本来是不可能的事，因为原子是保持元素所有化学性质的物质的最小单位。阿莫迪欧·阿伏伽德罗则修正了吕萨克的假说，将其表述为：所有气体在相同体积中都含有相同数目的分子。这里虽然仅仅订正了一个字，然而却能使一切矛盾都迎刃而解了。过去，由于吕萨克说是相同数目的原子，从而就会碰到原子被分割的问题；现在，阿伏伽德罗说是相同数目的分子，而分子被分割则是理所当然的，只是分割成了原子而已。（详见山冈望：《化学史传：化学史与化学家传》，廖正衡、陈耀亭、赵世良译，商务印书馆 1995 年版，第 100—107 页。）

表达终于建立在正确的基础上。表面上看，这些法则的发现和在牛顿力学形成过程中《几何原本》的示范作用有相当大的差距，它们不是自明的公理，从它们推出定理亦不像几何公理推演那样数学化。然而，正是基于这些受控实验中普遍存在的量化关系，我们才能用逻辑语言正确地表达化学反应，以及不同化学反应之间的联系，使有关化学反应的逻辑陈述成为一个有序的理论系统。换言之，在发现物质由分子组成之前，正是量化研究把任何一个有关化学反应的逻辑陈述建立在正确的（分子和原子论）基础上。这说明化学变化实际上是分子结构的变化，而且所有化学反应的受控实验中，组成分子的原子是不变的。

我问一个问题：为什么化学反应中物质的质量是守恒的？众所周知，这是基于牛顿力学中的质量守恒。然而，根据相对论，质量守恒并不正确，应代之以质能守恒定律。也就是说，化学反应前后物质的总质量并不相等，必须减去或加上化学反应中吸收或放出的能量，其总量才守恒。只是因为化学反应中转化为能量的质量可以忽略不计，质量守恒才成立。换言之，作为现代化学基础的质量守恒定律其实是物理定律而非化学定律，故当物理定理精确化时，其必然发生变化。化学反应中释放或吸收的能量由分子结构变化导致，这样分子结构及其能量必定同物理学基本定律直接相关。20世纪量子力学建立之后，所有分子结构（及其能量）原则上都可以从薛定谔方程算出。也就是说，物质的化学性质是可以用物理学基本定律解释的。这一切说明：作为现代化学基础的定量研究，还有一个重要功能，那就是确定化学理论在科学理论整体结构中的位置,阐明化学和比它更基本的学科——物理学的关系。① 事实上,正因为存在这种正确的定位,各式各样的有关化学反应的受控实验陈述才形成了一个由一组基本定律推出具体结论的理论结构。

再来考察现代生物学的建立。我在《消失的真实》第二编指出,达尔文进化论立足于两个自明的前提:变异和自然选择。第一,不同生物类别下存在一定程度的个体差异性(变异);第二,那些有利于生物生存竞争的变异会被保存下来(自然选择);第三,对个体有利的无数轻微变异累积起来,则会带来物种的进化。据此,达尔文勾勒出物种起源的宏伟图画。无论是所有物种都有着共同的祖先,还是单细胞生物在地球环境漫

---

① 关于物理学和化学的关系,《费恩曼物理学讲义:新千年版(第1卷)》有一段总结:"也许受物理学影响最深的科学就是化学了。在历史上,早期的化学几乎完全讨论那些现在称为无机化学的内容,即讨论那些与生命体不发生联系的物质。人们曾经进行了大量的分析才发现许多元素的存在以及它们之间的关系——即它们是怎样组成在矿石、土壤里所发现的简单化合物的,等等。早期的化学对于物理学是很重要的。这两门科学间的相互影响非常大,因为原子的理论在很大程度上是由化学实验来证实的。化学的理论,即化学反应本身的理论,在很大程度上总结在门捷列夫周期表里,周期表体现了各种元素之间的许多奇特的联系,它汇总了有关的规则:哪一种物质可以与哪一种物质化合,怎样化合,等等,这些就组成了无机化学。原则上,所有这些规则最终可以从量子力学得到解释,所以理论化学实际就是物理……无机化学现在基本上已归结为所谓物理化学和量子化学;物理化学研究反应率和所发生的详细变化(分子间如何碰撞?哪一些分子先飞离?等等),而量子化学则帮助我们根据物理定律来理解所发生的事……许多物理化学和量子化学的定律不仅适用于无机化合物的情况,而且也适用于有机化合物。"(费恩曼、莱顿、桑兹:《费恩曼物理学讲义:新千年版(第1卷)》,郑永令、华宏鸣、吴子仪译,上海科学技术出版社2013年版,第22—23页。)

长的变化史上如何通过变异和自然选择形成了如此多物种的演化树，均由上述公理导出。[①] 表面上看，上述公理是从经验中抽象出来的，事实上它们却是出于"育种"这一类受控实验。这些受控实验和几何中的测量完全不同，它们和数学一点关系都没有。那么，是不是说测量和计算完全可以从现代生物学中排除出去呢？当然不是！和化学相比，计算在生物学中虽然微不足道，但自19世纪到今天现代生物学发展史证明了量化和计算仍然是整个生命科学的基础。

19世纪60年代，奥地利帝国生物学家格雷戈尔·孟德尔发现豌豆性状遗传遵循某种统计法则。1910年，"现代遗传学之父"托马斯·摩尔根发现果蝇眼睛颜色的遗传符合孟德尔理论。1925年，摩尔根又确定果蝇有4对染色体，鉴定了约100个决定性状的基因，并且可以通过交配试验确定链锁的程度，测量染色体上基因间的距离。比起育种这种受控实验，孟德尔和摩尔根把遗传和变异的逻辑陈述建立在更为准确的受控实验之上。这时他们已经发现：表达这些受控实验时，仅用逻辑语言陈述不再足够，必须使用量化统计。[②] 虽然如此，但是和用

---

① 金观涛：《消失的真实》，第223页。

② 需要指出的是，孟德尔和摩尔根并未彻底实现进化遗传理论与数学的结合。历史学家加兰·E.艾伦指出："孟德尔遗传学与进化思想的完全结合，一直要等到20世纪30年代自然选择的数学理论产生后才得以实现。那种理论是严密的、定量的，并最终否定了所有认为自然选择不能充分解释新种起源的主张。然而在它们充分结合之前，孟德尔的理论只能够定性地弥补达尔文理论中的不足，而摩尔根等研究者也只能凭信念将两个理论结合在一起。"（详见加兰·E.艾伦：《20世纪的生命科学史》，田洺译，复旦大学出版社2000年版，第88页。）

逻辑语言陈述相比，量化研究对生物学仍然是微不足道的。量化计算成为现代生物学的拱顶石是 21 世纪系统生物学和合成生物学出现以后的事情。

1953 年，生物学家詹姆斯·沃森和弗朗西斯·克里克分析发现，染色体是一个由两个高分子结合成的双螺旋链。生物学家终于知道规定生物性状的基因就是 DNA（脱氧核糖核酸）长链上某一段碱基序列，双螺旋的解旋、以每条单链为范本合成互补链而复制是生命繁殖的前提。值得一提的是，沃森和克里克的研究深受奥地利物理学家薛定谔的《生命是什么》影响。[1]在这本书中，薛定谔从量子理论和统计物理学的角度开始推演，最后得出结论：携带遗传信息的载体一定是一种小而耐用的基本单位，而且这种单位可以产生大量变化，从而导致生物进化中的突变现象。他认为，这类单位应该是由大约 1 000 个原子构成的分子，它拥有的稳定量子构型以编码所有遗传信息。这表明了生命科学与作为更基础科学的物理学之间的关系："所有的物质都是由原子组成的，并且生命体所做的每一件事都可以从原子的摆动和晃动中来理解。"[2]

DNA 被发现以后，系统生物学、合成生物学等新兴学科应运而生，组成了 20 世纪末到今天生命科学发展的主旋律。在这些新兴的生命学科中，量化研究才成为比逻辑语言陈述受控实验更重要的方法。也就是说，要到 21 世纪初，我们才知

---

① 加兰·E. 艾伦：《20 世纪的生命科学史》，第 238 页。

② 费恩曼、莱顿、桑兹：《费恩曼物理学讲义：新千年版（第 1 卷）》，第 28 页。

道对现代生物学理论这座横跨经验世界和数学世界的拱桥而言，同样存在着逻辑语言和量化关系这两种不同类型的拱顶石。量化关系这一类拱顶石比逻辑语言之所以更为基本，是因为只有在DNA复制以及它对蛋白质结构控制的层面，什么是生物性状的遗传和变异才能讲清楚，而适者生存、遗传物质的积累和变化必须通过复制动力学的量化计算来表达。

事实上，达尔文能通过育种这些原始受控实验提出现代生物学的基本公理，是出于生命系统在不同层次上的自相似。如果不能在分子层面解释DNA的复制及其对蛋白质结构的控制，以及蛋白质结构如何决定生物性状，并用数学计算环境如何对生命遗传物质进行选择，达尔文提出的现代生物学公理就不可能是对的。这一切表明现代生物学的建立和发展与化学一样，数量关系这一拱顶石的存在，一方面是用逻辑语言表达受控实验之间联系的某种前提，另一方面则把生物学进行定位，明确其和更基础学科的关系。遗传、变异和自然选择在分子层面存在，这才有和化学不尽相同的生命科学。换言之，生物计量学的最终意义表明现代生物学中也存在两种类型的拱顶石。量化研究的本质也是把相应受控实验中可测量的量建立在实数这一双重结构之上，使其成为横跨经验世界和数学世界的拱桥之拱顶石。在现代生物学中，把用逻辑语言表达的拱顶石和计量研究的拱顶石整合起来，虽然比化学更为复杂且所需时间更长，但两类拱顶石之间的关系一模一样。

还原论的背后：拱桥的纵剖面

上述分析无疑加深了一种十分流行的观念，这就是自 19 世纪至今影响越来越大的还原论。还原论认为任何一门科学定律都可以还原成物理法则。因为宇宙乃物质、时空和四种基本作用力，物质可以化约为分子和组成它们的原子，原子则由更基本的粒子构成。这样，研究时空基本作用力和基本粒子如何组成原子的物理学不仅是所有其他科学的基础，甚至包含了其他科学。[①] 表面上，还原论正确无误，但它碰到一个不可解决的内在困难，那就是事实上每一门科学学科都有自己独特的法则，它们不同于物理定律，甚至不能从物理定律推出。如果还原论是正确的，那么为什么现代科学必须分成不同的门类？为什么不能从物理学基本定律推出各门科学学科的所有内容？[②]

----

① 需要说明的是，对还原论的定义与理解形形色色。在科学领域，物理学家温伯格区分了 petty 和 grand 两类还原论。前者认为物质的性质由其组成部分的性质决定，后者则主张所有科学理论都可以化约为不同实体相互作用的一组法则。（Steven Weinberg, "Reductionism Redux", *The New York Review,* October 5, 1995.）关于后一种还原论，温伯格在另一篇文章中还称之为"客观还原论"，即那些更基础、根源性的科学法则能够解释其余法则。相较其他学科，粒子物理学更接近那个本源性、基础性的科学研究领域。（Steven Weinberg, "Newtonianism, Reductionism and the Art of Congressional Testimony", *Nature,* Vol. 330, 1987.）本书讨论的主要是温伯格所说的"客观还原论"。

② 还原论的支持者试图为这一现象提供解释，例如温伯格认为，客观还原论是一个有关自然界本身的事实，而非一个关于科学研究模式的事实。（Steven Weinberg, "Newtonianism, Reductionism and the Art of Congressional Testimony".）然而，这依旧无法解释为什么每一门科学都有自己独特的法则，它们不同于物理定律，甚至不能从物理定律推出。

其实，还原论是各门学科通过量化关系这一类拱顶石进行整合带来的理论想象。如前所述，每一门学科都存在着两类拱顶石：逻辑陈述通过自己和自然数建立一一对应，成为一个具有双重结构的符号系统；量化关系直接把有测量值的受控实验建立在实数这一具有双重结构的符号系统之上。通常情况下，因为第二类拱顶石的存在，才能找到第一类拱顶石。这样，各门学科的关系必定可以根据相应学科的第二类拱顶石是否互相包含来考察，而第二类拱顶石本质上是相应受控实验可控制变量的数量化（要求其可以测量）。这样，只要去分析不同科学门类的受控实验中可控制变量之间的关系，为什么还原论是一种理论上的想象而非事实就一清二楚了。

每一门学科都存在着一组作为公理的受控实验。不同门类的科学所立足的基本受控实验组是不同的，各学科基本受控实验组的可控制变量即便存在着交集，也不能互相取代。正因如此，作为科学真实的一门成熟学科不可能化约为另一门成熟的学科。但是，如果去分析不同学科所立足的基本受控实验组的关系，一门学科 A 受控实验组的量化元素可以比另一门学科 B 的量化元素更基本。所谓更基本，是指某些可以量化的元素 C（A）对学科 B 只是可观察变量，但它们是学科 B 可以量化的受控变量 C（B）存在的前提，而这些量化元素 C（A）对于学科 A 则是可控制变量。这样一来，对学科 A 基本受控实验组的可控制变量进行测量，即建立它和实数的关系，其比学科 B 基本受控实验组的可控制变量建立和实数的联系要更为直接。也就是说，A 比 B 离实数更近，另一门学科 B 的基本受控实验测量（即和实数建立联系）实际上要通过这一门更为基本的学科 A。这容易造成一种理论想象：一门学科 B 可以还原为另一门学科 A。

举个例子，在进行化学研究时，元素的性质并不是可控制变量。元素作为存在之物，做化学实验时，可控制变量集 C 不包含制造元素，而只是利用已存在的元素合成各种分子。也就是说，元素的各种性质本身在化学研究中只是可观察变量。在原子核物理中，元素却是可以生成和变化的，它是另一类受控实验的结果，即通过 C 和 L 实现控制得到的可控制变量 Y。因此，原子核物理学是比化学更基本的科学，但化学所立足的受控实验不能化约为原子核物理学所立足的受控实验。当把这两门学科的可控制变量进行量化（即和实数建立联系）时，由于元素的存在是化学物质的质量测量存在的前提，将化学相应受控实验中的可控制变量和实数建立联系，同时亦是原子核物理的可控制变量和实数建立了联系。在某种意义上，这意味着原子核物理学比化学离实数更为接近，由此带来了化学是建立在原子核物理学之上的理论想象。同样的分析可以运用到其他任何两门学科的比较中。

简而言之，所谓还原论，主张任何一门学科可测量的连续量作为拱顶石时，都属于物理学建立的横跨经验世界和数学世界的拱桥的一部分。事实上，这是不成立的。因为不同学科的拱顶石（相应受控实验的可控制变量和可观察变量）之间虽存在着交集，但相应的受控实验组不能互相化约，故只在表面上一门学科的受控实验似乎基于另一门学科的受控实验。还原论想象实际上等同于如下比喻：由于力、加速度、质量这些连续量的测量直接由空间和时间测量导出，物理学这座桥几乎覆盖在实数这一双重结构的符号系统之上。当其他任何一门学科中存在着可测量的受控实验，将这一类拱顶石和实数建立联系时，差不多都要通过（或穿过）现代物理学这一座直接附着在实数之上的拱桥。[①] 正因如此，极容易形成一种错觉：任何一门现代科学学科的理论似乎都是从物理学衍生出来的。

分析不同学科中两种不同类型的双重结构符号系统之关系，实际上是研究横跨经验世界和数学世界的拱桥整体结构的纵剖面。综合纵剖面和横切面可知，桥梁由"拱圈"和"上盖"两个不同部分组成。所谓"拱圈"是指由各式各样连续量的测量构成的经验世界和数学世界的联系，这一类拱顶石的存在以实数为前提。实数作为双重结构的符号系统，其大小具有经验世

---

① 费恩曼认为：物理学的特殊性，还表现在其与其他学科的一个显著不同之上，即物理学没有"历史问题"。具体来说，假如我们懂得了生物学的一切，就会想要知道现在地球上的所有生物是怎样发展的。这就是生物学的一个重要部分——进化论。在地质学中，我们不仅要知道山脉正在怎样形成，而且要知道整个地球最初是怎样形成的，太阳系的起源，等等。当然，这就会使我们想要知道在宇宙的彼时有什么样的物质，恒星是怎样演化的，初始状态又是如何，这些都是天体的历史问题。目前在物理学中还没有这种历史问题要研究。我们不会问："这里是物理学的定律，它们是怎样变化而来的？"我们此刻不去想象物理定律以某种方式随时间而变化，不认为它们在过去与现在是有差别的。（参见费恩曼、莱顿、桑兹：《费恩曼物理学讲义：新千年版（第1卷）》，第31页。）在此，我要进一步追问：为什么物理学没有历史问题呢？这是因为物理学的基本测量是直接从时间和空间测量导出的。有关讨论见第三编第一章。

界的结构。每个实数作为满足特定数学公理的符号，具有纯符号的真实性。当一门现代科学学科的一些基本公理可以用连续量之间的关系表达时，它也就在利用实数的双重结构作为拱顶石。这一类型的拱顶石存在，依靠的是测量这种独特的受控实验，其把连续量的测量值和实数的经验结构等同。这样一来，实数这一具有双重结构的符号系统就转化为横跨经验世界和数学世界的拱桥的直接拱顶石。和逻辑语言表达经验结构相比，这一类直接拱顶石更像是横跨经验世界和数学世界的"拱圈"（见图0-2）。

"上盖"则是指每一门学科中用逻辑语言表达该学科中作为公理以及由公理推出定理和解释事实的那些符号串。我之所以将其比作"上盖"，是因为自然数是实数的子集合。由这些符号串通过逻辑推出新符号串，对应着某一组自然数用递归函数算出另一个自然数。每一个代表受控实验的符号串和自然数存在对应关系，而自然数又是实数的子集合，这意味着这些符号串如"上盖"一样建立在拱圈之上。也就是说，表面上两种不同类型的拱顶石似乎各自独立，其实它们之间存在着建筑物（上盖）和其基础（拱圈）的关系。用逻辑语言陈述一组普遍可重复的受控实验通过组织和自我迭代得到新的受控实验和受控观察，一方面是这些上盖建筑的增高和扩大，另一方面也是建立它们和拱圈上自然数集的联系，意味着两类拱顶石之间的整合。

发现时空：基本测量及其意义

拱桥具有上盖和拱圈，虽然是一个形象的比喻，但有助于从整体上把握其内部结构。其中，拱圈比上盖更为基本。虽然在外观上，上盖包含了现代科学各门类理论的大部分内容，但这些陈述为真的根据，都是和自然数建立一一对应。通过这些陈述的组织和自我迭代推出新陈述，一定对应着从一组自然数通过递归函数算出另一个自然数，即所有由逻辑语言组成的上盖对应着自然数的一个递归可枚举集。自然数的递归可枚举集是实数的子集合，也就是说，上盖建立在拱圈之上。

既然拱圈比上盖更为基本，那么一个个拱圈之间又是什么关系呢？每一门充分成熟的学科都存在一个横跨经验世界和数学世界的拱圈，它是该学科基本受控实验中最重要的、可测量的受控变量测量结果到实数的映射。不同的拱圈代表形形色色连续量的测量，有些拱圈离实数比较近，有些离实数比较远，离实数近的连续量比离实数远的连续量更基本。我们自然可以进一步追问：是否存在着最基本的连续量测量？我们能否对各式各样由测量定义的拱圈进行排序，找到所有连续量测量都离不开的最基本测量？为此，必须进一步考察什么是测量。

我在"在数'数'的背后：自然数的双重结构"一节把测量称为最简单但基本的受控实验。它由如下几个环节组成。首先要确定测量对象，测量对象为真需要存在一个普遍可重复的受控观察。其次要有测量单位，它属于主体掌握的（或找到的）可控制变量。最后是实验（测量）过程可控，即主体可以用测量单位去数被测量对象。因为数"数"有一确定结果，测量总体上可以表达为测量结果和实数的一一对应。因此，测量是一类独特的受控实验，该受控实验的每一个实验结果必须对应着一个实数。[①] 我在第一编第三章指出，概率是随机事件集合和实数建立一一对应关系，当对应关系满足一组公理时，集合才是可以测量的。也就是说，对象可以测量是指测量这种受控实验的结果必须和实数同构。那么，为什么任何测量都要规定为测量结果和实数而不是自然数（或有理数）同构呢？这是因为测量对象可量化是指其为一个连续量，连续量不可能和自然数或有理数建立一一对应的关系，即测量结果不可能和自然数同构。根据这一限定，我们能获得一个意想不到的发现：所有的测量都暗含着一个共同的内核，那就是空间测量和由空间

---

① 这里暂不涉及量子测量的问题。自量子力学形成以来，测量问题一直困扰着很多物理学家。美国物理学家肖恩·M. 卡罗尔总结说："教科书式的量子理论不可否认的在经验上的成功，使测量问题的尴尬更加突显。根据这种处理方法，量子系统是用波函数描述的。波函数的演化遵从薛定谔方程，至少在系统未被观测时是如此。在测量时，波函数坍缩为观测量的一个本征态。教科书式的量子力学可以处理各种各样的数据，但它显然不是最终的答案。它太模糊了，而且定义不清，算不上严格的物理理论。究竟什么是'测量'？什么样的系统能进行测量，以及测量究竟何时发生？测量仪器和观察者本身是量子系统吗？测量是否揭示了一个预先存在的现实，还是它本身造就了世界的存在？"因此，目前还没有一个解决量子测量问题的方案，能够得到绝大多数物理学家的接受。（Sean M. Carroll：《量子测量仍然是一个问题》，一二三译，载返朴，https://fanpusci.blog.caixin.com/archives/260759.）我认为，真实性哲学已解决了这个问题。我会在第三编第一章对相关问题展开讨论。

测量规定的时间测量。[1]

下面以恒星亮度的测量为例来说明这一点。恒星亮度测量是宇宙学最基本的测量，它是现代宇宙学的基石。如前所述，恒星亮度可以测量的第一个前提，就是恒星亮度必须对应着一个普遍可重复的受控观察，即其对所有观察者是可重复观察到的。第二个前提是存在标准烛光，它相当于作为测量单位的"尺"，测量恒星亮度就是去数它相当于多少个标准烛光。近 40 年来宇宙学的巨大进步之一就在于，找到了一个十分准确的标准烛光，那就是 Ia 型超新星爆发的亮度，因该超新星爆发时恰好具有 1.44 个太阳质量，而且爆发过程中亮度遵循确定的规律衰减。这样就可以以某一已知的超新星亮度为尺，度量相应恒星的亮度，得到一个被测量恒星亮度的实数值。在恒星亮度测量中，虽然天文学家是用一个分数来近似地表达恒星亮度和标准烛光之比，但其坚持认为恒星亮度测量结果必须是一个实数，而不是有理数。为什么？因为恒星的亮度测量值和它离我们的距离一一对应。[2] 用标准烛光测量某些恒星亮

---

[1] 关于时间测量如何由空间测量规定，参见"什么是时间"一节。

[2] Ia 型超新星爆发过程中，由于物质的抛撒和核聚变减弱，超新星的光变特征存在着极其一致的规律：几乎所有的 Ia 型超新星在光变达到峰值时，其绝对星等 M 基本上都在 19.3 左右。这为距离的测量提供了最好的信息。即使观测的时候已经错过了超新星的峰值，超新星从峰值开始的下降特性对所有的 Ia 型超新星也基本上是同一的。对地球上的观测者来说，当发现超新星时，其视星等 m 是我们精确测量的，因为视星等只与相对流量强度有关，与距离无关。在从超新星的光变曲线特征得到 Ia 型超新星的绝对星等后，很自然地就可以完美地计算出地球距离该超新星的距离 D：$M - m = 5 - 5\log(D)$。

度得到的比例实际上就是相应恒星和我们的距离与 Ia 超新星和我们的距离之比。我在"测量可以等同于数'数'吗"一节证明：在空间长度测量中，存在不可测比线段，其意义就是我们不可能用一个确定线段长度的 1/n 去数另一个确定长度的线段，使之一定为 m。也就是说，线段长度比不能化约为自然数之比，而只能是实数。这表明如果任何一个可控制变量可测量，其为连续量的背后是因为它隐含着空间测量！

在宇宙学之外，其他学科的基本测量值用实数表示时，难道也和空间测量有关吗？我们来分析化学研究中的基本测量：用天平称化学物质的质量。这是测量参与化学反应物质的多少，测量的原理是引力质量等于惯性质量，即测量到的重量代表物质的多少，物质多少是用惯性质量定义的，而惯性质量是力除以加速度，加速度测量离不开时间和空间的测量。由此可见，化学中相应受控实验的可控制变量的基本测量亦建立在空间和时间测量之上。其实，所有连续量测量都基于空间测量一点都不值得奇怪，因为用实数表达连续量正是从空间测量中得到的。

让我们回忆一下"数学真实的拓展：从自然数、实数到点集理论"一节对实数这一具有双重结构符号系统的定义。第一步就是先将线段和数一一对应，得到实数的集合（R），其意义是 R 集元素是由线段（空间）的位置构成的。换言之，在一条直线（通常为水平直线）上确定 0 作为原点，指定一个方向为正方向（通常把指向右的方向规定为正方向），并规定一个单位长度，称此直线为数轴。任一实数都对应数轴上唯一的一个点；反之，数轴上每一个点也都表示唯一的一个实数。上面的做法和自然数用序号等同于数的大小类似，把线段上的点和相应线段长度即一个实数对应，这是实数的经验结构。与此同时，R 还是一个纯符号系统，该符号系统还必须具有纯符号的真实性，正如用皮亚诺-戴德金公理规定自然数结构那样。故第二步必须将其和空间位置及线段长度的经验剥离，使之具有纯符号的真实性，即要找到一组不同于皮亚诺-戴德金公理的新公理来定义实数集。任何一个实数都可以用自然数序列表示，自然数已经具有纯符号的真实性，这样一来，只要用一组可控制操作之公理表达两个实数之间的关系即可。

根据公理可以推出实数集合有以下结构：① 所有数的柯西序列都有一个实数极限。实数是有理数的完备化，实数的完备性等价于欧几里得几何的直线没有"空隙"。实数集合通常被描述为"完备的有序域"，严格地讲是"完备的阿基米德域"。"完备的阿基米德域"最早是由希尔伯特提出。希尔伯特认为，实数构成了最大的阿基米德域，即所有其他的阿基米德域都是 R 的子域。"R 是完备的"定义如下：在其中加入任何元素都将使 R 不再是阿基米德域。此外，实数集还是不可数的。这一点可以通过康托尔对角线方法证明。实数集的势为 2ω，即自然数集的幂集的势。此外，不存在大于自然数集的势且严格小于实数集的势的集合，这就是连续统假设。该假设和 ZFC 集合论兼容。而且实数集拥有一个规范的测度，即勒贝格测度。

---

① 下文涉及大量较为抽象的数学术语，难以在有限的篇幅内用通俗的语言一一解释，不具备专业背景但又感兴趣的读者，可以参考高尔斯主编：《普林斯顿数学指南（三卷本）》，齐民友译，科学出版社 2014 年版。

同样，实数集还具有拓扑结构，即实数集构成一个度量空间：x 和 y 之间的距离定为绝对值 |x－y|。实数集又是一维的可缩空间（所以也是连通空间）、局部紧致空间、可分空间、贝利空间。无限连续可分的序拓扑必须和实数集同胚，等等。①

现在再重复一下定义实数的公理。实数这一具有双重结构的符号系统必须有如下性质：任意两个实数 a、b 必定满足且只满足下列三个关系之一：a＜b，a=b，a＞b。自然数服从传递律，实数大小亦具有传递性：若 a＞b，且 b＞c，则 a＞c。又如实数具有阿基米德性质：给出任何数，你总能够挑选出一个整数大过原来的数。此外，实数集（R）具有稠密性，即两个不相等的实数之间必有另一个实数，即这些公理有点类似于尤多索对线段比例的定义，差别在于，几何公理中不需要把线段这一经验排除，为了定义实数集合，排除经验必须依靠一个更为复杂的公理系统。若 R 是所有实数的集合，它的元素必须满足下列 4 个公理。（1）集合 R 是一个域，可以做加、减、乘、除运算，且有交换律、结合律等常见性质。（2）域 R 是个有序域，偏序关系≤则对所有实数 x、y 和 z 满足：x≤y 或者 y≤x；x≤x；若 x≤y 且 y≤x，则 x=y；若 x≤y 且 y≤z，则 x≤z。（3）涉及＋或 × 的运算，偏序关

---

① 以下是实数的拓扑性质总览：（1）令 a 为一实数，a 的邻域是实数集中一个包括一段含 a 的线段的子集；（2）R 是可分空间；（3）在 R 中处处稠密；（4）R 的开集是开区间的联集；（5）R 的紧子集是有界闭集，特别是所有含端点的有限线段段都是紧子集；（6）每个 R 中的有界序列都有收敛子序列；（7）R 是连通且单连通的；（8）R 中的连通子集是线段、射线与 R 本身，由此性质可迅速导出中间值定理。

系≤对所有实数 x、y 和 z 满足：若 x≤y，则 x+z≤y+z；若 x≤0 且 y≤0，则 x×y≤0。（4）集合 R 满足完备性，即任意 R 的非空子集 S，若 S 在 R 内有上界，那么 S 在 R 内有上确界。[①]

既然实数的双重结构本身就是从空间测量中抽出的，一方面具有测量结果的经验结构，另一方面又具有纯符号真实性（测量这一独特受控实验的符号结构）。任何连续量的测量必须和实数同构，这相当于说空间测量必定伴随着任何一种量化研究。我在第三编第一章会进一步证明：时间测量作为空间测量的延伸，和空间测量一起构成了所有基本测量的基础。据此我们得出一个重要结论：当我们用逻辑语言表达普遍可重复的受控实验时，如果要求符号串为真的同时，还能通过组织和自我迭代形成新的真符号串，那么它们都必须可以和空间测量、时间测量建立联系。也就是说，空间测量和时间测量不仅是最基本的受控实验，还可以将科学真实的符号表达整合成一个不矛盾的整体。它表现为一门又一门现代科学理论的建立，每一门学科都有量化研究部分，其在该学科公理化以及和其他学科的整合中起关键作用。而且，现代科学理论之所以可以互相整合，是因为现代科学的每一门学科的逻辑陈述，都或近或远地依附

[①] Alexander Nita, "Real Numbers", https://math.colorado.edu/~nita/RealNumbers. pdf. 本书介绍的公理化方案主要来自希尔伯特。1936 年，美国数学家、逻辑学家阿尔弗雷德·塔斯基还提供了另一个实数公理化的方案。[详见 Alfred Tarski, *Introduction to Logic and to the Methodology of Deductive Sciences (4 ed.)*, Oxford University Press, 1994。]

在空间测量和时间测量这一最基本的拱圈之上。

我要再三强调：仅仅是实数这一具有双重结构的符号系统，还不构成最基本的拱圈；只有实数和空间测量（时间测量）这一独特的受控实验结果——对应，才构成了一切拱圈中最基本的拱圈。据此我们才可以理解为什么现代科学起源于几何学，而几何学又起源于不可测比线段的发现。因自然数是一个具有双重结构的符号系统，寻找空间测量结果和具有双重结构的符号系统的——对应，只能从自然数开始。在某种意义上，这是想利用自然数本身具有的双重结构架桥。然而，当古希腊哲人发现不可测比线段存在，意识到用自然数架桥不可能时，才不得不用其他方式架桥。具有双重结构的符号系统只有两种形态：一是用逻辑语言陈述普遍可重复的受控实验（包括测量），并将其和自然数——对应；二是利用自然数或实数本身的符号结构和经验结构的合一。当不能利用自然数，且实数这一双重结构符号系统没有被发现时，只能用逻辑语言陈述测量，并把连续量作为公理化几何研究的对象，这正是欧几里得几何学和《几何原本》诞生的过程。无论是欧几里得几何学中公理扩大到力学导致牛顿力学的形成，还是把有关电磁受控实验纳入力学公理系统，使其进一步发展成电动力学，都源自微积分的发明和实数观念的形成，以及空间的数学化，即点集论作为数学真实的确立。这一切都意味着把线段和相应的基本测量直接等同于实数这一努力的进一步展开。

这样一来，我们终于可以对本编论述的主题（如何建立经验世界和数学世界的拱桥）做出理论概括：对科学真实而言，正是空间和时间的符号表达建立了沟通经验世界和数学世界最初也是最基本的拱圈。现代科学理论只能起源于几何学这一用符号系统把握空间测量的学科。该发现对科学真实的进一步研究意义重大，由此可以推出为什么自然界的基本法则是研究时空的物理学定律，还意味着所有经验上可重复的受控实验及其扩张的符号表达都建立在时空测量这一最基本的拱圈之上。用逻辑语言表达各式各样的受控实验，虽然架起了一座座拱桥，但无法让拱桥互相整合并可以不断扩张。这样一来，要从整体上理解横跨经验真实和数学真实的拱桥的基本结构，必须去研究如何准确地用符号表达空间和时间。

建立拱桥为什么需要复数

当我们深入时间和空间，以及相应现代物理学的符号表达，也就是回到本书第二编一开始叙述的拱桥一步步拓展至今天面貌的历程时，立即发现一个不得不正视的事实，那就是电动力学建立之后，它迅速促使相对论和量子力学的诞生。量子力学最令人注目的是使用复数和相应的方程来刻画对象遵循的法则。例如，薛定谔方程在描述对象中，不仅使用复变函数（以复数作为自变量和因变量的函数），还运用了有复数的偏微分方程。[①]近年来，学者通过受控实验证明：在量子力学中用复数表达自然法则是不可避免的。例如，2021 年《自然》杂志刊登的一

---

① 详见费恩曼、莱顿、桑兹：《费恩曼物理学讲义：新千年版（第 1 卷）》，第 21 章。

篇论文表明建立在实数基础之上的量子理论，都能在实验上被证伪；[1]2022 年《物理评论快报》刊登的一篇论文，利用超高精度超导量子线路实现确定性纠缠交换，以超过 43 个标准差的实验精度证明了实数无法完整描述标准量子力学。[2]

在量子力学之前，描述自然规律只能使用实数，作为自然定律的微分方程必须有物理意义，其被称为数学物理方程。这之所以成为自然科学的金科玉律，是因为自然定律是经验真实，表达它的数学公式必须有经验的真实性。复数只有实部有经验意义，虚数是一个数学符号，没有经验意义。用复变函数和有复数的偏微分方程表达自然定律，这是从欧几里得几何学、牛顿力学直至电动力学从未有过的。为什么在 20 世纪新的物理学理论中，对经验世界的事实及其遵循定律的描述必须使用复数呢？[3]

用复数及其方程表达自然法则能被接受，是出于其神奇的

---

[1] Marc-Olivier Renou, et al., "Quantum Theory Based on Real Numbers can be Experimentally Falsified", *Nature*, Vol. 600, 2021.

[2] Ming-Cheng Chen, et al., "Ruling out Real-valued Standard Formalism of Quantum Theory", *Physical Review Letters*, Vol. 128, Issue 4, 2022. 事实上，这篇文章只是证明了冯·诺依曼提出的一个更为复杂的化约复数的方案。最关键的问题实则是那个化约方案代表了什么。

[3] 杨振宁对此有过一段评论："量子力学是人类历史上一个大革命，发展以后，发现基本物理里头要用到 $i = \sqrt{-1}$。念过高中数学的人，恐怕还记得这个 i。它在量子力学以前也出现过，可是不是基本的，只是一个工具。到了量子力学发展以后，它就不只是个工具，而是一个基本观念了。为什么基础物理学必须用这个抽象的数学观念：虚数 i，现在没有人能解释。"（引自杨振宁：《20 世纪数学与物理的分与合》，《环球科学》2008 年 10 月。）

功能。虽然复变函数表达的场方程似乎没有经验意义，但是它推出的结果和经验真实高度吻合，并具有惊人的预见性。正是基于这些方程的解，元素周期表得到科学解释，一个又一个理论预见的基本粒子被新的受控实验实证。这一切导致"数学主义"兴起。科学界普遍认同数学真实即使没有经验意义，也可以表达自然规律，甚至有人主张数学真实就是物理真实。[1]然而，这和科学的经验本质背道而驰。那么，用复数表达自然规律背后真正的含义又是什么呢？

其实，只要回到连续量测量之研究，即用具有双重结构的符号系统表达经验（受控实验测量的结果），为什么必须用复数的疑难就迎刃而解。前文我已经证明：实数是具有双重结构的符号系统，其经验结构对应测量值，符号结构对应测量这一受控实验的普遍可重复。用实数表达连续量之测量成为一条贯穿经验世界和数学世界的拱圈，在其之上可以架起沟通两个世界的拱桥的上盖，使两者的互动导致科学真实的扩张。现在，我要问：当实数公理化结构被发现后，只有实数具有成为拱圈的功能吗？当然不是！

复数作为实数的自洽扩大，描述实数所有的公理都可以扩大到复数的实部和虚部。这样，复数也是一个具有双重结构的符号系统，即复数本身代表受控实验普遍可重复要求的符号真实性，而复数的实部代表经验真实的结构。也就是说，当用具有双重结构的符号系统表达测量这一普遍可重复的受控实验时，

---

① 详见导论。

既可以用实数，也可以选择用复数（见图 2-6）。在某种意义上，用复数表达时空测量结果是比用实数对应测量结果更为有效的拱圈。

图 2-6　实数和复数的双重结构

为什么？从原则上讲，上述两种方法在表达测量的普遍可重复性与其测量值方面，是等价的，但两种表达存在着微妙的差别。在实数表达中，双重结构符号系统中经验结构和纯符号结构是合一的，而在复数表达中，双重结构的符号系统表达经验结构的只是数的实部，它和表达受控实验普遍可重复的纯符号结构（复数）不完全重合。我们可以明确将双重结构符号系统的两个不同指向区别开来。正因如此，用复数表达测量这一独特的受控实验具有实数不可能有的两个特点。

第一，当用实数的双重结构表达受控实验及其测量结果时，经验结构和纯符号真实性结构是合一的。如果计算的每一步都有经验意义，则把运算对应到受控实验时，每一个实数也必须有经验意义。这是一种很强的限制，好处是我们可以通过计算显示一种测量如何从经验上转化为另一种测量，但这一限制对更为深入地讨论受控实验之间的关系构成了障碍。两个受控实验整体上互相关联，并不要求两者之间存在着一系列受控实验以保证从一个过渡到另一个。也就是说，两个受控实验互相关联，只需要看其对应的实数可通过运算得到另一个实数，并不一定要求运算过程在经验上有对应物。在此意义上，复数集作为一个新的符号系统可以把握受控实验之间更广阔的联系。当两个受控实验之间的联系用数的计算来代表时，计算过程中出现虚数，这意味着并不一定要有经验上的受控过程代表这一联系，亦可以考察两个系统放在一起时是否互相关联。由此可见，一旦使用复数，就可以更为自由地用数的计算来刻画受控实验扩张的过程中，两个受控实验是否互相关联。

第二，用实数这一双重结构符号系统建立横跨经验世界和符号世界的拱桥的拱圈时，符号在表达测量值（经验结构）的同时，也表达了受控实验本身。作为测量的受控实验由测量过程、测量对象和测量值三者组成，测量值只是其一方面而已。实际上，作为测量的受控实验过程必须和测量对象、测量值区别开来，因为三者本来就是不能等同的。有时，为了将三者互相区别，只能利用复数表达测量，利用其双重结构建立横跨经验世界和数学世界的拱桥。那么，在什么前提下科学理论必须将测量过程、测量对象及测量值三者区分开来呢？当各种基本测量不再互相自洽，即基本测量对应的受控实验的控制变量互相排斥时，用测量值代表测量过程和测量对象不再合适。测量过程互相不自洽，①是受控实验不断扩张过程中必定会出现的。

在"经验的真实性和逻辑的真实性"一节，我用了很长篇幅讨论了自然数的戴德金结构，它代表了普遍可重复受控实验

---

① 这种不自洽在量子测量的过程中表现得尤为显著，我会在第三编第一章具体讨论相关话题。

通过组织和自我迭代无限制地扩张。这里，谈到普遍可重复的受控实验的组织，就是把不同的受控实验放在一起形成新的受控实验，或根据两个不同的受控实验设计第三个受控实验。这时，不同的受控实验可以是互相排斥的，互相排斥并不等于它们不能联系起来共同指向新的受控实验，带来受控实验进一步扩张。因此，在全面深入地考察两个受控实验的关系时，必须处理一个问题：如果两个受控实验互相排斥，如何用符号系统表达它们？这时，复数代替实数作为建立拱桥的拱圈迟早要发生。

测量是一种独特而基本的受控实验，当两类受控实验的控制变量互不兼容时，实现一类测量时必定破坏另一类测量。这时，必须把测量过程、测量对象和测量值分别用不同的符号结构表达，但它们又必须同属一个符号系统的双重结构。显而易见，如果仍用实数即测量结果代表测量过程，我们不能区别其是两次同类测量的结果，还是两个互不兼容的测量，而利用复数就不存在两者的混淆。

举个例子。当两种测量互不兼容时，我们如何判断某一对象的测量结果是一个确定的量？这时只能将测量这一受控实验视为对某种对象的作用，然后得到某一测量结果。对象具有确定的测量值可表达为一个算符作用于代表对象之函数时不会改变这个函数的形态，并得到一个实数。我们在实数域中寻找这样的函数和算符，发现不存在相应的表达，而扩大到复数域，就存在着这样的表达，即测量相当于一个算符，测量值是算符作用于复变函数得到的本征值。讲得更形象一点，如果这个算符是对函数求导数，当用实数来表达测量对象时，表达对象的函数只能是指数函数。我们知道，指数函数不能用于表达对象可测量的量的周期性变化。如果用复数表达，它可以是代表波的函数。[1] 也就是说，用了复数后，对象及其测量都可以用符号表达了。这一点我将在"基本测量的整合：科学基础的自洽性"一节讨论量子力学公理时详加分析。

一旦理解了复数这一具有双重结构的符号系统在建立横跨经验世界和数学世界的拱桥中不可取代的位置，现代科学理论从几何学到牛顿力学再到相对论和量子力学，意味着横跨经验世界和数学世界的拱桥的最后建成，而空间和时间准确且完整的符号表达恰好是这一拱桥的基本拱圈。有了这一基础，我们可以再一次从科学走向哲学，并在正确的哲学视野下反思现代科学是什么，追问什么是空间和时间的本质，以及当代世界（包括物理学前沿）碰到的种种问题的哲学根源了。

---

[1] 我可以用著名的欧拉公式来说明这一点。在实变函数中，指数函数和三角函数没有什么关系，但是在复变函数中如下公式成立：$e^{ix} = \cos x + i\sin x$。这一等式为著名的欧拉定理。关于这一定理，《费恩曼物理学讲义：新千年版（第1卷）》指出："我们用纯数学的方法创造了两个新的函数，余弦和正弦，它们属于代数学，而且也仅仅属于代数学。最后，我们终于领悟到这些所发现的函数当然也是几何学的。因此，我们看到在代数和几何之间最终是有联系的。"（费恩曼、莱顿、桑兹：《费恩曼物理学讲义：新千年版（第1卷）》，第230页。）换句话说，欧拉公式没有经验意义，它只有符号本身的真实性，但它架起两类看上去毫无关系的函数（指数函数和三角函数）之间的桥梁。指数函数的导数仍是自己，为微分算符的本征态，而三角函数通常用于表达各种波。欧拉公式指出，在复数领域，两者是一回事。

第三编

空间、时间和虚拟世界

为什么人类生活在时空中？真实性哲学发现，这是源于科学经验真实可以不断扩张！今天时间和空间只是自然科学的研究对象，人们不敢对其进行哲学探讨，这和不理解为什么相对论与量子力学会带来科学革命相关。哲学的缺失导致一个很严重的后果，那就是很少有人去问：为什么存在物理学的基本定律？为什么物理学的基本定律以相对论的时空研究和测不准关系为基础？

本编从揭示时间和空间是什么，以及为什么存在物理学的基本定律出发，发现了探索科学真实的新维度，那就是科学真实中存在着两种虚拟世界：一种是没有真实时空测量的体验式真实经验，其只有在现代科学技术发展到一定阶段才能进入；另一种是探索物理学的基本定律过程中蕴含的虚拟物理学，其中的时空测量只是拟经验的。

哲学想要再次进入人类思想研究的核心，必须通过现代科学的考验。真实性哲学通过了这种考验吗？这需要时间来回答。当然，哲学的目的不是经历考验，而是去整合科学和人文，并在此过程中发现真实性如何向主体呈现。

第一章　为什么存在物理学的基本定律

　　自轴心时代以来，人类就在寻找支配宇宙的基本法则。然而，该法则既非解脱的意志，也不是上帝为自然界立法以及数学，更不是道德律。直到最近我们才知道：自然界最基本的规律乃是测量之间的关系，特别是空间和时间的测量。这再一次证明了科学真实乃受控实验普遍可重复。自然界基本法则的符号表达之所以如此，是因为空间和时间的测量具有奇特的双重结构：一方面它和经验对应，另一方面它又和实数对应。

什么是空间

　　什么是空间？自从欧几里得几何学诞生以来，哲学家就在问这个问题。表面上看，空间是一种客观存在，它是所有位置的总和，并据此可以确定其维数及测度（点集的长度、面积、体积）等。[①]三维空间是经验的，人们在描述空间时，用没有

---

① 历史上有关时间和空间的争论大体可以分为两个阵营。一个是实体主义的，强调时间和空间是客观实在。整个宇宙就是由物质对象和时间、空间组成的。另一个是关系主义的，强调整个世界都是由物质对象及其时空关系构成的。前者的代表人物之一是牛顿，后者的代表人物之一则是莱布尼茨。（详见 Barry Dainton, *Time and Space, Second Edition,* Acumen, 2010。）

大小的"点"表示位置，用没有宽度的"线"表示点和点之间的距离（定义线的长度并确定两点之间的最短线），并把空间维度扩张到三维以外甚至无穷，等等。为什么这些非经验的抽象（实际上是将其和数学符号对应）被认为是理所当然的？

我在《消失的真实》第一编中指出，因为空间和时间太重要了，康德一直想从先验观念，即感性和知性先验联系的形态来说明何为空间和时间。但是，康德对空间和时间的认识并不正确。[①] 什么是正确的呢？我认为，空间必须用位置测量的普遍可重复性来定义。有人可能不同意我的看法，认为用测量来确定位置，需要用尺，而尺是根据两个确定位置（点）之间的最短距离制定的。如果空间位置不是客观存在，[②] 那么我们如何制造尺呢？表面上看，上述分析很严密，其实它忽略了一个基本问题，那就是我们如何知晓空间位置的真实性，即如何确定空间每一个点（位置）是真实的存在。事实上，只有通过一个受控实验，如用尺进行测量（或用其他方法测量），当该受控实验普遍可重复时，我们才能确定某一个空间位置是真的。这里，确定位置和制造尺来测量互为前提，它们同为一个整体不可分割的组成部分。这一整体就是作为受控实验的测量。

---

① 金观涛：《消失的真实》，第 101—127 页。

② 这种观念的代表是牛顿的绝对空间观。牛顿提出："绝对的空间，它自己的本性与任何外在的东西无关，总保持相似且不动，相对的空间是这个绝对的空间的度量或者任意可动的尺度，它由我们的感觉通过它自身相对于物体的位置而确定，且被常人用来代替不动的空间：如地下的空间的、空气的或天空的空间的尺度由它们自身相对于地球的位置而确定。"（详见牛顿：《自然哲学的数学原理》，第 7 页。）

用位置测量的普遍可重复性代替位置的客观性，必须准确定义何为位置测量。我在"测量可以等同于数'数'吗"一节曾这样描述测量："测量是由如下三个环节组成的：一是选择（或制造）测量的单位（比如尺子）；二是发现需要被测量的对象（比如线段）；三是测量方法和过程，它规定主体如何用测量单位去数被测量对象。其中第一个环节正好对应受控实验可控制变量 C，第二个环节是主体感知到已经存在的经验对象 O（获得对象的信息），而第三个环节对应受控实验中的 L，其意义是经验对象 O 转化为控制变量 C 和通道 L 一起规定的 Y。也就是说，对象 O 本是主体可感知的，它对应着一个受控观察，主体实行控制（测量）的结果是使对象 O 转化为（或在某种意义上等同于）相应受控实验中的可控制变量 Y。Y 是由测量单位和一个由数'数'组成的受控过程规定的。由此可见，测量可以严格地用受控观察和受控实验的基本结构加以定义。"把上述测量用于确定位置，就能准确地定义空间位置的测量。因为在测量的定义中涉及尺，尺是不同位置之间最短的距离，故空间中任何一个位置的真实性都和其他位置有关。

我们必须注意：上述定义中涉及不同的受控实验。测量首先要确定测量对象为真，为此至少存在着一个普遍可重复的受控观察。在某些情况下，确定被观察对象的存在需要一个普遍可重复的受控实验。测量作为用测量单位（尺）去数对象、把对象转化为测量结果，这是和第一个受控实验不同的另一个受控实验。上述两个受控实验（其中一个可以是受控观察）的普遍可重复保证测量对象转化为测量结果的真实性，这意味着空间的真实性，实际上是一种颇为独特的用普遍可重复受控实验和受控观察加以定义的经验真实，它是科学真实的一部分。

一旦我们用测量的普遍可重复定义空间，就立即进入空间研究的本质。首先，经验上可行的测量必定涉及几个受控实验，故任何测量（空间和时间测量，以及由它们规定的其他测量）必须考虑不同受控实验的关系，即它们是否互相冲突，这一点我在后文详加讨论。更重要的是，受控实验把可观察变量 O 转化为可控制变量 Y，并用测量单位来数 Y，只有 Y 和实数集之间建立一一对应，测量结果才可以完整准确地用符号表达。通常，受控实验及其结果都可以用逻辑语言完整地表达；空间测量稍有不同。当 Y 没有和实数建立一一对应时，测量这一受控实验因其普遍可重复，Y 虽然是真的，也可以用逻辑语言表达，但还不是一个完整且准确的符号表达。我在"建立拱桥为什么需要复数"一节讨论了用实数和复数这两个具有双重结构的符号系统如何准确地表达测量，作为测量结果的一定是一个实数。因此，只有发现实数的符号结构，空间真实才得到完整且准确的符号表达。

空间测量和测量的符号表达紧密相连，由此可以得出两个结论。第一，实数的纯数学研究和空间测量的经验密不可分。对经验真实的探索和纯符号结构的研究向来泾渭分明，在空间研究中却不是如此。虽然空间是用经验测量来定义的，但必须用符号完整准确地表达它之后，才能进行相关的理论研究。这决定了空间探索必须依靠经验真实研究和数学真实研究的紧密结合。例如分形几何本属于纯数学，但它是空间经验研究的基础。实数中的"点""开集合""闭集合""邻域"是数学真实，拓扑学、非欧几何和代数几何学的定理是符号世界，但都可以用于经验世界。线段长度测量本身在转化为数学定义时符号化了，但它是一种在经验上可行的受控实验。[①] 虽然符号系统的经验结构转化为经验上的受控实验之测量结果时，还要加上种种条件，但其毕竟可成为人类经验真实的一部分。正因如此，拓扑学、非欧几何和代数几何学等深奥的纯数学研究可以揭示经验世界奇妙的物理学定律。

第二，实数集的数学结构来自空间测量，而一切测量都是建立测量值到实数或其子集的映像。这意味着空间测量是一切测量的基础。正是它奠定了科学真实中的其他基本测量。换言之，如果说空间测量是由（连续量之）数"数"直接规定的第一个"基本测量"，那么该基本测量进一步延伸就是时间测

---

① 将其结果表达为符号结构，就是一组数学公理。例如在数学上定义"度量空间"。令 X 是一些"点"的集合。设给定了两个这样的点，例如 x 和 y，而且我们有方法指定一个实数 d（x，y），我们愿意以之为这两点的距离。下面三个性质就是我们非常希望距离的概念所具有的：（P_1）d（x，y）≥0，而且当且仅当 x=y 时等号成立；（P_2）对于任意两点 x 和 y，d（x，y）=d（y，x）；（P_3）对于任意三点 x、y 和 z，d（x，y）+d（y，z）≥d（x，z）。这三个性质的第一个说明两点的距离一定是正的，除非这两点重合，此时距离就是 0。第二个说明距离是一个对称的概念：从 x 到 y 的距离和从 y 到 x 的距离是一样的。第三个被称为三角不等式：如果把 x、y 和 z 想象为一个三角形的顶点，则任意一边的长度不会超过另两边的长度之和。对于集合 X 的一对点（x，y）定义的函数 d（x，y），如果满足条件（P_1）到（P_3），就称之为 X 上的一个度量。这时，X 加上 d 就叫作一个度量空间。（详见高尔斯主编：《普林斯顿数学指南（第 1 卷）》，齐民友译，科学出版社 2014 年版，第 388—389 页。）

量。它帮助我们理解时间的本质。

什么是时间

　　什么是时间？这是哲学研究中最难的问题之一。每一个主体都可以感受到时间在流逝，[①] 在康德哲学中时间作为先验知觉比空间更具说服力。如果以受控实验的普遍可重复为真作为哲学研究的起点，那么时间是什么呢？时间的存在似乎是可以一次又一次做受控实验的前提，而我更倾向于把人可以做一次又一次的受控实验看作主体的自由，而不是时间本身。

　　时间和空间最大的不同，乃是其对应着从过去到现在再到未来不可逆的箭头。未来是不确定的，从现在走向未来意味着不确定的状态变成确定的。正因为我们可以用受控实验的普遍可重复推测随机事件是真的，随机事件之发生证明不确定性转化为确定性也是真实的。[②] 这表明时间的流逝绝不是幻觉，否则不会存在随机事件。虽然时间和空间根本不同，但时间必须依靠空间测量来表达自己。为什么？只有当测量结果普遍可重复时，才意味着时间流逝的"量"是真实存在的。根据前面对

[①]　时间研究的最大困难之一在于，我们对于颜色、形状、声音等的认知，都可以明确知道动用了哪些感官，如嗅觉、味觉或视觉。那么我们是如何察觉到时间的流逝的呢？或者说，人体的哪些感官帮助我们探知经验世界中时间的流逝呢？这构成了历史上有关时间研究重要的问题出发点。（参见 Robin Le Poidevin, "The Experience and Perception of Time", *Stanford Encyclopedia of Philosophy,* https://plato.stanford.edu/archives/sum2019/entries/time-experience/。）

[②]　详见"随机事件的符号表达及其真实性"一节。

测量的定义，测量对象为真（即存在着），是能进行测量的前提，而时间间隔作为将来和现在之间的时间差，当将来不确定（不一定是真实存在）时，测量将无法进行。[①] 这样，为了测量时间，必须对其进行限制并简化。我们惊奇地发现，这种简化是可能的，因为只要忽略时间箭头指向的不确定性，时间测量就可以归结为某种特定的空间测量。[②]

---

① 类似的情况也存在于过去与现在之间，但有所不同。例如有不少学者指出，我们对时间流逝的感知有时是通过观察日月交替来实现的。我们先是观察到太阳，然后发现太阳落下之后，月亮升起。这就出现一个问题，即当我们观察到月亮的时候，就意味着对太阳观察的停止，对太阳的观察就成了某种记忆中的信息。当我们试图从现状（夜晚）出发去复盘过去（白天）的任何状态时，必须确认保存下来的太阳观察信息是普遍可重复的（即信息的可靠性）。然而，如何去重复观察一个在时间序列上已经彻底"逝去"的太阳呢？（相关讨论可以参考 Robin Le Poidevin, "The Experience and Perception of Time"；肖恩·卡罗尔：《从永恒到此刻——追寻时间的终极奥秘》，舍其译，湖南科学技术出版社 2021 年版，第七章。）我认为：问题的关键是如何知晓过去是真实的。我在第一编第三章指出：随机事件为真是因为其结果可以用一个普遍可重复的受控观察来证明。这一原则是否适用于判断过去的真实性呢？如果成立，这意味着我们对什么是过去的认识将发生革命性的变化。

② 我要强调的是，只有忽略随机过程的展开，时间才能用空间测量来表达自己。这样一来，作为科学真实的时间研究被分成两个不同的方面：一是用统计法则来表示时间的箭头；二是通过空间测量来代表时间，这时，时间似乎是可逆的。时间的真实性研究必须包含上述两个方面，才是正确的。迄今为止，这两种研究尚未统一起来。虽然如此，但时间的这两个方面绝不是互相矛盾的，"时间晶体"的存在证明了这一点。关于"时间晶体"，物理学家文小刚做过通俗易懂的介绍：设想平滑空间中有一团原子，当我们降低其温度的时候，这些原子会排列成一个规则的点阵。这个规则的点阵就是我们所熟知的晶体。这种空间上重复结构的自发产生，被称为空间平移自发对称性破缺——连续的空间平移对称性被降低为离散的点阵平 （下接第 280 页脚注）

在什么前提下，时间测量可以转化为空间测量？那就是运动的存在。因为物体从空间的某一位置运动到另一位置，一定对应着某一个时间间隔。因此，立足于空间测量和运动测量的普遍可重复，一定可以确认时间间隔测量的普遍可重复。事实上，时间测量值就是由"长度测量"和"速度测量"来定义的。正因如此，和空间一样，作为科学真实的时间间隔是经验的，其完全准确的符号表达必须用实数。当时间可以测量时，它也具有实数这一用双重结构的符号系统表达之测量所具有的种种性质。

正如空间间隔的测量可简化为用某一长度作为尺，数这一间隔等于多少个尺的长度一样，我们可以用均匀的周期性运动（如匀速圆周运动、单摆摆动或光信号在两面距离固定的镜子间来回反射）作为一个时间测量单位，用它去数另一时间间隔包含了多少个匀速周期性运动（测量单位）。这里，"时间测量

（上接第 279 页脚注）移对称性。那么是不是也有可能自发产生时间上的重复结构？这种时间上重复结构的自发产生（自发时间平移对称性破缺）被称为时间晶体。一个钟摆的周期运动，就是时间上重复结构的自发产生，在这个意义上也可以被叫作时间晶体。每个计算机、手机中都有一个电子振荡器，也自发产生时间上的重复结构。这一重复结构的重复率，就是我们所熟知的中央处理器的频率。这些时间上重复结构可以非常稳定，这就是为什么电子表非常准（电子表内也有一个电子振荡器）。所以，自发时间平移对称性破缺不是一个新发现，它就是我们所熟知的钟表。然而，上面讲的"时间晶体"都有一个共性：它们运行时都发热。最新发现的时间晶体在运行时不发热，可以通俗地说是一个"不发热的钟表"。（参见文小刚：《主编点评》，载知识分子，http://zhishifenzi.com/news/view/3648?category=。）我认为：时间晶体之所以对研究时间十分重要，是因为也许其可以把随机过程和用确定性过程测量时间结合起来，尽管现在还没有做到这一点。

单位"和空间测量中的"尺"等价，时间间隔和运动物体必须通过的空间间隔（距离）等价。显而易见，在上述时间测量的受控实验中，和长度测量类似，可将该匀速周期运动经过的途径（长度）分成 n 等份，每一份代表时间单位的 1/n。换言之，用尺测量线段的方法加上匀速运动（即不变速度之运动）就可以测量时间间隔。时间长度和空间一样可以表达为实数轴，和空间不同的只是该数轴具有不可逆转的单向性。

根据上面的分析，时间测量和空间测量有一个明显差别，那就是为了用空间测量表达时间，必须先知晓运动速度。什么是速度？速度是对象运动中通过的空间长度除以流逝的时间间隔。不定义时间间隔，无法定义速度；不知道速度，又无法定义时间测量单位。这里，存在着循环定义。为了打破循环，使时间测量成为可能，必须寻找匀速运动，用它通过某一固定长度的时间作为时间测量单位。我要强调的是，如果找不到匀速运动，我们就不能测量时间，或者说，测量得到的时间间隔不是真的。那么，我们又如何知道某一种运动的速度是不变且均匀的呢？这只能借助于物理学定律，或将该运动的速度与其他对象运动速度进行比较的受控实验。①

正因如此，在人类把握时空的历史中，先认识的是空

---

① 在人类历史的很长时间中，时间测量的符号结构和经验结构都是分离的。前者表现为各式各样的日历（或历书），它通过一套年、月、日的符号系统来表达时间；后者的代表则是时钟，通过指针的周期性运动来测量时间的流逝。（Edward Graham Richards, *Mapping Time: The Calendar and Its History*, Oxford University Press, 1998, pp.3-5.）只有当时间测量中经验和符号结构紧密结合起来之后，时间测量才能真正具有双重真实性结构。

间。欧几里得几何学中没有定义时间。一直要等到牛顿力学出现，时间测量的前提才初步具备。事实上，把握时间始终是和如何界定匀速运动联系在一起的。一开始人们是把地球自转（星空转动）、地球绕太阳或月球绕地球的圆周运动视为匀速的。这也是为何人们最初用天文观察来规定测量时间的单位，如"年"、"月"和"天"，将"一天"等分得到"小时"，再将"小时"等分得到"分""秒"等。那么我们如何知道天体圆周运动是匀速的呢？其实，天体并不在做匀速圆周运动。只有牛顿三定律通过受控实验被发现后，才算出简谐振动的时间间隔是固定不变的。简谐振动是基本也是最简单的一种机械振动。当某物体进行简谐振动时，物体所受的力（或物体的加速度）的大小与位移的大小成正比，并且力（或物体的加速度）总是指向平衡位置。单摆运动十分近似于简谐振动。众所周知，正是在牛顿力学的确立过程中，单摆被发现，时间才成为和空间并列的基本测量。

直到今天，测量时间间隔普遍运用的方法，就是利用单摆运动。单摆运动的周期由摆长 L 和重力加速度 g 规定，可以从数学上证明：当 L 和 g 不变时，单摆运动周期规定的时间间隔相等，可以用其作为测量时间的单位。[①] 该数学证明基于

[①] 1656 年，荷兰物理学家克里斯·惠更斯发明了单摆时钟。自此之后，每日时间测量的准确性得以控制在一分钟以内。简谐振动也成为各种现代时钟的核心工作原理。（关于时钟的发展历史，参见 David S. Landes, *Revolution in Time: Clocks and the Making of the Modern World,* Harvard University Press, 1983。）

牛顿三定律和万有引力公式。我在前文指出，牛顿三定律可以用普遍可重复的受控实验证明，而万有引力公式只是一个基于受控观察的假说。这样，基于单摆原理的时钟只是近似的测量时间之单位，在牛顿力学中找不到一种受控实验证明的不变而均匀的运动速度来测量时间。

由此可见，牛顿力学虽然常被当作现代科学建立的开始，但没有把时间测量真正建立在普遍可重复的受控实验上。严格说来，实数的点集分析不适用于牛顿力学的时间。更重要的是，因为时间测量没有坚实的真实性基础，牛顿力学的其他基本测量，如速度、加速度、力和质量都不是完全建立在普遍可重复的受控实验之上的。在此意义上，牛顿力学并没有发现物理世界的普遍定律。19 世纪末，光速不变由普遍可重复的受控实验证明，空间测量的受控过程才真正延伸到时间测量。这时，时间如同空间一样，可以由实数这一双重结构的符号系统来把握，时间和空间测量成为横跨经验世界和数学世界拱桥的基本拱圈。从此以后，基于空间测量和时间测量，其他一系列基本测量，如速度、加速度、力、质量和能量才得到准确定义。这时，各种基本测量是否互相自洽就成为受控实验不能回避的问题。只有发现不同对象的测量对应的受控实验是兼容的，各种基本测量才一起完整地架起了经验世界和数学世界的拱桥。这就是 20 世纪初相对论和量子力学对牛顿力学的取代。

基本测量之一：光速不变

一谈到时间测量，人们就会想起相对论带来了时空观的革命。其实，相对论的基础出奇的简单，那就是人类终于找到了一种均匀而不变的运动速度。19 世纪末至 20 世纪初的一系列受控实验发现，真空中光传播的速度不仅和信号源以及光的接受者相对于光源的运动速度无关，而且是信号传递速度之极限。我认为，发现真空光速不变是人类有史以来最伟大的受控实验。为什么？因为从此以后时间测量和空间测量一样，成为横跨经验世界和数学世界拱桥的拱圈。立足于基本测量之间关系的物理学基本定律得以确立。

如前所述，如果主体找不到一种均匀而不变的速度，空间测量就不可能延伸到时间测量。确定某一运动速度是均匀不变的，通常需要物理学理论，即我们必须事先知道物理学理论是对的。真空光速测量的最奇妙之处在于，人类找到了一种不需要物理学理论为前提的受控实验，它可以证明真空中光速的不变性，从而使物理学理论第一次完全建立在普遍可重复的受控实验之上。道理很简单，光是电磁波，当电磁波速度不同时，它们会发生干涉。这样一来，就可以设计一系列准确的受控实验，比较光源运动或光接受者对光源有各种运动时，测到的光速是否变化。所有真空光速实验的结果都证明真空中光速是恒定的。为什么真空中光速不变？为什么光速是信号传递的最大速度？这些问题是不需要回答的，因为科学真实的最终标准是受控实验普遍可重复，真空光速不变及它是信号传递的最大速度，正是一系列普遍可重复受控实验反复证明的。[①] 知晓真空光速不变后，时间测量终于和空间测量一样，建立在受控实验之上。从此以后，正确的时空观得以建立，[②] 也就是相对论对牛顿力学的取代。

---

① 相反，无穷大并不是经验的，无穷大的信号传播速度很难用受控实验证明。此外，过去一直有科学家试图用实验证明存在超越光速的粒子运动，但都以失败告终。2011 年 9 月，欧洲 OPERA 实验项目对外宣称，他们已经发现了一种中微子的运动速度要超越光速，其实验装置接收到了来自 730 千米外位于日内瓦的欧洲核子研究中心发出的中微子，而中微子穿越这段距离的时间比光速快 60 纳秒（1 纳秒等于十亿分之一秒）。中微子是一种不带电的基本粒子，该粒子具有最强的穿透力。这一发现在科学界引起轩然大波，但最后证明：OPERA 实验项目的发现是错误的，原因是电缆接触不良和实验主时钟的计时错误。为此，项目负责人达里奥·奥泰里奥和发言人安东尼奥·伊雷迪塔托只能辞去职务。（参见 Eugenie Samuel Reich, "Embattled Neutrino Project Leaders Step Down", *Nature,* https://www.nature.com/articles/nature.2012.10371。）

② 需要说明的是，尽管正确的时空观已经在量子力学中得到确立，但由于时间的真实性结构长期没能在哲学层面得到澄清，自牛顿力学以来，一直存在物理学将"时间"从自身驱逐出去的趋势，并且在今天愈演愈烈。美国物理学家李·斯莫林指出，牛顿力学将随时间进行的因果过程置换为不随时间进行的逻辑过程。之后，爱因斯坦的相对论认为真实的宇宙不随时间变化，时间不过是宇宙披上的一层假象。近 30 年，甚至有物理学家主张"时间的终结"。1999 年，英国物理学家朱利安·巴伯提出，世上最根本的真实存在，是一大群冻结了的瞬间。每一个瞬间呈现了宇宙的一个位形，每一个位形都是真实存在的，它将以瞬间的形式被任何生活在这一位形中的生物感知。巴伯将这些瞬间的集合称作"瞬间堆"。瞬间堆中的瞬间并没有谁先谁后，它们简简单单，没有任何秩序。在他看来，我们能感知的只可能是瞬间，只是我们人生中的快照。时间的流逝只是个错觉。错觉产生的原因在于，第二次快照时你总留有第一个瞬间的记忆，可记忆并非对时间流逝的感知（巴伯认为时间从不流逝）。（详见李·斯莫林：《时间重生——从物理学危机到宇宙的未来》，钟益鸣译，浙江人民出版社 2017 年版，第 1—94 页。）

我要强调的是，时间测量是找到一种匀速运动并将其和空间（线段长度）测量结合。因为光在真空中的传播为匀速运动，光信号通过某一固定空间间隔就是时间流逝的间隔，它就是时间测量的单位。也就是说，我们可以从真空光速不变这一受控实验的普遍可重复性，推出空间测量如何规定时间测量。在此意义上，时间间隔（时间流逝的快慢）这一在思辨哲学中最神秘的观念祛魅了。因为时间间隔可以从空间测量加上真空中光速不变导出，时间和空间测量一起规定了包括速度、加速度、质量和能量在内的所有基本测量，它们之间的关系就是物理学的基本定律。例如，通过时间和空间测量，可以证明静止测量者测量到的时间间隔和相对于他以 v 速度运动的测量者测量到的时间间隔不同，即度量时间的基本单位（钟的快慢）随测量者的运动速度而变化。为什么？因为光通过的某一空间固定间隔对运动者和静止者距离是不同的。在 1916 年出版的《狭义与广义相对论浅说》中，爱因斯坦曾以行驶中的火车为例说明这一点，[①] 概述如下：

在行驶中的火车车厢顶部和底部各放一面镜子，实验者发送一个光信号到车厢顶部，让镜子把光反射到车箱底部。光一上一下通过的空间距离代表了火车上测到的两个时间间隔，因火车上的测量者感觉不到自己处于运动状态，该时间间隔就是静止者测到的时间间隔，令其为 t。相应的空间间隔是光速 c

---

① 阿尔伯特·爱因斯坦：《狭义与广义相对论浅说》，张卜天译，商务印书馆 2013 年版，第 10—17 页。本书对该实验的内容细节做了一些调整，以便读者理解。

乘以时间 t，即它是 ct。现在转换到运动者测量到的时间间隔，所谓同一空间间隔从静止者到运动者的转化，是指一个地面测量者如何看待火车车厢中从底部发射的光到顶部再反射到底部的过程。对测量者而言，这是光沿着两个直角三角形的斜边的传播（见图 3-1）。

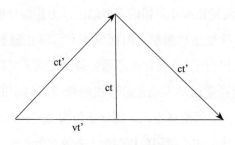

图 3-1　如何测量时间

　　该间隔长度肯定比直角三角形的高（在静止时，从火车底部发射的光到达顶部的间隔）要长，长多少就是静止者认为运动者测到时间比自己慢了多少。相应间隔长度很容易算出来。令光速为 c，运动者的时间间隔为 t'，这样斜边长为 ct'。对地面测量者而言火车运动速度为 v，则另一条直角边长是 vt'；根据直角三角形斜边的平方等于另两边平方之和的关系，得到如下等式：

$$ct' \times ct' = ct \times ct + vt' \times vt'。$$

　　只要对上述等式做处理，立即得到 t' 和 t 的关系：

$$t' = \frac{t}{\sqrt{1 - \dfrac{v^2}{c^2}}}$$

上式中，t 为静止测量者的时间，t' 是对地面测量者而言以 v 做匀速运动测量者的时间。t' 大于 t，这就是相对论中运动者的时间流逝比静止者慢的著名结论。上述推导可能会让人感到困惑，我把运动测量者时间定为 t'，静止测量者时间定为 t，求 t' 和 t 的关系是什么意思？请回忆前文对时间的定义，这是用匀速周期运动（或光信号在两面距离固定的镜子间来回反射）作为时间测量单位，用该单位去数另一时间间隔。t' 的意义正是静止测量者用单位时间 t 来数对他而言光在运动着的两面镜子之间的反射，即静止者测量到的运动者的时间间隔。换言之，t' 是火车车厢中用光从车厢底到车厢顶得到的时间间隔。对静止者而言，作为运动者的光通过同样两面镜子，走过的距离是直角三角形的斜边，它比车厢高度长。显而易见，在真空光速恒定的前提下，某一时间间隔对应的光通过空间长度对另一个时间测量者越大，其钟越慢。也就是说，在静止测量者看来，相对于他以速度 v 做匀速运动者的时间流逝变慢了。时间流逝本来只是主体的感觉，一旦转化为测量，它就是可以比较的，并通过比较获得公共性和真实性。

再考虑静止测量者如何测量以速度 v 运动着的线段长度。前文我明确定义了空间两点距离之测量，这一受控实验和时间测量没有关系。但要测量运动中的线段长度时，受控实验就和时间测量有关了。为什么？首先要找到和运动线段长度相等的静止线段，然后才能通过测量相应静止线段的长度知晓运动线段的长度。如何知晓运动线段的长度和某一静止线段是相等的？唯一的方法是运动线段在和静止线段一端吻合的"同时"，其线段另一端和静止线段另一端亦吻合。这里，前提是同时。什么是"同时"？表面上，同时是主体的感觉，其实它必须用受控实验来定义。任何一起经验上真实的事件一定发生在时空中，所谓两起事件是同时的，指的是主体对这两起事件的时间测量得到相等的值。在同一地点，同时的定义很清楚。对不同地点，测量者测量两起事件得到的时间相同，必须考虑光信号的传播。对静止测量者，运动线段的两端分别和静止线段两端吻合，是不同地点发生的两起事件，它们同时的前提是静止测量者离这两起事件发生地点的距离相等时，他测量两起事件的光信号到达他所处位置的时间间隔相等。显而易见，静止测量者认为不同地点同时的两起事件，对于以速度 v 运动着的测量者是不同时的。由于同时性随测量者不同而有别，静止测量者认为尺的两端对应着运动线段两个端点是同时的，但在他看来，运动的测量者不认为它们是同时的，而是一前一后。这样一来，在静止的测量者看来，运动者的尺变短了。

此外，还可以根据光速不变推出其他结论。如某一质量被加速到 v 速度时，它比静止时要大。为什么？因为光速 c 是用力推动某一质量使其速度不断增加时的极限速度。当力不变时，被推动的质量 m 必定随速度加快而增大，当速度接近光速时，质量会趋于无穷。否则，被推动的质量速度会超过光速。也就是说，其质量的增加和给予（推动）它的能量成正比，或者说，

推动之能量转化为质量。由此可从数学上推出：E= mc²。 [①]

　　根据光速不变原理，还可推知一个做加速运动的观察者测量到的时空会发生形变。什么是时空形变？形变即其不均匀。时空形变是指对某一个测量者而言，不同的时空位置中尺的长度和钟的快慢不再一样。前面我们指出，相对于静止测量者而言，以速度 v 做匀速运动的测量者的钟变慢、尺变短了。但运动坐标系的时空并没有形变，因为各点上尺的长度和钟测量时间的单位是相同的。但在一个做加速运动的坐标系中，顺着加速度方向不同空间位置的时钟变快了。也就是说，时空发生了形变。[②]

基本测量之二：等效原理

　　《费恩曼物理学讲义：新千年版（第 1 卷）》对加速运动的坐标系中为何会发生时空形变做过十分简明的解释："如果把一只钟放在火箭飞船的'前面'——即'前端'——把另一只完全相同的钟放在'尾部'……把这两只钟分别称为 A 和 B。如果在飞船加速时比较这两只钟，则位于前面的钟比位于尾部的钟跑得快些。为搞清楚这一点，设想前面的钟每秒发一次闪光，而坐在船尾的你将到达的光信号与钟 B 的指针进行比较……第一次闪光传播的距离为 L_1，第二次闪光传播的距离

---

① 更多讨论可参见阿尔伯特·爱因斯坦：《狭义与广义相对论浅说》，第 27—31 页。

② 这属于广义相对论的内容，详见"基本测量之二：等效原理"一节。

较短为 L_2。后者距离之所以较短是因为飞船正在加速，因而在发出第二次闪光的时刻它已经具有了较大的速率。于是你可以明白，如果从钟 A 发出的两次闪光的间隔为 1 秒，则它们到达钟 B 的间隔要比 1 秒稍微短一点，因为第二次闪光在路上并不要耗费像第一次闪光那么多时间。对所有以后发出的闪光来说，也会发生同样的情况。所以要是你坐在船尾，就会得出结论：钟 A 比钟 B 跑得快。"[①]

接着，费恩曼通过说明测量者不能区别自己在做加速运动，还是处在引力场中，证明引力场中时空必定发生形变。[②]事实上，只要理解时间就是光通过某一空间的间隔，证明加速运动的坐标系中时空形变一点也不困难。相对论最美妙的结论是引力场导致时空形变，其理由是主体不能区别自己是处于加速运动坐标系中，还是处在引力场中。基于加速度和引力场的等同性，一旦知晓加速坐标系顺着加速方向的各个位置钟变快，立即得到相应的引力场中，顺着引力方向的不同空间位置的钟变慢的结论。

让我们来考虑"爱因斯坦的电梯"这一思想实验[③]（见图3-2）：一部电梯在引力场中做自由落体运动，即其加速度为g。电梯中的观察者从电梯一侧（O 点）发出一光信号，它在 t 秒后到达电梯另一侧。因为在自由下落的电梯中完全不存在引

① 费恩曼、莱顿、桑兹：《费恩曼物理学讲义：新千年版（第 1 卷）》，第 588 页。
② 费恩曼、莱顿、桑兹：《费恩曼物理学讲义：新千年版（第 1 卷）》，第 589—591 页。
③ 这一思想实验最早是爱因斯坦在 1907 年提出的。（参见沃尔特·艾萨克森：《爱因斯坦传》，张卜天译，湖南科学技术出版社 2012 年版，第 169—170 页。）

力场，t 代表了在没有引力场的前提下时间流逝。对于引力场中的观察者，电梯在做加速运动。由一侧发出的光信号不是沿水平的直线到达电梯另一侧，而是沿着抛物线到达电梯另一侧。光走抛物线的时间为 t'，因光速不变，抛物线比直线长，故 t'大于 t。显而易见，电梯下落速度越快（即沿引力场方向位置越靠下），抛物线越弯，长度越长。由此可以，顺着引力场方向，各个点测出的时间间隔（即电梯中光从一侧到另一侧的时间）是不同的。也就是说，加速度下坠的电梯中时间流逝是不均匀的。

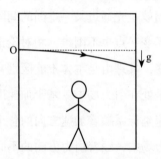

图 3-2　作为自由落体的电梯

　　爱因斯坦把主体不能区别自己是处于加速运动坐标系中还是处在引力场中称为"等效原理"。等效原理的准确说法是引力质量和惯性质量相等。惯性质量由牛顿第二定律给出，其是力和加速度之比，而引力质量是万有引力和重力加速度之比。根据单摆运动方程可知，如果引力质量和惯性质量不相等，不同材料做的单摆周期将有微小差别。早在牛顿力学建立之初，物理学家就知晓：单摆周期只与摆长有关，而与摆锤的质量和材料无关。也就是说，引力质量和惯性质量似乎是相同的。为了确证这一点，匈牙利物理学家洛兰·厄缶设计了一个实验：在一个扭秤横杆（在横杆的中点用一根扭丝将其悬挂起来）的两端挂上不同材料的物体，对这两个物体受力情况的分析可知，它们受到指向地心的引力和地球自转产生的惯性力，如果引力质量与惯性质量不等，那么这两个力的水平分量会形成一个力矩而使横杆水平转动，最后被悬丝的反方向力矩平衡。在横杆的取向转动 180 度因而两个不同材料的物体互换位置后，引力和惯性力的水平分量所形成的力矩就会改变，使扭秤相对于支架偏转一个角度。厄缶在用不同材料反复进行的观测中在 5×10^{-9} 的相对精度内没有出现这种偏转。1964 年罗伯特·迪克等人、1972 年苏联物理学家弗拉基米尔·布拉金斯基和弗拉基米尔·潘诺夫分别使用类似的装置和改进的技术重复了这种实验，在 5×10^{-11} 和 5×10^{-12} 的精度上仍未观测到等效原理的破坏（这两个实验与厄缶的差别在于观测的是物体相对于太阳而不是相对于地球的引力加速度），这是迄今为止公认的精度最高的等效原理实验。1994 年进行的类似实验其精度没有大的改善，仍只有 5×10^{-12} 的量级。[1] 也就是说，和真空光速不变一样，等效原理是另一个被普遍可重复受控实验证明的基本事实。[2]

---

[1] 张元仲：《等效原理的实验检验》，《物理教学》2002 年第 2 期。

[2] 等效原理有两个不同程度的表达，即弱等效原理和强等效原理。前者主要集中在力学实验，最早可见于伽利略、牛顿等人的学说中；后者则涉及任何物理学法则，是爱因斯坦的主要贡献。

在爱因斯坦将等效原理作为广义相对论的基础之前，人们一直把引力质量与惯性质量的相等当成偶然事件。爱因斯坦则用这一普遍可重复受控实验的结果代替牛顿万有引力的假说，证明万有引力只是时空畸变。[①] 为什么任何两个有质量的物体之间存在着引力？为什么引力是"万有"的？牛顿并没有给出答案。[②] 根据相对论，只要光速不变和等效原理成立，我们就可以推出万有引力。简而言之，根据光速不变原理，可得到加速运动坐标系发生时空形变。再运用等效原理，得到引力就是时空形变。这样，一个有质量物体对其他有质量物体之所以有吸引力，是因为质量导致时空畸变。在形变的时空中，两个有质量物体沿着最短线运动，意味着它们互相吸引。根据广义相

① 事实上，正是对于引力场问题的思考将爱因斯坦从狭义相对论引向了广义相对论。爱因斯坦曾自述说："1907 年，应《放射性与电子学年鉴》的编辑施塔克先生的要求，我尝试为该年鉴总结狭义相对论的结果。当时我意识到，虽然能够根据狭义相对论讨论其他所有自然法则，但这个理论却无法适用于万有引力定律。我有一种强烈的渴望，想设法找出这背后的原因。但要实现这个目标并不容易。我对狭义相对论最不满意的，是这个理论虽然能完美地给出惯性和能量的关系，但是对惯性和重量的关系，即引力场的能量，还是完全不清楚的。我觉得在狭义相对论中，可能根本找不到解释。我正坐在伯尔尼专利局的椅子上的时候，突然产生一个想法：'如果一个人自由落下，他当然感受不到自己的重量。'我吓了一跳。这样一个简单的想象给我带来了巨大的冲击力，正是它推动着我去提出一个新的引力理论。"（参见阿尔伯特·爱因斯坦：《我的世界观》，方在庆编译，中信出版社 2018 年版，第 463—464 页。）

② 对此，爱因斯坦曾指出："牛顿为了描述引力效应而引入了超距作用力，具有直接的、瞬时的作用特点，但它却与我们日常生活中熟悉的大多数过程不符。面对这个矛盾，牛顿指出他的引力相互作用定律不是最终解释，而是经验归纳出的一条规则。"（参见阿尔伯特·爱因斯坦：《我的世界观》，第 419 页。）

对论，可以计算出牛顿万有引力的公式（引力和质量乘积成正比，和距离的平方成反比）只是近似成立的。从此，万有引力再也不是基于天文观察的猜测，而是出于普遍可重复的受控实验之事实。

17世纪牛顿力学带来科学革命时，只有牛顿三定律"近似于"立足在普遍可重复的受控实验之上。牛顿力学对天体运动的解释还必须依靠万有引力的经验公式。相对论的出现，使力学完全建立在普遍可重复的受控实验之上。更重要的是，本来横跨经验世界与符号世界的拱桥只有空间测量这一个具有双重结构的拱圈，相对论的建立，使时间和空间一样成为横跨经验世界和数学世界拱桥的拱圈。从此以后，包括速度、加速度、动量、质量和能量在内的所有基本测量，都可以用时间和空间测量来严格地界定。用普遍可重复的受控实验来把握它们的关系，立即成为物理学的基础，这就是相对论和与其差不多同时形成的量子力学原理，科学真实性的最终基础彻底实现了从"和观察符合为真"向"受控实验普遍可重复为真"的转化。

基本测量之三：测不准原理

为什么我把等效原理（引力质量和惯性质量相等）称为与空间测量、时间测量同等重要的基本法则？原因在于，如果等效原理不成立，时间和空间测量的法则将不可能和由它们规定的其他基本测量整合起来。为了说明这一点，我必须先讨论另一个和真空光速不变、等效原理同样重要的普遍可重复的受控实验：测不准原理。

　　请注意前文讨论相对论的角度。我先从空间测量为实数推出空间测量是横跨经验世界和数学世界拱桥的基本拱圈，接下来用真空光速不变这一普遍可重复的受控实验将空间测量拓广到时间测量，论证时间测量亦成为横跨经验世界和数学世界拱桥的基本拱圈。这样就可以用空间测量和时间测量（连续量的比例）定义另一些基本测量，它们分别是速度（动量）、加速度（质量）和能量，然后立足于另一个普遍可重复的受控实验——等效原理（引力质量和惯性质量相等），证明引力只是时空的形变，即它的测量亦可从时空测量导出。上述分析表明所谓物理学的基本定律乃是各种基本测量之间的关系。一旦有了这种视角，立即就发现相对论并没有穷尽基本测量之间关系的探讨。

　　基本测量之间的关系包含两个方面：一是某种测量如何转化为（或规定）另一种测量，二是不同测量是否互相自洽。当时间测量还不是基本测量时，讨论不同基本测量是否互相自洽没有意义，因为只有空间测量这一种基本测量。一旦时间间隔成为第二种基本测量之后，空间和时间这两种基本测量就规定了一系列其他基本测量（连续量的各种比例），它们是动量、质量和能量等。这时，研究这些基本物理量之间的关系，即给出物理定律之前，必须先讨论这些基本测量是否互相自洽。为什么？因为我们不知道动量测量和空间测量是否互相自洽，能量测量和时间测量是否互相自洽，空间测量和角动量测量是否互相自洽，等等。

根据前文对测量这类独特受控实验的分析，当受控实验可控条件组互不兼容时，两个基本测量就不再互相自洽，测量对象也就不可能同时具有两个测量值。这样，我们终于看到了真实性哲学和实在论最大的不同。在实在论看来，对象的属性是对象的一部分，当对象客观存在时，其各个属性同时存在且为真。对真实性哲学而言，某对象是否可以具有两种不同的属性或测量值，取决于规定属性或测量值的受控实验是否互相冲突。

　　举个例子。一颗子弹之所以被视为客观实在，是因为它具有种种客观属性，子弹作为各种性质的复合，似乎和主体控制活动无关。主体可以通过测量知晓它的种种性质，如它所处的空间位置，以及在该位置的速度等，在真实性哲学看来，上述分析是不严格甚至错误的。所谓子弹客观存在，即它具有种种性质，只不过是规定其各项属性（测量值）的各个普遍可重复的受控实验互相自洽而已！也就是说，对客观实在论而言，正因为子弹是客观存在的，它才具有种种性质或测量值，如子弹的质量及其在某一空间位置的速度。这样，我们可以想象其如何在空间快速运动。而对真实性哲学来说，这一切无非是存在一系列互相自洽的普遍可重复的受控实验。当相应受控实验不再互相自洽时，上述图像便不是真实的。

　　现在以子弹在空间高速运动这一图像为例，分析其存在的前提。[①] 根据前文对测量的定义，它作为特定的受控实验，先要通过控制保持对象之存在，然后才能测量。这样一来，测量

---

① 关于这个例子的其他方面讨论，参见费恩曼、莱顿、桑兹：《费恩曼物理学讲义：新千年版（第1卷）》，第377—378页。

子弹位置必须先确定"子弹在这个位置"为真，其涉及一个控制过程，然后才是测量位置。而子弹在该位置的速度是第二个测量，它涉及另一个控制过程。所谓两个测量互相自洽是指相应的控制过程互相兼容。测量运动子弹的位置和速度这两个受控实验是这样做的：对准靶开枪，看子弹打中靶的哪一点，然后再测量子弹掉在距离靶多远的地方。确定子弹打中靶的那一点是位置测量值，根据子弹在靶后的方向和距离可以算出子弹在打中靶时的运动速度。我们之所以说子弹具有两个确定的测量值——位置和速度，是因为测量子弹位置和测量在该位置速度（即子弹掉下的方向和离穿过靶点位置）普遍可重复且不矛盾（两个值都是确定的）。我要强调的是，一旦这两个普遍可重复的受控实验不再互相自洽，子弹就不再可以被想象成在空间中运动的客观存在的粒子。

其实，对象的位置测量和动量测量之所以存在冲突，是因为测量对象位置的方法是确定其通过空间某一点，然而，一旦位置被确定，对象运动速度的测量肯定会受到扰动。换言之，上述两个测量在控制条件上是存在矛盾的。一旦对象位置固定，即对对象进行了控制，它就会破坏对对象动量的测量。测量子弹飞行之所以不会发现两者冲突，是因为靶点确定对测量对象的影响可以忽略不计。事实上，当子弹的质量不断变小，直至变得同电子一样大时，两个受控实验必定不再互相自洽。这时就需用一组公理来处理不同基本测量的关系，规定在什么前提下对象具有某一类基本测量值。这就是量子力学的建立。

下面我用著名的双缝实验来讨论基本测量的互相自洽性

（见图 3-3）。该实验的步骤如下：先让电子通过具有一小孔 a 的挡板 S_1，当孔充分小时，每次只有一个电子通过。接着再让这个电子击中挡板 S_2。这时，就可以用以下三个不同的电子位置的测量来判断电子是否存在确定的运动轨迹。第一个实验是在板 S_2 上的 b 点打一个孔，让通过 a 的一个又一个电子在该点通过，测出通过该点的电子落在该孔背后的分布；我称之为双缝实验 1。第二个实验是在板 S_2 上 c 点打一个孔，让通过 a 的一个又一个电子在该点通过，测出通过该点电子落在该孔背后的分布，我称之为双缝实验 2。第三个实验是在板 S_2 上 b 点和 c 点各打一个孔，让通过 a 的一个又一个电子通过这两点，测出通过这两点的电子落在两个孔背后的分布，我称之为双缝实验 3。如果确实可以用某种轨迹来描述电子运动，那么双缝实验 3 得到的结果一定是双缝实验 1 和双缝实验 2 的总和。原因很清楚，如果电子如子弹一样在空间以某一轨道运动，

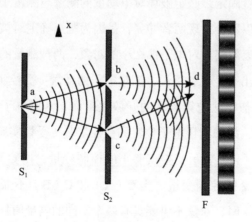

图 3-3　双缝实验

一个电子不可能同时通过两个孔，一定一次只通过一个孔。这样把孔 b 堵住只开放孔 c 的统计分布和把孔 c 堵住只开放孔 b 形成的统计分布互相独立。双缝实验 3 的统计分布曲线当然是双缝实验 1 和双缝实验 2 的总和。

但是实验结果并非如此！双缝实验 3 既不同于双缝实验 1，亦不同于双缝实验 2，更不是两者之和。这确实不可思议。这好像一个电子在飞行途中形成分身，同时通过两个孔，然后自己与自己的分身互相作用一样。一个电子怎么可能同时处在 b 和 c 的位置呢？这意味着再也不能把电子视为在空间以确定轨道运动的粒子！我要强调的是，把电子视为子弹的图像之所以被粉碎，恰恰是因为基本测量不再互相自洽，即我们以电子为对象做受控实验时，电子位置测量和速度测量是两个不兼容的受控实验。

换言之，这两个受控实验在控制条件上是存在矛盾的。一旦对象位置固定，必定破坏对象动量的测量。测量子弹飞行过程中之所以不会发现两者冲突，是因为靶点确定对被测量对象的影响可以忽略。对电子那么小的对象，两种测量的不兼容立即显现了出来。也就是说，测量电子的动量（受控实验 2）需要一个类似于法拉第圆桶的开放之平面，其对电子位置不能设定限制，故和测量电子位置的受控实验（受控实验 1）冲突。我们用 C（A）表示受控实验 1 的控制变量，用 C（B）表示受控实验 2 的控制变量。当 C（A）和 C（B）不兼容（不能同时使用）时，对象不可能具有两个不同的测量值！

对于 C（A）和 C（B）控制下存在的对象，当其中一个测量有着确定值时，另一个测量得到的值必定是不确定的。具有确定动量的电子，其空间位置是不确定的！反之亦然。我在第一编第三章指出，当两个受控实验的可控制变量互不兼容时，考察这两个受控实验的互相结合，就是把控制结果的不确定性纳入普遍可重复的受控实验，形成了可能性的真实研究，这就是概率论。换言之，对具有确定动量之电子，其只有处于某空间位置的概率。现代物理学是用波粒二象性来解释这一点的，即电子如同波，其运动不存在确定的轨迹。量子力学据此提出测不准原理。所谓测不准原理，是指对象位置的测量误差 Δx 和动量测量的误差 Δp 乘积大于或等于普朗克常数 $h/2\pi$ 的一半。即有

$$\Delta x \, \Delta p \geqslant h/4\pi^{①}$$

上述不等式可以用一个普遍可重复的受控实验反复证明，它是和相对论同样重要的原理。如何解释测不准原理？量子力学的经典表述是，观察者测量对象的位置时，至少要用光来照亮它，但光会干扰对象运动速度，扰动大小满足上述公式。对电子这样小的对象，当准确测得其位置时，其速度变成不确定的。[②] 上述测不准原理解释的问题在于：先把电子视为一个运动着的对象，在某一时刻拥有空间位置和速度，再

① 倘若不具备相关背景的读者，对这个公式的推导过程感兴趣，可参考 "Heisenberg Uncertainty Principle", Aakash BYJU, https://byjus.com/jee/heisenberg-uncertainty-principle/。

② 更详细的内容，参见费恩曼、莱顿、桑兹：《费恩曼物理学讲义：新千年版（第1卷）》，第382—385页。

考察测量对电子之扰动。如果对象真是如此，人们总是可以去想象电子未被观察时的状态，即在某一个瞬间它是否具有确定的位置和速度。近年来，物理学界意识到这一问题，主张应该把电子视为非定域性的客观存在，弥漫在整个空间。①

---

① 从词义上讲，Uncertainty Principle 翻译成"不确定性原理"更恰当些。"测不准原理"似乎过分强调了"主体"在实验过程中的作用，一些人认为这是量子力学早期概念含混留下的遗迹。测不准原理最早由德国物理学家维尔纳·海森堡在 1927 年提出，其关注的核心是测量行为对粒子的干扰。按现在的量子力学的主流解释，粒子的动量和位置不能同时被确定，这是客观世界的属性，和有没有"主体"去干扰粒子没关系。"测不准原理"的核心是基本粒子的"非定域性"，即物理存在不是在空间一点，在任何相互作用发生之前（波函数瞬时塌缩），粒子都是同时弥漫存在于整个空间的。近几十年来，物理学者开始发展所谓的"弱测量"方法，例如，2003 年，日本物理学家小泽正直提出"小泽不等式"，并在 2011 年与其科研团队共同对中子"自转"倾向相关的两个值进行了精密测量，成功测出超过所谓"极限"的两个值的精度，使小泽不等式获得成立。2011 年，多伦多大学量子光学研究小组的李·罗泽马设计了一种弱测量技术，让所测对象受到的干扰微乎其微，每个光子进入仪器前，研究人员对其进行弱测量，然后再用仪器测量，之后对比两个结果。他们发现造成的干扰不像海森堡原理中推断的那么大。通过这些实验，他们试图说明：所谓的"不确定"或"测不准"并非来自机械效应而是微观粒子间的相互作用和测量工具的量子性质，如光子造成了不可控的量子扰动。（Aephraim Steinberg, et al., "In Praise of Weakness", physicsworld, https://physicsworld.com/a/in-praise-of-weakness/; Edwin Cartlidge, "A Quantum Take on Certainty", *Nature*, https://www.nature.com/articles/news.2011.344.）。这一切都加强了"测不准原理"和测量无关的观点。这样一来，微观粒子非定域性仍是把对象属性视为客观实在，但客观实在被实验证明不存在时，如何理解"测不准原理"就成为不解之谜。其实，上述测量研究没有涉及测量之本质：任何测量都是通过一个受控实验（观察）去获得对象信息，当两种测量相应控制不相容时，对象不会同时具有两个确定值。只有这样，才能理解为什么微观粒子是非定域性。

这一解释虽然回答了一个电子为什么会出现在空间两个不同位置，但这样一来，我们关于测到电子处于空间某一位置的说法便没有意义了，因为这显然和双缝实验中可以确定电子穿过哪一个孔（如 a）相矛盾。由此可见，上述对测不准原理的两种解释都有问题。

在我看来，测不准原理正确的解释只能依靠既不同于客观实在论也不是主观唯心论的真实性哲学。什么是对象的存在？什么是对其进行测量？根据真实性即受控实验的普遍可重复性，对象的存在取决于一个普遍可重复的受控实验（或受控观察），所谓对象的测量意味着测量这一受控实验和控制对象存在的受控实验（或受控观察）互相自洽。在真实性哲学看来，当我们说及对象具有两个确定的测量值时，涉及三个受控实验。一是对象存在的受控实验（或受控观察），另外两个是和测量有关的受控实验。只有这三个受控实验是互相自洽的，即它们的控制变量不互相矛盾，我们才能说对象具有两个测量之确定值。[①]也就是说，当位置测量和动量测量互相矛盾时，对象具有某一

[①] 从控制变量是否互相自洽的角度来分析电子双缝实验，可以从理论上推出双缝实验 3 不等于双缝实验 1 和双缝实验 2 的总和。双缝实验 1 中开一个孔 b 时，才能确定电子穿过 b 孔。双缝实验 2 中开另一个孔 c 时，才能确定电子穿过 c 孔。双缝实验 3 中同时开 b、c 两个孔时，实际上是同时确定（规定）电子穿过 b 孔和 c 孔！需要注意的是，实验者开 b 孔、开 c 孔与同时开 b 孔和 c 孔是三个互相排斥的选择，或者说，这是三个互不兼容的控制变量，对应的实验结果当然不一样。由于三个实验都普遍可重复，它们都是真实的。由此可见，在叙述电子有某种性质或具有某种基本测量值时，必须把相应的控制条件加入。当控制条件不兼容时，电子不能同时拥有两种性质（或两个确定的测量值）。

测量值，就意味着其不可能具有另一个测量的确定值。测量值作为受控实验的稳态，直接取决于受控实验和测量对象的耦合。离开这种耦合稳态，谈测量对象处于什么状态毫无意义。这一点适用于任何量子力学的对象。[①]

在量子力学的世界中，只有先承认不同的测量互相之间可能不自洽，并发明能用符号系统表示这种不自洽，才能研究各种测量之间的关系，寻找基本物理定律。

测量法则的数学表达：量子力学公理

在量子力学建立之前，物理学一直用对象的测量值来表达自然界基本现象。事实上，自然界最基本的定律就是基本测量之间的关系。当不需要考虑不同的基本测量值是否互相自洽时，当然可以用测量值之间的关系来代表基本测量之间的关系，本书第二编第一章用实数来表达空间测量时，就是这么做的。一旦不同的基本测量可能互相矛盾，就必须把基本测量的值和作为受控实验的基本测量区别开来，用不同的符号系统表达它们。如果仍用实数表达基本测量值，那么基本测量本身只能表达成对数的某种运算法则，我们称之为"算符"。考虑不同的基本测量是否互相自洽，也就是去分析算符之间的关系。此外，还要用另一种符号表达测量对象，测量即是算符作用于该对象，

---

① 原则上，可以从受控实验是否互相自洽推出测不准关系。关于这一问题的进一步讨论，可参见附录一。

通常是用一个函数表达测量对象。① 这是一种比物理学定律更高层次的符号系统，我称之为测量过程的数学表达。

为什么要用数学表达测量过程？如前所述，数学本是受控实验普遍可重复以及通过组织和迭代无限扩张的纯符号结构，但通常作为纯符号系统的数学并不包括作为独特受控实验的基本测量如何进行。测量首先是实现某种控制，其次才能得到测量值。当实数这一双重结构的符号系统既表示测量，又表示测量值时，控制过程对测量对象的作用被忽略了。因此，所谓用数学表达测量过程是用数学符号刻画测量值是如何得到的，它是科学的基石。在量子力学之前，现代科学理论体系中还没有出现过测量过程的符号表达。

这种符号系统具有什么样的结构呢？测量存在着对对象的控制，而在特定控制条件下，真实存在的对象一定是控制条件规定的本征态，因此测量值一定是本征态所具有的值。这样一来，对象可以用函数来表达，测量被视为算符对函数的一种作用，这时某一对象具有某一基本测量的确定值的前提，是相应的算符作用于对象时，该对象保持不变。它可以表达为该函数是算符的本征函数，即算符作用于该函数，等于作为测量值的实数乘以该函数。假定存在两种基本测量是互不兼容的，如果对某一对象进行第二种基本测量，代表第二种基本测量的算符使该函数变为其自己的本征函数，测量的值是第二种基本测量

---

① 测量对象实际上也是由受控实验规定的，故它一定和另一个受控实验对应。正如"建立拱桥为什么需要复数"一节所述，这里表达测量对象的符号为复数，实部是另一个测量得到确定测量值的概率。

规定对象之值。由于第一种基本测量规定之对象向第二种基本测量规定之对象转化是不确定的，故对第一种基本测量规定对象测量得不到第二种测量这一受控实验之确定值，只能得到对象具有第二种测量值出现的各种概率之平均。用一组数学公式来表达上述测量过程，就是量子力学的公理。它可以表达为如下四个原则：①

第一，任何量子力学的状态都是希尔伯特空间的一个向量，希尔伯特空间是无穷维空间。

第二，量子力学用算符表达对状态（向量）发生的作用，任何有物理意义的算符都是希尔伯特空间的线性厄米算符。厄米算符是希尔伯特空间的一个变换。

第三，具有确定可观察量的状态必须是相应算符作用于它而得到的本征态，即满足如下本征方程：

$$P\psi = p\psi$$

其中，P 是算符，p 是相应可观察量，它是实数。ψ 是希尔伯特空间向量。

第四，对于非本征态，它的可观察量是不确定的，对其进行测量只能得到各种可能值的平均，它可用以下算式得出：

$$\bar{p} = \int \psi^* P\psi \, d\tau_i$$

---

① 关于量子力学的公理，存在不同的表述版本。本书对量子力学公理的陈述主要是基于 20 世纪 70 年代我对量子力学的研究。（乐涌涛：《论量子力学的公理基础》，《物理》1976 年第 5 期。）之所以回到这项研究，是因为它构成我对量子力学进行哲学思考的一个起点。

第一原则规定被测量对象，希尔伯特空间的向量就是测量对象，它亦可以是时间和空间的函数。第二原则规定用什么表达测量，算符就是测量。本征态是指测量作用于测量对象后不改变对象。算符既然代表测量，第三原则表达的正是对象在算符作用下不变。也就是在某种测量过程中确定不变之对象，对于这样的对象，才能说其拥有某种性质或某个测量值。这就是在算符作用下不变，即量子力学中确定状态一定是本征方程的本征态，要寻找本征态和相应的本征值，必须去解本征方程。当测量对象（希尔伯特空间的一个向量）用时空函数表达时，其为时空的复变函数。为什么一定是复变函数？因为只有复变函数才满足上面三个原则，即波函数的本征方程有实数解。此外，因对象具有的确定测量值必须由本征方程求得，本征值不一定是连续量，即它可以是量子化的。为什么？如前所述，当测量一定可以用测量值代表时，测量值是一个连续量。然而，各种测量不一定互相自洽时，会对某些测量值进行限制。也就是说，测量值的量子化是整合测不准关系和基本测量的结果。

根据前面三个原则，只有两个算符可以对易时，对象才可能同时具有两个和时空有关的物理量。算符可对易表明两个受控实验条件是不矛盾的。第四原则表明：当两个测量互相冲突时，用某一测量去测量与其冲突测量规定的本征态会有什么结果。这就是第一个测量规定的状态向新测量规定的本征态（稳态）转化，因第二个测量规定的本征态（稳态）不止一个，对新的本征态而言，原来那个状态（另一个受控实验的本征态）

处于叠加的不确定性中。① 量子力学的基本公理用数学符号刻画了基本测量这一类普遍可重复的受控实验之间的关系。这样，当一个算符可以从别的算符推出时，我们可以用本征方程求得该算符相应基本测量的测量值。

我在"建立拱桥为什么需要复数"一节曾指出，量子力学用复变函数和具有复数的方程表达物理学基本定律，现在可以解释这些方程的意义了。它们是在测量过程的数学框架中描述不同基本测量及其相应数值之间的关系，并由两个方面组成：一是基本测量之间的关系，它由算符组成；二是测量值之间的关系，它由本征方程的本征值的数量关系构成。为了表达这两种关系，物理定律只能是由复变函数组成的偏微分方程。

下面以粒子的位置测量、动量测量和能量测量为例来显示

---

① 关于叠加态最著名的例子是薛定谔的猫：在一个匣子中存在少量放射性物质、一瓶毒药和一只活猫。这些放射性物质存在一半的概率发生衰变；一旦衰变就会触发匣子的机关，释放出瓶子中的毒药，杀死猫。最后打开匣子观察到的猫非死即活。那么，在没有打开匣子的时候，猫处于什么状态呢？一般结论是这只猫处于死与活的叠加态。这一看似不可思议的结论让薛定谔的猫常被视作一个悖论。它甚至使得物理学家如约翰·惠勒考虑过一种可能性：高级生物的观察导致了整个宇宙的"真实"存在。（约翰·格里宾：《寻找薛定谔的猫——量子物理的奇异世界》，张广才等译，海南出版社 2015 年版，第175—180 页。）让我们用真实性哲学考察这个悖论。真实性是对象、主体和控制手段三者之间的关系。当客观实在不存在时，对象为控制手段的本征态。死猫和活猫分别对应两种控制手段，是它们的本征态。这两个本征态的叠加态要成为真实的，前提是其为某个控制手段的本征态，在微观世界，叠加态可以是某一个算符下的本征态，而在宏观世界没有这样的本征态。换言之，悖论形成的原因是比喻的错误。

如何找到物理学基本定律。[①] 众所周知，当测量可以用测量值来代表时，只要找到测量值之间的数量关系，它们就是物理定律。如一个运动物体在运动速度远低于光速时，其能量 E、动量 P 和它所处空间位置 x 关系如下：

$$E = \frac{P^2}{2m} + V(x) \qquad （方程 1）$$

显而易见，当测量不能用测量值来表达时，只能用相应的算符来表达上述三种基本测量的关系。测量位置时算符是位置自己，通过测不准关系可知，动量算符如下：

$$\widehat{p_x} = -i\hbar\frac{\partial}{\partial x},\ \widehat{p_y} = -i\hbar\frac{\partial}{\partial y},\ \widehat{p_z} = -i\hbar\frac{\partial}{\partial z} \qquad （方程 2）$$

为什么？当位置确定时，对相应对象进行动量测量，动量是完全不确定的。当动量确定时，位置完全不确定。动量值 p 由动量算符作用于希尔伯特空间向量即波函数得到，即满足如下本征方程：

$$\begin{cases} -i\hbar\dfrac{\partial \psi_{p_x}(x)}{\partial x} = p_x\psi_{p_x}(x) \\[2ex] -i\hbar\dfrac{\partial \psi_{p_y}(x)}{\partial y} = p_y\psi_{p_y}(y) \\[2ex] -i\hbar\dfrac{\partial \psi_{p_z}(z)}{\partial z} = p_z\psi_{p_z}(z) \end{cases} \qquad （方程 3）$$

---

① 限于篇幅，这里只能简略介绍相关推导过程和公式，无法逐一介绍每个数学符号的含义。不具备相关知识背景的读者可以选择跳过，或者参考费恩曼、莱顿、桑兹：《费恩曼物理学讲义：新千年版（第 3 卷）》，第 334—339 页。

由此可见，动量算符只能如方程 3 左方微分算符所示。因为基本测量之间的关系和测量值之间的关系是同构的，根据方程 1，将动量测量值转变为动量算符，位置测量的值转变为位置算符，就得到相应的能量算符：

$$\hat{H} = -\frac{\hbar^2}{2\mu}\nabla^2 + V(r) \qquad （方程 4）$$

一旦知晓能量算符形态，立即得到能量测量具有确定值的本征方程，它是能量算符作用于测量对象等于测量得到的能量值乘以对象。这就是能量本征方程：

$$-\frac{\hbar^2}{2\mu}\nabla^2\psi + U\psi = E\psi \qquad （方程 5）$$

方程 5 左边是能量算符作用于表达对象的函数，右边是能量乘以表达对象的函数。该本征方程刻画了能量具有确定值的对象。这就是定态薛定谔方程。众所周知，氢原子中电子的量子化能量就是根据上述方程算出的。当把能量算符写成相对论形式时，这就是狄拉克方程，电子自旋和存在着正电子都是通过解狄拉克方程得到的。

基本测量的整合：科学基础的自洽性

量子力学的基本公理是一个人为创造的符号系统，用于刻画测不准关系成立前提下，如何进行基本测量以及各种基本测量之间的关系。它把经典物理学用测量值来表达的规律作为自己的特例，准确地叙述了如何用符号系统表达物理学基本定律。

量子力学的诞生意味着继相对论之后现代科学基础的真正确立。它表明用符号把握科学真实的不断拓展，首先要找到测量过程和对象关系的符号表达（这属于认识论范畴），其次才是作为物理学定律的基本测量关系之研究。正因如此，量子力学公理作为测量过程的符号表达，一旦建立就成为凌驾于物理定律之上的普遍法则。

然而，在量子力学刚建立时，测不准关系只是海森堡借由波粒二象性推算出来的，它还没有被普遍可重复的受控实验证明。测不准关系真的和相对论一样，能成为物理学的基石吗？这在量子力学刚提出时，远不是自明的。科学界对测不准关系的怀疑，还有一个更深层次的理由，那就是它似乎和由空间测量、时间测量规定的其他基本测量（两个连续量的比例）矛盾。如前所述，空间测量是最基本的测量，空间测量加上真空光速不变，得到时间测量。然后，由空间测量和时间测量规定了其他基本测量。所有基本测量是互相整合的，构成了物理学的基石。测不准关系认为必须考虑各个测量是否互相自洽，似乎破坏了基本测量之间的整合。物理学家当然有理由怀疑它，认为其不能成为物理学的基础。

更何况，量子力学的公理至今尚未做出类似上述真实性哲学的认识论表达，哥本哈根学派用类似于"月亮在你不看时就不存在"这样的主观唯心论哲学来解释测不准原理。[①] 正因如

---

① 哥本哈根学派的量子论可概括如下。（1）离开观察手段谈论原子客体的行动在逻辑上不再可能。"现象"本身就包括了整个实验过程。（2）对微观客体来说，因果性的确切定律不再存在，除非把因果关系的 （下接第 312 页脚注）

此，爱因斯坦一直拒绝接受测不准原理为自然界最基本的法则。为此，爱因斯坦与玻尔之间曾爆发一系列的论战。[1] 今天看来，玻尔正确地坚持测不准关系是物理学的基础，而爱因斯坦的观点是错的。玻尔之所以正确，是因为测不准关系已被一个又一个普遍可重复的受控实验证明。十分奇妙的是，从时空测量推出所有基本测量和基本测量可以互相不自洽这一表面上的逻辑矛盾，居然是等效原理化解的。引力质量和惯性质量相等是相对论中另一个普遍可重复的受控实验，前文我将其也称为基本测量。为什么它也是基本测量？因为等效原理的存在使测不准关系和由时空测量规定的各种基本测量互相整合，共同构成物理学的基础。为了理解这一点，让我们来分析爱因斯坦和玻尔之间一个著名的争论。

前文通过电子的速度和位置不可能同时确定来分析测不准关系，并将其概括成认识论法则，其数学表达为：当代表相应测量（受控实验）的算符对易时，对象才具有两个确定的测量值。这一结论对所有算符都成立。我们知道，能量算符和时间算符是不对易的。这表明一旦测量系统能量为某一确定值，系统从何时开始具有该能量的时间测量值就一定是不确定的。在

（上接第 311 页脚注） 定义加以修改。因为在宏观实验条件下能够出现多种多样的不能预定的个体量子过程。（3）关于原子客体本身的单纯决定论必须放弃。量子力学只能提供相继对同一客体所做的两次观测结果之间的机会性联系。（参见卢鹤绂：《哥本哈根学派量子论考释》，复旦大学出版社 1984 年版，第 7—8 页。）

[1] Ramin Skibba, "Einstein, Bohr and the War over Quantum Theory", *Nature*, https://www.nature.com/articles/d41586-018-03793-2.

1930 年召开的第六届索尔维会议上，爱因斯坦向玻尔提出一个思想实验——"光子盒"，他想以此证明通过测不准原理推出的能量算符和时间算符不对易的结论不成立。

实验装置如图 3-4 所示。这是一个一侧有一个小洞的盒子，洞口有一块挡板，里面放了一个能控制挡板开关的机械钟。小盒里装有一定数量的辐射物质。这个钟能在某一确定时刻将小洞打开，放出一个光子来。这样，光子跑出的时间就可精确地测量出来。同时，小盒悬挂在弹簧秤上，小盒减少的质量，也即光子的质量可测得，然后利用质能关系 $E=mc^2$ 便可得到能量的损失。上面的那个光子盒，在光子逃出的一瞬间，我们既知道时间，亦知晓系统改变了的能量。这里，系统能量和获得该能量的起始时间可以同时得到准确的测量。由此，爱因斯坦认为测不准关系不是普遍成立的。

一开始玻尔被爱因斯坦的思想实验难住了。然而，只过了

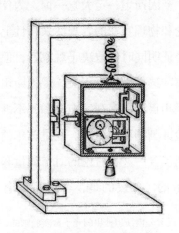

图 3-4　爱因斯坦的思想实验

一个夜晚，玻尔就想到了破解爱因斯坦诘难的方法。玻尔用爱因斯坦的广义相对论戏剧性地指出了爱因斯坦这一思想实验的缺陷。玻尔的反驳如下：光子跑出后，挂在弹簧秤上的小盒质量变轻即会上移。如前所述，根据广义相对论，如果时钟沿重力方向发生位移，其时间记录立即发生变化，因为在引力场中不同位置钟的快慢是不同的。也就是说，光子盒在放出光子后变轻沿引力场方向上移，时钟变快了。这样小盒里机械钟读出的时间就会出现误差间隔，放出光子的时间不可能是一个确定的值。由此可见，只要用受控实验进行测量，一定需要类似于图 3-4 所示的时钟处于引力场中这种装置。[①] 这时，如果要准确地测定光子的能量，就不能精确地控制光子逸出的时刻。玻尔居然用广义相对论推出了能量测量和时间测量也遵循测不准原理！

听到玻尔的解释，爱因斯坦哑口无言。他此后再也没有提这件事。我想，爱因斯坦一定大吃一惊。为什么？爱因斯坦是根据狭义相对论和物理实在的客观性来设计上述实验的。虽然狭义相对论已经证明同时性取决于观察者，但爱因斯坦只将其理解为自然定律和选择坐标系无关。爱因斯坦认为狭义相对论和客观实在论互相自洽，客观实在论和测不准原理不兼容，故可以用上述实验推翻测不准原理。经过玻尔的解释，只要加上广义相对论，则包含广义相对论的时空测量和测不准原理组成的物理学是自洽的。相反的是，客观实在论一定和相对论不

---

① 该图是玻尔为了反驳爱因斯坦提出的光子盒实验画的，目的是把时间测量和引力相联系。

相符。①

　　我要问一个问题：爱因斯坦在提出上述思想实验时，为什么没有考虑到广义相对论呢？关键在于，爱因斯坦认为广义相对论是光速不变这一受控实验与另一个受控实验等效原理结合的产物。表面上看，证明等效原理和证明真空光速不变是两个互相独立的受控实验，爱因斯坦只选择了其中一个，将其和定域实在论结合起来并设计上述思想实验，似乎没有什么不妥。事实上，真空光速不变、等效原理和测不准原理这三个表面上无关的受控实验存在着奇妙的联系。玻尔正是利用这种联系证明了测不准原理和广义相对论不可能互相矛盾。我们知道，如果要正确地理解狭义相对论和经验世界的关系，一定会从狭义相对论走向广义相对论。证明广义相对论正确的等效原理则把由时空测量规定各种基本测量与测不准关系整合起来，使作为物理学基础的相对论和量子力学互相包容！

　　如前所述，现代科学理论基础建立的过程可以简化为从空间测量到时间测量，再到由它们规定的基本测量关系的研究。空间研究是从古希腊几何学开始的，牛顿力学不准确地提出时间测量和其他各种基本测量。然而，自电动力学形成后，由空间测量和时间测量规定的其他基本测量成为科学基础已经不可阻挡了。麦克斯韦方程组不仅指出真空中光传播速度是恒定不变的，而且满足规范不变性。真空中光速不变是相对论的基础，只要将规范不变性推广至非阿贝尔情况，就可以得到规范场，

① 关于这次会议的前因后果，参见亚伯拉罕·派斯：《上帝难以捉摸——爱因斯坦的科学与生平》，方在庆、李勇译，商务印书馆2017年版，第440—583页。

而弱作用力和强作用力都可以用规范场论推出。[1] 在这一时空测量自我扩张的逻辑链中，存在一个缺环，那就是基本测量和测不准关系存在何种联系。等效原理作为基本测量的加入，才表明从几何学到牛顿力学，再从电动力学到相对论和量子力学，直到规范场论和标准模型，都是空间测量、时间测量以及由它们规定的基本测量关系的探讨。相对论和量子力学的互相包容，证明了现代科学基础的一致性。

---

[1] 正因如此，杨振宁在回顾 20 世纪物理学进展的专文中，高度评价麦克斯韦方程组的重要性。（参见杨振宁：《20 世纪数学与物理的分与合》。）

第二章　科学真实的虚拟形态

　　意识到虚拟世界是科学经验真实的一部分，或许是真实性哲学最大的发现。今天，通过真实性和空间、时间关系的研究，我们终于知道为什么自己生活在时间和空间之中。掌握现代科学技术的人类，可以比较科学真实的各种形态，穿梭在不同的经验和符号真实中，探索物理学定律，并享受着研究虚拟物理学的乐趣。

真实性哲学对科学的意义

　　本书前 7 章解决了三个基本问题。第一个问题是科学真实是什么。科学真实的基础是主体控制过程（受控实验和受控观察）的普遍可重复。"普遍可重复"可以是经验的，也可以是符号系统的，这样一定存在纯经验的真实性和纯符号系统的真实性。前者是真实的科学经验，即普遍可重复的受控实验或受控观察本身，后者是作为普遍可重复受控实验无限扩张的符号表达的数学。

　　第二个问题是科学真实如何扩张。既然真实不是和主体无关的客观实在，而是主体、控制手段和对象之间的某种关系，那么该关系既存在于经验对象中，亦存在于（作为结构的）符号对象中，而且作为符号（结构）真实的数学是可以无限制扩张的，这使科学经验真实能否及如何扩张成为主体必须正视的问题。事实上，科学经验真实和作为符号（结构）真实的数学二元并列地存在着，它们都是自由的（即会使用符号的）主体探索世界的方式。^①因为数学研究作为科学真实的符号结构扩张，其不存在限制，即普遍可重复受控实验无限扩张的符号（结构）表达和探索总是可能的。但科学经验真实的扩张必须依靠受控实验的组织和自我迭代，已知受控实验的组织和迭代并不一定对应着新的受控实验。也就是说，经验真实的扩张需要种种前提，而且扩张不一定是无限的。这样，科学经验真实的拓展必定存在着可以不断扩张和不能无限扩张两种不同的情况。它们和数学真实的组合构成了科学真实的各种呈现形态。

第三个问题是人作为符号物种，如何用符号系统正确地表达真实的经验。就科学真实而言，这是去建立一座由具有双重结构的符号系统组成的横跨经验世界和数学世界的拱桥。当拱桥存在时，作为受控实验的符号结构，数学的扩张有可能导致受控实验的扩张，这座拱桥就是现代科学理论。当这座拱桥不

---

① 如果把受控实验简化为在控制过程中知晓外部世界结构，即受控实验代表了主体科学实践的本质，那么数学作为相应符号结构的真实性研究，同样是人作为符号物种的另一重本质。数学不仅是思想上成立的受控实验，还是符号物种在思想运作和控制活动的本能中悬置主体，让那些具有真实性的符号系统结构显现出来。科学真实的探索中，数学和受控实验分别属于主体控制活动的两极，主体的自由意味着它们可以独立地发展。数学家创造新的数学分支，犹如实验科学家和探险家发现新世界，这一切只需要在思想中进行而不需要经验。换言之，思想的实践和行动的实践都是主体证明自己存在的方式。

存在时，经验真实只能通过受控观察的积累或偶尔发生的受控实验自我迭代拓展，要不就是受控实验不能扩张。因为数学研究可以和经验活动无关，即使数学真实存在，甚至到达一定的高度，其亦不会导致经验真实的不断扩张。在科学真实中，没有拱桥的真实世界是"准停滞"的，所谓"准停滞"即受控实验的拓展不是常态或不能无限制地扩张。我们可以做如下设想：只要某一天横跨经验世界和数学世界的拱桥断裂了（人类突然遗忘了建立在相对论和量子力学之上的所有现代科学理论），现代科学中只存在高度技术化的受控实验（受控观察）和与经验无关的数学研究，科学真实立即就失去了不断自主扩张的能力。这时，虽然受控实验还可以依靠技术进步偶尔出现自我迭代，但整体上人类对科学真实的认识保持不变，即科学经验世界处于停滞状态。

第二编剖析了现代科学理论的结构。20世纪哲学家完全没有想到，用符号正确把握经验世界不仅仅是运用语言，而是去建立横跨经验世界和数学世界的拱桥。拱桥必须是具有双重结构的符号系统，该系统存在两种类型：一种是逻辑语言构成的符号串，它们和受控实验或受控观察一一对应；另一种是用"数"表达的以空间和时间为代表的基本测量。这两种双重结构的符号系统之间有着不可分割的内在联系，如果不存在时间和空间的数学及经验研究，仅仅用逻辑语言表达经验世界无法带来受控实验和受控观察的不断扩张。形象地讲，由逻辑语言表达的各门科学内容作为拱桥的上盖，只能建立在量化这一实数的拱圈之上。第三编第一章进一步表明：和拱圈直接联系的是时间和空间测量，以及由它们规定的基本测量，描述时空测量的就是相对论，表达基本测量及其他受控实验是否互相自洽的符号系统是量子力学。我通过梳理现代科学理论的符号结构，证明拱桥的存在可以简化为时空测量及表达基本测量的物理学基本定律的真实性。

这一切究竟有什么意义呢？根据前 7 章的分析，可以得到科学真实有着四种不同形态这一违反常识的结论。所谓"形态"，是指主体进入科学真实时，真实的对象（世界）是以什么样子呈现的。为什么科学真实有四种不同形态？科学经验真实作为普遍可重复的受控实验（受控观察），存在两种类型：一类可以通过迭代和组织不断扩张，另一类不能无限制地扩张。数学作为普遍可重复受控实验的符号结构，可以建立通向科学经验的拱桥，亦可以不建立通向科学经验的拱桥。这样，两两组合共有四种可能性，它们代表了科学真实向主体呈现时表现出的整体形态。故从理论上讲，科学真实必定有四种不同形态。

在上述四种科学真实中，有两种形态是我们熟悉的。一种是现代科学建立之前，因为科学经验虽可以扩张，但科学经验真实和数学真实之间不存在拱桥，科学经验的扩张缓慢。这是科学真实最早向主体呈现的形态。另一种形态是今天每个人都熟悉的，其为建立了横跨数学真实和可以扩张的受控实验拱桥后的状态，那就是当下日新月异、不断扩张的现代科学。

除了上述两种形态外，科学真实还有另外两种形态。为什么还有另外两种形态呢？既然科学经验真实作为普遍可重复的受控实验（受控观察）本身存在两种类型，一种可通过迭代和组织不断扩张，另一种不能扩张，那么普遍可重复但不能扩张的受控实验和数学真实的组合亦有两种，即可以建立拱桥和不能建立拱桥，它们构成了科学真实的另外两种形态。问题在于，人作为符号物种，一定会用真实的符号结构去表达可靠的经验结构，现代科学形成后，为什么会存在不去建立横跨数学世界和科学经验世界拱桥的情况呢？实际上，我讲的是不能（而非不去）建立经验世界和数学世界的拱桥。为什么存在后两种可能？为此，我必须引用一下第三编第一章的内容。

第三编第一章证明：现代科学这一具有双重结构的符号系统建立在时空测量的拱圈之上，时空研究构成了物理学基本定律，它是现代科学的基础。我们自然可以设想：如果时空测量不可能或即使可能但不自洽，建立数学世界和受控实验之间的拱桥便没有意义。它构成了科学真实向主体呈现的第三种形态。第四种情况是可以建立数学世界和受控实验之间的拱桥，但这一类受控实验不能无限制地扩张。如果把没有架桥的经验世界称为 A 和 B，把架了桥之后得到的科学真实的另外两种形态称为 C 和 D，那么我们能得出表 3-1。

表 3-1 科学真实的四种形态

	受控实验不可以无限扩张	受控实验可以无限扩张
受控实验的符号表达建立在时空研究之上	虚拟物理学（D）	现代科学建立后的物理世界（C）
受控实验的符号表达没有（不能）建立在时空研究之上	虚拟世界（B）	前科学的物理世界（A）

表 3-1 中，B 是科学真实的第三种形态，在 B 状态的世界中，不存在数学世界，也不能经组织和自我迭代实现经验世界的无限扩张，这也是今天人们称为虚拟世界的科学真实形态。在很多人心目中，虚拟世界不具有真实性。如果以受控实验的普遍可重复为经验真实性标准，虚拟世界当然是真实的，只是发现这种真实性需要现代科学发展到一定程度。它和我们生活的世界不同，除了受控实验不能通过自我迭代扩张，还在于不能建立它和数学世界的拱桥，或者说这种科学经验真实的世界不存在自洽的时空测量，即时间和空间不是真实的。

此外，我们还可以去建立横跨数学世界和不可能无限制扩张的受控实验集之间的拱桥，以呈现科学真实的第四种形态，即表 3-1 中的 D。表面上看，第四种形态是一种自相矛盾的组合。首先，数学本身是普遍可重复的受控实验无限扩张的符号结构，它预示着受控实验可以无限扩张。其次，用双重结构的符号系统将数学和经验世界相联系，是将经验世界建立在时空测量和物理学理论之上，这时受控实验应该是可以不断扩张的。但是，我们已经事先规定作为经验真实的受控实验集不可能通过组织和自我迭代产生新的受控实验，这不是自相矛盾吗？

我将在"虚拟世界是如何呈现的"一节证明 D 这一表面上自相矛盾的组合是存在的。建立拱桥意味着受控实验立足于时空测量和物理学理论之上，它之所以不能带来受控实验的扩张，只是因为物理学的基本定律立足的时空测量是虚拟的。虚拟世界中普遍可重复的受控实验集，即使具有时空关系，并建立了某些用数学表达的物理学基本定律，其普遍可重复的受控实验集亦不能不断扩张。为什么？关键在于，在实数这一双重结构的符号系统中，和经验结构对应的是数值大小，虽然数值是经验的，但其不一定代表真正经验上的测量。如果数值不对应真实的测量，时间和空间的测量实际上是虚拟的，当其和用逻辑陈述表达的物理世界整合时，其结果只能是一个有时空的数学世界。这是什么意思？在该形态中，时空测量不能用经验上存在的受控实验进行，故实为主体在做虚拟物理学研究。它是科学真实的第四种形态，为 20 世纪相对论和量子力学出现之后，人类用数学揭示物理学基本规律时碰到的科学真实的独特形态，我后面将其称为虚拟物理学。换言之，在科学真实中，除了数学真实外，不仅经验真实中存在虚拟世界，理论真实中亦存在着虚拟物理学。加上这两种虚拟真实，科学真实共有四种不同形态。通过分析科学真实这四种形态的关系，我们可以勾画出一幅科学真实如何存在及其拓展顺序的颇为神奇的图像。

虽然今天越来越多人相信哲学已死，并否定了从哲学展望科学的想法，但吊诡的是，今日科学前沿所遇到的种种疑难和陷入的困境，恰恰只有哲学才能解决。至今，科学家仍不知道人类为什么生活在空间和时间之中，也不知道为什么自从现代科学出现后，科学真实一直在不断扩张。此外，令人惊奇的是，为什么经历了相对论和量子力学革命，20 世纪 80 年代后，现代物理学前沿会陷入作为虚拟物理学的"超弦理论"？这一切似乎都是虚拟世界和元宇宙来临的前奏。其实，只要展开科学真实的四种形态分析，立即可以得到上述一切逐步呈现的逻辑。

为什么我们生活在时空之中

为了展开科学真实的四种形态一步步呈现的过程，让我们从分析最熟悉的科学真实形态开始。前文已证明：科学真实分为经验的真实性和纯符号系统的真实性，这是真实性的两种对象。其中，数学世界是没有时空的，真实经验世界通常是有时间和空间的。当我们谈及真实的经验存在时，无论物体还是事件都一定存在或发生于时空之中。一般认为，如果某一经验上存在的事物不需要时间和空间，它一定不是真实的。换言之，在每个人的心目中，经验上存在的事物具有时空"位置"是其真实性的前提。然而，同样作为科学真实，数学世界不需要时空，为什么我们生活在其中的经验世界是有时空的呢？

一直到16世纪，即现代科学兴起的前夜，一批物理学家才开始意识到这个问题，他们把占有空间视为真实经验世界的事物的一种性质。例如，他们认为广延性是物质的第一性质，它和类似于颜色、味道这样的物质第二性质有本质的不同。这确实是一种深刻的洞见，在空间和时间成为物理学家的首要研究对象后，迅速迎来了以牛顿力学为代表的科学革命。① 从此以后，科学真实开始扩张。那么，为什么重视物质的时空性质会导致现代科学的建立，即科学真实的不断扩张呢？这个问题一直显得神秘无比。现在，真实性哲学终于可以对此做出回答了。

---

① 详见金观涛：《消失的真实》，第212—217页。

因为经验真实性是受控实验和受控观察的普遍可重复性，时间和空间的真实性亦是用时空测量这一类独特受控实验的可普遍重复来定义的。这样一来，"事物存在于时空之中"的真实性就转化为两类普遍可重复受控实验的关系：一类是判定某一事物（或其性质）存在的受控实验，另一类是相应的时空测量。所谓"事物存在于时空之中"的真实性实为上述两类受控实验必定是互相伴随的。然而，这两类受控实验是不同的，而且看上去可以互不相关，为什么它们必定要互相伴随？追溯这一问题，我们终于发现，"事物存在于时空之中"实际上只是普遍可重复的受控实验不断拓展所必不可少的前提。为了理解这一点，我们来分析一个例子。

　　在"两类拱顶石的关系"一节，我曾以孟德尔通过豌豆实验发现遗传定律来说明定量研究对现代生物学的建立多么重要。孟德尔的豌豆实验是一个普遍可重复的受控实验，豌豆的遗传定律之所以是真的，是因为相应的受控实验普遍可重复。孟德尔实验曾被遗忘 35 年之久，直到 1900 年荷兰和德国的生物学家才重复了该实验。请注意，荷兰和德国的生物学家是在不同地点和不同时间重复孟德尔的实验的。然而，就豌豆实验本身而言，选种和杂交方法是受控变量，豌豆性状是可观察变量，它没有涉及时间和空间的测量。虽然每一个实验是在某一地点和某一时间做的，时间和地点当然可以用受控实验测出来，但是时间和空间这些基本测量的数值和该受控实验没有直接关系。因此，建立有关豌豆遗传理论时，我们不需要考虑时间和空间测量。

现在我要问：豌豆遗传定律真的和时空测量没有关系吗？当然不是！如果没有时间和地点，即不存在这两种基本测量，遗传学的受控实验是无法做的，该实验普遍可重复亦无法界定。换言之，在不同时间、不同地点可以做同样的实验，正是经验上存在的受控实验普遍可重复的一个重要组成部分，否则不仅孟德尔的工作不会被他人重复，而且在其基础上做新的有关生物遗传的受控实验亦不可能。也就是说，表面上时空测量和遗传学受控实验无关，但实际上它是受控实验可以通过自我迭代和组织以发现新的受控实验的前提。如果不存在时间和空间的真实性，普遍可重复的受控实验不可能无限地扩张。

这是什么意思？在"两类拱顶石的关系"一节，我讨论了遗传定量研究进一步展开的过程。1925 年，摩尔根确定果蝇有 4 对染色体，鉴定了约 100 个决定性状的基因，并且可以通过交配试验链锁的程度来测量染色体上基因间的距离。表面上看，摩尔根通过受控实验发现的果蝇遗传定律和孟德尔的豌豆实验无关。实际上，摩尔根发现的遗传定律同样可以在豌豆染色体上找到根据。也就是说，果蝇遗传实验本质上只是豌豆遗传实验的进一步改进和深化，即摩尔根的工作是以孟德尔发现的受控实验为基础的新受控实验。如果孟德尔的豌豆实验不是真的（普遍可重复），摩尔根的实验亦不可能是真的（普遍可重复）。从孟德尔到摩尔根，只是受控变量发生变化。原来豌豆是被选择的可观察量，现在可控制变量是果蝇（豌豆）细胞内的染色体。这一变化源于在果蝇（豌豆）细胞内部寻找可控制变量，属于受控实验通过组织和自我迭代变成另一个普遍可重复的受控实验，即普遍可重复的受控实验的扩张。

那么，这一切和空间、时间测量的普遍可重复又有什么关系呢？孟德尔的受控实验和空间测量这一受控实验无关，但摩尔根的受控实验包含测量基因在染色体上的位置，确定基因位置是空间测量。如果空间测量不是一个普遍可重复的受控实验，摩尔根发现的遗传定律不可能是真的。这表明，遗传物质存在于细胞核内部，我们可以对其时空位置进行测量，这是遗传法则存在的前提。当不能对其进行时空位置的测量时，遗传物质不存在。这时，摩尔根遗传定律不是真的，孟德尔的实验当然也不可能是真的。由此可见，正是因为时空测量的真实性，孟德尔的遗传实验才能拓展到摩尔根的实验。同样，摩尔根的受控实验和时空测量的联系，正是受控实验通过组织和迭代进一步扩张的前提。

事实不正是如此吗？1953 年，沃森和克里克通过实验分析染色体，发现它是一个由两个高分子结合成的双螺旋链。无论是发现规定生物性状的基因为 DNA 长链上的某一段碱基序列，还是确定双螺旋的解旋、以每条单链为范本合成互补链而复制，都基于分子的组成和运动，这一切的真实性都以空间和时间测量为前提。换言之，遗传的受控实验和时空测量的受控实验不可分离，是遗传学受控实验一步步拓展的前提。这一前提之所以不可缺少，是因为所有生物由分子组成，分子还能进一步分解为原子、基本粒子及其基本作用力的时空研究。

其实，上述分析适合于任何一个我们在日常生活中碰到的普遍可重复的受控实验。在"受控实验及其结构"一节，我把普遍可重复的受控实验表达为如图 1-2 所示的结构。其中 X 是主体，C 是主体掌握的可控制变量，O 属于主体可观察变量，L 是通道。受控实验指的是，L 的存在不仅使主体可以获得对象的信息，还包括 X 通过选择 C 和 L 对 O 实行控制。这样，O 从可观察变量转化为可控制变量 Y。在日常生活中，我们可以立足于 O、L 以及 Y，找到另一组新的受控实验，其中存在着新的受控变量、新的通道和新的可观察变量，记为 C_1、L_1 和 O_1 及 Y_1。当新的受控实验普遍可重复时，根据新的 C_1、O_1 和新的 L_1 及 Y_1，还能设计与其不同的受控实验。这一新的受控实验中，存在着 C_2、O_2 和 L_2 及 Y_2，以此类推。在这一受控实验不断拓展的过程中，最后碰到的都是基本粒子和其作用力。基本粒子和其作用力的研究都以时空测量为基础。

正因如此，我们才能断言时空测量必定伴随着上述所有受控实验。更重要的是，和所有实验相伴的时空测量不仅普遍可重复，还必须互相自洽。否则，受控实验通过组织和迭代的不断扩张是不可能的。由此可见，所谓时空测量始终伴随普遍可重复的受控实验，实乃日常生活中受控实验可以通过组织和自我迭代实现无限扩张的代名词而已！我在"戴德金公理：受控实验的组织、迭代和扩张"一节讨论了受控实验通过组织和自我迭代无限制扩张所需的条件。我只用自然数的戴德金结构证明受控实验通过组织和迭代无限扩张的符号表达是真的。只有让该符号系统的每一个符号对应着一个真实经验上成立的受控实验，真实的受控实验才能自主地不断扩张。① 然而，如何做到这一点呢？根据第四编第一章的分析，用真实的符号系统表达真实的经验，让符号系统迭代的真实性转化为受控实验扩张的真实性，必须用双重结构的符号系统建立经验世界和数学世界的拱桥。

具有双重结构的符号系统有两种形态。一种是用逻辑语言表达受控实验，让每一个表达受控实验的符号串对应一个自然数。我在第二编第三章指出，让某些受控实验的符号串作为公理，推出另一些符号串，公理系统是保证受控实验组织和迭代的前提，相应受控实验的扩张对应一个自然数通过递归函数算出另一个自然数。另一种是用实数表达空间测量。我在第二编第三章证明：双重结构符号系统的两种形态是互相联系的。

我在第二编第三章还指出，逻辑语言表达普遍可重复的受控实验，并将符号串与自然数建立一一对应，这只是拱桥的上

---

① 我在第一编第一章指出，自然数是受控实验普遍可重复的符号结构，因为真实性就是受控实验的普遍可重复性，故自然数本身作为一种具有特殊结构的符号系统，一定是真的。接着我又指出，自然数既可以用皮亚诺公理来定义，又可以用戴德金结构来定义。根据戴德金结构，普遍可重复的受控实验通过组织可以无限制扩张也必定是真的。如果去考察迄今所知的所有受控实验，就会发现它们确实是由一些基本受控实验通过组织和自我迭代而成的。然而，我们又怎么知道它们还能通过组织和自我迭代不断构成新的受控实验呢？在"为什么只有一种科学真实"一节，我用真实符号系统扩张的无限性即自然数有无穷个来证明这一点。该证明存在一个缺环：真实符号系统的无限扩张要转化为受控实验通过组织和自我迭代的无限扩张，其前提是具有真实性结构的符号和受控实验存在一一对应。建立两者之间的一一对应，需要具有双重结构的符号系统。

盖。上盖必须建立在实数这一具有双重结构的拱圈之上。和拱圈相对应的是空间和时间，以及由其规定的基本测量。任何拱桥的加宽和上盖的增高，都必须立足于基本测量关系即自然界最基本规律的探索，也就是说，空间和时间测量及其符号表达是可以不断扩张之普遍可重复受控实验互相联系和整合的中心环节。这一切证明：时空测量的普遍可重复性是建立横跨经验世界和数学世界拱桥的前提，而拱桥的存在又是受控实验不断扩张的前提。这样一来，我们之所以生活在时空之中，是因为生活中碰到的大多数科学经验真实作为受控实验和受控观察之结果，总是和自洽的时空测量互相伴随的。

物理世界和虚拟世界

前文我通过讨论空间和时间测量是所有科学研究中普遍可重复受控实验不断扩张的前提，证明我们生活在时空之中，这给人一种荒谬的感觉。也许有人会说：从受控实验的普遍可重复为真就能推出时间和空间的存在，根本不需要"为什么我们生活在时空之中"一节那样复杂的论证。根据科学界的共识，一个经验上真实的受控实验的普遍可重复性，除了对所有从事实验的主体有效外，还强调在不同时间、不同地点可重复。因此，时间和空间作为所有普遍可重复中存在的共同性，只要受控实验的普遍可重复为真，就可推出我们一定生活在时空之中。这一切和时间、空间测量的普遍可重复没有关系。

然而，这种用存在论式的传统哲学抽象化得到的推断是不正确的！为什么？受控实验的各环节即使包含时空，其普遍可重复也不一定是在不同地点和不同时间可重复。将一个包含时空的普遍可重复的受控实验移到另一个时空位置，可能出现两种情况：一是受控实验不变；二是受控实验结果有改变（当这是一个和时空测量直接有关的受控实验时），但仍可以由不同主体重复。在第二种情况下，受控实验仍普遍可重复，但它不是在不同时间、不同地点普遍可重复。事实上，离开普遍可重复的受控实验和时空测量始终相伴，以及所有相应的时空测量必须互相自洽，不能准确地定义受控实验发生在时空之中。

更重要的是，把时空视为普遍可重复受控实验之共性，是对科学真实的严重误解。什么是科学经验真实？根据本书的定义，它是受控实验和受控观察的普遍可重复性。这里，受控实验和受控观察的普遍可重复并不包含时间和空间。我在"什么是空间"一节用时间和空间测量的普遍可重复来证明时间和空间为真，测量只是受控实验的特例。这表明受控实验的普遍可重复是空间和时间为真（即其存在）的前提。空间和时间测量只是某种颇为独特的受控实验而已，它绝不是普遍可重复的共性！

我在"经验和符号：真实性涉及两种对象"一节将指出，在判别经验是否可靠（真实）时，困难向来在于，主体如何确认那些作为感知的经验一定可靠（真实）。只要感知过程可以由选择（控制）来规定，主体就可以通过选择（控制）的可靠性来判断感知的可靠性（真实性）。这是真实性哲学的基本原理。这里，普遍可重复只涉及其对一个主体可重复，以及对所有主体可重复，其中没有时间和地点。正因为受控实验的普遍可重复是超时空的，真实性才是一种结构，无论是经验还是符号，只要具有这种结构，就是真的。据此，只要立足于符号与经验二分，在科学真实领域，立即得到纯符号的真实性和纯经验的真实性。纯符号的真实性是数学世界，正如数学世界不需要时间和空间，作为主体感知和操控稳态的纯经验的真实性也不需要时间和空间的自洽测量。

事实上，要求一个和时空测量不直接相关的受控实验（如孟德尔用豌豆做遗传学实验）在不同时间、不同地点普遍可重复，只是现代科学理论建立后科学界制定的规范。它是在以牛顿力学确立为标志的现代科学兴起后才被接受的。直到今天，科学界并没有进一步讨论其背后的认识论根据。然而，正如我在前文证明的，受控实验在不同时间、不同地点的普遍可重复，严格来讲只是该受控实验必须和时空测量相伴。这不仅是指每一个受控实验都对应着时空测量的受控实验，而且所有这些时空测量必须互相自洽，其背后正是这些受控实验可以经过组织和迭代得到新的受控实验。换言之，要求一个表面上和时空测量无关的受控实验在不同时间、不同地点普遍可重复，这一科学规范的建立既不是因为时间和空间是所有经验上普遍可重复的受控实验的共性，也不是出于经验真实性的最终基础，而是基于受控实验必须可以不断扩张的要求。

既然真实性结构已经证明科学经验真实并不需要时空，难道存在着没有时间和空间的经验真实吗？在虚拟世界被"制造出来"之前，人们很难想象这类经验真的存在。其实，人类早已知晓，我们的感知基于神经元收到的电脉冲信号，我们对外部世界的控制亦源于神经元电脉冲对运动肌的作用。这样，任何受控观察和受控实验之终端都是神经元收到和输出的电脉冲。只要用仪器建立神经元输入和输出的各种关系，就可以模拟作为主体感受的任何受控观察和受控实验的经验。[①] 就主体感知而言，受控实验和受控观察的普遍可重复都等价于输入和输出可以形成稳态，以及它们之间关系的结构稳定性。当我们用计算机仿真某一受控实验和受控观察中的输出和输入，并保证其稳态和联系方式结构稳定时，主体只要进入计算机中的仿真程序，感受到的输入、输出关系和在进行受控观察和受控实验时没有任何差别。换言之，在计算机仿真程序中，主体感受到的受控观察和受控实验也是普遍可重复的。今日，我们将用计算机仿真形成的主体可进入之经验世界称为虚拟世界。

在哲学上，我们自然可以问：主体在虚拟世界中感受到的经验是真的吗？今天，把真实性等同于客观实在仍然是哲学界的主流看法，因此，即使主体在虚拟世界感受到的经验真实和现实世界的经验真实完全一样，人们仍认为虚拟世界的经验不是真实的。然而，我已经证明客观实在并不总是成立的，科学经验真实的基础就是受控观察和受控实验的普遍可重复，在虚拟世界中主体亦可以进行受控观察和受控实验，虽然这些受控观察和受控实验是计算机程序早已规定好的，但其亦满足普遍可重复性。这样一来，只要我们坚持科学经验真实性的基础是

---

① 详见 John G. Nicholls 等：《神经生物学——从神经元到脑》，杨雄里等译，科学出版社 2014 年版。

受控观察和受控实验的普遍可重复性，就必须承认虚拟世界主体感受到的经验也是真的。

事实上，随着人们发现客观实在为真的前提并非始终成立，如何区别主体在虚拟世界的经验和我们出生并生活在其中的真实世界的经验一定会构成一个严峻的挑战。一开始，我们可以用虚拟世界是人造的，即其是用计算机仿真制造的电子幻觉来回答。但随着虚拟世界技术不断完善，且虚拟世界越来越普遍，主体进入其中发现它们和我们在日常生活中的经验不可区分，并陷入真假不分的焦虑。很多人甚至会问：既然这两个世界在经验上不能区分，我们出生并生活在其中的真实世界会不会是更高级文明创造的虚拟世界呢？如果人类真的是生活在高级智慧创造的虚拟世界中，那么所有认识论面临的基本问题就变成我们如何知道自己是否生活在高级智慧创造的虚拟世界中。事实不正是如此吗？这一本源于科幻电影的问题正受到越来越多的关注。今天我们是否生活在更高级智慧所创造的虚拟世界中已成为十分严肃的哲学探讨。①

———————————

① 这方面的一个典型例子是，针对为什么宇宙遵循的法则如此相对简单这个问题，一些哲学家给出 21 世纪才有的答案——因为我们感受到的宇宙间一切都是被设计好的。也就是说，物理学基本定律的存在，是因为人生活在高等文明所创立的虚拟世界中。根据目前的资料，这一观点最早是由瑞典裔英国物理学教授尼克·博斯特罗姆在 2003 年提出的（Nick Bostrom, "Are You Living in a Computer Simulation?", *Philosophical Quarterly*, Vol. 53, No. 211, 2003 ），并逐渐引起越来越多的讨论和关注。（Anil Ananthaswamy, "Do We Live in a Simulation?", *Scientific American,* https://www.scientificamerican.com/article/do-we-live-in-a-simulation-chances-are-about-50-50/.）其实，这种答案只是绕一个圈子回到原有问题。如果不存在物理学基本定律，高等文明根据什么为我们创立虚拟世界？

一旦区分虚拟世界和我们生活的日常世界成为哲学家的任务，真实性哲学的重要性立即显现出来了。因为真实性哲学给出的答案出奇的简单明确，那就是虚拟世界不存在互相自洽的时空测量。所谓互相自洽的时空测量，是指对每一个经验上真实存在的对象，都必定可以配备一个普遍可重复的时空测量，所有这些时空测量不仅普遍可重复，而且一定互不矛盾。其实，人在玩电子游戏时，就知道其中的时空不是真的。现在可将其转换为如下更准确的表达：主体在感知对象的存在时，必须能够进行相应的时空测量，只有当所有时空测量互相自洽时，相应的真实经验才不是虚拟世界的经验。也就是说，时空的真实性并不是我们感觉到时空而已，它必须可以转化为测量。真实时空的存在要求各种时空测量普遍可重复，特别是它们之间必须互相自洽。

　　既然时空测量是某种独特的受控实验，在虚拟世界建立的程序中，事先对其中的任何存在都设定自洽的时空测量，这时主体是否没有任何办法来判别自己是否生活在计算机程序中呢？正如电影《黑客帝国》中那样，主体可以在虚拟的街道上行走，在餐厅中吃牛排，计算机程序保证餐厅的时空测量和牛排的时空测量都是互相自洽的。这时，只要主体无法从矩阵中走出来，就很难分辨自己是在计算机程序中吃牛排，还是真的在吃牛排。其实，这个疑难很容易解决。时空测量的自洽等价于受控实验的不断扩张。在计算机程序中，即使编好了主体感受牛排香味的程序，但它和我们出生并生活在其中的真实世界的不同在于，事先设定的程序必定会在某一点终止，假定该终止点是牛排的味道，则主体在虚拟世界中无法做牛排香气的分子实验。如果将其转化为时空测量，则牛排的时空测量和商店位置的时空测量互相自洽，但主体去做有关牛排味道的受控实验时，会发现规定牛排香气的分子运动的时空测量和前面所说的时空测量互相不自洽。[①]

简而言之，正因为虚拟世界的普遍可重复受控实验和受控观察对应的经验亦是真的，我们可以把科学真实之经验分成两种形态。一种是存在着自洽的时空测量，我称之为物理世界。物理世界中普遍可重复的受控实验可以通过组织和自我迭代不断扩张。另一种由独特的普遍可重复的受控实验集组成，这些受控实验不能和时空测量对应，或存在对应但时空测量不自洽，该受控实验集虽然普遍可重复，但不能通过组织和自我迭代形成新的受控实验。它们构成了形形色色的虚拟世界。

---

① 这里还涉及一个更深层次的问题，即所谓"意识的难题"：某种体验为什么会让主体产生相应的感受？比如巧克力的甜味或亲吻的触感会让人感到愉悦，它涉及主体的自由意识的本质。基于对这一问题的思考和虚拟现实技术的发展，美国哲学家大卫·查默斯指出，虽然虚拟现实和一般的实体现实是不一样的，但由于它在世界中的效果（让人产生的感受）与实体现实并无根本不同，因此也是一个完全真实的现实。所以我们不能把虚拟世界当作用来遁世的幻象，发生在 VR（虚拟现实）中的一切是真的发生了的。一旦足够真了，人们就可以在 VR 中过上完全有意义的生活。（大卫·查默斯：《现实＋——每个虚拟世界都是一个新的现实》，熊祥译，中信出版社 2022 年版。）其实，虚拟世界的真实性，并不涉及价值和情感。至于价值和情感，我会在第四编第三章和建构篇中展开论述。

"元宇宙"的性质和结构

本章前三节的分析得出一个结论：虚拟世界的经验和我们生活在其中的物理世界的经验之所以不同，是因为它们和时空测量的关联存在差别，而非虚拟世界的真实性基础和经验真实不一样。因此，虚拟世界也是真的，它是另一种形态的科学经验真实。

我要强调的是，就经验真实本身而言，虚拟世界的经验和物理世界的真实经验没有差别，只要坚持真实性哲学的基本原理——科学经验的真实性就是受控实验和受控观察的普遍可重复性，必定得出虚拟世界的经验为真的结论。然而，上述结论很难为人所接受，因为虚拟世界的主体感受到的和处理的对象都是计算机程序。通常人们认为，计算机程序是数学运算，它怎么是经验真实呢？更何况，我一再强调数学是普遍可重复的受控实验的符号表达，数学的真实性只是符号结构的真实性。虚拟世界再"真实"，本质上也只代表了符号系统的真实性，我们怎么能把用符号仿真的经验结构视作经验本身呢？

上述疑难出现的原因在于，不理解数（自然数和实数）是具有双重结构的符号系统。我在"在数'数'的背后：自然数的双重结构"一节指出，自然数有两种定义方法。一种是其为一个满足皮亚诺-戴德金结构的符号系统。在这一定义中，集合元素之间的关系是非经验的，其规定了自然数的纯符号结构。该结构的真实性是纯符号的真实性，它和经验无关，属于纯数学真实。另一种是用经验结构来定义。2 是 1 的后继符号，这里 2 和 1 的关系是符号结构。但 2 是两个 1，3 是 2 的后继符号，同时 3 是三个 1，如此等等。这里，数与数的关系是经验结构。也就是说，自然数还代表了数"数"的经验结构。自然数的奇妙之处在于这两种结构的合一。不仅自然数如此，实数亦如此。这正是"数"这一双重结构符号系统所具有的独特性质。

现在我要问：在虚拟世界中，主体面对对象时，其感知的是对象的经验结构还是符号结构？没错，对象只是物理世界的数字仿真，数字符号串同时具有符号结构和仿真物理世界的经验结构，但主体和虚拟世界的对象发生关系时，其面对的是何种结构呢？主体面对的是数字符号串的经验结构而非符号结构！当主体进入虚拟世界时，仿真物理世界的对象虽然是程序算出的数字符号串，但这些数字串通过穿戴设备和其他传感装置与主体的神经系统和电脉冲对应，电脉冲序列结构和基于数学计算得到的数字序列同构。毫无疑问，当主体通过电脉冲感受到基于数学计算的对象结构时，被感受到的只能是双重结构符号系统的经验结构。否则，主体在虚拟世界中感受不到任何物理世界对象的形象。

虚拟世界数字符号串的纯符号结构又有什么功能呢？它保证的恰恰是经验结构的可靠性。我在第二编第二章再三强调，当符号串和经验结构同构时，它必须和自然数建立对应关系。因为自然数的符号结构代表受控实验的普遍可重复，这样双重结构的符号系统中，相应符号串代表的受控实验才是普遍可重复的（即是可靠的）。第二编第一章讨论的是科学理论如何架起经验世界和数学世界的拱桥。其实，在用数字结构仿真的主体感觉到经验时，这一讨论亦成立。换言之，正是数字符号串的纯数学结构（计算程序）保证了其传递的经验结构信息的可靠性。

上述观点可能会遭到反驳：穿戴设备或 VR 将数字信号转化为同构的电脉冲，主体感受到的只是经验的结构，而非经验本身。什么是经验本身？我在第四编第一章将证明：从认识论角度，离开结构讨论经验毫无意义。以前哲学家讲的经验本身，只是实在论的想象而已！让我们来考察物理世界中的经验。主体对物理世界对象的感觉和作用同样是具有某种结构的电脉冲。就电脉冲的结构而言，虚拟世界的经验和物理世界的经验之间没有任何差别。我们之所以认为物理世界存在着经验本身，是因为对象作为实体存在着。然而，正如我在"为什么我们生活在时空之中"一节所证明的，作为实体的对象和作为数字结构的对象之差别仅在于，对实体总是可以去做一个以前没有做过的受控实验或受控观察。当对象只是数字结构时，这样做是不可能的。也就是说，物理世界的受控实验可以通过组织和迭代不断扩张，产生一个又一个新的受控实验或受控观察。虽然对所有这些新的受控实验和受控观察，主体的经验仍然是电脉冲集呈现的结构，但这些经验结构可以不断拓展为新的经验结构。

事实上，只要我们不是在做研究，即力图通过已知受控实验组织和迭代不断形成新的受控实验，虚拟世界的经验在真实性上和物理世界的经验就没有差别。这样一来，建立在物理世界经验之上的任何非认知型的价值评判和社会行动都同样可以寄托在虚拟世界的真实经验中，即主体进入互联网的虚拟世界，可以不仅是在玩游戏，也不仅是以虚拟的人物化身为载体和其他主体交往，而且是在占有虚拟世界中的对象，赋予其"非认知型"的价值，把自己的占有物和其他主体交换，实现任何物理世界中可以进行的政治和经济活动。生活在虚拟世界的居民甚至可以建立自己的组织，只要该组织的目的不是对虚拟世界存在的对象进行科学研究。换言之，除了主体不可能围绕自己感知到的经验对象做一系列从未做过的受控实验和受控观察，虚拟世界的经验和物理世界的经验可以一模一样。

正因如此，虚拟世界的建立可以极大地扩展主体直接体验到的真实经验。通过计算机仿真，人可以有在月球上散步的真实经验，亦可以和一群开拓者在遥远的外星建立移民点，体验人类离开地球建立新文明的艰辛。只要我们具备相应对象正确的科学知识，有运算能力足够强大的计算机，通过进入虚拟世界就能获得在物理世界不可能有的形形色色的经验。这些经验是真实的，它们和人类在物理世界的经验一起，塑造了我们的价值系统与思维模式，成为我们处理人际关系甚至建立社会的基础。

一旦认识到虚拟世界经验的真实性，以及它可以和物理世界经验一起成为支撑人类社会行动的舞台，就可以理解虚拟世界经验进入物理世界带来的巨大冲击了。因为从此以后，人类所有的直接经验都面临扩充甚至重构。人人皆知物理世界真实经验对主体价值系统的形成和组成社会的重要性。300年来，现代社会的建立和现代科学之形成是一个同步过程。当各式各样的仪器作为人感官的延伸，成为人类经验世界扩张的推动器时，受控观察迅速积累、受控实验经组织和迭代不断拓展与人类文化价值及社会的巨变一直是不可分割的。然而，在主体可以进入虚拟世界之前，所有这些被扩大的经验都是物理世界的经验。那种不属于物理世界的真实经验，人类不仅从没有体验过，而且不知道它是科学真实经验的一部分。

虚拟世界（或者说赛博空间）的流行源自20世纪90年代互联网技术、电子通信与社交日益盛行，其中一个最主要的载体是网络游戏。[①] 然而，正因为虚拟世界的经验真实性，它发展到一定程度必定融入物理世界的经验。2003年，美国加利福尼亚州的林登实验室推出了一款3D模拟现实网络游戏《第二人生》，它因深受用户喜爱迅速拓展，最早越出游戏范围成为和物理世界相交的真实经验。[②] 2017年，该实验室发布《第二人生》的续集版Sansar，Sansar已经是一个在互联网上的虚拟社会。在这里，参与者可以学习、工作、生产、购物、存款，或者是跟朋友们一起四处闲逛、娱乐。因为虚拟世界中的通用货币"林登币"与美元可以以一定汇率进行自由兑换，[③] 出现了虚拟世界和物理世界的合流。该合流一旦发生，就不可阻挡。

---

① "cyberspace", Encyclopedia Britannica, https://www.britannica.com/topic/cyberspace.

② Samuel Axon, "Returning to Second Life", Ars Technica, https://arstechnica.com/gaming/2017/10/returning-to-second-life/.

③ Kevin Carbotte, "Linden Lab Introduces Sansar Monetization System, Reveals First Video Footage", Tom's Hardware, https://www.tomshardware.com/news/sansar-video-footage-monetization-system,33300.html.

我们可以想见，在不久的将来，人类将生活在虚拟世界经验和物理世界经验混合的真实中。正如作家凯文·凯利所说："使用一个可穿戴眼镜，以此看到现实世界，里面叠加着由数字材料构成的虚拟世界。我们可以用它做很多事情：我们可以边设计产品边走动，可以设计人体可穿透的建筑，但我们可以在三维空间中看到并感受到虚拟建筑的存在。"[1] 人可以用这种亲身体验来修改建筑的设计。

2020 年，新冠病毒在全球传播，导致非接触式文化的形成，它终于成为虚拟世界经验和物理世界经验正式会合的契机。一个代表两种经验的概念"元宇宙"流行了起来。其英文 Metaverse 一词最早见于尼尔·斯蒂芬森 1992 年的科幻小说《雪崩》，它由 Meta 和 verse 两个单词组成，Meta 表示"超越"或"在某某之后"，verse 代表宇宙（universe）。元宇宙一开始用于表达互联网的一个新阶段，它由 AR（增强现实）、VR、3D（三维）等技术支持的虚拟现实世界和物理世界混合而成。元宇宙在全世界范围内流行的标志性事件是 2021 年脸书首席执行官马克·扎克伯格表示，自己的公司正式更名为 Meta，将会把未来的虚拟现实纳入其中。他将其称为"元宇宙"，并乐观地预计元宇宙将在未来 10 年触及 10 亿人。[2] 实际上，元

---

① 凯文·凯利：《20 年后镜像世界才是元宇宙的未来》，360doc 个人图书馆，http://www.360doc.com/content/21/1229/08/7747422_1010831861.shtml。

② Dalvin Brown, "What is the 'metaverse'? Facebook says it's the future of the Internet", *The Washington Post,* https://www.washingtonpost.com/technology/2021/08/30/what-is-the-metaverse/.

宇宙意味着一个物理世界之后的更大经验世界的产生，它超越了物理世界和虚拟世界本身。

今天，科技和商业精英热情地拥抱那个刚刚诞生的元宇宙，认为其象征着人类文明的新开端。然而，很多人对这一包含虚拟世界经验的新经验世界忧心忡忡，认为从此"真"和"假"失去了界限，这是人类生活的内卷。元宇宙的本质究竟是什么？它是人类文明的迷失还是一个全新的开始？科学史表明，人类直接经验越丰富，即掌握的普遍可重复的受控实验集越大，科学真实的扩张越快。随着虚拟世界经验和物理世界经验互相交融，人类掌握的科学真实的直接经验会迅速扩张吗？在这史无前例的人类直接经验扩张前提下，可以建立一个更自由的社会吗？对元宇宙的结构和性质，正在引起巨大的争论。①

我要强调的是，元宇宙会对人类产生冲击，但主要限定在文化和社会组织层面。为什么？因为虚拟世界中普遍可重复的受控实验不能通过组织和自我迭代不断扩张。虽然虚拟世界的受控实验作为物理世界受控实验的数字仿真，有可能通过和物理世界经验的互动促使科学真实的扩展，但元宇宙对科学认知拓展的意义十分有限。科学真实中受控实验和受控观察集合的扩大必须依赖物理世界的经验。对于建立在科学经验真实之上的人类文化价值和社会行动，情况就大不一样了。

举一个想象的例子，今日一些人正在组织志愿者移民火星，

---

① 相关争论参见余晨：《当我们谈论元宇宙时，我们在谈论什么》，载搜狐网，https://www.sohu.com/a/542182961_184783。

其原因也许并非必须离开地球去寻找新的家园，而是想模仿当年新教徒到美洲建立没有历史包袱的现代社会。可以想见，加尔文宗信徒在新大陆拓荒的直接经验对美国精神的形成极为重要。如果今天的人类能移民火星，移民的经验对人类社会精神之塑造是十分有意义的。然而，这种直接经验通过虚拟世界获得也许比移民外星容易得多。今后新人类的很多价值都会来源于虚拟世界。当人类一出生就生活在元宇宙中时，其价值系统和行为模式与今天会有什么不同？这一切是否会改变现代社会的结构？我们将生活在一个更开放、更自由和更具创造性的社会中，还是会进入逃避现实的避风港？这一切都是今天不可能预见的。然而，正如现代科学迅速拓展带来的其他问题一样，这一切并不是作为科学经验真实的元宇宙本身的问题，而是人类社会和文化面临的挑战。

2021 年被认为是人类进入元宇宙的元年。在这一年，新冠病毒不断变异，很多国家不得不限制人与人之间直接交往，各种隔离措施对人类经济和其他活动产生严重影响。在此意义上，刚刚兴起的元宇宙引起高度注意，并被用于命名一个即将来临的新时代，这是意味深长的。虚拟世界经验和物理世界经验整合成一个整体，并在很多场合取代物理世界的经验，不仅意味着人类在获得经验方面具有更大的自由，还代表着个人之间交往以及建立凭意愿可改变的社会组织能力的再一次大扩张。在此意义上，元宇宙也许真的会开启一个人类历史的新纪元。

虚拟世界是如何呈现的

元宇宙最令人感到惊奇的是，主体拥有的直接经验居然是由物理世界和虚拟世界组成的。人类出生并最初生活在物理世界中，拥有的是物理世界经验，但随着科技的发展进入虚拟世界，一定会拥有虚拟世界的经验。我们知道，主体一直面对并处理着两种对象：一种是经验对象，另一种是符号对象。既然主体拥有的经验对象中有虚拟世界，主体拥有的符号对象中也有虚拟世界吗？表面上看，这是不可能的。就常识而言，虚拟世界不同于物理世界，它是用数学模拟物理世界经验的结果。当主体面对符号对象时，真实的纯符号对象本身就是数学世界，在数学中寻找虚拟对象毫无意义。然而，这种常识性论断是不正确的。

为什么？现代科学出现之后，主体可以用真实的符号系统表达物理世界，这就是用数学和逻辑语言建立科学理论。现代科学理论是用符号系统把握物理世界。我们自然可以问：随着现代科学研究的不断推进，在符号对象把握的物理世界之中，是否也存在类似于经验世界中的虚拟对象？所谓虚拟对象指的是，主体自以为是在用符号表达物理世界，但实际上表达的只是纯数学对象。我发现这种类似于主体在经验上进入虚拟世界的情况是存在的。为此，让我们先来分析什么是主体进入虚拟世界。

虚拟世界是用数字仿真受控实验的结果。受控实验结构如图1-2所示，由于主体面对的输入和输出之终端都是神经系统的电脉冲，故图 1-2 中可以把控制变量 C 转换成电脉冲集 c，主体感受到的信息亦可以转换为电脉冲集。这样，受控实验结构就是图 3-5。显而易见，只要用数字之间的关系来仿真图 3-5 中 c 和 Y 之间的关系，主体的感知和在受控实验中的感知没有区别，受控观察亦是如此。一旦图 3-5 中 L 和 Y 之间的关系以及对 Y 的感知只是图 1-2 的数字模拟，图 3-5 中的主体就进入了虚拟世界（见图 3-6）。

图 3-5　受控实验中的主体

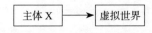

图 3-6　主体进入虚拟世界

正如"物理世界和虚拟世界"一节所说，就经验结构而言，数字仿真的受控实验和物理世界的受控实验之差别，可以归结为后者可以不断拓展，而前者则不能。只要主体不去做新的受控实验（或去系统检查所有对象时空测量是否一致和互相自洽），就完全感觉不到虚拟世界经验和物理世界经验的不同。这时，只要主体不是有意识地去实现受控实验的拓展，就完全可能自以为仍然生活在物理世界中。我们用上述主体进入虚拟世界的标准，分析主体用可靠的符号系统把握科学经验，就会立即发现这种情况在主体面对的符号对象中亦存在。如果把在经验对象中存在的"虚拟的"东西称为虚拟世界，那么在符号对象中类似的东西就是虚拟物理学。

人作为符号物种，不仅生活在经验世界之中，还可以通过符号系统表达经验世界，主体用符号表达经验世界和生活在经验世界的不同在于，后者是通过感知，前者是通过语言和数学，即通常说的用符号进行思考或做研究。现在我要问：当主体用符号系统把握并研究物理世界时，在何种前提下他再也不能凭直觉判断自己仍在进行物理研究呢？或者说，在什么条件下，主体的研究和思考已经走进了非物理的纯数学，而他却不能意识到这一点呢？

现代科学理论是一座横跨物理世界和数学世界的拱桥。本书第二编第三章描绘了横跨经验真实和数学真实拱桥的整体结构。拱桥作为具有双重结构的符号系统，它由上盖和拱圈两个部分组成。上盖是用逻辑语言描述受控实验，陈述代表了符号系统的经验结构；与此同时，每一个代表受控实验的符号串（陈述）和一个自然数对应，代表了符号系统的数学结构。受控实验的陈述通过自我组织和迭代的扩张意味着其对应的自然数成为一个递归可枚举的集合。主体面对拱桥的上盖时，能够明确而清醒地意识到符号串（受控实验和受控观察的陈述）和物理世界对象的对应关系。主体在研究这些陈述，用其推出新的陈述时，即可用新的陈述找到新的受控实验或受控观察。这表明主体用横跨经验世界和数学世界的拱桥把握物理世界时，在拱桥的上盖中并不存在虚拟对象。

横跨经验世界和数学世界拱桥的另一部分即拱圈中存在虚

拟对象吗？如前所述，拱圈由实数表达的测量组成，它也是一个具有双重结构的符号系统。实数的大小即测量值代表受控实验（测量）的经验结构，定义实数的公理代表其纯数学结构。通常，实数大小对应测量值，测量值必须由一个物理世界的受控实验得到。这样，在考虑大多数科学理论的量化部分时，亦不存在虚拟对象。然而，我在本编第一章证明：量化的基础是空间测量。我在本编第一章把时空测量称为基本测量，并证明物理学的基本定律就是基本测量之间的关系。在时空及其规定的基本测量中存在着虚拟对象吗？表面上看，时空及其规定的基本测量和其他测量没有什么不同，但是我们不要忘记：时空测量是把物理世界所有普遍可重复的受控实验互相联系起来的纽带，正因为物理世界所有普遍可重复的受控实验和自洽的时空测量相伴，物理世界的受控实验才可以通过组织和迭代无限制地扩张。这一切映射到时空测量上，就是时空测量之度规，即我们选择的测量单位，可以无限制地扩大或缩小。

当时空测量单位不断变大或变小时，在主体看来，作为测量结果的实数当然亦属于经验结构。然而，该结构一定对应着物理世界的测量吗？不一定。本编第一章讨论过物理世界的时空测量和它们规定的基本测量，作为普遍可重复的受控实验，必须满足相对论和量子力学中测不准关系。我在本编第三章将证明：如果在某一时空尺度，虽然能用实数值代表测量结果，但根据相对论和量子力学基本原理，在物理世界不存在相应可普遍重复的基本测量，那么实数的值只是数学真实，而不再对应物理世界的经验结构。

由此可见，一旦时空测量值不再和物理世界的受控实验对应，具有双重结构的符号系统和物理世界的经验结构的对应就是虚拟的。也就是说，表面上我们是在做物理世界的时空研究，而实际上研究的只是纯数学，但研究者不能意识到这一点。[①] 这时，研究者能发现的只是他的研究再也推不出预见性结论。如前所述，虚拟世界和物理世界的最大不同在于，前者的受控实验不能通过组织和迭代产生新的受控实验，将其对应到主体用数学和逻辑语言研究物理世界，就是现代科学理论再也不能用数学和逻辑推出一些从未做过的受控实验。这时，物

① 时间和空间探索中存在纯数学（我称之为虚拟物理学）可以解释今日科学中存在的一个悖论，那就是宇宙结构的宏观或微观图像似乎和我们的意识存在某种联系。这在科学的其他门类中是不可思议的。我们不会在研究化学反应的规律时意识到人的存在，也不会在生命演化和各种生物之间关系的探讨中把人本身（特别是人的思想）作为一个变量。宇宙论却不是如此。无论是著名的人择原理，还是量子力学主体的观察导致波函数塌缩产生多重宇宙存在之想象，人本身或他的意向性直接和宇宙的基本形态发生关系。不管这些理论对错，人的思想和选择居然与在科学上人无法影响的如此巨大的宇宙相关，这在方法论上是不可思议的。我要问的是：宇宙整体结构的研究为什么如此特别？答案是简单的，因为它是时间和空间本身的整体性研究。时空真实性的本质包含作为纯粹符号存在的数学真实性，它是能创造符号的人有意识的产物。宇宙论正好处在经验真实和数学真实的交点上，它和人的思想意识存在不可避免的联系。凡·高曾把颜色看作我们的心灵和宇宙相交之处，其实从真实性本身来看，只有空间和时间才具有这样的地位。真实性是在这里起源的，也终将消失在这主客不可分的无穷探索之中。在物理学基本定律的研究领域，只有在宇宙起源、演化以及其如何终结的问题上，存在着虚拟物理学，它实际上是纯数学。纯数学作为主体创造的符号系统，当然和主体有关。由于它们被当作物理世界的符号表达，我们在碰到虚拟物理中的宇宙时，会想起中国宋代哲学家陆九渊的豪言壮语："宇宙便是吾心，吾心即是宇宙。"

理学家会十分困惑：过去数学上美妙的理论可以做出神奇的科学预言，现在理论再美妙，也不能推出物理世界存在的、可以用受控实验证明的新现象。这时，正如我们没有意识到自己进入虚拟世界一样，主体已陷入虚拟物理学研究之中。虚拟物理学的诞生源自主体用数学和逻辑语言不断推进物理学基本定律的研究，这时科学理论研究不能推动受控实验进一步扩张的情况和虚拟世界一模一样。

总而言之，科学真实的四种形态中，有两种属于虚拟类型：一种是用数字仿真经验结构的虚拟世界（表 3-1 中的 B），另一种是虚拟物理学（表 3-1 中的 D）。一开始人生活在前科学的物理世界中（表 3-1 中的 A），随着相对论、量子力学成为科学的基础（表 3-1 中的 C），发生 A 转化为 C。科学真实开始大扩张。在科学真实不断扩张的过程中，科学真实的虚拟形态必定先后显现出来。

这两种虚拟世界呈现的先后顺序是什么呢？众所周知，人类是凭着高科技进入元宇宙的。元宇宙经验的呈现需要计算机巨大的运算能力，或许只有量子计算的广泛应用才能完全适应元宇宙的需要。此外，今天全球不同地区跨地域迅速交往的时空定位系统，需要广义相对论对 GPS（全球定位系统）时空测量误差的纠正。毫无疑问，如果不是相对论和量子力学成为现代科学的基础，主体不可能进入元宇宙，把虚拟世界作为自己真实经验的一部分。同样，进入虚拟物理学亦需要用数学对量子力学、相对论做不断深入的探讨，故相对论和量子力学作为现代科学的基础是虚拟世界和虚拟物理学呈现的前提。

一般说来，数学和物理学理论的研究进展比用超级计算机仿真物理世界要迅速。这样一来，主体知晓虚拟世界是科学真实的特定形态之前，就有可能进入虚拟物理学而不自知。也就是说，主体进入虚拟世界的顺序可能如图3-7所示：A→C→D→B。事实不正是如此吗？20世纪80年代，虚拟世界仍处于科幻电影和小说想象阶段，[①] 那时理论物理学已取得巨大成就；当理论物理学家都沉醉于物理学新发现的狂喜之际，物理学前沿就随着数学和理论研究的惯性进入虚拟物理学了。这里，所谓数学和理论研究的惯性就是物理学基本理论的"数学美"。

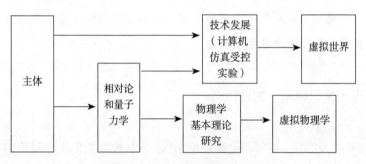

图3-7　虚拟世界呈现的过程

[①]　一个例子是美国裔加拿大作家威廉·吉布森在1984年所写的科幻小说《神经漫游者》。这是目前已知的最早描写网络和虚拟世界的科幻作品。

第三章　虚拟物理学

20 世纪 80 年代以后，时间和空间的数学研究突飞猛进，超弦理论的研究者声称已经完成相对论和量子力学的统一，但新理论一直没有提出可由受控实验检验的结论。物理学前沿怎么了？有人称其为"后现代物理学"，其实这只是物理学家顺着 20 世纪现代科学革命的惯性最先进入了特定的虚拟世界，它只是虚拟物理学而已！在此意义上，虚拟物理学可视为虚拟世界和元宇宙来临的前奏曲。

进入虚拟物理学的途径

1928 年，英国理论物理学家保罗·狄拉克把狭义相对论中粒子动量、位置和能量的关系转换成算符形态，写出了漂亮的狄拉克方程。解狄拉克方程可以得到电子的自旋，并预言了正电子的存在。1932 年，美国物理学家卡尔·安德森在宇宙射线中发现了正电子。这件事情给物理学家以巨大的震撼。狭义相对论中粒子动量、位置和能量的关系虽然是经受控实验证明的，但将其转换为狄拉克方程依据的是量子力学公理。在很多人心目中，量子力学公理没有物理意义，它只是一种数学真实性。而且，狄拉克方程中存在着复数，它似乎也没有直接的物理意义。然而，这个具有高度数学美感的方程之解居然和电子行为一致，甚至预见了原先不知道的正电子存在。一直以来，物理学家大多根据实验事实来建立理论，狄拉克却把理论数学之美放在首位。杨振宁曾用"秋水文章不染尘"来形容狄拉克对物理学理论中数学之美的追求。①

从此以后，理论物理学家开始意识到，"数学之美"和物理学的"理论之真"存在着内在的联系。这种信念推动了基本粒子理论迅速成熟。随着量子场论的展开，弱作用力和强作用力被发现。1954年，杨振宁和罗伯特·米尔斯提出非交换规范场论。这是一种基于时空对称之美的数学理论，即"杨-米尔斯理论"。②该理论一开始没有任何实验根据，甚至表面上和已知事实矛盾。③然而，历史证明：规范场论可以将电磁力、弱作用力和强作用力统一起来。20世纪70年代，量子色动力学在非交换规范场论的基础上建立起来，数学之美和自然界

---

① 杨振宁：《美与物理学》，《物理》2002年第4期。

② Laurie M Brown、Abraham Pais、Brian Pippard 编：《20世纪物理学（第2卷）》，刘寄星主译，科学出版社2015年版，第50—51页。

③ 事实上，数学理论之美与物理学理论之真紧密联系的形成，经历了一个漫长的过程。在20世纪的大部分时间里，二者之间是存在间隙的。在1983年初次出版的论文自选集序言中，杨振宁也指出这种间隙的存在，他说："我的物理学同事大多对数学采取一种功利主义的观点……我更为欣赏数学。我欣赏数学家的价值观，我钦佩数学的美与力量。"［Chen Ning Yang, *Selected Papers (1945—1980) with Commentary*, World Scientific Publishng Co. Re. Ltd., 2005, p.74.］

基本法则之间差不多被画了等号。① 玻尔甚至把那些正确的理论视为"美到疯狂"的理论。1958 年，美籍奥地利物理学家沃尔夫冈·泡利在哥伦比亚大学做了一场有关量子场论的报告，报告后的讨论环节中，他指出自己的理论可能有些疯狂。当时玻尔也在场，他做出了一个著名的评论：也许你的理论还不够疯狂。②

　　数学作为普遍可重复受控实验的符号结构，其美感意味着不同受控实验的符号结构整体关联，一旦将其对应到经验上成立的受控实验，就是数学上美的物理学理论对未知经验事实的预见性。如前所述，现代科学是横跨经验世界和数学世界的拱桥，理论物理学则是拱桥拱圈的中坚部分，其数学之美实为对拱圈整体性的一种概括。因此，物理学家根据数学之美，提出更具预见性的物理学基本理论，表明发现物理学理论的数学之美和理论之真之间的联系，不仅是对数学乃受控实验符号结构的朦胧意识，还是对横跨经验世界和数学世界拱桥的深层结构的初步理解。20 世纪相对论和量子力学的革命，必定会导致科学界追求物理学基本理论的数学美，寻找更高深、更美的数学理论来概括不同领域的物理学基本定律，终于成为推动理论物理学发展的动力。

　　事实亦是如此，运用高深的数学来寻找宇宙基本法则，带

① Laurie M Brown、Abraham Pais、Brian Pippard 编：《20 世纪物理学（第 2 卷）》，第 68 页。

② Charles P. Enz, *No Time to be Brief: A Scientific Biography of Wolfgang Pauli,* Oxford University Press, 2002, p.526.

来理论物理学前沿的巨大进步。20 世纪上半叶，物理学是在理论和实验不断有新发现的惊喜中度过的。然而，人们没有想到的是，在将理论物理学的基本原理互相联系以建立大一统理论的前夜，数学上美的新理论不再如同以前那样具有预见性，它甚至开始和新的受控实验脱钩。20 世纪 80 年代，有物理学家发现当代基本粒子前沿研究"盛宴已过"。[1] 近半个世纪来，尽管越来越具有数学美的理论被提出来，但新理论对新受控实验的预见能力消失了。物理学界再也没有出现像 20 世纪上半叶那样重大理论进展被一个又一个实验证明的惊喜。[2]

理论物理学的前沿怎么了？至今没有一个物理学家能回答。

---

[1] "盛宴已过"的说法来自杨振宁。根据他的回忆，1980 年美国粒子物理学家罗伯特·马夏克召开了一场有关"高能物理的未来"的国际会议，杨振宁旁听了这场会议。在会议快要结束的时候，会议主持人发现他在观众席中，并邀请他发言几句。杨振宁答应后，只说了一句话："在以后 10 年间，高能物理最重要的发现就是：The party is over（盛宴已经结束）。"（参见杨振宁、翁帆编著：《晨曦集》，商务印书馆 2018 年版，第 82 页。）

[2] 2017 年，杨振宁进一步指出高能物理的"盛宴已过"，可以从两个方面理解："1. 1980 年以后，直到今天，所有高能物理的发现与发展，其理论基础都源于 1980 年以前（比如 2012 年 Higgs 粒子的发现，当然是高能物理学界的大事，可它是 1980 年以前就预言了的）。2. 为什么 1980 年以后理论物理没有重要发展呢？历史上重要的理论发展几乎全都起源于实验：力学、热力学、电磁学、量子力学都是如此。1980 年以前的 30 年间理论高能物理也不例外：那 30 年间'奇异粒子'的发现，自'table top'实验开始，催生了高能物理，催生了实验与理论互动的时代，催生了振奋人心的"盛宴"。可是到 1980 年左右，这个盛宴已经无法继续：实验设置已经变得极大（到 21 世纪实验团队更大到数千人），高能物理实验变成了大计划、大预算，失去了 table top 实验探索自然奥秘的精神与感受，高能理论物理也因而失去了实验结果所带来的启发。盛宴已经结束！"（参见杨振宁、翁帆编著：《晨曦集》，第 83 页。）

我认为，其实这是一个哲学问题。在真实性哲学看来，用数学和逻辑语言表达物理学基本定律的结构中，存在着进入虚拟物理学的可能。正如"从规范场到'上帝粒子'"一节所说，当横跨经验世界和数学世界拱桥的拱圈之实数集合不再与经验上的时空基本测量对应时，理论物理学家只是在做虚拟物理学的研究。这时，虽然理论物理学在发展，但其用数学推出的结论和新的实验不再有联系。然而，这又如何可能呢？我们知道，实数的大小是经验结构，它对应着测量值。当物理学基本理论用数学推出的结果是实数时，实数的值对应的是双重结构符号系统的经验结构，一般来说，根据该经验结构总能找到相应的受控实验。然而，下面我可以证明：实数值对应新的受控实验，并不是永远成立的。当其不成立时，物理学家从事的就是虚拟物理学研究。

如前所述，自然数是一个具有双重结构的符号系统，数的大小就是数"数"的经验结构。我在"测量可以等同于数'数'吗"一节证明，自然数的经验结构是不能当作测量这一独特受控实验的经验结构的。为了表达测量结果的大小，必须使用实数这一具有双重结构的符号系统。[1] 根据测度论，所谓某个集合可测量，实为它和实数同构。当用符号系统表达空间和时间的测量值时，先要用实数的经验结构和测量结果对应。与此同时，还需要用一个纯符号结构表达测量过程。只有这样，

---

[1] 正因如此，物理量的量子化必须从连续量的量子化导出，因为对作为测量的受控实验来说，连续量是基本的，量子化则需要前提，即测量值的量子化是测量（受控实验）之间存在约束或互相冲突所致。

空间和时间的真实性才得到完整准确的符号表达。然而，根据实数的数学结构和经验结构，不一定能找到与之对应的受控实验。为此，让我们来分析测量这一特定的受控实验。

我在"测量可以等同于数'数'吗"一节指出："测量是由如下三个环节组成的：一是选择（或制造）测量的单位（比如尺子）；二是发现需要被测量的对象（比如线段）；三是测量方法和过程，它规定主体如何用测量单位去数被测量对象。其中第一个环节正好对应受控实验可控制变量 C，第二个环节是主体感知到已经存在的经验对象 O（获得对象的信息），而第三个环节对应受控实验中的 L，其意义是经验对象 O 转化为控制变量 C 和通道 L 一起规定的 Y。也就是说，对象 O 本是主体可感知的，它对应着一个受控观察，主体实行控制（测量）的结果是使对象 O 转化为（或在某种意义上等同于）相应受控实验中的可控制变量 Y。Y 是由测量单位和一个由数'数'组成的受控过程规定的。"

一旦严格地用受控实验基本结构定义了测量，立即就发现实数值 Y 必须是由 C、O、L 规定的受控实验之结果。只有存在着经验上的 C、O、L，才有测量结果 Y。如果反过来，先有 Y，不一定有 C、O、L。也就是说，根据实数并不一定能找得到相应的测量。在物理学研究中，通常讲一个可观察量存在，首先要规定这个"量"是如何测量到的，即根据一个实数值来寻找相应测量这一相反的过程可能不存在。换言之，测量值必定和受控实验存在——对应。然而，当研究涉及时空测量时，就不是如此了。

我在"为什么我们生活在时空之中"一节指出，不同尺度的时空测量互相自洽是受控实验通过组织和迭代不断扩张的前提。我们把某一尺度的时空测量用实数表示时，会把比该尺度更小或更大的实数也对应着经验上成立的时空测量。但事实上，我们无法确定这更小或更大的时空测量值是否对应着经验上成立的受控实验。当不存在经验上成立的受控实验和测量值（实数）对应时，实数建立的横跨经验世界和数学世界的拱桥是虚拟的，即它只是数学世界的一部分。

简而言之，在物理学研究中，通常都是先规定测量对象，再研究测量值之间的关系。一旦反过来，先预设测量值的存在，再找到经验上的测量过程，相应的物理学研究就可能是虚拟的。举个例子，为了研究三维空间的几何学，数学家用三个互相独立的实数规定空间的一个位置。当这三个实数代表某种测量结果时，由三个实数规定的连续流形就是经验上真实的空间，因为每一个测量结果都对应着一个普遍可重复的受控实验。但是，这三个实数可以不对应测量结果，其描述的流形只是数学真实。[①]在纯几何研究中，这两种方法几乎等价，有时第二种方法更有效。但对真实空间研究，第二种方法得到的结果要对应着真实的经验，必须找到三个实数对应的真实测量。然而，这三个实数一定对应着真实的测量吗？这并不是在任何时候都可以判定的。实数的大小虽然是双重结构中的经验结构，但如果它不是经验上存在的测量结果，则是想象成经验的数学符号。这时，

---

① 关于流形，我在《消失的真实》中做过简单介绍，参见金观涛：《消失的真实》，第 233—234 页。

那座横跨经验世界和数学世界的拱桥只能是虚拟的，因为其仍然属于数学世界。

上述情况恰好出现在广义相对论的引力场方程中。广义相对论用微分几何来把握时间和空间的几何结构，空间的每一个位置必须用三个实数来定义，再用另一个实数表示时间。这样，四个实数代表时间和空间位置。这四组实数被称为广义坐标。没有广义坐标无法研究时空流形，但广义坐标如果不对应着测量经验，就只是数学真实，而不是真正的空间和时间。正因如此，很多时候人们会误将数学想象的测量当作真实存在的时空。事实上，最早的虚拟物理学研究恰恰出现在爱因斯坦引力场方程的解之中，只是人们没有将其和虚拟物理学联系起来而已！

21 世纪的星空：嵌入物理世界的数学符号

下面我先分析第一条进入虚拟物理的途径：时空研究中使用广义坐标，而广义坐标又不对应着经验上成立的测量（受控实验）。众所周知，这种情况最早出现在广义相对论的引力场方程那些很难与物理世界对应的特解研究中。

1915 年，爱因斯坦提出广义相对论引力场方程一个月以后，德国天体物理文学家卡尔·史瓦西就算出引力场方程的一个特殊解。这个解表明，如果将大量物质集中于空间一点，其周围会产生奇异的现象，即在质点周围存在一个界面——"视界"，一旦进入这个界面，即使光也无法逃脱。1967 年，美国物理学家约翰·惠勒将这种"不可思议的天体"命名为"黑洞"。^① 更准确地讲，史瓦西发现引力场方程存在着奇点，在这一点时空曲率无穷大。

史瓦西是在第一次世界大战的前线完成了自己的论文。他把自己的论文寄给爱因斯坦之后，得到后者的肯定。遗憾的是，此后不到一年，史瓦西就因患病在战场上去世了。1916年该论文发表，但科学界没有承认黑洞的存在。例如，天体物理学家亚瑟·爱丁顿作为第一个向英语世界宣传相对论的科学家，坚称："应该有一个自然法则来防止星体以这种荒谬的方式行事。"^② 为什么？因为这个解可能没有物理意义。我们来分析引力场方程，其意义是时空扭曲的程度取决于质量（能量）。^③ 怎么用数学表达时空扭曲？爱因斯坦运用黎曼几何学，先不考虑测量，对时空的每一个点标一个实数，即运用了广义坐标和张量分析。引力场方程如下：

---

① 关于黑洞的简史，参见 Jeremy Schnittman, "A Brief History of Black Holes", *Astronomy,* October, 2016。事实上，最早有关黑洞的猜想来自牛顿力学。1783 年，英国地质学家约翰·米歇尔向英国皇家学会提交了一篇论文。在这篇论文中，米歇尔利用牛顿力学估算了一种很奇妙的情况：如果一个星体半径是太阳的 500 倍，而密度和太阳一样，那么光线就无法逃脱该星体的引力束缚，这个星体就是"暗星"。13 年后，也就是 1796 年，法国数学家皮埃尔-西蒙·拉普拉斯在其著名的《宇宙体系论》一书的最初两版中提出了类似的想法。（吴寅昊：《为什么研究黑洞？因为黑洞就在那里》，载知识分子，https://science.caixin.com/2019-05-15/101415899.html。）

② Jeremy Schnittman, "A Brief History of Black Holes".

③ 惠勒对于爱因斯坦的引力场方程有一个著名的总结："时空界定了物质如何移动，物质界定了时空如何弯曲。"（引自约翰·阿奇博尔德·惠勒、肯尼斯·福特：《约翰·惠勒自传》，第 223 页。）

$$G_{\mu\nu} = R_{\mu\nu} - \frac{1}{2} g_{\mu\nu} R = \frac{8\pi G}{c^4} T_{\mu\nu}$$

左边为时空形变，右边为物质的能量、质量、张量。[1] 这个方程的成立基于等效原理，我在本编第二章将等效原理亦称为基本测量，正是因为它为时空形变的度量。然而，用等效原理得到引力场方程，没有考虑测量过程，所以在某种意义上是纯数学的真实性。只有广义坐标值和经验上成立的测量（受控实验）对应，这个方程的解才代表物理世界的真实经验。

爱因斯坦收到了史瓦西的论文以后，并没有认为方程的解有物理意义。1935 年爱因斯坦和他的同事纳森·罗森合作，将史瓦西得到的解进行坐标变换和进一步运算，得到时空虫洞。虫洞是另一种奇点，可以把两个相距遥远的空间打通，直接相联。[2] 今天，物理学家并不认为虫洞是一种物理真实，它作为引力场方程的特解，只有数学意义。[3] 你们看，黑洞作为引力场方程的特解，当广义坐标不对应经验上成立的测量时，随着坐标系的变化和计算，可以成为虫洞。由此可见，引力场方程的解要有物理意义，必须把广义坐标和经验上成立的受控实验

① 相关推导过程，详见 Yvonne Choquet-Bruhat, *Introduction to General Relativity, Black Holes and Cosmology*, Oxford University Press, 2015, pp.70-71。

② 我们可以从虫洞最早的名称来理解这一点，即爱因斯坦-罗森桥。直至 20 世纪 50 年代，"虫洞"的概念才正式由惠勒提出。（参见 Matt Visser, *Lorentzian Wormholes: From Einstein to Hawking*, Springer-Verlag, 1996, p.45-46。）

③ 关于虫洞研究现状的简介，参见 Dejan Stojkovic, "What are Wormholes? An Astrophysicist Explains These Shortcuts through Space-time", The Conversation, https://theconversation.com/what-are-wormholes-an-astrophysicist-explains-these-shortcuts-through-space-time-187828。

对应，也就是说其必须是一个普遍可重复的时空测量。在什么前提下，广义坐标是一个真实的测量？这是一个极复杂的问题。为此，除了必须对引力场方程进行更深入的整体研究外，还要对宇宙星系结构及相关天文观察进行考察，即分析奇点存在前提的结构稳定性。

这个问题是史蒂芬·霍金和英国数学物理学家罗杰·彭罗斯解决的。事实上，1965 年彭罗斯就在假设时空为全局双曲的基础上证明了最早的奇点定理。但是，时空的全局双曲是一个很强的假设，要想证明现实时空满足这样的假设几乎是不可能的。相比之下，1970 年提出的霍金-彭罗斯奇点定理所要求的条件涵盖面最广，即在物理上最容易实现。该定理的核心内容在于，时空若满足以下条件，就必定是非类空测地不完备的（即存在奇点）。（1）强能量条件成立。（2）一般性条件成立。（3）满足时序条件。（4）以下三个条件之一成立：（a）存在封闭陷获面；（b）存在紧致无边非时序点集；（c）存在一个点，通过该点的所有未来（或过去）方向的类光测地线束的膨胀标量 θ 最终将变为负值。[1]霍金-彭罗斯奇点定理不依赖对称性，它促使用广义坐标表达的引力场方程解和实际时空测量相联系，即奇点是可以被受控观察证明的。这样一来，引力场方程的解——奇点的存在，作为天文现象的科学预言是可以经受检验的。2020 年 10 月 6 日，彭罗斯被授予诺贝尔物理学奖，

---

[1] 卢昌海：《从奇点到虫洞——广义相对论专题选讲》，清华大学出版社 2013 年版，第 25—28 页。

以表彰其在黑洞方面的研究。[1]

从引力场方程的特解中发现奇点，到天体物理学家发现某些奇异现象，再到用引力场方程的解来解释这些奇异天体现象，是一个漫长的过程。该过程和通常某一个科学理论的预言得到受控实验证明的不同在于，我们必须找到从理论推出的符号系统的经验结构（实数）作为测量值相应的前提。在黑洞研究中，从理论测量值到寻找相应的经验测量相当困难，但它是可能的。如果不可能，相应的研究就成为虚拟物理学了，因为理论推出的结果只是纯数学，和物理世界没有关系。

当然，黑洞研究仍属于物理学。然而，它和通常的物理学有所不同，因为黑洞本身是时空奇异点，时空奇异点只是数学真实。黑洞研究第一次把一个纯数学符号嵌入物理世界中，这和我们通常理解的物理世界是不同的。举个例子。2019 年 4 月，人类首次拍到黑洞照片。该黑洞位于室女座一个巨椭圆星系 M87 的中心，距离地球 5500 万光年，质量约为太阳的 65 亿倍。它的核心区域存在一个阴影，周围环绕一个新月状光环。[2] 这张照片的认识论意义远远大于科学意义。为什么？照片一直被认为是忠实地反映观察对象的，而这张计算机运算合成的黑

---

[1]　同时被授予诺贝尔物理学奖的还包括德国天体物理学家赖因哈德·根策尔和美国天文学家安德烈娅·盖兹，他们因在银河系中央发现超大质量天体而获奖。（参见 "The Nobel Prize in Physics 2020", The Nobel Prize, https://www.nobelprize.org/prizes/physics/2020/summary/。）

[2]　Nadia Drake, "First-ever Picture of a Black Hole Unveiled", National Geographic, https://www.nationalgeographic.com/science/article/first-picture-black-hole-revealed-m87-event-horizon-telescope-astrophysics.

洞照片中，存在着人类认识科学（经验）真实所用的数学符号。也就是说，这也许是第一张数学符号和经验真实混合不可分离的照片。[①]

黑洞本来只是数学真实，却被嵌入科学经验的真实世界中，使我们认为自己"看到"了它。数学真实是一种符号系统本身的真实性，它不需要有经验意义，虚数和无穷大都是例子。在物理学研究中，虚数和代表无穷大的奇点通常只允许存在于推导过程中，而不会和经验事实相联系。但是在时空研究的前沿，如推知黑洞存在，并通过受控观察发现黑洞时，奇点居然出现在照片中。[②] 这不是数学真实嵌入物理真实的一个实例吗？

---

① 我们还可以通过另一项研究来展示黑洞研究有可能作为虚拟物理学的特点。一般认为，在三维世界中，黑洞都是圆形的。然而，2022 年 12 月公布的一项研究证明：在五维及更高维度中黑洞可能存在无限数量的形状。这项研究是纯数学的，并没有告诉我们自然界中是否存在这样的黑洞。（参见 Steve Nadis, "Mathematicians Find an Infinity of Possible Black Hole Shapes", Quantamagazine, https://www.quantamagazine.org/mathematicians-find-an-infinity-of-possible-black-hole-shapes-20230124/。）

② 20 世纪哲学革命最了不起的成就，是发现人用符号系统表达对象，这样便可以从对象语言中区分出那些和经验真实无关的符号，以排除把符号视作经验真实的错误。在 20 世纪哲学家的心目中，对象的真实性源于其客观实在性。当主体用符号系统来指涉客观对象时，因符号本身不具有真实性，符号只传递对象的真实性。这样，一个表达真实对象的符号系统中，除了指涉对象及其性质的符号，以及与逻辑有关的符号，其他符号必定是不真实的，它也是没有意义的。20 世纪的哲学以科学事实的陈述为标准，把不属于科学陈述的符号串都拿出来——分析，在其中发现了形而上学命题和论述的虚妄。这是认识论的巨大进步，为了保卫这一认识论的成果，20 世纪哲学把用逻辑语言表达有关科学事实的陈述看作有意义陈述的根本，认为科学（陈述）不包含没有经验对象以及其性质之符号。实际上，上述至今 （下接第 365 页脚注）

有人或许会这样辩护：黑洞照片表达的只是时空曲率越来越大的区，而不是奇点本身。黑洞的视界把纯数学世界和物理世界区别开来，视界内属于数学世界，视界外属于物理世界。换言之，黑洞照片拍到的实为视界外的形象，这样，虽然数学符号被嵌入物理世界，我们依然可将两者严格区别开来。然而，在很多情况下，嵌入物理世界的奇点和物理世界并没有如史瓦西半径（视界）那样明确的边界，这时虚拟物理学和物理学的界限是不清晰的。因此，一旦出现数学真实嵌入物理世界，必定发生虚拟物理学和物理学共存，即在物理学研究中有可能进入虚拟物理而不自知的局面。我认为，用引力场方程来描绘整个宇宙时，就有可能发生这种情况。

众所周知，20 世纪宇宙学的巨大进步除了源于天文观察外，一个重要原因是用引力场方程导出宇宙整体模型。由于引力场方程的解中存在奇点，当用引力场方程来描述整个宇宙时，

（上接第 364 页脚注） 仍被认为是科学哲学金科玉律的论断大错特错。我们可以在逻辑语言中排除和经验对象无关的符号，但绝不可能在科学真实的符号表达中清除和经验对象无关的符号。这是因为表达时间和空间必须使用数学符号！这就存在一种可能性，基本理论在深入过程中进入数学真实，而研究者不能发现这一点。也就是说，物理学研究中经验真实和数学真实之间不存在明确的分界。物理学理论研究有可能走进纯数学真实而不自知。我曾用"鱼不知道自己生活在水中"比喻人用符号把握世界而意识不到符号的存在，如果人知道自己是通过符号来把握经验真实的，他会如何？显然，他会把经验真实和符号真实明确区分出来。20 世纪哲学家正是用此方法（即把人发明的符号系统称为对象语言）来驱除形而上学的。我认为，最具讽刺意味的是，20 世纪哲学革命指出了人用符号表达世界，相信可以把那些不指涉对象的符号从经验世界的图像中清除掉，然而，事与愿违，纯符号不可避免地被混杂在所有科学的基础（时间和空间）之中。

该奇点就是宇宙（时间和空间）的起源。这样必定得到宇宙在大爆炸中起源且不断膨胀的理论。在宇宙大爆炸理论中，并不存在一个明确的边界，把代表纯数学的虚拟物理学和物理学区别开来。这一切使宇宙大爆炸学说的经验证明比黑洞复杂得多。[①]

众所周知，宇宙在不断膨胀和空间微波辐射的发现为宇宙大爆炸的起源提供了证据，使宇宙起源于引力场方程之奇点几乎得到科学界的公认。但是，它立即带来两个尖锐的问题。第一，如何研究大爆炸时刻宇宙起始状态的涨落，它对宇宙在日后不断膨胀中演化极为重要，但目前所知的物理定律在大爆炸之时不适用。第二，当受控观察和理论预测不符时怎么办？在物理学中，理论预言和实验观察不符导致理论的修正，以及对未曾发现事实的假设，这两种方法都会促进物理理论的完善和物理学经验的扩张。虚拟物理学中理论推理不可能被经验证明，理论预言和经验世界的受控观察不存在互动。我们自然可以问：如果宇宙学研究中虚拟物理学和物理学边界不清，理论预言和经验观察会如何互动呢？

上述两个问题中，第一个问题比较容易解决。宇宙大爆炸之初和当时的涨落研究，属于引力场方程的奇点研究，这只是数学真实，其不属于横跨经验世界和数学世界的拱桥，故是虚拟物理学。我们应将虚拟物理学与物理学区别开来。第二个问题则相当麻烦，因为在宇宙大爆炸理论中，虚拟物理学和物理

---

① 关于宇宙大爆炸理论的发展史，我在《消失的真实》中有详细介绍，详见金观涛：《消失的真实》，第325—331页。

学的边界不如黑洞研究清晰，①目前科学界应对理论预言和观察经验不符的方法也许会失效，我们必须从认识论高度去寻找新的处理方法。

举个例子，20世纪90年代天文观察证明宇宙膨胀在不断加速，为了解释这一受控观察发现的现象，只能在爱因斯坦引力场方程中加一个常数项，它代表着真空中存在的斥力，即暗能量。此外，当引力场方程的解和宇宙中星系运动观察不一致时，还要假定宇宙空间中存在大量看不见、摸不着的暗物质。照理说，暗物质和暗能量是理论计算和观察结果不符得到的科学预言，它应该通过新的受控观察或受控实验发现。然而，今天科学界对寻找暗物质和暗能量束手无策，因为很难根据理论设计证实暗物质和暗能量的受控观察和受控实验。②为什么会出现这种物理学研究中史无前例的局面？它是否由宇宙大爆炸理论中虚拟物理学和物理学界限不清所致？这是值得我们深思的。③

---

① 关于这一点的详细论述见"从规范场到'上帝粒子'"一节。

② 因此，目前有关暗物质和暗能量的研究进展主要来自数学测算。例如，2022年美国一个研究团队通过一种名为Pantheon+的分析，基于1 500多颗超新星的数据集（这些超新星照亮了大约3/4的宇宙），得出号称目前已知最精确的关于暗物质和暗能量的计算。他们的研究成果表明，宇宙的66.2%表现为暗能量，其余33.8%是暗物质和物质的组合。详见Adam Hadhazy, "Most Precise Accounting yet of Dark Energy and Dark Matter", The Harvard Gazette, https://news.harvard.edu/gazette/story/2022/10/most-precise-accounting-yet-of-dark-matter-and-dark-energy/。

③ 在数学上，根据哥德尔不完全（备）性定理，存在着真实但不能证明的数学命题。在物理学中是否有真实但不能被受控实验（受控观察）证明的存在呢？

没有时间的世界

引力场方程的解中存在奇点，只是说明其可能走向虚拟物理学，宇宙大爆炸学说中除去研究时空起源的内容，其余部分都不属虚拟物理学。上一节没有证明物理学理论研究中存在着一个明确的对象，它是虚拟的，即在物理世界的测量经验中，该对象不存在，它只是纯数学的物理想象而已！下面的例子表明虚拟物理学确实存在。一旦碰到这种情况，只有通过真实性哲学分析，才能理解哪些是数学真实，哪些是物理世界中科学经验的真实。

自广义相对论建立以来，就有人认为，原则上讲，可以通过解爱因斯坦引力场方程来"制造"回到过去的时间旅行器。如前所述，广义相对论的引力场方程表达了时空曲率和质量、能量分布之间的等价性。如果通过解方程，能发现存在着一条闭合的时空曲线，就可以通过这一曲线回到过去。实现这些解的边界条件，就是制造回到过去的时间旅行器。这样一来，回到过去就成为科学（经验）真实的一部分。但是，回到过去违背了因果律。换句话说，因果律要求原因先于结果，如果时间旅行得以实现，就可能带来结果先于原因的情况。这和科学（经验）真实是矛盾的！也就是说，时间旅行器只是混入经验真实世界图像中的数学符号，它是典型的虚拟物理学研究对象。

上述讨论并非科幻小说。爱因斯坦 70 岁之际，哥德尔发表了一篇名为《关于相对论和观念主义哲学间的关系》的数学论文。该论文提出爱因斯坦广义相对论引力场方程的一个特殊解。该解最奇特的是时空曲线为闭合，即根据它可以回到过去。解的条件是存在一个由灰尘物质组成及具有负的宇宙常数旋转着的宇宙。我们知道解偏微分方程需要边界（和初始）条件，只要去实现该边界（和初始）条件，偏微分方程的某一个特解就成立。这表明当宇宙由灰尘物质组成、无压强并绕着一个轴在旋转时，人可以通过一条世界线回到过去。在这样的宇宙中，时间不再存在。①换言之，哥德尔的宇宙是一个"没有时间的世界"。

"没有时间的世界"可以成为经验真实吗？当然不能！我在"什么是时间"一节指出，时间是指主体有自由意志。在某种意义上，它还是受控实验普遍可重复本身。受控实验可重复的前提是主体在做过一次受控实验后，可以决定做不做、什么

---

① 上述对哥德尔相对论研究的介绍可能略显抽象，这里我们可以借由美国哲学学者帕利·尤格拉的分析，更通俗地解释哥德尔研究的核心理念。尤格拉指出："在相对论里，爱因斯坦成功地实现了物理几何化。而哥德尔所做的，是为相对论的时间几何化建构一个极限的案例。他的方法是，让人注意到任何足以称为时间的东西都应该有的性质，包括爱因斯坦要求一系列的事件顺序必须是非对称的，因此 A 如果在 B 前面，A 不能同时也在 B 的后面。然后哥德尔以数学的方法证明，［封闭、］连续且类时间的世界线连接任何两个事件，因此即使 B 被观察到在 A 后面出现，我们可以展开一段旅程——以非常快的宇宙飞船——在抵达 A 之前到达 B。从这里，哥德尔断定，在这样的世界里的时空结构，很清楚地是空间结构，而不是时间，因此时空的时间成分 t，实际上是另一空间维度——而不是我们平常所经验到的时间。"（帕利·尤格拉：《没有时间的世界——爱因斯坦与哥德尔被遗忘的财富》，尤斯德、马自恒译，电子工业出版社 2013 年版，第 143—144 页。）正因如此，哥德尔的宇宙才是一个"没有时间的世界"。

时候做下一次相同的受控实验。所谓时间测量作为一不可逆的实数轴所描绘的正是主体选择的自主性。① 四维时空中一条闭合时空曲线违背了自由的主体可以去做受控实验以及受控实验可重复的基本要求，故它不具备经验的真实性。既然"没有时间的世界"在经验上不可能真的存在，那么哥德尔对引力场方程的解是怎么回事呢？这个解在数学上是正确的，但在经验上没有意义。这表明，虽然爱因斯坦引力场方程是一个具有双重结构的符号系统，但该引力场方程的解可能不再和物理世界经验对应，而只是数学真实。

当然，哥德尔对爱因斯坦引力场方程的解成立的条件不存在，即根本没有一个由灰尘物质组成且具有负的宇宙常数旋转着的宇宙。这似乎可以推出一个结论："没有时间的世界"并不能证明和物理学研究不同的虚拟物理学存在。表面上看，这似乎有理，但一旦碰到另一类时空闭合曲线，该观点就完全失效了。1974 年美国物理学家弗兰克·提普勒得到引力场方程的另一个解，其时空曲线也是闭合的。该解存在于我们熟悉的宇

---

① 我在"什么是时间"一节指出，时间测量是基于空间测量的，之所以可以用空间测量代表时间测量，是因为运动的存在。因为物体从空间某一位置运动到另一位置，一定对应着某一个时间间隔。因此，立足于空间测量普遍可重复和运动测量普遍可重复，一定可以确认时间间隔测量的普遍可重复。我在"什么是时间"一节还指出："时间测量值就是由'长度测量'和'速度测量'来定义的。正因如此，和空间一样，作为科学真实的时间间隔是经验的，其完全准确的符号表达必须用实数。当时间可以测量时，它也具有实数这一用双重结构的符号系统表达之测量所具有的种种性质。"根据该定义，用实数来表达时间测量是借助于空间测量。为了表达时间测量和空间测量本质的差别，时间轴必须是单向且不可逆转的，否则它就不是时间测量。

宙中。数学证明：如果找到 10 个柱状中子星，让它们极对极连起来，并进行足够速度的旋转，其对时空的扭曲就可以使我们回到过去。[①] 需要注意的是，对于这个解给出的边界（和初始）条件，它的经验性是如此明确，我们已不可以用这样的条件不存在来说明回到过去不可能。当然，也许可以用结构稳定性作为否定其为经验真实的判据，即证明不可能有旋转着的柱状中子星等。然而，这种证明已和一般物理学的经验研究没有任何差别了！事实上，没有时间的世界的讨论根本不属于物理学。因为解出的边界（和初始）条件属于纯数学符号的真实，"旋转着的柱状中子星"只是从数学出发的子虚乌有的经验想象。

据说，爱因斯坦在建立引力场方程时就意识到其中或许隐藏着哥德尔提出的没有时间的宇宙，当时他就为此十分苦恼。[②] 后来霍金对类似的问题有过清晰的论述。霍金想提出一些物理定律禁止这种和经验真实明显相违的"解"出现。[③] 我认为，寻找新的物理学基本定律来禁止没有时间的宇宙是没有意义的，因为这里讨论的没有物理意义的对象是纯数学的符号真实，其属于虚拟物理学。

如前所述，现代科学是一座横跨经验世界和数学世界的拱

---

① 关于提普勒设想的时间机器的细节介绍，参见约翰·格里宾：《寻找时间的边缘——黑洞、白洞和虫洞》，王大明、李斌译，海南出版社 2014 年版，第 203—208 页。

② 帕利·尤格拉：《没有时间的世界》，第 142 页。

③ S. W. Hawking, "Chronology Protection Conjecture", *Physical Review D*, Vol. 46, No. 2, 1992.

桥，拱桥作为具有双重结构的符号系统，其拱圈是实数。只有实数的数值对应着经验上存在的测量，拱桥才真正地存在。没有时间的宇宙中时空测量值不对应任何经验世界的测量，其作为双重结构的符号系统并没有把拱桥延伸到经验世界。也就是说，这实际上只是一座虚拟的拱桥，其结构可以和真实的拱桥相同。物理学家如果只去研究拱桥的结构，不可能找到它和经验世界无关的原因。把虚拟物理学和物理学区别开来，需要运用真实性哲学的基本原理，其不属于物理学，而是哲学。

普朗克尺度

引力场方程的解中蕴含着虚拟物理学，其原因是我们用一组实数来表达广义相对论中的基本测量——时空形变，又用另一组实数表达质量、能量测量值。等效原理规定了质量、能量等于时空形变，在数学上意味着上述两组实数相等。这样，在等效原理的数学表达中，存在着实数值不对应经验上存在的测量的可能性。由此可见，虚拟物理学是在用数学把握基本测量时出现的。我在本编第一章指出：除了等效原理外，还存着光速不变和测不准关系这两种基本测量。那么，在这两种基本测量中是否也隐含着虚拟物理学呢？确实如此，由基本测量关系规定的虚拟物理学是普朗克尺度以下的时空研究。

我在"什么是空间"一节先定义了空间距离的测量，再在"什么是时间"一节用真空中的光通过的确定空间距离来定义时间间隔。由此可见，空间测量、时间测量和光的传播互相依存，缺一不可。"基本测量之三：测不准原理"一节又讨论了测不准关系，即 Δx（空间位置测量的误差）和 Δp（处于该空间位置物质动量测量的误差）之积必须大于或等于普朗克常数 h/2π 的一半。考虑上述几种基本测量的关系，就可以得出一个结论：当空间和时间间隔小到一定程度，时间和空间测量在经验上是不可能的。也就是说，比该时空尺度还小的时空测量都是虚拟的，对其的研究构成虚拟物理学。

为什么？现在我们将 Δx 规定为需要测量的微小空间距离间隔，而不是测不准关系中的位置测量误差。根据空间测量、时间测量和光传播之间互相依存的关系，该 Δx 可以测量的前提是光（粒子或波）必须通过该空间间隔。这也意味着光（粒子或波）可以被限定在空间间隔 Δx 之内，如从该间隔一端传到另一端或在两端反复反射。根据测不准关系，立即得到：Δx 越小，光（粒子或波）的动量存在的确定性间隔 Δp 必须越大，也就是光（粒子或波）的质量（能量）的可能值，随着被测量空间间隔变小会越来越大。光子的质量和需测量空间间隔 Δx 规定的空间体积之比就是物质密度。根据引力场方程，如果将大量物质集中于空间某一微小间隔之内，会产生黑洞。黑洞存在"视界"，视界之内的任何光都无法逃出黑洞。这样一来，当需要测量的空间间隔 Δx 小到一定程度时，测不准关系规定在 Δx 之内光的质量会在该空间测度内形成黑洞。一旦黑洞形成，说光在 Δx 间隔内做一个测量所必需的传播，便没有意义。这时，空间和时间的测量便不再可能。

该最小可测量的时间间隔和空间间隔可以根据黑洞的视界

（其被称为"史瓦西半径"）和测不准关系算出来。我们先来看黑洞的史瓦西半径。它由下列公式规定：①

$$R_s = \frac{2GM}{c^2}$$

其中 R_s 为史瓦西半径（视界），M 为在该半径球体内的质量，G 是重力加速度，c 是光速。该公式表明，当质量为 M 的物质聚集在史瓦西半径（视界）内的球体之内时，将出现黑洞。根据测不准关系 $\Delta x \Delta p \geq h/4\pi$，我们可以得到 $\Delta p \geq h/4\pi\Delta x$，$\Delta p$ 为 mc，于是有 $mc \geq h/4\pi\Delta x$。也就是说，当 Δx 不断变小时，m 越来越大，即 Δx 区间密度越来越高。当其高到大于史瓦西半径（视界）规定的密度时，时空奇点黑洞就会形成。也就是说，当空间间隔小到一定程度时，处于该间隔的光子能量极为巨大以至该位置物质密度可以导致形成黑洞。时间和空间测量需要光在某一空间间隔内自由（来回）传播，当该空间间隔在视界内即存在黑洞时，光在该空间间隔中自由（来回）传播不可能，空间测量没有意义，时间测量也没有意义。代表该间隔的长度被称为普朗克长度。做简单的计算，可以得到该长度，即普朗克长度，它由下列公式决定：

$$l_P = \sqrt{\frac{\hbar G}{c^3}} \cong 1.61624(12) \times 10^{-35}(\text{m})$$

同样，和普朗克长度相应的时间间隔（即普朗克时间）为：

---

① "Schwarzschild radius", Encyclopedia Britannica, https://www.britannica.com/science/Schwarzschild-radius.

$$t_p = \sqrt{\frac{\hbar G}{c^5}} \approx 5.39106(32) \times 10^{-44} \text{s}$$

上式给出的时间和空间最小可测长度,我们可称其为"普朗克尺度"。[①]

我在本编第一章指出,时间和空间作为经验的真实性就是其测量的普遍可重复性,当空间和时间间隔小于普朗克尺度时,因时空测量不再可能,作为经验真实的空间和时间不再存在。这时,我们说普朗克尺度以下的时空是什么意思呢?这实际上只是纯数学符号对测量的想象,它属于虚拟物理学。按照一般常识,当时空在经验上不存在时,用符号系统表达它便没有意义。然而,普朗克长度是一个实数。对于任何一个实数长度,它的 n 等份也是一个长度。也就是说,普朗克长度以下的空间和时间,虽然在经验上不可测量,但可以用符号表达,并可以通过符号和经验的对应进行想象。只是其符号想象不能转化为经验上的控制行动罢了。换言之,想象的空间分割和测量都是虚拟的。

用符号表达普朗克尺度以下的时空,对物理学研究十分重要,因为它可以把虚拟物理学和物理学区别开来。我认为,这是爱因斯坦引力场方程可以用来描述整个宇宙的另一个重要前提。为什么?我在《消失的真实》第三编指出,用引力场方程

[①] 不具备专业背景的读者,倘若想更多了解关于普朗克尺度及其对时空测量的意义,可参见 Ronald J. Adler, "Six Easy Roads to the Planck Scale", *American Journal of Physics,* Vol. 78, No. 9, 2010。

来描述整个宇宙始终是一个没有被证伪的假说。[①] 现在我们又发现它必须和虚拟物理学区别的新前提。我在 "21 世纪的星空：嵌入物理世界的数学符号" 一节指出，时空奇点作为纯数学符号嵌入经验世界，带来相应经验世界的物理学的复杂性。黑洞可以被受控实验和受控观察证明，这是因为史瓦西半径（视界）的存在，把虚拟物理学和物理学区分开来。我们立即看到，普朗克尺度亦有类似的功能，使宇宙大爆炸这一奇点可以和物理学之经验世界加以区别。换言之，宇宙大爆炸这一奇点被普朗克尺度包围，它属于虚拟物理学的研究对象。正因为普朗克尺度用自己包含奇点，宇宙学才不是虚拟物理学，大爆炸理论可以用受控观察和受控实验证明。然而，和黑洞研究不同的是，我们至今尚不清楚普朗克尺度以上的时空中是否也存在虚拟物理学。或许，这才带来 "21 世纪的星空：嵌入物理世界的数学符号" 一节所说的观察暗物质和暗能量的困难。

从规范场到 "上帝粒子"

回顾上一节推出普朗克长度的步骤，先是用狭义相对论对应的基本测量法则和量子力学相应的基本测量法则，计算被测量的空间间隔大小和光处于该间隔之内的能量关系，再把该关系放到引力场方程中，得出普朗克长度以下的时空研究是虚拟物理学的结论。也就是说，物理学的三种基本测量之间的关系

---

① 金观涛：《消失的真实》，第 319—320 页。

规定着某一时空尺度以下是虚拟物理学。然而，正如我在本编第一章所说，物理学的基本定律就是描述各种基本测量之间的关系。这样一来，必定存在着进入虚拟物理学的第二条途径，那就是随着对物理学基本定律的探讨日益深入，特别是力图用数学把物理学各领域统一起来的追求出现，也会把物理学的理论研究引入虚拟物理学。

其实，将物理学各定律统一起来，一直是相对论和量子力学建立后物理学理论发展的重要推动力。众所周知，爱因斯坦用广义相对论解释了万有引力后，一直想把电磁场与引力场统一起来，但没能成功。今天看来，爱因斯坦建立统一场论之所以失败，是因为爱因斯坦心目中的统一场论不包含量子力学的基本原理。引力场是时空的畸变，而电子等基本粒子是本征态，说明其存在必须借助量子力学，统一场论必须把两者结合起来，否定量子力学的基本公理不可能建立统一场论。为了将场论和测不准原理结合，首先必须用量子力学公理描述场论。这就是量子场论的形成。量子场论在基本粒子研究上取得巨大成功后，才能把时空形变考虑进去，使其和引力场结合。该过程一开始和引力场探讨无关，纯属量子场论内部的发展。换言之，只有弱作用力和强作用力被发现后，统一场论的探索才有可能进入正途。

事实也正是如此。自狄拉克把狭义相对论和量子力学结合后，量子场论建立。把量子场论和广义相对论统一起来的研究一直沿着数学越来越艰深的方向推进。大致说来，物理学家在提出美的数学理论时，都离不开物理学研究中碰到的问题（大多是高能实验和宇宙射线中的新发现）。在这一前提下，数学和经验上成立的物理学受控实验关系紧密，理论研究进入虚拟物理学的可能性很小。然而，一旦将物理学各领域统一起来的理论研究和高能物理实验拉开距离，虚拟物理学就有可能出现。对物理学理论进入虚拟物理的途径而言，规范场论是一个奇特的里程碑。规范场是从时空测量的规范不变性推出的，它是纯数学，似乎没有物理意义。然而，通过规范场的进一步研究，确实可以把除了引力场外的所有场都统一起来。规范场论和经验结合的道路虽然漫长而曲折，但证明从纯数学推出物理学基本定律是可能的。正因如此，规范场论可以被视作 20 世纪理论物理学进入虚拟物理学的急先锋。

如前所述，1954 年杨振宁和米尔斯发表了一篇论文，提出了"杨-米尔斯理论"，这就是著名的规范场论。规范场是从时空规范变化的不变性推出的，可以说是宇宙中最对称的场，数学结构十分美妙，但和物理世界没有关系。为什么？因为电磁场也满足规范不变性，传递电磁场作用力的是光子，其静质量是零。同理，传递杨-米尔斯规范场相应的粒子质量也必须是零，故不可能用来描述不同于电磁场以外的其他场。它似乎只是一种数学真实，作为物理学的场论，只能是虚拟的。①

其实，1954 年杨振宁接受美国物理学家尤利乌斯·奥本海默的邀请，在普林斯顿做有关规范场的报告时，物理学家泡利

---

① 篇幅所限，本书无法展开介绍杨-米尔斯规范场理论。杨建邺所著《杨振宁传》中为这一理论提供了一个全面且通俗的介绍，参见杨建邺：《杨振宁传（增订版）》，生活·读书·新知三联书店 2016 年版，第 154—180 页。

已经感觉到了这一点，并对杨-米尔斯理论提出怀疑。据杨振宁回忆，报告会开始后不久，泡利就发问道："这个场的质量是什么？"杨振宁回答"不知道"，并接着讲下去。泡利很快又打断杨振宁的话头，问了同一个问题。杨振宁回忆说自己大概讲了"这个问题很复杂，我们研究过，但没有肯定的结论"之类的话。他还记得泡利很快就接过话题说："这不成其为一种托词。"杨振宁自知说错了话，沉吟半晌，便坐下了。大家都觉得很窘迫。后来，还是奥本海默发话："好了，让弗兰克（杨振宁的英文名字，译注）继续说下去吧。"这样，杨振宁才又接着讲下去。此后，泡利不再提任何问题了。[1]泡利的挑战看来是致命的，从当时的立场看来，规范场似乎只是数学真实。在某种意义上，它已经偏离了时空结构的经验研究，有一点虚拟物理学的味道了。

正因如此，在杨-米尔斯规范场理论提出后的很长时间里，主流物理学界对此无人问津。根据杨振宁的回忆，在这一理论提出之初，只有一个地方邀请过杨振宁进行相关主题的演讲，就是上文所述的 1954 年来自奥本海默的邀请。[2]而且，在杨-米尔斯规范场理论和物理真实之间似乎存在着一条无法跨越的巨大鸿沟。因为弱相互作用和强相互作用都是短程力，传

---

① 杨振宁：《令我走火入魔的规范场——关于＜同位旋守恒＞（1954）两文之后记》，载张奠宙选编：《杨振宁文集（上册）》，华东师范大学出版社 1998 年版，第 32—33 页。

② 倪光炯：《杨振宁教授一席谈》，载《读书教学再十年：杨振宁文选》，台湾时报文化出版企业有限公司 1995 年版，第 146 页。

递弱相互作用的规范玻色子一定是有质量的。一旦粒子有质量，就会破坏杨-米尔斯理论中的规范对称性。这使杨-米尔斯规范场理论很难和物理学相联系，只能是一种纯数学的存在。

规范场论和物理学建立紧密的联系耗费了20多年。在1961年发表的文章中，日本物理学家南部阳一郎率先把"自发对称性破缺"的概念从凝聚态物理引入粒子物理之后，事情才有了转机。同一年，英籍美国物理学家杰弗里·戈德斯通也发现规范场的对称性会自发破缺。南部阳一郎的工作要等到2008年才获得诺贝尔物理学奖，说明将规范场的纯数学真实性和物理学建立联系过程之漫长。正是在南部阳一郎和戈德斯通研究的启发下，[1]1964年物理学家彼得·希格斯把自发对称性破缺机制运用到规范理论中，发现杨-米尔斯场规范粒子可以在自发对称性破缺时获得质量。这种获得质量的机制被称为"希格斯机制"。同时有另外5位科学家也获得相同的结论，包括弗朗索瓦·恩格勒、罗伯特·布绕特、杰拉德·古拉尼、卡尔·哈庚和汤姆·基博尔。[2]从此以后，人们开始尝试用杨-米尔斯场来统一弱相互作用和电磁相互作用。1967前后，在美国物理学家谢尔顿·格拉肖、斯蒂文·温伯格和巴基斯坦物理学家阿卜杜勒·萨拉姆的共同努力下，建立在规范场理论

---

① 刘金岩：《2013年诺贝尔物理学奖获得者——彼得·希格斯》，《物理》2014年第7期。

② 希格斯和这5位科学家的三篇研究都发表在1964年的《物理评论快报》上，并在该刊50周年的时候被评为里程碑式的研究。参见"Letters from the Past——A PRL Retrospective"，*Physical Review Letters*, https://journals.aps.org/prl/50years/milestones#1964。

之上的弱电统一理论的基本框架终于建立起来了。三人也因此获得了 1979 年诺贝尔物理学奖。1972 年，物理学家们又证实杨-米尔斯场可以重整化。这样一来，规范场论终于成了物理学的基本理论。[1]

上述分析表明，由杨-米尔斯规范场理论走向物理学基本理论的过程中，希格斯机制的发现至关重要。因其是赋予万物质量的场，故希格斯场的粒子亦被称为"上帝粒子"。观察希格斯场对应的粒子需要极高的能量，故要等到新建的大型强子对撞机（LHC）落成，才可能做相应的受控实验。2012 年，上帝粒子终于被发现，证明其存在的两篇论文由两个实验室的数千位研究人员共同署名。[2] 2013 年，希格斯和恩格勒获得诺贝尔物理学奖。也就是说，希格斯机制被提出半个世纪后，它终于被受控实验观察到了。因时间久远，这时该机制的最早提出者之一布绕特已经去世。

只有上帝粒子被一个全新的普遍可重复的受控实验证明，从规范场论开始的理论物理学探讨才和虚拟物理学划清界限。虽然统一引力场和其他场的问题尚未得到最后解决，但这是走向统一场论的关键一步。一旦将希格斯机制和宇宙起源的大爆炸假说结合起来，就可以得到一幅有趣的图像：宇宙大爆炸刚

---

[1] 杨建邺：《杨振宁传（增订版）》，第 175—176 页。

[2] ATLAS collaboration, "Observation of a New Particle in the Search for the Standard Model Higgs Boson with the ATLAS Detector at the LHC", *Physics Letters B*, Vol. 716, Issue.1, 2012; CMS collaboration, "Observation of a new boson at a mass of 125 GeV with the CMS experiment at the LHC", *Physics Letters B*, Vol. 716, Issue.1, 2012.

发生时，原本没有重力，几分钟之后温度变低，对称性破缺了，质量和万有引力随之产生。

规范场论得到经验证明表明，物理学家长期坚持的"理论不能从纯数学导出"的理念不一定正确。这必定会进一步加强伽利略以来就存在的信念：数学本身和物理规律等价，凡是数学上美的定律，一定代表着物理学基本定律。事实上，正是这种信念进一步推动把广义相对论和量子力学统一起来的物理学理论研究。然而，令人深思的是，自 20 世纪 80 年代之后，这些从纯数学开始的物理学理论的命运却和规范场论不相同，它们再也得不到新物理学实验的证明，终于进入了虚拟物理学。这方面典型的例子是各式各样的弦论。为了说明物理学理论进入虚拟物理学的第二条途径，让我们来分析近 30 年来理论物理学的前沿：超弦理论。

宇宙终极定律的幻象

超弦理论为了实现了量子力学和广义相对论的统一，在时空结构上加上额外的维度。如前所述，空间维度是指长度测量的自由度，时间维度则由做过一次受控实验后总可以做下一次规定，它是把光速不变和空间长度测量结合的结果。这样，在经验上只存在四维时空，即三维空间再加上一维时间。如果把受控实验表达为数学符号，空间维度即控制变量选择的自由度，超过三维的空间虽然在经验上不存在，但作为控制过程的符号表达是可能的。也就是说，高于或低于三维的空间一直是一种纯数学真实。当数学真实可以成为物理学基本法则时，高于三维空间的数学理论就进入了物理学的理论研究。

早在 1914 年一个叫贡纳尔·努德斯特伦的芬兰物理学家发现，为了统一引力场与电磁场，我们只需要增加一个空间维度就行了。他写出描述有四个空间维（加一个时间维）的世界的电磁场的方程，引力也就跳出来了。正是靠这额外的一个空间维，得到与爱因斯坦狭义相对论相符的引力和电磁力的统一。1926 年，德国数学物理学家西奥多·卡鲁扎进一步将爱因斯坦的广义相对论用于五维世界，把爱因斯坦的引力场方程加以改写。卡鲁扎发现，改写后的方程可以把当时已知的两种基本力即"电磁力"和"引力"统一在同一个方程中。[①] 上述在理论中额外添加的维度统称为"额外维"。

超弦理论为了从纯数学真实出发推出物理学基本定律，在方法上亦运用了"额外维"。超弦理论最早提出的时候，一度暗含了"世界必须有 25 个空间维"的假设，因此一直受到人们的怀疑。1970 年，理论家拉蒙德改写了描述弦的方程。新的弦论清除了人们接受它的一个主要障碍。它也没有 25 个维度，只有 9 个。虽然九维不是三维，但接近了很多。加上时间维，新的超对称弦（简称超弦）居于一个十维的世界。进入 20 世纪 90 年代，超弦理论的研究者又试图将十一维引入超弦理论，其中以美国理论物理学家爱德华·威滕为代表。为什么弦理论的统一需要额外的一维呢？额外维的性质可以解释为在

---

① L. 斯莫林：《物理学的困惑》，李泳译，湖南科学技术出版社 2018 年版，第 45 页，第 53—54 页。

其他维上变化的场。威腾将这一学说称作 M 理论，从此证明当时许多不同版本的超弦理论，其实是 M 理论的不同极限设定条件下的结果。[①]

　　弦理论之所以吸引这么多注意，是因为很多人认为它有可能会成为"终极理论"。[②] 所谓"终极理论"指的是，超弦理论可能统一量子力学和广义相对论，它暗示时间和空间并不是最基本的，而是从一些更基本的量导出或演化而成。换言之，一旦超弦理论获得成功，那似乎会是一场人类对时空概念、时空维数等认识的根本变革，其深刻程度不亚于 20 世纪的物理学革命。当然，弦理论至今还不能判断是否存在量子引力，也不知道它能否运用到那些量子力学与广义相对论不能处理的极端情况，如黑洞边界、宇宙大爆炸之初的世界。但从数学上看，超弦理论已经推出了从量子力学和相对论得到的所有成果，显示了理论之美。然而，超弦理论虽然在数学上很美妙，但直到今天也没有提出一个可以由新的受控实验来检验的预言。[③]

　　超弦理论是当代物理学的前沿，因其使用的数学相当艰深，只有具备极高数学天赋的人才能从事相关研究。物理学的理论研究从来没有发生过这种情况：一方面，越来越多的人投入理论探索；另一方面，其结果好像和物理实验没有关系，这种研究好像位于数学和物理之间，两头不沾。从纯数学的标准来看，超弦理论缺乏足够的严格性，离不开物理学的经验想象。从物

---

① L. 斯莫林：《物理学的困惑》，第 119—120 页，第 156 页。

② L. 斯莫林：《物理学的困惑》，第 132 页。

③ L. 斯莫林：《物理学的困惑》，第 203—228 页。

理学角度来看，它又提不出可用新受控实验来检验的东西。超弦理论的方向正确吗？这个问题终于引起了科学界的争论。

2015 年 12 月，在慕尼黑召开了一次有关超弦理论是否属于科学的讨论会。早在会议开始前的一个月，大辩论已经开始。无论是严肃的《自然》杂志，还是人数众多的推特都卷入了论战。对于超弦理论的研究者，这是一次当代理论物理学的保卫战。反对者因超弦理论脱离实践验证而称之为伪科学。正如宇宙学家乔治·埃利斯所说："最让我恐慌的是，若不能通过实验检验的理论可以成为科学，那么科学和装神弄鬼的废话或者科幻小说也就没了区别。"人们再一次拿出波普尔的证伪主义来作为科学的判据。瑞典物理学家萨拜因·霍森菲尔德指出："无需实验证明的科学这个名词本身就是自相矛盾的。"哈佛大学教授彼得·加利森则一针见血地指出双方争论的核心："这是一场有关物理学本质的争论。"

超弦理论支持者则指出波普尔的证伪主义不能作为科学的依据，因为证伪主义完全忽略了数学，而追求数学美是超弦理论的基本价值取向。宇宙学家肖恩·卡罗尔在他的推特上写道："我们不可能提前预知什么样的理论可以正确描述世界。"紧接着他又这样论证："只有缺乏哲学素养的科学家才会把可证伪性奉若《圣经》。"为了指出波普尔证伪主义科学观的过时，斯坦福大学的理论物理学家伦纳德·萨斯坎德竟发明一个新词 Popperazzi，用其来指涉高举波普尔大旗的科学家们。Popperazzi 可译为"波普尔的跟屁虫"，因为"azzi"或"razzi"是表示"追随者"的词缀。在他来看，波普尔的证伪主义从来都是非科学的，用它来作为科学和伪科学的界限根本是一种错误。

上述争论表明现有的科学哲学已经无法对物理学理论前沿做出正确的判断，因为超弦理论是虚拟物理学。一方面，就真实性标准而言，它只是纯数学，只要数学上正确，它就是真的；另一方面，超弦理论和纯数学不同，属于用纯数学真实对经验世界的想象，这些经验想象和经验上能做的受控实验无关，经验对科学理论的证实和证伪对它不起作用。研讨会的组织者理查德·戴维及其同行者们都发现，弦理论这样的物理学理论已经偏离了伽利略时代所确立的科学传统，有的超弦论者据此将其理论称为"后经验的"；戴维觉得使用"后经验科学"太像后现代主义，似乎不妥，他提倡使用"非经验理论"来形容弦理论。然而，真的有非经验的物理学理论吗？[①]

从规范场理论到弦理论，反映了物理学发展的一个趋势：20世纪后期的物理学将物理事实变成了数学概念（如规范场等于联络，基本粒子归结为对称），而弦理论就把这些数学结构作为研究对象，得到数学结构的结果。[②]其实，对超弦理论更准确的定位是，它是虚拟物理学。虽然规范场论开启了虚拟物理学的滥觞，但其本身不是虚拟物理学。正因如此，根据规范场可提出弱电统一理论，上帝粒子的预言也得到证明。那么，

---

① 本节关于这次讨论会的介绍，引自马西莫·皮柳奇：《一场关于物理学本质的争论：实验是检验科学的唯一标准吗？》，叶宣伽译，《环球科学》，http://www.huanqiukexue.com/a/qianyan/More_than_Science/2016/0905/26389.html.

② L. 斯莫林：《物理学的困惑》，第408—409页。

为什么规范场论不是虚拟物理学，而超弦理论是虚拟物理学？从情境上讲，超弦理论用额外维来统一量子力学和相对论，这一点确实和规范场论类似，它们都只是数学真实。规范场论被实验证明用了半个世纪，为什么我不相信超弦理论最终也会被以后的物理学实验证明呢？两者究竟存在着什么样的本质差别，使一个是物理学基本理论，另一个则是虚拟物理学呢？

答案的关键在于，超弦理论在时空研究中引入了额外维。额外维只能是数学真实，不可能转化为经验真实。为什么？因为空间的真实性就是空间测量的普遍可重复性。就测量这一受控实验而言，空间降维意味着要将空间某一维的长度在测量过程中收缩为一个点，根据我在前文指出的基本测量法则之三，即测不准原理，为此需要无穷大的能量，这在受控实验中是做不到的。然而，因为几何学孕育了现代科学，我们很难发现空间降维不可能实现。众所周知，在几何学研究中，我们可以很容易实现空间的降维，如想象一个生活在二维世界的生物的行为，以及二维世界的物理定律，或是想象一根只有长度的线。但迄今为止，在人类经验上从未通过受控实验的组织和迭代实现过空间的降维。例如，我们可以设计一个尽可能薄的平面，以及一条尽可能细的线。但无论怎么做，在经验上它们都是三维的，而不是二维或一维的。降维都是如此，更何况空间升维呢？

确实，我们可以根据三维空间想象高于三维的空间，用其构造出包含我们已知宇宙定律的新法则，但这只是纯数学真实对物理学的想象而已。既然该数学想象不可能转化为经验，由这种数学想象构成的法则当然不再是物理定律。相比之下，虽然规范场理论也是数学真实，但它和物理世界的关系中不存在空间降维或升维这样不可逾越的鸿沟。规范场论之所以是纯数学，是因为其为最对称的场，这样对称的场在经验世界不存在。一旦对称性破缺，通过它就可以描述经验上存在的场了。也就是说，规范场论作为纯数学对物理定律的想象，可能转化为对经验世界物理定律的描绘。超弦理论则不可能，它只能是虚拟物理学。

　　虽然超弦理论不可能通过物理实验证明，但这并不意味着它作为虚拟物理学是毫无意义的。首先，虚拟物理学作为一种独特的数学真实，并不一定局限于超弦理论。在未来某日，或许会在其他物理学理论研究中也发现虚拟物理学。其次，虚拟物理学的存在，揭示了现代科学和超越视野的关系。超弦理论用自己对时空结构的探索证明现代科学理论向数学真实的过渡是连续的，那就是作为拱桥的双重结构的符号系统和数学真实之间缺乏明确的边界，我们对其做不断深入的探讨时，很可能越出该边界而不自知。更重要的是，用数学法则来代替物理世界的终极定律，本质上仍属于古希腊超越视野对宇宙终极法则的想象。虽然这一切经历了现代科学的洗礼，但这种宇宙法则的想象仍没有脱离古希腊超越视野的深层结构。

　　我在《消失的真实》中就指出，不同的超越视野都有自己对宇宙终极法则的想象，[①] 它们不等同于科学真实的物理定律，

---

① 金观涛:《消失的真实》，第一章。

本在意料之中。现在我们终于发现，孕育了现代科学的古希腊认知理性，其成熟后对宇宙终极规律的认识亦如此。它表明任何一种超越视野对终极法则的想象都存在限制，基于认知超越视野的现代科学用数学作为物理世界终极定律，亦没有逃出这一限定。换言之，虚拟物理学的存在证明了现代科学文明（现代社会）只是轴心文明的新形态。

　　物理学基本理论的探索进入虚拟物理学而不自知，这无疑使人类在寻找支配物理世界的终极规律方面出现雄心受挫。意识到这一点的物理学家是痛苦的。其中，索卡尔的老师、著名物理学家温伯格的思考最为深刻。因为他已经隐隐感觉到虚拟物理学的存在，发现寻找物理学的终极定律涉及整个知识论。在科学战争中，温伯格坚决站在索卡尔一边，认为科学理论和意识形态、终极关怀无关。他坚定地相信尝试弥合相对论与量子力学的鸿沟是巨大的进步，其让我们可以仅仅基于数学计算和纯粹的思考，发展出描述自然的正确理论。然而，他同时意识到："在通过实验揭示隐藏在标准模型下的真相之前，我们必须获得远超现有水平的实验能力，但前路漫漫。"温伯格为纯数学法则不能得到宇宙终极定律感到困惑。他这样说："我确信，如果保持现有的模式继续发展物理学……我们终将得出一个最终理论，但我大概率等不到这样一天，你们也很可能等不到。"他甚至承认，也许，没有人能等到那一天。其原因或许是我们缺乏的不是实验能力，而是智力。"人类可能不够聪明，无法理解真正的基本物理定律。"①在2015年出版的一本书中，他把希望寄托于从古希腊、牛顿时代到今天的科学史研究。温伯格似乎已经感受到超越视野和宇宙终极法则想象之间的隐秘联系。②也就是说，从探索物理学的基本定律到发现支配宇宙的终极法则，必定会涉及现代科学的基础——哲学的知识论。

事实确实如此，对这些问题的讨论，已经远远超出物理学，甚至不是把握科学真实的现代科学理论所能解决的。科学再一次召唤着哲学。我们也应该结束有关"现代科学是什么"这一冗长而繁复的讨论，回到哲学和知识论中来了。

---

① 转引自 Tom Siegfried:《物理学界巨星陨落——史蒂文·温伯格逝世》，刘永昊、黄振译，载腾讯网，https://new.qq.com/rain/a/20210729a09v8000。
② 斯蒂芬·温伯格:《给世界的答案——发现现代科学》，凌复华、彭婧珞译，中信出版社2016年版。

第四编

哲学的解放

哲学最重要的任务是研究自我以及主体的起源，但它一直背负着说明世界的重担。既然今天我们已经知道科学真实是什么，哲学就可以从科学认识论中解放出来，面对自己真正的目标了，那就是去研究主体和那个孕育了它的社会。符号物种必须从自己刻意发明的符号系统（数学）中走出来，进入与自己共生的符号系统（自然语言）的探讨。在此过程中，我们终于可以去分析符号世界和主体的形成。

这是一种被解放了的哲学，它提供了更为开放的思想架构。我们首先给出什么是经验的定义，其次发现真实性即为对象信息的可靠性，真实性涉及两种不同的对象、三个领域并存在各种形态。据此，可以建立一种新的知识论。它从更为广阔的视野定义了什么是科学知识。正如虚拟物理学使物理学理论和经验关系复杂化、暗物质和暗能量成为物理学研究前沿，真实性哲学的科学知识论首先要面对的是人工智能带来的"暗知识"。通过人工智能类型的分析，我们终于认识到主体可以和自己拥有的科学知识、相应的智能互相分离，研究科学知识论只是走进"主观真实"的前提而已。主观真实分为社会真实和个体心灵的真实。而且，主体的真实性是在社会真实和个体心灵真实中起源的。

第一章　从科学到哲学：
真实性的对象、领域和形态

20世纪所有伟大的发现都和破坏有关，这一点在哲学上尤为明显。认识到人类用符号把握世界，这是近 2 000 多年来最重大的思想革命，但它彻底摧毁了过去曾培育科学成长的精神园地。今日，参天大树已经枯萎，虽然野草还有生命力，但那片需要耕耘的土地已满目疮痍。为了建设心灵的家园，必须从头梳理哲学的基本概念。

自由的主体：符号、经验、信息和控制

现在，我们终于可以从科学真实是什么这一冗长的讨论中走出来，去研究什么样的认识论才是正确的。过去 2 000 多年来，认识论的基本概念如客观实在（实体）、经验、感知和理（智）性从来没有准确而有效的定义。之所以如此，是因为我们一直缺乏一种研究哲学的基本框架。所谓研究哲学的基本框架是指一种整体结构，它规定认识论的出发点，以及从这一原点开始逐步清晰化的各种哲学基本概念。真实性哲学力图提供这一基本框架。进入真实性哲学的研究，首先是分析研究方法背后的真实性结构，即把从受控实验的结构得到数学（包括概

率和统计）以及比数学更广泛的真实符号系统和哲学家常用的通过抽象化得到概念做一比较，看看从更为严格的方法得到的准确哲学概念应该是什么。

长期以来，哲学家把科学作为反映客观实在的概念系统，抽象化一直被认为是研究认识论最基本的方法。所谓抽象化，实为把客观实在的各种性质从实体中分离出来，得到普遍的类和越来越脱离具体性质的客观对象，最后是存在。[①]哲学家认为这就是立足于真实之认识论概念的形成。[②]从亚里士多德形而上学到康德哲学，建立哲学体系都在运用这种方法。[③]弗雷

① 关于抽象化的过程，美国哲学家、认知科学家侯世达提供了一个通俗的解释。他指出，在人类思维过程中，有一种一般性的区别，即"类"与"例"，大多数符号可以扮演二者中任何一个角色，这取决于它们的激活环境。为了说明这一观点，侯世达举了个例子：（1）一种出版物；（2）一种报纸；（3）《中国日报》；（4）5月18日的《中国日报》；（5）我的那份5月18日的《中国日报》；（6）我的那份5月18日的《中国日报》，在我第一次拿起它的时候（而不是几天后在我的炉子中燃烧时）。在这里，（2）至（5）都扮演着双重角色。其中（4）是（3）对应的一般类的一个例子，而（5）是（4）的一个例子。（6）是一个类的一种特殊例子，即一种表现。一个对象在其生存历史中相继所处的阶段是它的各个表现。（1）则是那个不变的"类"。侯世达还发问说："不知道一个农庄中的母牛是否能感知到，在那个喂他们干草的快活农民的所有表现的背后有一个不变的个体。"（参见侯世达：《哥德尔、艾舍尔、巴赫——集异璧之大成》，严勇、刘皓明、莫大伟译，商务印书馆1997年版，第359页。）

② 例如，约翰·洛克认为抽象化的意义在于，当我们用语言去标记各种特殊事物所得到的观念之时，如果各种特殊观念都被赋予一个名称，则名称会无穷无尽。为了避免这层困难，人们便将各种特殊观念予以抽象化。在抽象化过程中，对象将逐步从其所处的时空中抽离出来。（参见洛克：《人类理解论（上册）》，关文运译，商务印书馆1983年版，第125页。）

③ 详见金观涛：《消失的真实》，第97—111页，第173—178页。

格在分析什么是自然数时，亦反复使用抽象化。①

　　表面上看，前文我把受控实验各个环节转化为代表它们的抽象符号系统，亦是在使用抽象化的方法。实际上，只要深入思考从受控实验的结构推出数学、概率统计的环节，就可发现我使用的方法和抽象化有根本不同。从具体到一般的抽象过程中，为了最后得到的普遍概念是真的，抽象化强调它必须符合客观实在，即使最抽象的存在亦如此。我在表达受控实验各环节时，是用符号来代表对象的。符号不是通过对客观实在的抽象化得到的，它是主体自由选择的结果。我认为，人意识到自己用符号把握世界和自身，这一点应该成为现代哲学（真实性哲学）的框架以重新定义各种基本概念，20世纪的哲学革命一直没有做到这一点。也就是说，必须先悬置以往一切哲学概念，从"自由的主体"（主体能使用符号）出发，一步步澄清什么是符号、经验、感知和客观实在（实体）等。

　　从现代哲学（真实性哲学）框架出发，重新定义的第一组基本概念是"符号"和"经验"。什么是符号？符号是主体可以自由选择（或创造、取消）的，但经验不可以。虽然哲学家早就知晓人的本质是会使用符号，亦常说主体用符号指涉经验对象时，符号和经验对象之间的关系是一种纯粹的约定，但他们从未把这两个观点联系起来，意识到以往哲学研究中对经验的定义是不严格的。换言之，只有立足于经验和符号的根本不同，才能找到定义经验的正确方法。

---

① 详见"从弗雷格到罗素"一节。

千百年来，人们把经验等同于主体对外部客观世界的感知，以及采取某种控制行动。然而，什么是客观实在？如果客观实在不存在，我们又如何定义经验？人具有对自己心灵（内部世界）的感知和控制行动吗？如果有，它们是否属于经验？这是一系列无法讲清楚的问题。此外，在真实性哲学框架中，我们还必须去问：主体如何感知那些指涉经验对象的符号呢？对符号的感知也是经验吗？只有在阐明数学是什么的过程中，我们才发现经验和符号都是主体面对的对象，两者的差别仅在于：符号是主体完全可以自由选择或创造（取消）的；面对经验对象时，主体却不存在这种完全可选择（或创造、取消）的自由。正因如此，我们定义经验并不需要以外部的客观世界存在为前提，而是严格地立足于经验和符号的差别。换言之，经验一直以来被视为主体对客观实在的感知和控制，一旦客观实在不是最基本的概念，必须将经验直接定义为可感知的对象和可选择（控制）的对象。

　　什么是可感知的对象？这是指主体只能得到其信息，而对这一对象完全不存在可选择性。什么是可控制的对象？这是指主体对对象只有部分的可选择性（或部分可创造性）。所谓部分可选择性（或部分可创造性）指的是，主体在进行选择前，对象就存在着，主体可以选择存在的某些对象，不选择其他存在的可选择的对象。这些可选择的对象或许和主体有关，但它们不是主体在进行选择时创造出来的。符号则不同，其始终是主体完全可自由选择（或可创造）的，即我们可以要这个对象，也可以不要这个对象，甚至可以另外设置一个对象来取代它们。

经验对象则做不到这一点。

我在"集合论：自洽地给出符号系统"一节讨论集合论用公理来排除悖论时，指出集合论是研究主体如何自洽地给出符号系统的学问。当集合没有指涉对象及定义结构时，它是纯符号系统，其元素不具有经验对象才有的种种性质。为什么经验对象有性质，而纯符号没有性质呢？什么是性质？在某种意义上，经验对象有性质正是指其不可由主体完全自由选择（或可创造）。也就是说，经验只能从它和符号的差别准确地加以定义。

上面对经验的定义中，使用了一些没有严格定义的概念。它们分别是感知、信息、选择和控制。为了使上述经验定义是严格的，我们也必须从认识论原点出发，对这些没有严格定义的概念做出界定。换言之，感知、信息、选择和控制是与符号、经验相对应的第二组认识论概念。这两组基本概念互相维系，构成现代认识论新框架。表面上看，感知、选择与主体、对象一样，是认识论自明的出发点，不需要对其定义。但问题在于，主体可以用符号表达经验对象，当用符号代表经验对象时，对对象的感知和选择是什么意思呢？它们并不是自明的，但只要对其深思，我们立即发现这就是获得信息和实行控制。

当主体面临的对象是和经验——对应的符号时，因符号集是主体可随意创造的，用符号定义的对经验对象之感知，只能是一个确定符号集范围变化。科学家把信息定义为主体面临可能性（空间）的变化，讲的正是上述意思。举个例子。主体感知到玫瑰是红的，当用符号表达玫瑰颜色时，主体可以先给出一个符号集 A，其中每一个符号对应着一种颜色的玫瑰，某一个符号比如 a 对应着红玫瑰。当这个符号集 A 缩小到那个代表玫瑰的符号 a 时，主体获得了确定的信息，从而知道（注意：不是感觉到）玫瑰是红的。也就是说，当主体用符号表达经验对象时，如果用符号来表达对经验对象的感知，该感知就是主体获得信息。这里，所谓获得信息是感知（严格来说是知晓）前后符号集可能性的变化，我们可以用可能性空间大小的变化来度量信息。①

正因为主体面临的经验对象可以是用符号代表的，感知必定存在经验性的和符号性的。由此可见，一方面，信息是和符号对象的感知相对应的基本概念；另一方面，信息比感知更为广泛。当主体不能用自己的感官感知玫瑰的存在时，只要获得某种信息（如别人告诉他），亦能知道玫瑰的存在。也就是说，获得信息包含直接和间接的感知。控制亦是如此。前文讨论受控实验时，对科学真实中控制的定义为，主体从可控制变量 C 集中选出子集合 C_i。因为 C_i 集合是属于 C 集合的，从 C 到 C_i 同样存在着可能性范围变化，它和信息的不同仅在于该变化为主体意志的实现，而不是其他因素导致。我们看到，和感知可以符号化成为信息类似，控制亦可以把选择符号化。正因为主体可以用符号来代表经验对象，主体的感知和选择亦必须从经验扩大到代表经验的符号系统，我们得到信息和控制两个认识论的基本概念。

---

① 定义"可能性空间的大小"涉及测量。什么是测量？我在第二编第二章有严格定义。至于信息的测量详见"科学的经验：有默会知识吗"一节。

一般人们讲控制，除了它包含选择（该选择包括符号）外，还把控制视为一个选择、获得信息、再选择以达到目的的过程。同样，主体获得信息亦可以用一个远比感知复杂的链加以分析。因此，信息和控制是比感知和选择更广泛和准确的基本概念。今天我们常用获得信息来涵盖感知，用实行控制来取代选择，其原因除了是这两个概念可以用于表达感知和控制的不断延伸外，还在于它们同时包含经验对象相应的符号系统。正因如此，研究信息和控制的专门理论（信息论和控制论）自20世纪兴起后，越来越成为认识论的核心部分。

一旦从认识论起点得到符号、经验和信息、控制这两组基本概念，立即就发现继它们之后应定义的是传统哲学中不存在的新概念，那就是可靠性和由其引出的可重复性。为什么？因为它们是定义真实经验必不可少的前提。

可靠性与可重复性

如果用主体对客观实在的感知和操作来定义经验，经验的真实性并不需要从客观实在中抽出、进行专门的界定。因为在以客观实在为中心的逻辑中，真实的经验就是符合客观实在的经验。正因为真实的经验不需要独立界定，当主体用符号来表达经验时，符号指涉经验对象的结构（这也是符合经验）也就必定和经验的真实性混同。正是这一混淆造成以往哲学不能对真实性进行深入的探讨。在真实性哲学的新认识论框架中，客观实在不是从原点出发得到第一组和第二组基本概念。客观实在原本是真实经验存在的前提，如果客观实在不存在，如何界定经验的真实性呢？如果不能在经验、符号和信息、控制这两对基本概念的基础上清晰地定义真实性，认识论研究将无法进行下去。

如何解决这个难题呢？事实上，从经验、符号和信息、控制这两对基本概念中，可以推出可靠性的定义，经验真实性就是可靠性。要定义经验的可靠性，必须立足于控制这一基本概念。根据上面对经验的定义，经验是主体可感知的对象和部分可选择（控制）的对象。感知的可靠性很难直接界定，而选择（控制）的可靠性则可以直接定义，那就是选择（控制）对主体的任意可重复性。当一个选择对主体来说可以任意重复时，它当然是可靠的。这一点人人皆知，只是不认为它和认识论有什么关系而已。现在我们发现，在新认识论框架已清晰定义的基本概念中，唯有选择（控制）的可重复性才能证明某一类经验对象（可选择的对象）是可靠的，选择（控制）的可靠性就是可重复性。这样，可重复性也就成为论证经验可靠性的出发点。

在判别经验是否可靠时，困难向来是主体如何确认那些作为感知的经验一定可靠。我们发现，只要感知过程可以由选择（控制）来规定，主体就可以通过选择（控制）的可靠性来判断感知的可靠性。这是真实性哲学中最基本的认识论原理，其构成了现代科学的基础。下面我以谢泼德桌子错觉为例来说明这一点（见图 4-1）。

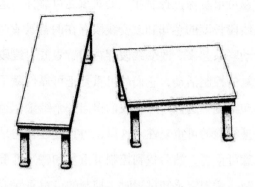

图 4-1　谢泼德桌子错觉

图片来源：Roger N. Shepard, *Mind Sights: Original Visual Illusions, Ambiguities, and Other Anomalies, with a Commentary on the Play of Mind in Perception and Art*, W.H. Freeman and Company, p.48。

图 4-1 中，两张桌子上、下边的线段长度是一样的，但由于图画中桌面另外两边和桌腿所提供的感知提示，使主体对图 4-1 中桌子的形状做出三维的解释。这样，看起来桌子上面的边长大于下面的边长。这表明主体对图 4-1 中桌子边长线段长度的感觉是不可靠的。如何纠正这一感知经验的错误？有两个办法。一是把图 4-1 中桌子的形状擦去（只保留上下平行线段，把其他线段盖住，让主体只感受到两条线段），这时错觉立即消除了。另一个办法是把代表桌子上面边的线段移到代表桌子下面的边，立即发现两条线段完全重合。

无论是只让主体感受到两条线段，还是将某一线段移动，都是用一个普遍可重复的操作排除对象信息所受到的干扰。该操作由一系列控制组成，我们上一节已严格定义了什么是控制，控制的普遍可重复保证控制相应的对象之可靠性。这里，我们把对一条线段长度的感知和改变线段存在的背景或对线段移动的控制活动联系起来。改变线段存在的背景或对线段的移动是普遍可重复的控制活动，它们的可重复把可靠性赋予相应线段，克服了感知错觉。这样一来，我们得出一个结论：经验的可靠性实际上是经验的可重复性。这里，可重复性首先是指控制对主体的任意可重复，然后找到控制可重复和感知可重复的关系。当某一控制一意规定感知过程时，控制的可重复性就证明了感知的可靠性。[1] 也就是说，感知的可靠性取决于某种特定结构，该结构的存在使基于控制可重复性的可靠性可以保证感知的可靠性。

上述内容不正是前文我曾反复论证过的普遍可重复的受控观察和可靠经验之关系吗？根据"受控实验及其结构"一节对受控观察的定义，受控观察指的是，控制某一组条件，其可以让某一个主体（人）通过相应的操作确定观察到对象存在。控制某一组条件实为主体 X 选择可控制变量 C，而所谓观察到对象存在，是指 X 控制 C 后，存在一个信道 L，使对象 Y 的信息可以通过 L 到达 X（见图1-1）。受控观察的普遍可重复是指对于所有主体 X，可控制变量 C 可重复，且当 C 可以任意重复时，另一个经验对象 L 亦普遍可重复，这时主体通过 L 获得的 Y 的信息是可靠的。我们立即看到这里存在着可靠性

---

[1] 需要注意的是，移动线段和改变线段存在的背景是两种不同的普遍可重复的控制。严格说来，它们对应的观察有着不同的可重复性机制。前者是测量的普遍可重复，它比后者更基本，故移动线段是判断长度最基本的方法。

的传递，先用控制的普遍可重复定义了对象 C 的可靠性，而通道 L 是 C 的延伸，它对主体也是可靠的。最后通过 L 和 Y 的关系，确定有关 Y 的感知是可靠的。由于整个结构可以用符号加以表达，主体对 Y 的感知亦可能是符号的，我在定义受控观察时，用主体获得信息代替了感知。这里，信息不仅用相应符号集的变化告诉主体对象是什么，还保证了主体对对象的知识是确定可靠的。[①]

我在"受控实验及其结构"一节将客观实在视为可以用普遍可重复受控观察证明的对象。现在，终于可以确定真实性哲学的认识论中，客观实在处于什么位置，那就是它必须由普遍可重复的受控观察导出，属于特殊而旁支性（不属于认识论核心）的概念。这一点在用符号串表达普遍可重复的受控观察时最为明显。由于普遍可重复的受控观察中，只有主体 X 满足表达普遍可重复之皮亚诺结构，对象 Y 不可能是全称的。如果有关对象 Y 的符号串是全称的，那么 Y 不仅可以被主体 X 感知，还必须可以被主体 X 控制。我们得到普遍可重复的受控实验之定义（见图 1-2）。在普遍可重复的受控实验结构中，Y 还是可控制变量 C 的扩大，即 C 通过 L 把 Y 也变成可控制变量。据此，可将 Y 纳入主体 X 掌握的可控制变量集，我们得到普遍可重复的受控实验自洽扩张（见图 1-3）。

普遍可重复的受控实验及其自洽扩张为真，是科学真实的基础。上述分析表明这一切都可以从控制的可重复性对应经验

[①] 正如信息论的奠基人香农所说，信息是用来消除随机不确定性的东西。（详见 Claude Elwood Shannon, "A Mathematical Theory of Communication"。）

的可靠性一步步推导出来。据此，我们可以实现科学认识论（科学哲学）到哲学的飞跃：从真实性哲学的框架中考察经验的可重复性（可靠性）和真实性的关系，对真实性做出严格的定义。

经验和符号：真实性涉及两种对象

在《消失的真实》的导论中，我把真实性定义为主体和对象之间一种最基本的关系，它规定了主体对这一对象是忽略还是注意。这种最基本的关系，是进一步评价对象，规定主体和对象的其他关系（如价值判断）的前提。[①]它是人类生存的条件，也是对科学和政治社会、哲学领域进行探索的认识论基石。当时，我并没有对此做进一步的讨论，即上述真实性定义是作为工作假设引进的。该定义同时涵盖终极关怀、价值和经验的真实性，给人留下主观唯心论的印象。确实，根据上述定义，真实性对社会而言其实只是一种最基本的公共性。正因如此，才会发生现代性展开过程中现代真实心灵的解体。最后，当经验的真实性被客观实在取代时，人类面临真实性的丧失。

在"受控实验及其结构"一节，我用普遍可重复的受控实验定义了科学经验的真实性，证明自然数就是普遍可重复受控实验的符号表达。为了重建真实性基础，在第一编第二章和第三章，我进一步分析了普遍可重复的受控实验各环节的符号结

---

① 金观涛：《消失的真实》，第11—12页。

构，推出界定数学和概率统计的基本公理，证明纯符号系统只要具备普遍可重复的受控实验的结构，即使不指涉经验对象亦是真的。也就是说，科学真实的研究表明（科学的）真实性实为对象和主体及相应实验装置之间的一种关系，其可以用皮亚诺-戴德金公理表达，作为公共性的真实性建立在这种关系之上。该研究揭示的真实性本质和以往哲学所表达的完全不同。

本书得到的真实性定义可以推广到《消失的真实》对真实性的研究中吗？换言之，如果科学真实只是主体和对象及相应实验装置之间的关系，它是否适合于人文世界？在人文社会领域，是否亦存在不同于经验的纯符号真实？它是否可以用来说明终极关怀和道德呢？表面上看，在人文社会领域不存在与受控实验相应的实验装置。其实，与受控实验相应的实验装置是主体实行的控制及其结果。在这一根本意义上，它们在人文社会领域亦存在。为此，我们必须把科学真实的研究上升到真实性哲学的高度，在前文已经给出的认识论框架中对真实性进行界定。

首先，我已经证明经验的真实性实际上就是经验的可靠性，而且可靠性是由控制的可重复性来定义的。① 控制可重复性只是对象和主体之间的一种关系，即对于那些主体可选择的对象，

---

① 我在"随机事件的符号表达及其真实性"一节分析随机事件的真实性时，指出随机事件作为整体对应一个任意可重复的控制过程，故其为真，发生概率是1。对于某一起随机事件，只有其发生后，结果可被普遍可重复的受控观察证明，它才是真的，即一起事件的结果为真和一起事件本身为真是两回事。也就是说，随机事件只有自身的概率是真的，因为概率和普遍可重复的受控实验对应。显而易见，这只是用选择的任意可重复性来定义一类对象的真实性的特例。

选择必是主体可以任意重复的。需要注意的是，在上述真实性分析中，我并没有对对象进行限定，即对象既可以是经验也可以是符号。这样，我们得出真实性哲学的一个重要结论，那就是当符号不指涉对象时，只要其满足控制可重复性这一特定的结构，它就是真的。也就是说，纯符号的真实性存在。对科学真实来说，这一结论已做了充分详细的论述。问题在于，如果经验对象超越了受控实验，属于社会行动和人文艺术实践，作为对象的符号也不是数学（包括逻辑语言）而是自然语言，甚至是作为广义艺术作品的"准符号系统"时，上述结论依然成立吗？这就涉及第二个基本问题：在科学真实之外，什么是选择（控制）的任意可重复？

前文我定义选择（控制）的可重复性时，容易造成一种误解：主体从可控制变量 C 中选择（控制）子集合 C_i 的就是在实现受控实验中的条件控制，即选择（控制）的可重复性就是受控实验中控制的任意可重复性。其实不然，因为这些被选择的变量可以不包含主体，亦可以包含主体。当可选择变量不包含主体时，选择（控制）的任意可重复就是前文多次谈到的受控实验第一个环节。在该控制过程中，主体可以悬置，控制（选择）过程的可重复就是主体从 C 集合中选出子集合 C_i 的任意可重复性。然而，当可选择变量包含主体时，变量选择的可重复性是主体进入变量集合每一个元素的可行性，以及主体进入每一个元素操作的任意可重复性。

什么是主体进入可选择的变量？当可选择变量的每一个元素都包含主体，主体没有在可选择变量中进行选择（控制）时，主体作为选择者没有和变量中任何一个被包含的主体合一，这可以视为主体没有进入变量。这样，主体选择（控制）变量就可以用进入变量集合的相应元素和子集合来定义。选择（控制）的任意可重复性就是进入和退出的可行性与可重复性。需要注意的是，这里控制（选择）过程不仅是选择变量，还包括对主体本身进行操作，使其进入或退出变量。

选择变量包含主体最形象的例子是社会行动。任何一个社会行动都包含参与者的主体，主体参与（或想象参与）某一个社会行动，就是使自己和作为变量的社会行动中某一个主体合一。显而易见，主体有自由意志，他可以选择参与（或想象参与）某一个社会行动，亦可以不选择参与（或不想象参与）某一个社会行动。这里，同样存在着选择（控制）对主体的任意可重复性。这一切如同做受控实验一样，[①] 选择（控制）的可重复性就是社会行动经验的可靠性，它亦是相应经验即社会行动真实性的标准。

当主体没有参与（或想象参与）某一个社会行动，只是获得该社会行动的信息（如作为旁观者目击这一社会行动发生）时，他如何判断这一社会行动是真的？这是一个和主体如何判断自己对对象的感知是否可靠相同的问题。当一个旁观者不了解社会行动参与者的价值和观念，不知道社会行动的目的时，即使他看到社会行动发生的全过程，亦不知道它是什么。正如一人看到群体打架，如果不理解参与者的动机，他甚至不能区

---

① 在本编第三章，我称之为"拟受控实验"。

分这是真打架还是一群表演者在演出。判别社会行动为真的前提是旁观者能使自己成为想象的参与者，也就是说，让对社会行动的感知从自己参与社会行动的经验真实性导出。这样，参与社会行动时，经验的可靠性也就传递到被观察的对象，成为判别获得对象信息真假的基础。

上述这一切和图 1-1 所示的普遍可重复的受控观察几乎一模一样，不同的只是普遍可重复的受控观察中，主体选择（控制）的观察条件 C 和 L 不包含主体或主体可悬置而已！当主体对可控制变量的控制的可重复性通过 C 和 L 传递到对象 Y，即 Y 不仅可观察而且可控制时，受控观察转化为受控实验。在图 1-2 所示的普遍可重复的受控实验中，选择的可重复性从集合 C 拓展到集合 Y，意味着可选择变量的扩大。这一点同样适用于被选择变量包含主体的过程，本来主体是作为旁观者观察社会行动，或如历史学家在研究自己不可能参与的社会行动，他只能用自己的想象参与判别其他人社会行动的真实性。然而，当他发现其他人的社会行动在某些前提下可以成为自己参与社会行动之扩大时，他不仅可以用自己参与的可重复性来判别这些社会行动的真实性，还可以让陌生人的社会行动包括自己的社会行动。这正如受控实验的自我迭代（见图 1-3）导致科学真实的扩张那样，我们也看到作为整体的社会真实之形成。换言之，从科学真实研究得出的有关真实性的所有结论，都可以推广到人文社会的世界中——只是我们必须区别经验可重复性的类型，即主体可选择的变量是否包含主体，以及选择（控制）的任意可重复性是对个别主体有效，还是对所有主体都成立。

综上所述，我们可用 R（X，M，Y）来表示真实性。其中 X 是主体，Y 是对象，M 是判别对象可靠的方法（即对变量选择的任意可重复）。这里，真实性实为三者的某种关系。M 的任意重复性保证 M 和主体 X 获得信息的 Y 为可靠的，这时我们说对象 Y 和 M 对 X 是真的。因此，经验的真实性本质上是对象和主体以及主体选择的可重复性三者之间的一种关系。更重要的是，对象 Y 既可以是经验，也可以是符号。当 Y 是纯符号系统时，根据关系 R（X，M，Y），亦可以判断它是真的。也就是说，作为对象的真实性存在着经验和符号两个类型。它们之间可以互相分离，亦可以建立起联系，从而发生两种对象的互动以促进真实性的扩张。这一切规定了对象呈现时真实性存在的多种形态。换言之，前文有关科学真实性的研究方法对人文社会和艺术亦有效。

真实性的三个领域

根据上述真实性定义，我们还可以得出另一个重要结论，那就是真实性存在着不同的领域。什么是领域？它是某一种真实性结构有效的范围。真实性 R（X，M，Y）中，主体 X 有"普遍"和"个别"两个选项；M 亦有两个选项，一个可选择的变量不包含主体，另一个可选择的变量包含主体。两两组合共有四种可能，这样作为真实性 R（X，M，Y）实际上有四种结构，每一种结构（它是真实性的一种类型）规定一个真实性领域。不同领域的真实性结构不同，因而不能混为一谈。也就是说，一共存在四个真实性领域，每一个领域的真实性都涉及经验和符号两种对象。[①]

前文讨论科学真实时，我反复强调受控实验和受控观察普遍可重复是科学经验真实性的唯一基础。受控实验和受控观察普遍可重复由两个前提组成，一个是控制过程中主体可以悬置，另一个是当主体改变时可重复的受控实验和受控观察的结果不变。这两个前提中第一个讲的正是 M 选择的变量不包含主体，第二个讲的是 X 为所有主体即是普遍的。也就是说，科学经验真实只是 R（X，M，Y）四个领域中的一个而已。

在《消失的真实》中，我指出科学史上存在着很多不满足普遍可重复要求的受控实验和受控观察，它们不完全是科学家存心弄虚作假。这些受控实验和受控观察往往只对某一个实验者（观察者）可重复。长期以来，认识论无法对这些经验进行定位。只要排除真实乃客观实在的信条，坚持经验的可重复性就是真实性，那些不可以普遍重复但对某一个个体可重复的受控实验和受控观察，实为个人的真实经验。它们虽不能成为科学研究的对象，但不能因此认为其为假。它们属于"X 为个别、M 面临的选择变量不包含主体"的经验真实，也是 R（X，M，Y）四种可能性之一。因 X 是个别主体，我们将其归为个体经验真实，它和科学真实分别属于不同领域。

生活中存在大量只有个人感知为真的经验。某一个人之所

---

① 因为 M 包含 X 也有普遍和个别两个选项，真实性实际存在 6 种结构，对应着 6 个领域。四大领域是一种简化概括，详细分析在本编第三章和建构篇中展开。

以知道这些经验为真，是因为这些对象可以被其重复地实现和感受到（如特异功能），可重复性使之和幻觉、想象区别开来。但这些经验无法在他人控制（选择）和感知中重演，以至对其他主体而言，它们和虚构没有什么不同。正因为这些经验对所有主体 X 不是真的，即使可控制变量 C 不包含主体，相应的受控观察和受控实验也不可能转化为对所有主体有效的装置，亦不可能出现受控实验通过自我迭代和组织转化为新的受控实验。它只是个体真实经验世界的一部分。

个体经验真实作为一个不同于科学经验真实的领域，是因为 R（X，M，Y）中 X 只是个别主体。个体经验真实包含两种情况：一种是个人可任意重复的 M，面临的选择变量不包含主体，上述不可以被他人重复的受控实验和受控观察就是例子；另一种是个人可任意重复的 M，面临的选择变量包含主体。在何种前提下，M 面临的选择变量中包含主体？艺术创作和个体参与社会行动，都存在被选择变量包含主体的可能。在艺术创作过程中，创作过程和作品都包含创作者的心灵状态。当主体面对社会行动时，有时参与或想象参与只对参与者个人可重复，这是因为该个体参与社会行动时所具有的观念和支配该社会行动的普遍观念不同，我们必须将其从社会行动的真实性中剥离出来。

为什么？当某一个主体参与或观察某一个社会行动时，其得到的信息（即对社会行动目的及其过程的感受）不可能为其他主体所重演，这往往表现在某个人对公认的社会和历史事件的感受与看法不同于大多数人，其独特的感受与意见不能被他人理解，人们常将其归为该人具有不同于一般人的观念和价值观。其实，对任何一个社会行动的反对和怀疑，也是社会行动。当所有其他人不能使该人获得的社会行动信息在自己心中重演时，该主体独特的体验已经和社会行动无关，或者说社会行动只是该主体进入独特心灵状态的一种外部条件。这种个人经验真实和前一种由个人独特的感知-控制中形成的个体真实不同，但仍属于个体心灵的真实。它和艺术创作中的心灵状态相似，构成了 R（X，M，Y）四种可能中的第三种类型，我们称其为个体心灵真实。我将个体心灵真实和前文讨论过的个体真实归为同一领域。

　　如果在 R（X，M，Y）中，X 是普遍主体，M 选择变量中包含主体，这就是真实性四种可能中最后一种类型——社会真实。社会行动的真实性构成社会经验真实的绝大部分。在社会行动中，个人参与社会行动以达到目标的过程，不仅对参与者自己可重复，而且对其他主体亦可重复。换言之，其他任何一个主体，只要去承担某一个主体面对社会行动所承担的角色，具备该角色拥有的观念，他在参与该社会行动中的经验和感受与其他主体基本一致。当人在参与社会行动（把个人组织成社会）时，这些社会行动不仅对实际参与者是真的，而且对所有人都是真的。也就是说，当 M 面临选择变量包含主体时，主体进入 M 各选择变量的可重复性对所有主体有效，即 R（X，M，Y）中 X 是普遍的。这是一种不同于个人独有的经验真实性的、另一种由社会规定的经验真实。我称之为社会真实。

　　综上所述，R（X，M，Y）的四种类型分别为：科学真实、个人不能和他人分享的真实、个人从事艺术创作或参与社会行动中独特的心灵真实，以及普遍的社会真实。前文已将第二、第三种经验真实合并，统称为个体真实。这样，真实性领域大致可以分为三类，它们为科学真实、社会真实和个体真实。在这三个不同的真实领域中，每一领域的真实性都分别涉及经验和符号两种对象。《消失的真实》和本书前9章已对科学真实的两个层次及其关系做出了详尽的分析，现在则要强调社会真实和个体真实是比科学真实更为基本的领域。社会真实可以转化为某种制度，不同人共有的社会真实可以互相整合而形成某种普遍的秩序。也就是说，社会真实是社会秩序存在的前提，科学真实是在社会真实和个体真实中起源的。正因如此，如果要研究真实性的形成和形态变迁，必须把科学真实放到比它更为广阔、历史更为悠久的社会真实和个体真实中去考察，分析它们的互动。

上文指出，每一个领域的真实性都分别涉及经验和符号两种对象。对科学真实而言，这两种对象分别为受控实验（受控观察）和数学（包括逻辑语言），它们是同构的。这一结论对真实性的其他领域也成立吗？既然真实性作为对象和主体之间的关系对经验和符号都适用，我可以证明这两个层次的真实性总是同构的。为什么？在关系 R（X，M，Y）中，当对象 Y 是经验时，我们已证明经验对象 Y 的真实性源于 M 的可重复性。现将经验对象 Y 相应的符号层次记为 S（Y），因 Y 的真实性由 M 的结构决定，即 M 将自己的结构映像到 Y 中，形成了 Y 的真实性。当用 S（Y）取代 Y 时，M 结构并没有变化，而 S（Y）的结构亦由 M 规定，故 Y 和 S（Y）总是同构的。换言之，真实性的三个领域中，每一个领域的真实性都分别涉及经验和符号两种对象，一种是纯经验的，另一种是纯符号结构的，它们之间必定同构。

符号系统表达真实经验的前提

在科学真实的领域中，作为纯符号结构的数学、概率统计和普遍可重复的受控实验同构，对真实性的另外两大领域，相应的纯符号结构的真实又是什么呢？前面如此简明的哲学分析，真的能证明经验和符号对象一定同构吗？

众所周知，在社会真实领域，真实性确实存在经验对象和符号对象。当经验对象为社会行动时，符号对象是用自然语言表达社会行动的句子。社会行动的真实性基础为每一个主体参与的普遍可重复性。作为用自然语言表达社会行动的句子，其纯符号真实性是什么？这是一个没有解决的问题。我要在后文才能证明：自然语言的纯符号真实性对应这些句子的完全可理解性。[①] 至于证明这两种对象始终保持着同构，就更为困难了，因为自然语言的句子结构就是语法，难道语法和社会行动同构吗？什么是语法？语法是如何起源的？它和社会行动有什么关系？这一系列语言学和认知科学的重大问题，至今尚未有最后的答案。但自 20 世纪中叶美国语言学家诺姆·乔姆斯基提出

---

① 关于句子的完全可理解性的定义，参见本编第三章。

普遍语法开始，语法是什么才开始一点点明确起来。

乔姆斯基发现，地球上不同人群使用的自然语言形形色色，但其语法的差别可以忽略不计。乔姆斯基将对所有自然语言都适用的规则称为普遍语法。自然语言的基本单位是句子，所谓普遍语法是指创造（组成）一个完整句子的法则。它由短语结构规则、转换规则和语素音位规则三个部分组成，其中处于核心地位的是短语结构规则，它规定了句子生成的方法，并通过变形规定了另外两个规则。普遍语法理论最重要的发现是组成句子之元素（词组和词）构成一种关系树，其中存在递归结构。

递归结构意味着构成词组（甚至句子）的法则可以在同一句子的组成部分中反复运用。如名词片语本和动词片语并列，组成句子一级结构，但它们可以同时作为组成句子一部分的方式（二级结构）。该二级结构的元素又可以用同样的法则进一步细分，使句子成为多层次的。由于语法的递归性，一个句子可以变得层层叠叠，甚至其组成部分和整体自我相关。更重要的是，乔姆斯基认为使用上述规则的能力是人与生俱来的。所有正常儿童都可以在不为人注意的情况下，不经过正式训练，顺利完成第一语言的习得，这就像人有使用普遍法则的本能那样。①

在真实性哲学的建构篇中，我将证明：乔姆斯基发现的自然语言语法的种种神奇特点，均因社会行动的纯符号真实和经

---

① 关于乔姆斯基的普遍语法理论的概貌，参见 Vivian J. Cook and Mark Newson, *Chomsky's Universal Grammar: An Introduction, 3rd Edition*, Blackwell Publishing Ltd., 2007。

验真实同构所致。普遍语法中表达短语结构规则的关系树恰恰是社会行动的结构，而其组成成分的递归关系正是主体可以进入社会行动的标志。普遍语法的基本结构之符号表达和数学法则有一个巨大差别：在表达前者时，主体必须能进入组成该结构的元素。这就是普遍语法必须具有递归结构的原因。建构篇还将证明：虽然自然语言在形式上包含了逻辑语言，但这两种语言的真实性基础是不一样的。数学和逻辑语言的真实性基础是受控实验和受控观察的普遍可重复性，主体在阅读或言说时被悬置。自然语言表达社会行动时，真实性基础是完全可理解性，主体必须进入被言说的对象，使其表达的经验在心中重演。普遍语法作为纯符号结构的真实性，和社会行动真实性的结构相同。由此可见，在社会真实领域的真实性同样分别涉及经验和符号两种对象，这两种对象始终保持着同构。

那么，在个体真实的领域，真实性也存在经验和符号两种对象吗？这两种对象真实性的同构又意味着什么呢？个体经验的真实性源于主体进入可控制变量的可重复性，个体亦可以用某种对象和经验对应，因该对应只需要对个体成立，我称被使用之对象为准符号系统，和个体心灵真实对应的准符号系统是广义的艺术。[①] 艺术作品作为主体某种独特的参与经验的符号表达，和社会真实、科学真实一样，也始终保持着和相应参与经验的同构。然而，要证明这一点比社会真实还要复杂，因为要真正认识这种同构关系，除了深入广义的艺术研究外，还需

---

① 艺术的本质是主体创造符号或准符号，用其表达自己参与的经验和感受，故我把和个体真实对应的符号系统定义为广义的艺术。

先搞清楚社会行动和自然语言的关系，因为很多时候艺术作品也是用自然语言表达的。这一切都将在建构篇中讨论。

一旦明确真实性一定涉及经验和符号两种对象，人作为符号物种也就得到了准确的定义。本来，人和动物的差别被认为是人可以用符号表达经验，现在其转化为主体拥有经验和符号同构的两个真实世界。人如何用符号把握世界则成为另一个完全不同的命题，那就是去建立一座横跨两个真实世界的拱桥。20世纪哲学家一度认为，符号系统本身不存在真实性，其真实性只能从经验中获得，这就是符号系统符合经验对象（客观世界）。现在则发现，所谓符号串和经验对象符合，是通过符号和经验对象一一对应，让符号串结构和经验对象的结构相同。它们只是主体用符号表达经验世界的信息，但不能证明这一信息是可靠的。那么，在何种前提下该符号串是真的（可靠的）呢？该前提是这些符号串和真实性的符号结构存在着对应关系，即利用相应具有真实性结构的符号系统，组成表达经验结构的符号串。

上述前提在科学真实中十分清楚。本书前9章已经证明：为了在受控观察和受控实验中获得对象信息的真实性，必须把表达经验观察的符号串和没有经验意义但具有真实性结构的符号系统（自然数）一一对应。用具有真实性结构的符号系统表达真实的经验，实际上是去寻找一种具有独特形态的符号系统。其分为两步，先用一系列符号串表达经验世界的结构，前面称之为获得经验世界的信息，然后使表达经验世界信息之符号串和具有数学真实的符号系统建立某种对应关系。换言之，寻找这种具有独特形态的符号系统，实际上是建立两种符号结构的联系。这种联系可以视为一座横跨经验世界和数学世界之间的拱桥。

拱桥没有桥墩，其重量靠拱桥横跨的两方支撑，这恰恰是对具有独特形态的符号系统的形象比喻。该符号系统符合经验，实际上是使符号串的符号结构和经验对象结构相同。为了保证这些符号串为真，它必须和纯符号真实性的结构相连。也就是说，该符号系统用自身的双重结构把两个世界整合起来：一个世界是纯符号系统本身用其结构规定的真实性，它可以和经验无关；另一个世界是纯经验的，其真实性由操控的可重复性规定。所谓符号系统的双重结构，一是指符号串符合经验，从而表达经验世界的信息（这是符号串的结构），但如果这些和经验符合的符号串没有纯符号系统的真实性支持，符合经验（和经验对象同构）并不能使其具有经验的真实性，故它同时还必须有另一种结构，即纯符号真实结构。该符号系统正如拱桥的拱顶石那样，把两个世界加以整合，使经验世界的信息（结构）成为可靠的，即符号串为真。主体通过这座拱桥，用符号表达（把握）了真实的经验世界。

这里，双重结构表达了一个符号系统如何才能具有某种独特的组织方式，把两种符号结构（符合经验对象和经验可重复性）巧妙地整合起来。正是这种奇特的整合使符号系统表达了真实的经验世界。我们之所以一定能找到具有双重结构的符号系统，从而建立横跨经验世界和符号世界的拱桥，是因为真实性的两种对象始终保持同构。

探索拱桥：真实性向主体呈现的形态

现在，我们终于看到前面枯燥的哲学讨论所指向的目标了。我们从数学是什么的分析开始，证明纯符号系统（结构）的真实性存在，再从数学转向哲学定义了经验和真实性本身，并发现真实性有科学、社会和个体三大领域。每一个领域的真实性都存在着自己的经验对象和符号（结构）对象，人用符号表达真实的经验世界，实际上是去建立一座横跨经验真实和符号真实的拱桥。这一结果使我们知晓 20 世纪哲学革命为什么会误入歧途。原来，哲学家意识到人是使用符号的物种后，一直在主体如何用符号表达客观实在的隧道中往深挖掘，结果迷失在黑暗之中。今天我们必须改变探索方向，即从挖隧道转为研究拱桥结构、探索架桥过程。

表面上看，用符号表达真实经验等同于建立拱桥，是通过科学真实的研究得到的。其实，我在分析具有双重结构的符号系统时，并没有指出该符号系统属于哪一个特定领域。上述结论对科学真实、社会真实和个体真实三大领域都是成立的。换言之，因为社会真实甚至个体真实领域也存在着纯粹的符号真实性，用符号系统把握真实经验就也是建立横跨经验世界和符号世界的拱桥。这样一来，我们可以根据上述哲学的基本框架即人是用符号表达（把握）世界和自己，提出真实性哲学认识论的研究纲领，它由如下五个方面组成：第一，在科学真实、社会真实和个体真实三大领域，作为拱桥的具有双重结构的符号系统是什么？第二，拱桥有什么样的功能？第三，这三座拱桥是怎样建立的？第四，在建桥前后，这些领域的真实性是如何呈现的，即每一个领域真实性有多少种形态？其呈现应该遵循什么样的顺序？第五，这三座拱桥之间存在什么样的联系？

在科学真实领域，拱桥是什么相当清楚。因为真实的科学经验是普遍可重复的受控实验和受控观察，与其同构的纯符号系统是数学和概率统计，横跨经验世界和符号世界的拱桥就是现代科学理论（用符号表达科学经验真实）。2 000 年来现代科学形成的历史表明，拱桥是用两种方法建立的。第一种方法是主体用符合逻辑的符号串表达受控实验（受控观察）及其结果，然后将这些符号串和自然数一一对应，这就是以欧几里得几何学为代表的公理系统。第二种方法是利用实数本身具有的双重结构，其经验结构表达了数目或通过测量得到的经验对象大小的信息，数的纯数学结构表达了符号本身的真实性。这两种方法都是先用符号结构表达了经验世界的结构（信息），然后将该符号结构和符号本身为真的数学结构整合。这样一来，因为这些表达经验世界信息的符号串或数存在着和数学真实不可分割的联系，它们一定是真的。因此，现代科学理论作为一个符号系统，或用逻辑语言表达的经验结构，或用测量获得经验世界信息，它们必须同时具有数学及概率统计的深层结构。也就是说，这是用现代科学理论独特的双重结构架起了横跨科学经验和数学真实的拱桥。在科学真实领域，拱桥建立前后，真实性之呈现有前科学、现代科学、虚拟物理学和虚拟世界四种不同形态。

在科学真实领域，寻找具有双重结构的符号系统来建桥之所以如此复杂，是因为不可测比线段的存在，不可能利用自然数的双重结构直接建立最基本的受控实验和数学结构的联系。正因如此，拱桥由实数的拱圈和建立在拱圈上，由逻辑语言组成的各学科上盖组成。在社会真实和个体真实这两个领域，具有双重结构的符号系统是什么？架桥经历了怎样的过程？建立起来的拱桥是否会发生断裂？这一切都必须去分析这两个领域真实性的基础。科学真实中如何找到具有双重结构的符号系统对此有着重大启示，而且有一点没有疑义，只有建立横跨经验层次和符号层次的拱桥，该领域的真实性才能处于不断的扩张之中。这时，该领域真实性的各种形态才能完整地呈现出来。

在科学真实的展开过程中，20世纪下半叶至21世纪初是特别重要的阶段，因为只有经历了相对论和量子力学革命，横跨经验和符号两个世界的拱桥才最后建成，它导致科学真实领域的各种真实性形态陆续呈现。其中虚拟世界（元宇宙）作为科学经验真实是人们未曾想到的。不发现虚拟世界的真实性，我们不可能去思考自己为什么生活在时空之中，也很难越过高深的物理学理论和数学的樊篱，去分析自然规律探索中是否存在着一个和经验上虚拟世界类似的盲区，界定何为虚拟物理学。在社会真实和个体真实中，真实性又有多少种形态？除了自然语言和社会行动的真实性外，终极关怀和道德价值的真实性存在的前提是什么？它们如何在建立横跨经验世界和符号世界拱桥的过程中逐步呈现，又是如何随着现代性的扩张消失的？这都是真实性哲学必须解决的问题。

讨论这三座拱桥的关系，是真实性哲学进一步研究的重点。

科学和人文艺术、事实的真实性和道德价值的真实性原本是不能放在一起讨论的，终极关怀的真实性一直不是现代理性的心灵思索的对象。现在，它们有着共同的基础，这就是前文提出的真实性哲学的基本框架。有了这一前提，我们终于可以破除科学乌托邦，重新建立现代社会价值的正当性根据。在三座拱桥关系的分析中，终极关怀也将纯化，我们可以去探索自然语言和主体的起源。

纵观这三座拱桥，它们存在着明显的差别。在科学真实领域，主体一直悬置在现代科学这座横跨经验真实和数学（逻辑语言）真实拱桥及其两岸之外。然而，在社会真实领域，主体不仅属于社会行动和由自然语言表达的符号真实的拱桥，还随着这座拱桥的扩张而成长，不断复杂化。至于个体真实领域，横跨两个世界的拱桥是艺术作品和主体艺术活动之间的联系，因其只涉及个别主体，主体在拱桥中是不完全的，甚至没有真正形成。为什么这样讲？在作为关系的真实性 R（X，M，Y）中，什么是主体？主体是用 X 自由且可重复地进入 M 中的可控制变量来界定的。如果 X 只是个别主体，除了某一个人，其他人不能进入，作为可理解他人之"我"肯定不存在。因此，第三座拱桥涉及主体的形成，这就是 X 由个别向普遍之转化，该过程正是人类自我意识及自然语言在智人（或更早的人类）组成的原社会中起源。这本来是一个无法研究的问题，而在真实性哲学中，它转化为对三个领域的拱桥关系的探索。这是一种新的研究方法，也许有可能使我们找到一条通向认识人类意识和社会起源的道路。

我要强调的是，三座拱桥中现代科学出现得最晚，但其桥梁结构、功能和建桥过程最容易研究。虽然该研究必须深入科学哲学和理论科学史，还和理解当代科学前沿碰到的哲学困难有关，但比起其他两座拱桥，它是可以清晰而准确地把握的。这样一来，我们就可以用现代科学的形成作为分析对象，研究横跨经验真实和符号真实拱桥的结构和建立过程，铸造把握拱桥的核心概念，以找到构建真实性哲学的基本纲领的方法。换言之，剖析现代科学这一座拱桥及其架桥过程的研究越是彻底，探索另外两座拱桥、重建人类现代真实心灵的方法越是有效。三座拱桥的比较显示了主体如何从第一座拱桥中起源，在第二座拱桥中成长，最后在第三座拱桥中被悬置，认知成为某一种轴心文明的终极意义。

我们终于可以从现代科学的认识论中跳出来，把科学真实放到科学和人文统一的架构中，对什么是科学知识做出总结，并思考如何把从科学真实中发现的建立拱桥的方法，运用到其他真实性领域中。这样做的第一步就是从轴心文明（知识论的高度）对科学知识进行鸟瞰，探讨科学知识和获得这种知识能力的关系。我们终于可以对科学知识做哲学总结。对什么是科学知识的反思，使我们能从科学知识中走出来，用科学知识独有的严谨性讨论它所提出的新方向，真实性哲学的整体面貌终于显现了出来。

第二章　科学知识和人工智能的类型

什么是知识？ 18世纪哲学家为是否存在先验知识而困惑，19世纪又陷入逻辑是不是知识的争论。20世纪知识被等同于信息，但人们并没有真正理解数学家如何获得信息。知识论是西方哲学的核心，它一直处于理性主义和经验主义的拉锯战中。今天我们终于可以从古希腊超越视野对哲学的支配中走出来，准确地界定什么是科学知识。一旦做到了这一点，就会立即发现通过科学知识并不能认识主体。为了揭示什么是主体，我们不得不去研究另外两座拱桥。

真实性哲学的知识论

本书前9章一直在现代科学内部，分析什么是科学真实，而没有从知识论的高度来鸟瞰它。所谓从知识论的高度来认识什么是科学知识，就是用人的活动来展望由双重结构符号系统组成的横跨数学世界和经验世界的拱桥。拱桥的一边是受控实验和受控观察，它组成不断扩张的经验世界。拱桥的另一边是纯符号系统，数学研究代表了纯符号真实性的探索，这也是一个在不断扩大中的世界。这两种真实性的迅速扩张依赖横跨两个世界的拱桥，它作为一个具有双重结构的符号系统就是现代科学理论。在整体上，虽然我们能明确无误地区别拱桥及其连接起来的两个世界，但虚拟世界和虚拟物理学的存在，使拱桥与其横跨的两岸之间没有明确的边界。主体在做受控观察和受控实验（实现某种控制和感知）时，因操作和感知的对象可以是用数学符号仿真的经验结构而进入虚拟世界（在某种意义上可视为科学理论的特殊形态）。同样，主体在桥上思考物理学理论，亦会不知不觉地陷入作为纯数学的虚拟物理学研究。然而，因为主体悬置在拱桥之外，它总是可以自由地进出这三个部分。虽然从每一个部分出发，探索过程中都有可能越出自身的边界而不自知，但主体从哪里出发是十分明确、毫无疑义的。对主体而言，进入拱桥或其横跨的两岸是三种完全不同类型的活动。这些活动被称为认知，主体在进行这些活动时得到的结果和展现的能力，被称为"知识"和"科学智能"。这样，主体从哪里进入，既构成了认知的起点，也决定了相应知识的结构和类型。真实性哲学有着自己独特的科学知识论。

根据拱桥及其跨越的两岸，现代科学知识由三种不同类型的知识组成，它们分别属于认知过程中不可互相化约的活动。第一种是受控观察和受控实验及其组织和迭代。它由主体获得对象信息和对对象进行控制构成，属于经验世界，与此相应的是（科学）经验知识。第二种是拱桥另一边的活动，主体处理的对象是符号，这些符号系统可以和经验无关，但必须具有特定的结构。处理这些符号的活动由规定符号系统的结构开始，用公理推出定理构成，它还包括计算、编制逻辑语言的程序、数学知识学习等，我称之为获得数学知识。

第三种活动是主体处于拱桥之上，无论是主体用符号串表达受控观察及受控实验，还是用具有双重结构的符号系统（数）表达测量结果和过程，都是通过建立横跨经验世界和数学世界的桥梁，从而用符号表达和获得经验知识。我们称这一类知识为科学理论。需要强调的是，这里科学理论仅限于用逻辑语言或真实的符号系统指涉经验结构，强调的是科学知识的类型。故科学理论知识可以只是一个受控实验或受控观察的陈述，也可以只是用一个实数表达测量值。只有当其作为整体呈现时，才代表了用因果性把握的科学真实之图像。

就科学活动本身而言，三者完全不一样。因此，科学知识可以用上述三种类型来界定。这三种类型的活动虽不同质，但均为主体在追求可靠的知识，知识的可靠性是主体对其从事活动的基本要求。正如我在本编第一章反复强调的，知识的可靠性就是知识的真实性。换言之，主体追求的目标（知识）必须是真的，而且主体必须知道它们为什么是真的。这一切构成了追求知识（求知）的定义。其实，柏拉图早在 2 000 多就年前已经做出了类似的定义。他在《美诺篇》中提出了有关知识的三个命题：第一，知识基于主体求真的信念，没有求真的信念不可能有知识；第二，知识必须是真的；第三，人们一定要知晓知识为真的理由或可以证明它是真的。据此，柏拉图将知识定义为被确证的真实信念（被相信的事物）。[①] 将柏拉图对知

---

① David Wolfsdorf, "Plato's Conception of Knowledge", *The Classical World*, Vol. 105, No. 1, 2011; Frederick Copleston, *A History of Philosophy, Vol. 1: Greece and Rome From the Pre-Socratics to Plotinus*, Image Books, 1993, pp.149-162.

识的定义，和上面描述的主体如何进入拱桥及其两边做比较，可以看到真实性哲学对科学知识的定义和柏拉图一致，但比柏拉图更为准确。

第一，柏拉图把知识定义为真实的信念，赋予求知以最高价值。这构成古希腊-古罗马超越视野，亦是古希腊哲人的终极关怀。柏拉图对知识的定义最大的问题是没有区分真实性的领域。其实，他所讲的真实性，只是科学真实领域的真实性。众所周知，科学知识（真实）起源于古希腊求知理性，但在柏拉图的定义中看不出为什么古希腊哲人对知识的定义会成为现代科学的基础。在真实性哲学中，其原因十分明确。因为主体悬置在拱桥之外，即拱桥及其两岸本身不包含主体。这使古希腊超越视野中的知识具有最大的客观性。获得知识的前提是主体进入拱桥或其两岸，进入拱桥及其两岸成为主体的目标，需要有探索的意愿。它构成认知的意志。事实上，正因为主体在拱桥之外，其可以和知识分离，意味着科学知识（古希腊超越视野中的知识）可以独立且无限制地扩张。[1]

在其他超越视野中，知识不是主体的直接目标，它被包含在主体的终极追求中，而主体的终极关怀往往是包含主体的。无论是以救赎为终极关怀，还是以道德为生命意义以及追求解

---

[1] 我在《消失的真实》中强调，古希腊-古罗马超越视野无法解决人的生死问题，最后只能与希伯来超越视野融合。（金观涛：《消失的真实》，第46—49页。）之所以会如此，正是因为古希腊超越视野规定的拱桥中不包含主体，虽然古希腊哲人没有认识到这一点。古希腊哲人认为真实的知识包含社会和个人真实，这导致他们在研究道德、社会和审美过程的真实知识时，形成很多认识论误区。

脱，终极关怀中都存在主体。处于不同于求知的其他终极价值中的知识追求，其扩张迟早受到终极关怀的限制。换言之，其他超越视野中，知识和主体的关系不同于科学知识和主体的关系。正因如此，我们得出一个结论：定义何为知识的知识论随着超越视野的不同呈现出巨大的差别，不同的轴心文明都有自己的知识论。只有古希腊文明对知识的定义包含了科学知识的基本结构。

第二，柏拉图在对知识进行界定时，最大的问题是忽略了知识的扩张性，而这一点对科学知识尤为重要。科学知识和其他类型知识最大的差别恰恰在于，前者有着近于无穷的扩张能力。如前所述，科学知识的扩张能力来自作为符号系统的数学真实和经验真实的同构，以及建立了横跨经验世界与数学世界的拱桥。如果只深入知识的某一种形态，就会看不到科学知识的整体结构，忽略其在互动中扩张的本质。科学史证明：建立拱桥只能从数学知识开始，然后通过几何发现数学和最基本受控实验（测量）之联系；拱桥建立后，人类才认识到受控观察和受控实验对科学经验知识扩张的重要性。真实性哲学的知识论不仅有效地解释了为什么科学真实只能在古希腊哲人注重数学知识中起源，还可以帮助我们理解为什么欧几里得几何公理系统会成为现代科学形成的模板。而且，真实性哲学的知识论强调：科学知识的三种类型中存在着纯经验的知识、纯符号的知识以及用符号表达经验的知识，三者是不可化约的。纯符号知识的存在回答了西方哲学知识论如何处理非经验或先于经验的知识（如是否存在先验知识）等难题，符号和经验之间的指涉关系也规定了逻辑在知识论中的位置。

第三，和柏拉图仅仅把追求知识归为求真的意志不同，真实性哲学强调主体悬置在拱桥之外，并证明所有科学知识均为可以测量的可靠信息。就获得这些特定的可靠信息而言，可靠信息和获得信息的过程、方法可以互相分离。据此，可以推知：主体获得科学知识的方法（包括体验）和最终得到的科学知识是两回事。也就是说，主体可以通过某些工具或某种方式进入拱桥及其两岸，以最终获得相应的科学知识，但不需要直接体验获得知识的全过程。它表明上面定义的三类知识中，每一类都可以分为两种形态：一种是明知识，另一是不同于明知识的暗知识。

所谓明知识，是指主体在获得相应知识时，知晓获得知识（信息）的每一步骤，并亲自经历了该知识（信息）的获得过程。不同于明知识的暗知识是主体借助某种工具或特殊的方法获得的科学知识（信息），而不知道这些知识（信息）具体是如何得到的。随着科学真实的扩张，暗知识显得日益重要。为什么？根据自然法则和仪器的同构律，主体对自然法则的认识不断深入，借助某种工具或特殊的方法获得科学知识的能力会越来越强。今天我们知道，暗知识就是通过人工智能得到的科学知识。由于科学知识由拱桥及其两岸三种类型组成，这样主体借助某种工具分别进入拱桥及其两岸，必定也有三种不同的方式。真实性哲学可以证明：作为由人工智能获得的暗知识存在三种不同形态。因为每一种暗知识对应着一种人工智能，基于科学知识的人工智能无论多么复杂，都不能逃离这三种类型。

真实性哲学通过科学知识论研究发现，随着人工智能研究的深入，主体终于可以把自己和获得科学知识的能力区别开来。主体被嵌入智能之中，这使主体和主体拥有的感知、控制及用符号表达经验的能力相混淆。各种暗知识的研究揭示了科学智能的本质，发现主体拥有的各式各样的智能，只是获得科学知识的工具，而不等同于主体本身。这样一来，真实性哲学的知识论最重要的意义在于，通过被悬置的主体和各种扩张着的科学知识关系来研究什么是主体。我们终于可以把主体本身和主体拥有的不断扩张的科学知识、追求科学知识的能力区别开来，主体在纯粹化的过程中变得可以分析了。因为科学知识中不包含主体，获得科学知识的各种智能中亦不存在主体，发现主体的起源必须从科学真实转向社会真实和个体真实。

简而言之，真实性哲学的科学知识论研究，必须展开针对科学知识的各种类型的讨论，然后再通过暗知识研究把主体和科学知识、获得该知识的智能分离，从而界定那条可以帮助我们探索主体起源的道路。

科学的经验：有默会知识吗

先来讨论科学知识的第一种类型，即什么是科学的经验知识。这涉及什么是科学的经验。长期以来，经验一直是用主体感官接受外部世界刺激（及对外部世界采取行动）来界定的，经验知识是主体对经验的记忆和利用这种记忆的能力（用其进行选择和处理感知）。^① 这样，作为经验的知识必定由主体的感知和控制构成，其通常可以表达为有关两者及两者之间关系的记忆。所谓两者之间的关系，是指感知与控制如何互相对应。经验知识作为感知和控制及两者联系的记忆，掌握该知识及其所需的能力，不等同于用符号表达这些知识及其所需的能力。正因如此，人们在强调经验知识的本质时，往往认为经验知识中存在着一个核心，那就是可感知、可操作但不可表达的知识，即默会知识。^② 让我们来分析这一核心。

默会知识由英籍犹太裔物理化学家和哲学家迈克尔·波兰尼在 1958 年出版的《个人知识——朝向后批判哲学》一书中最先提出，并在之后一系列作品中有系统阐述。^③ 在波兰尼看来，可用符号表达的知识扎根于默会知识。换言之，默会知识比可用符号表达的知识更基本。^④ 根据不可用符号表达这一基本规定，我们可以总结出默会知识的三个特点：第一，它无法用语言和文字描述，只能在行动中展现、觉察、意会；第二，对默会知识的获取只能依靠亲身实践，必须用类似带学徒那样的方式来传递；第三，默会知识分散在不同个体身上，不易大

---

① 一个例子是剑桥英文词典对 experience 的定义。参见 https://dictionary.cambridge.org/dictionary/english/experience。

② Michael Polanyi, *The Study of Man*, The University of Chicago Press, 1958, p.12.

③ 波兰尼之所以提出默会知识，是因为不满于 20 世纪流行的客观实在的科学观念，尤其是对当时盛行的逻辑实证主义十分不满。（详见迈克尔·波兰尼：《个人知识——朝向后批判哲学》，徐陶译，上海人民出版社 2017 年版，第一章。）

④ Michael Polanyi, *Knowing and Being*, University of Chicago Press, 1969, p.144.

规模积累、储藏和传播。①

波兰尼提出默会知识之后，一度被哲学和思想界普遍接受。然而，随着神经科学的进展，科学家发现主体的任何控制和感知都是神经元的电脉冲。这时，是否真的存在默会知识，就值得怀疑了。为什么？既然主体的感知和控制只是神经元接收和输出的电脉冲，而这些电脉冲完全是可以测量的。主体即使不能用语言表达它，但可以用"数"来记录和传递这些电脉冲，它们之间的关系也可以用数之间的对应来表达。当可以用各种穿戴设备记录和传递主体的感知和控制时，由主体的感知和控制规定的知识还是默会知识吗？让我们来看波兰尼举过的一个例子：人学习骑自行车。波兰尼指出："我们在关注骑自行车这件事情，我能明确意识到的是'我在马路上骑车'这件事情，但是同时我还附属地知觉到（但是不能意识到），我正在做其他大量活动：神经系统和肌肉的控制与运作（身体动作）、对于视觉信息的处理（发现各种路障）、手部肌肉的轻微调节（保持自行车的平衡），等等，我们并不能在意识层面清晰地知觉到这些细节，当然也不能在语言上明确地阐明这些细节。"②因此，人骑自行车向来被当作默会知识的典型例子。然而，骑自行车的知识可以化约为人的感知和控制之间的一种特定关系，这种关系就是输入电脉冲如何规定输出电脉冲。我们可以将这一数字关系记录下来、用程序表达并制成芯片，装有该芯片的

---

① Alice Lam, "Tacit Knowledge, Organizational Learning and Societal Institutions: An Integrated Framework", *Organization Studies*, Vol. 21, No. 3, 2000.

② 迈克尔·波兰尼：《个人知识》，第 6 页。

机器不需学习就会骑自行车。今天看来，会骑自行车已经不是默会知识。[①]

随着 21 世纪人类进入虚拟世界，存在着默会知识这一观点受到巨大的挑战，因为虚拟世界的基础就是神经元的输入和输出关系的可表达性和可传递性。正如我在"物理世界和虚拟世界"一节所说："只要用仪器建立神经元输入和输出的各种关系，就可以模拟作为主体感受的任何受控观察和受控实验的经验。就主体感知而言，受控实验和受控观察的普遍可重复都等价于输入和输出可以形成稳态，以及它们之间关系的结构稳定性。当我们用计算机仿真某一受控实验和受控观察中的输出和输入，并保证其稳态和联系方式结构稳定时，主体只要进入计算机中的仿真程序，感受到的输入、输出关系和在进行受控观察和受控实验时没有任何差别。"也就是说，通常人们认为的那些不可以用逻辑语言表达的知识，只要还原为神经元的电脉冲，就是可以测量、记录并用数来传递的。既然主体的任何控制和感知都可以用数来测量并加以表达，它们的关系就可以表达为数之间的关系。它们规定的知识都不是不可用符号表达

---

① 因此，也有学者关注默会知识如何转化为可用符号表达的知识。其中最具代表性的是两位日本管理学者野中郁次郎与竹内弘高，他们将默会知识的概念引入企业管理和创新的研究中，并提出默会知识向可用符号表达的知识转化，最关键的步骤是新概念的创造（通过归纳法或演绎法），而这一创造的主要动力来自主体之间的对话或围绕某一问题的集体反思。（参见 Ikujirō Nonaka and HirotakaTakeuchi, *The Knowledge-creating Company: How Japanese Companies Create the Dynamics of Innovation*, Oxford University Press, 1991, p.64。）当然，上述例子忽略了测量。

和传递的默会知识。

确实，如果承认科学经验以默会知识为核心，那么虚拟世界根本不可能存在，元宇宙也没有意义。然而，一旦否定默会知识，20世纪新自由主义的基础立即遭到颠覆。奥地利经济学家弗里德里希·哈耶克曾立足于默会知识，证明市场是最有效的资源配置机制。一个充分利用人类知识的社会，一定是立足于个人自主、互相交换自己的能力和知识的契约组织。忽视默会知识，把一切知识视为可用符号表达，并用其作为现代社会的基础，会带来巨大的灾难。哈耶克称这种将所有知识都认为是可掌握和可表达为理性的自负。[①]然而，这一20世纪的金科玉律正在被大数据和人工智能质疑，理性的自负再一次笼罩着科学界。

真实性哲学的知识论可以解决这一疑难吗？让我们回到第一编第一章，严格定义什么是科学的经验。科学的经验不是泛泛的感知和控制，它是普遍可重复的受控观察和受控实验中的感知和控制。一旦将主体的感知和控制活动纳入受控观察和受控实验的基本结构，其就一定受到该结构的限制，并要满足普遍可重复性的要求。这样，我们只能通过图1-1和图1-2中X选择可控制变量C以及经过通道L得到对象O的信息，定位主体的感知和相应的控制。这样，我们立即得到科学经验知识的准确定义。因为作为直接经验的控制为X选择可控制变量C，作为直接经验的感知为X经过通道L得到对象O的信息，

---

① 参见邓正来：《知与无知的知识观——哈耶克社会理论的再研究》，载氏著：《哈耶克社会理论》，复旦大学出版社2009年版。

两者是互相关联、不可分离的。这样一来，所谓感知和控制之间的关系，实际上是受控实验（受控观察）中可控制变量和可观察变量之间的关系。

科学的经验不是一般的经验，它必须是满足如下两个前提的经验。第一，控制条件为感知（获得信息）的前提，控制和感知之间存在着独特的条件—结果式的关联结构。我们研究两者关系即经验知识时，无论是感知如何决定控制还是控制如何决定感知，必须将其纳入受控实验（受控观察）规定的条件—结果的关联结构中。第二，因知识具有可靠性，它必须等价于受控观察和受控实验的普遍可重复。这里，普遍可重复是对所有主体可重复，只有该前提满足，相应的经验才一定可由一个主体传给另一个主体。这实际上意味着各种条件—结果关系具有结构稳定性。更重要的是，在受控观察和受控实验中，主体可悬置，即它可以和受控变量 C 分离，而 C 是可测量的。

科学的经验不同于一般的经验，其结构规定和真实性要求已经排除了相应知识是默会知识的可能性。因此，科学的经验中没有默会知识，并不等于不存在默会知识。根据控制和相应感知的确定性和可靠性，受控过程对某一个人可重复，它对该主体就是真的。只要将"受控观察和受控实验的普遍可重复"改为"受控观察和受控实验对某一个体可重复"，科学真实就转化为个体真实。我在本编第一章区别了真实性的三种不同领域，其中最基本的是个体真实。那些不可以普遍重复但对某一个体可重复的受控实验和受控观察，实为个人的真实经验。它们虽不能成为科学研究的对象，但不能因此被认定为假。因其

第四编　哲学的解放　435

只涉及个别主体，我们将其归为个人经验真实，它和科学真实分别属于不同领域。默会知识的本质是，它只是某一个体可以重复的控制和感知，以及两者关系的记忆，该知识对其他个体不成立。也就是说，默会知识确实存在着，但它不属于科学真实领域，当然也不是科学的经验知识。真正的默会知识都是个体真实。

我在第一编第一章反复强调，只有受控观察或受控实验普遍可重复，其整体才对应着自然数。这样，即使主体的控制和感知都可还原为神经元的电脉冲，当电脉冲之间的关系不具有结构稳定性时，即使数字表达了电脉冲之间的关系，它对其他主体亦无意义，也就是不可能被制成程序来传递。由此可见，将默会知识归为经验知识的核心是思维不严密带来的。生活中存在大量只有个人才觉得为真实的经验。某一个人之所以知道这些经验为真，是因为其可以被重复地实现和感知（如特异功能），可重复性使其和幻觉、想象区别开来。但这些经验无法在他人的控制（选择）和感知中重演，以至对其他主体而言它们和虚构没有什么不同。正因为这些经验对所有主体不是真的，即使可控制变量 C 不包含主体，相应的受控观察和受控实验也不可能转化为对所有主体有效的装置，同样不可能出现受控实验通过自我迭代和组织转化为新的受控实验。它只是个体真实领域经验世界的一部分。

因此，虽然在科学真实领域不存在默会知识，但在个体真实和社会行动领域，并不是任何知识都是可以表达的。当我们把主体的感受和控制还原为神经元的电脉冲，用电脉冲数字之间的关系表达感受和控制之间的联系，当这种关系是结构不稳定时，其不可能用程序来传递。虚拟世界和元宇宙的存在，并不能证明所有的知识都可以用符号（包括数字）传递。默会知识对市场经济的支持仍然有效，只是其成立的根据必须到真实性的其他领域即个体真实和社会行动中去寻找而已！

将主体的感知和控制活动纳入受控观察和受控实验的基本结构，并要求其普遍可重复，得出的另一个重要结论是：科学的经验知识不仅是信息，而且可以测量。为什么说科学的经验知识是可以测量的信息？我在"自由的主体：符号、经验、信息和控制"一节将信息定义为主体面对对象可能性的变化，感知和控制都是主体面对对象可能性的变化。我在本编第一章还指出，只有当可能性可以和主体分离即可能性不包含主体时，其变化才可以用可能的状态多少来度量（我曾称之为可能性空间可测量）。如前所述，科学经验中受控变量 C 可以和主体分离，这样，C 的确定性程度是可以度量的。同样，主体相应感知（可观察变量）的确定性也可以进行度量，获得可以度量的信息可以表达为可能性空间的缩小。

在此，我要强调主体拥有经验知识都意味着可控制变量、可观察变量以及两者组合方式的可能性空间缩小。关于主体可控制变量的可能性空间缩小和主体可感知变量的可能性空间缩小很容易理解，它们就是控制和感知的确定性。除此之外，经验知识还包含主体如何根据感知做出控制，以及根据控制获得相应的感知，它们实为可控制变量和可观察变量状态组合的可能性空间缩小。组合可能性空间的缩小当然也是主体获得可测量的信息。这样我们得出一个结论：科学的经验知识即可测量的信息，真实的科学经验知识即可靠的可测量信息。

发现"科学的经验知识即可测量的可靠信息"是 20 世纪的伟大贡献。[①] 1948 年美国数学家、电子工程师克劳德·香农首次度量了通信过程中可能性空间（不确定性）的变化。[②] 正是从那时起，可能性空间的缩小规定了度量信息的基本单位。其定义如下：当可能性空间大小本来为 2（有两个元素），其缩小为 1（只有一个元素）时，相应的信息就是 1 个基本单位，称之为比特。今天在计算机和通信中广泛使用的字节等均基于此。在普遍可重复的受控实验和受控观察中，控制和感知的确定性都是可能性空间的缩小，作为知识，它们完全相同。这种等同必定可以表达为科学认识论的基本法则。事实正是如此，就在香农提出信息理论的同一年，控制论的创始人诺伯特·维纳在《控制论——或动物与机器的控制和通信的科学》一书中提出了反馈。[③] 反馈（严格地讲应称为自耦合）讨论的正是信

---

① 早在 1877 年，奥地利物理学家路德维希·玻尔兹曼就指出，系统整体不确定程度就是熵，令其为 S，它可用不确定的状态数目来定义，即有 $S=k_B\ln\Omega$，其中 k_B 是玻尔兹曼常数，Ω 则为系统所包含的状态总数。当各种状态不是等概率时，其整体不确定性变小。令第 i 个状态对应的概率为 p_i，S 可以用 "$-k\sum p_i \ln p_i$" 来度量。香农则指出，信息即负熵。换言之，信息就是可能性空间的缩小。

② Claude Elwood Shannon, "A Mathematical Theory of Communication".

③ 诺伯特·维纳：《控制论——或动物与机器的控制和通信的科学》，王文浩译，商务印书馆 2020 年版。

息沿着一个闭环传递时如何形成控制。[①] 发现反馈的控制论和信息论成熟的同步，[②] 正表明控制和感知在知识论上等价。

就科学经验而言，科学知识为可测量的可靠信息，其乃可能性空间（不确定性）的减少，主体具有科学经验知识，即获得可以测量的信息，真实性即信息的可靠性。我要强调的是，这一基本定义也适用于科学知识的其他两种类型——数学知识和物理理论知识，故惠勒有一句名言："比特生万物。"[③] 正因如此，一旦理解科学经验知识是主体获得的可测量的可靠信息，它是主体面对对象可能性空间的缩小，我们立即对科学知识的第二种类型即什么是纯数学知识获得全新的理解。

---

① 在受控观察和受控实验中，只要把控制变量 C_i 包含的状态数当作 Ω，立即就得到 C_i 作为可能性空间的不确定性整体的度量。控制的实行使 C_i 包含的元素减少，就是其可能性空间缩小了。我们将可能性空间的缩小称为获得信息。当可观察变量和可控制变量存在着反馈时，主体获得信息就是实行控制。反馈是一种独特的自耦合系统，在自耦合系统中，系统获得信息亦意味着控制结果的不确定性向确定性之转化。

② 关于控制论形成的历史，参见托马斯·瑞德：《机器崛起——遗失的控制论历史》，王飞跃、王晓、郑心湖译，机械工业出版社 2017 年版；关于香农开创信息论的过程，参见吉米·索尼、罗伯·古德曼：《香农传——从 0 到 1 开创信息时代》，杨晔译，中信出版社 2019 年版。

③ J. A. Wheeler, "Information, Physics, Quantum: The Search for Links", in S. Kobayashi, H. Ezawa, Y. Murayama, S. Nomura, ed, *Proceedings III International Symposium on Foundations of Quantum Mechanics*, Physical Society of Japan, Tokyo, 1989, pp.354-368.

数学知识：哥德尔不完备性定理的意义

千百年来，哲学家一直面对一个问题，那就是数学研究究竟是一种什么样的求知活动。其实，主体具有纯数学知识亦是获得可以测量的可靠信息。以"数学的整体性：从费马大定理到朗兰兹纲领"一节讨论的费马大定理为例，费马大定理指出，当整数 $n > 2$ 时，$x^n + y^n = z^n$ 没有正整数解。证明该定理导致 x、y、z 取值的可能性空间缩小，可能性空间的缩小意味着主体获得信息可度量。那么，主体又是如何通过纯数学研究获得可测量的可靠信息的呢？如果去分析数学定理的证明过程，数学证明是符号的等价取代和包含，在逻辑上相当于同义反复，通过符号的等价取代并不能获得信息。这样一来，纯数学知识中可测量的可靠信息，似乎只能是主体在用符号指涉对象时获得的。

20 世纪哲学家把数学视为逻辑语言的一部分，逻辑语言是用符号系统不矛盾地指涉经验对象。据此，逻辑经验论认为，纯数学知识中可测量的可靠信息来自用符号把握经验活动。这一结论正确吗？不正确！因为当符号没有经验意义时（如组合数学），数学定理被证明同样是符号集的可能性空间缩小，这时主体并没有从经验中获得可测量的可靠信息。纯数学是科学真实的一部分，但是数学研究和经验活动中的感知与控制不同，数学家不需要经验就能获得纯数学知识。既然科学知识即可测量的可靠信息，纯数学知识中可靠的信息又是从哪里来的呢？

人是符号物种，主体始终面对两类对象：一类是经验对象，另一类是符号对象。当经验对象的可能性空间缩小时，主体获得的信息代表着感知和相应的控制。然而，符号对象可能性空间的缩小同样是获得信息，只要该符号对象和经验对象无关（不指涉经验），主体得到的可测量的可靠信息就是纯数学知识。我在"布尔巴基学派重构数学的发现"一节指出，数学是用一组公理来规定的，20 世纪布尔巴基学派用公理化方法把所有数学分支都建立在集合论之上，而所有数学定理均从公理用逻辑推理导出。这样，我们得出一个重要结论：纯数学知识作为可测量的可靠信息，一开始就已经被包含在定义该数学分支的公理之中了。公理作为符号系统的结构，是符号组合的可能性空间缩小；纯数学研究（如定理证明）不是别的，其乃从公理集合中提取相应可测量的可靠信息的活动。

　　既然纯数学知识亦是可测量的可靠信息，我们立即就发现数学研究的奇葩性。因为规定数学门类的公理作为符号系统的结构是主体人为设定的，主体在提出数学公理时，已经实现了符号组合可能性空间的缩小。数学家根据相应的公理系统进行纯数学研究如证明定理、解决各种数学问题，实际上是在提取自己在规定公理时已经得到的可测量的可靠信息。换言之，主体先把可测量的可靠信息注入作为符号系统的对象中，然后又费九牛二虎之力把这由公理规定的各种信息一点一滴地榨取出来。科学的目的是获得新知识，寻找原先放进符号系统的东西似乎是在做无用功。主体为什么要去从事这种活动呢？

　　答案就在符号物种特有的主体和对象的关系之中。对于经验和符号这两种不同的对象，获得可测量的可靠信息的意义是完全不同的。经验对象是主体不能任意选择的，为了获得经验对象的可测量的可靠信息，主体必须去实现控制和相应的感知。控制作为手段，其目的是获得经验对象越来越多的可靠信息。然而，因为符号系统及其结构是主体可以自由选择的，上述获得信息的方法对纯符号对象完全没有意义。对于纯符号对象，信息的存在仅在于其代表了知识的可靠性。对于符号系统的可靠性研究，只有通过先人为地制定公理，把可靠信息注入符号对象中，再用纯数学研究把注入符号系统的可靠信息提取出来，才能揭示可靠性在纯符号系统中的分布及传递方式。

我在"集合论：自洽地给出符号系统"一节证明：集合论的公理规定了如何自洽地给出符号系统。换言之，集合论用公理化排除了悖论，从此可以自洽地给出符号系统。在此基础上，在相应的符号系统中规定公理以得出不同的数学分支。这时，只要这些公理互相不矛盾，其一定导致符号组合的可能性空间（不确定性）减少。换言之，规定信息的确定性就会传递到该数学分支的整个符号系统，主体可以判别符号对象是否具有公理系统信息的确定性，从而知晓其是否可靠。因信息的可靠性即真实性，这样证明数学命题真假的过程也就和信息传递过程一致。也就是说，如果任意一个数学命题不能由公理推出，它一定不包含公理系统信息的确定性和可靠性，即该数学命题一定是假的。

最早发现这一点的是希尔伯特。20 世纪 20 年代集合论公理化完成之后，希尔伯特立即提出所有数学系统都是完备的构想。什么是数学系统的完备性？数学系统由命题组成，任何一个命题非真即假，当任何一个命题真假均可判别时，该数学系统即为完备的。希尔伯特认为，正因为所有数学系统都由公理规定，只要各公理保持独立性（即所有公理都不可互相化约）和兼容性（不能从公理系统导出矛盾），该数学系统必定是完备的。[①] 希尔伯特对纯符号系统真实性的论断正确吗？表面上看，这是无可怀疑的。主体先用公理规定符号系统的结构，公理具有可测量的可靠信息，其可靠性传递到公理规定的每一个数学命题，信息可靠性即真实性。这样，该数学系统的每一个命题真假都可根据其能否用公理推出判定。纯数学作为由公理规定自身结构的符号系统，其完备性应无可非议。

数学系统的完备性就是主体对数学对象的完全可知性。正因为纯符号系统是主体自由建构的对象，其确定性由主体规定，当然完全可以认知。希尔伯特曾用如下豪言壮语表达他对数学完备性的信心："我们必须知道，我们必将知道。"[②] 然而，上述看来无可怀疑的希尔伯特纲领是错的。1931 年，在希尔伯特提出数学系统完备性不到三年后，一位年轻数学家哥德尔证明：任何无矛盾的公理体系，只要包含初等算术的陈述，则必定存在一个不可判定命题，用规定该数学系统的公理既不能判定其为真，亦不能判定其为假。也就是说，包含初等算数命题

---

① David Hilbert, "Mathematical Problems".

② 这句话出自希尔伯特 1930 年的退休感言。详见 "Translation of an Address Given by David Hilbert in Konigsberg, Fall 1930", https://mathweb.ucsd.edu/~williams/motiv/hilbert.html。

的数学系统不能同时满足无矛盾性和完备性。①这便是著名的哥德尔不完备性定理。哥德尔不完备性定理如晴天霹雳，一下子摧毁了100多年来数学家对数学知识确定性的信心。数学显示了其诡异的面貌：在纯符号真实中居然存在着可能为真但不能给予证明的对象。

数学是主体人为规定的符号结构，为什么人不能证明自己明确规定为真的东西？差不多一个世纪了，人们仍对此百思不得其解。哥德尔不完备性定理一度被认为是计算机不能超过人脑的根据。然而，一个计算机不能判定真假的数学问题，人也不能判别。由于人们习惯于把算术视为最简单的数学系统，很多人据此认为，哥德尔不完备性定理如同说谎者悖论那样，属于逻辑系统为了排除悖论带来的不确定性。其实，上述对哥德尔不完备性定理的哲学理解亦不准确。为什么？因为并不是任何一个由公理规定的符号系统（数学领域）都不完备，很多时候希尔伯特的断言是对的。哥德尔不完备性定理成立有一个前提，那就是那些由公理规定的符号系统中必须存在着数论陈述，即其必定和自然数命题直接有关。换言之，满足哥德尔不完备性定理的数学系统必须可以定义自然数。我们知道并不是所有数学系统都直接包含定义自然数的公理，即使这些数学系统以自然数作为自己子集。②

---

① 参见"从弗雷格到罗素"一节。关于哥德尔不完备性定理的详细思路，以及其哲学意义，我曾撰文详细论述，参见金观涛：《哥德尔定理及其深远的方法论意义》，《百科知识》1985年第2期。
② 实数集就是例子。

举个例子。欧几里得几何学可以通过一阶公理化成为一个完备的系统。事实上，《几何原本》中有关几何学的公理集已经非常接近于完备的系统。只要对欧几里得几何学中的公理进行更严格的定义，欧几里得几何学就是完备的，其中每一个命题都可以证明真假。20世纪初，希尔伯特对欧几里得公理系统进行了成功的改造，这也是他提出数学系统完备性构想的前提。①

为什么哥德尔定理如此怪异，一定要和自然数集直接相关？我认为，真实性哲学的知识论可以回答这一问题。让我们再一次回到第一编第二章关于什么是数学的讨论，重申数学是普遍可重复受控实验的符号结构。第一编第二章指出，数学作为特殊的符号系统，存在三种不可化约的结构。第一种是拓扑

---

① 欧几里得的《几何原本》有一个演绎结构，但它充满了隐藏的假设、没有意义的定义以及逻辑上不完备的定义。希尔伯特懂得，《几何原本》中并非所有术语都已经被定义。因此，在《几何基础》一书中，他明确了3个未定义的对象（点、直线和平面）和6种未定义的关系（在上面、在里面、在之间、全等、平行和连续）。希尔伯特为他的几何学构想了21个假设，用来取代欧几里得的5个公理和5个公设，打那以后，这组假设被称作希尔伯特公理。其中8个涉及关联，并包括了欧几里得的第一公设，4个涉及次序属性，5个涉及全等，2个涉及连续性（欧几里得没有明确提到的假设），1个是平行公设，本质上相当于欧几里得的第五公理。通过《几何基础》，希尔伯特成了几何学"公理学派"的主要倡导者，他强调几何学中任何未定义的术语都不应该被假设为具有任何超出公理中所表明的属性。直觉—经验层面的古老几何观必须被忽略，点、直线和平面应该仅仅理解为某些给定集合的元素。集合论在接管了代数学和分析学之后，如今开始入侵几何学的地盘。同样，未定义的关系应该被视为抽象概念，仅仅表示对应或映射。（详见卡尔·B. 博耶：《数学史（修订版）（下卷）》，第654—655页。）

结构，其核心为邻域，它是普遍可重复受控实验中控制的符号表达。第二种是代数结构，其核心为符号之间映像的研究，这是普遍可重复受控实验中各种可控制变量和可观察变量关系的符号表达。第三种是符号系统的序结构，它是受控实验作为一个整体普遍可重复及无限扩张的符号表达。在这三种基本结构中，只有序结构可用于定义自然数。换言之，自然数作为一个符号系统，表达的不只是受控实验结构的部分和细节，而是受拉实验作为一个整体的普遍可重复和无限扩张。下面我将证明：哥德尔不完备性定理成立的前提和自然数公理有关，正是出于自然数集蕴含着所有受控实验与受控观察和普遍可重复的受控实验和受控观察之间的关系。

我在"戴德金公理：受控实验的组织、迭代和扩张"一节讨论戴德金公理时指出，当用一个自然数对应着某一种受控实验和受控观察时，戴德金公理给出了所有受控实验和受控观察的集合。由已知受控实验和受控观察通过组织和迭代给出的受控实验和受控观察集合，只是自然数集合中的一个递归可枚举集合，它只是所有自然数集合的真子集。哥德尔不完备性定理正是通过分析任何一个自然数和自然数的递归可枚举集合的关系证明的。这个证明究竟在认识论上蕴含着什么呢？现在我们把从公理证明定理的过程与受控实验和受控观察的扩张对应起来，它极为深刻地揭示了科学真实中符号真实和经验真实的关系。

公理为真是数学知识的出发点，一组公理对应着一组普遍可重复的受控实验和受控观察，由公理推出的定理是由普遍可重复的受控实验和受控观察通过组织和迭代产生新的普遍可重复的受控实验和受控观察。显而易见，对于任何一个给定的自然数，我们无判定它是否一定属于自然数的某一个递归可枚举集合。任何一个给定的自然数正好对应着任何一个受控实验和受控观察，而自然数的递归可枚举集合恰恰对应着普遍可重复的受控实验和受控观察集合。也就是说，一旦涉及代表所有受控实验和受控观察集合（自然数集合），并不是每一个都属于普遍可重复的受控实验和受控观察集合。这在经验上是人人皆知的，一旦将其转化为符号系统，不正是哥德尔不完备性定理吗？换言之，数学知识之所以不完备，是因为它是普遍可重复的受控实验和受控观察集合的符号结构。

真实性哲学的数学知识论证明：如果仅仅在数学知识范围内考虑哥德尔不完备性定理，它的哲学意义晦暗不明；只要把包含数学的科学知识看作一个整体，将符号真实对应到相应的受控实验真实，就会发现，因为普遍可重复的受控实验为真，由一组给定的普遍可重复的受控实验通过组织和迭代形成的新受控实验也是普遍可重复的，其构成了普遍可重复的受控实验的扩张链，该链当然不等于所有受控实验和受控观察集合。换言之，正因为纯数学作为符号系统和科学经验真实同构，我们可以这样概括哥德尔不完备性定理的知识论意义：在科学真实领域存在着我们知晓可能为真但不能证明的对象，即真实性的证明和真实性的存在是不能等同的！

自哲学从古希腊超越视野中产生以来，真实和存在是两个不能分离的观念。柏拉图把知识定义为可以被证明为真的信念，在该定义中，被证明为真和存在似乎没有区别。那么，是否存在着可能为真但我们不能证明的对象呢？这一直是以求知为终极关怀的古希腊超越视野的难题。在某种意义上，正是这个难题促使新柏拉图主义走向基督教。真实性哲学对知识的定义和柏拉图相同，但一举解决了古希腊超越视野不能解决的问题。如果说哥德尔不完备性定理是从数学真实本身证明在纯符号中存在着可能为真但不能证明的对象，真实性哲学则指出该结论必须推广到整个科学知识论，从而超越了古希腊哲人对知识的理解。

对数学知识的探讨，再一次证明真实性是主体、控制手段和对象之间的一种关系。真实性把自己独特的结构同时赋予经验对象和纯符号对象，当经验对象之间自明的关系同构映射到相应的纯符号对象中时，哥德尔不完备性这样奇妙的定理就形成了！这一切都源于数学是受控实验的普遍可重复性及其无限制扩张的符号结构。

科学理论知识：符合论的背后

前文用可测量的可靠信息界定了什么是（科学）经验知识，接着又用它说明了作为纯符号系统结构的数学知识，可度量的可靠信息能够定义科学知识的第三种类型，回答什么是（科学）理论知识吗？事实上，可测量的可靠信息同样给出了主体如何用符号系统把握经验对象的种种限定，克服了 20 世纪哲学革命以来界定科学理论知识面临的种种疑难。

所谓科学理论知识，是主体用符号系统把握经验对象得到的知识。这是作为符号物种的人类从动物中分离出来后最自傲的事情。因符号是主体可以自由选择的，只有符号系统的结构才导致可能性空间的缩小，即具有表达经验知识的可能。因此，科学理论作为一种知识，它要有意义，必须强调由单个符号组成的符号串结构和经验对象结构相符合，这就是经验论之符合论对科学理论知识的最基本要求。自从 20 世纪哲学家用（逻辑语言的）陈述来表达科学理论知识以来，如何准确地定义符号串结构和经验结构相符合，一直是科学理论知识研究中碰到的难题。①

　　我在"陈述：传递对象的信息"一节指出，科学理论是用逻辑语言表达的受控实验和受控观察之陈述，该陈述必定由两个相连的部分组成：一是对控制条件的陈述，二是在该控制条件下观察到的现象即获得信息的陈述。这两个部分都是符号组合的可能性空间缩小，其结合还意味着主体知道可能性空间是如何缩小的。可能性空间的缩小即是信息的度量，这样一来，"符号结构和经验结构相符合"可以准确地定义为，从符号系

----

① 通常可以用经验和符号系统同构来界定符号串结构和经验结构相符合，该定义当然正确，但它要求经验结构一定可以用符号来清晰地表达。很多时候，用符号来清晰地表达经验很难做到。如用"花是红的"表达符号串结构和对象结构相符，符号串结构（花是红的）和对象结构相符合的前提是"红"这个词准确表达了作为对象的"红"。然而，因红色有不同程度，一种极为浅的红是不是红的呢？有时很难判断。由此可见，仅仅用符号和对象对应来界定结构相符，以及什么时候符号已精确地表达了对象，这是很难讲清楚的。因此，如果不存在测量，说符号串结构和经验结构相符合，往往是不准确的。

统得到的可度量信息必须包含相应的受控实验和受控观察得到的可度量信息。晦暗不明的符合论顿时清晰化了！

一旦认识到科学理论知识是主体从符号结构中获得的可度量信息，它必须包含从经验活动中获得的可测量的可靠信息，其研究必定由两个方面组成。第一个方面是符合论必须重新定义，使其准确化，即研究理论知识的信息怎样才能包含受控实验和受控观察的信息，如果不包含，如何使两者一致化，这意味着科学理论知识和科学经验知识在互动中准确化。这是科学知识不断增长最重要的推动力，我们称之为科学真实在学习中扩张。第二个方面是理解科学理论知识和经验知识、数学知识的差别。只有先进行第二方面的剖析，才能知道科学理论知识是如何同科学经验知识互动的。特别要强调的是，要知晓数学知识如何起到结构性规范作用，从而使第一个方面的研究完全且准确无误地显现出来。因此，我们先看科学理论知识和科学经验知识、数学知识的差别。

无论是科学理论知识，还是科学经验知识、数学知识，它们都是主体获得可测量的可靠信息。三者的差别只能归为获得可测量信息及鉴别其是否可靠的方法不同。如前所述，经验知识是主体用控制和感知获得信息，信息的可靠性即控制和感知的普遍可重复性。数学知识的获得对应主体先规定符号系统公理以获得可靠信息，再将被公理注入符号系统的可靠信息提取出来，信息的可靠性即数学命题的真假。那么，科学理论知识中获得信息及判别其是否可靠的方法又是什么呢？我们立即发现，它恰恰是获得经验知识的方法和获得数学知识的方法巧妙的结合。

第一，获得科学理论知识的方法包含了数学的方法，即先如规定公理那样，用符号系统提出科学理论，然后用公理推出结论的方法，从科学理论得到一个个新的受控实验或受控观察陈述。第二，获得科学理论知识的方法还包含了科学经验的方法，将两种方法巧妙地结合起来。为什么这样讲？科学理论知识虽然在本质上类似于数学知识，但和数学知识最大的区别在于，数学知识中公理是可靠的知识，由其推出所有知识都是可靠的。对科学理论知识，则并非如此，它必须和科学经验知识相联系才知道真假。换言之，科学理论知识可靠性的判断，要看这些从普遍理论推出陈述的信息是否包含科学经验的信息。只有包含关系成立，科学理论知识的可靠性才得到证明。如果不包含，就必须修改理论和经验两种知识中的某一种或两者。正因为科学理论知识中获得信息及判别其是否可靠的方法结合了获得科学经验知识的方法和获得数学知识的方法，理论知识和经验知识的互动就成为判断二者各自可靠性的巨大推动力。

众所周知，用符合论判别科学理论知识的真假，最困难的问题在于：当科学理论推出的结论和经验不符时，应该去修改科学理论还是去完善科学经验？以往科学哲学总是以为科学理论知识是从经验中获得的，而经验知识已经被证明是真的，当然应该去改变理论。科学史事实却显示并非如此，因为在绝大多数场合，必须修改的是科学经验！既然经验早已被证明是对的，为什么必须修改？又如何去修改呢？这是逻辑经验论和证伪主义科学观都无法回答的问题。

对于真实性哲学的知识论，其答案简单而明确。如果科学理论中那些作为普遍理论的公理完全立足于普遍可重复的受控实验的集合，从普遍理论的公理推出定理和有关陈述，一定是关于已证明为真的即普遍可重复的受控实验通过组织和迭代形成新的受控实验或受控观察。因其一定普遍可重复，它们一定是真的。这时，如果从普遍理论推出陈述的信息不包含经验信息，必定是经验有误。虽然经验也是从普遍可重复的受控实验或受控观察中得到的信息，但其没有经过作为科学理论的公理那样严格的检验。正因为用于检验理论是否可靠的普遍可重复的受控实验或受控观察不是那么基本，其可控制变量和可观察变量的选择可能不够准确或测量误差太大，由此得到的信息可能不可靠。换言之，科学经验必须改进，代之以更为精确的受控实验和受控观察。当科学理论中那些作为普遍理论的公理并非立足于普遍可重复的受控实验之集合时，科学理论与经验的互动方式才遵循另一种模式。

下面，我以广义相对论和经验的关系为例说明这一点。根据广义相对论，光线经过太阳附近时由于太阳引力的作用会产生相当大的弯曲。光子有运动质量，从牛顿力学即可算出光线在引力场作用下的弯曲。然而根据广义相对论，引力场会引起时空形变，光线弯曲程度应该比牛顿力学算出的大得多。1915 年爱因斯坦对光线在引力场中的弯曲做了计算，得到光的偏角值为 1.74 弧秒，但对此的科学观测接连遭受挫折，这显示理论比经验更可靠。①

这里的科学观测是一个从科学理论推出的受控观察，爱因斯坦的预言如何用观察来证明？受控观察是满足特定控制条件下的观察，控制条件的可重复保证获得的信息可靠。该观察的控制条件为太阳存在、观察者拥有足够精度的望远镜等。表面上看，太阳存在不是可控制变量。其实，测量者可选择自己观察的位置，使之成为可控制变量。当地球处于被测量的星光和太阳之间时，观测者就可以得到太阳不存在时的星空照片。然后再让太阳处于被测量星光和地球之间，在日全食时拍下星空照片。只要将得到的两张星空位置照片进行比较，就可测量太阳存在的前提下星光的偏差角度。

爱因斯坦做出星光的偏差预言后四年，1919年有日全食。英国皇家学会和皇家天文学会派出了由天体物理学家爱丁顿等人率领的两支观测队，分赴西非几内亚湾的普林西比岛和巴西的索布拉尔两地。他们根据有无太阳存在的两张星空照片叠加来计算星光的偏差。爱丁顿这一组测出的偏转角是1.61弧秒，巴西那一组测出的是1.98弧秒，将两个测量值做平均，接近广义相对论的预言值1.74弧秒。②爱丁顿宣布：观察支持了广义相对论的预言。

广义相对论得到了证明，在全世界造成轰动。因为爱因斯坦的预言很可能被观察否定，波普尔正是基于这种可能性提出证伪主义的科学观。然而，我要问：广义相对论的预见会被受

---

① 亚伯拉罕·派斯：《上帝难以捉摸》，第385页。
② 亚伯拉罕·派斯：《上帝难以捉摸》，第387页。

控观察证伪吗？当然不会！广义相对论原理（公理系统）基于两个不可怀疑的普遍可重复的受控实验：光速不变和等效原理。从这两个已被反复证明为真的受控实验推出的受控实验（或受控观察）之信息，必定包含相应没有做过的受控实验（或受控观察）之信息，这是无可怀疑的。当时就有人问爱因斯坦：如果理论预见被实验否定会如何？爱因斯坦回答道："那么，我只好为亲爱的上帝感到遗憾。无论如何，这个理论还是正确的。"[①]爱因斯坦坚信：如果出现这种情况，一定是受控观察有问题，它必须被更精确的受控观察取代。

　　事实上，爱丁顿的实验是有问题的，其准确度不符合广义相对论预言的信息。因为测量光线在太阳引力下的偏角，除了太阳位置这一可控制变量外，还取决于其他一系列可控制变量，包括感光胶卷灵敏度以及望远镜的角分辨率。[②]今天我们知道：哈勃天文望远镜的口径是 2.4 米，对于 480 纳米附近的可见光，可以得到最小的角分辨率误差小于爱因斯坦的预言。如果用哈勃望远镜去分辨太阳对星光的偏折，那么可以明确无误地证明

---

① 转引自亚伯拉罕·派斯：《上帝难以捉摸》，第 40 页。

② 事实上，当时英国在巴西的观测队一共放置了两套拍摄设备。其中一套质量很高的照片显示了 1.98 弧秒的偏折，而另一套设备拍摄的照片则有些模糊，因为镜片受热的影响，这些照片显示了 0.86 弧秒的偏折，但误差范围更高。爱丁顿在普林西比岛拍摄的底片，则由于上面的星星较少，需要用复杂的计算来分析数据，显示偏折 1.6 弧秒。然而，爱丁顿对爱因斯坦的理论深信不疑，并没有理会巴西得出的较小的值，声称那套设备出了问题，而比较偏向他本人在普林西比岛得出的那些有些模糊的结果，得出的平均值是 1.7 弧秒多一点，符合爱因斯坦的预言。严格来说，爱丁顿没能干净利落地证实爱因斯坦的理论。（详见沃尔特·艾萨克森：《爱因斯坦传》，第 228 页。）

广义相对论的计算结果为真，牛顿力学的计算结果为假。爱丁顿等人使用的是口径 33 厘米的照相机。格林尼治皇家天文台 33 厘米口径的照相机比哈勃 2.4 米口径的望远镜差了一个数量级，如果考虑实验误差，这次观察值并不能判别爱因斯坦广义相对论是对的。也就是说，爱丁顿的观察结果证明广义相对论，这只是一个巧合而已。

如果爱丁顿所做的受控观察得到的信息和广义相对论得到的信息不一致，应该怎么做？当然是否定经验知识，即去改进实验精度或重新设计实验。事实正是如此，广义相对论的最后证明，正是通过那一次日全食以后各式各样的受控观察。20 世纪 60 年代射电望远镜发现了类星射电源，广义相对论的预言被 1974 年和 1975 年对类星体的观测证明，这时理论和观测值的偏差不超过 1%。2015 年 LIGO（激光干涉引力波天文台）发现的引力波进一步证明广义相对论是正确的。[①] 换言之，这一切都是建立在对经验信息可靠性的改进之上的。

当科学理论的公理中有些只是基于普遍可重复的受控观察，或其中存在着假说，理论预见和经验不符时，又应该修改哪一种知识呢？这时，问题就复杂了。因为作为科学理论之公理不是完全由普遍可重复受控实验集合推出的，其提供之信息不一定可靠。如果基于经验的陈述是可靠的，理论必须进行修改。如果经验信息亦不完全准确，两者必须同时修改。那么，应该

---

① 倘若用 "strict test of Einstein's theory" 作为关键词在谷歌上进行搜索，会发现每隔一段时间就会出现科技新闻报道，声称爱因斯坦的理论又一次通过了"迄今为止最严格的检验"。

先修改哪一个呢？科学理论中普遍公理集推导结论的过程同数学真实同构，数学之美往往是科学知识之真。如果现代科学的基本结构已经形成，其理论往往具有数学公理之美，科学家应先考察经验真实是否可以改进（这正是 20 世纪理论物理学家对真即美的信念）；如不行，再改变科学理论公理集的结构。然而，如果现代科学理论结构还没有建立，情况就完全不同了。

事实上，在 20 世纪相对论和量子力学建立之前，科学理论的核心并不是建立在普遍可重复的受控实验上的。这时，科学理论的公理系统中存在着根据受控观察得到的假设，甚至有泛泛的逻辑陈述。正因如此，理论预见和经验不符时，二者的互动会导致科学理论结构的巨变，这就是科学革命。我在《消失的真实》第二编中讨论牛顿力学时就论证过，受控观察是经典力学世界观的公理系统的重要组成部分，科学理论知识和科学经验知识在互动中的进步比相对论和量子力学建立后复杂得多。[1] 至于牛顿力学还未出现时，科学理论基本上没有建立在普遍可重复的受控实验之上，社会意识形态或各式各样的观念都会参与科学理论知识和经验知识的互动。这时，科学理论知识的进步可能是非理性的。

需要说明的是，本节之所以用"从符号系统得到的信息必须包含受控实验和受控观察得到的信息"来代替"科学理论推论（得到的预言）和经验符合"，是因为该结论的依据为科学理论是普遍可重复的受控实验和受控观察的陈述。它从根本上

---

① 金观涛：《消失的真实》，第 189—209 页。

推翻了符合论对科学理论知识的界定。总而言之，只有受控实验和受控观察之陈述，才同时具有控制条件和经验感知的信息，它们是可以和经验活动中控制及从中获得的信息相比较的。否则，不存在比较的可能性。符合论之所以错误，是因为其虽意识到科学理论是用符号表达经验，但在讨论符号系统表达经验时，没有认识到符号系统必须是横跨经验世界和数学世界的拱桥。我在第二编第二章曾强调只有一个具有双重结构的符号系统才满足拱桥的要求。该符号系统有两种不同形态：一是由数组成的测量，它们构成横跨经验世界和数学世界的拱桥之拱圈；二是由逻辑语言表达的受控实验和受控观察的陈述，它们是建立在拱圈上的上盖组织。当时，我没有对拱桥这一基本结构做出严格论证，现在终于可以这样做了。

用实数表达的测量值，直接把科学理论中得到的控制信息、感知信息和经验信息（由普遍可重复的受控实验和受控观察得到）相联系，看它们是否存在包含关系。一个由逻辑语言表达的受控实验和受控观察的陈述，无论是对控制条件之陈述，还是对该控制条件下实验观察之陈述，都包含了相应受控实验和受控观察之信息。虽然信息量的大小不一定要真正去测量，但其是可能性空间的缩小，因此理论知识的信息是否包含经验知识的信息是可以有效判定的。正因为陈述中存在可能性空间的缩小，信息具有潜在的可测量性，我们才能断言在由科学理论构成的拱桥中，逻辑语言陈述之上盖必定建立在测量组成的拱圈之上。第二编第二章给出的拱桥基本结构得到理论的证明。我们不仅推出了科学知识第三种

形态 [（科学）理论知识] 的整体结构，而且，正是基于这一整体结构，我们才知晓科学理论知识之所以必须用相应的受控观察和受控实验加以检验，是因为科学理论知识是主体对科学真实做出因果解释。

什么是暗知识

纵观科学知识的三种类型，它们作为主体获得的可测量的可靠信息都包含两个部分：一是最后获得的可靠信息是什么，二是主体如何获得这些可靠信息。通常这两个部分交叉重叠，可测量的可靠信息作为可能性空间的缩小，可以是符号的，也可以是经验的；主体既可以判别自己获得的是何种信息，亦知道自己如何获得这一信息，甚至知晓可能性空间缩小的每一步。当主体获得信息的每一步都伴随着可靠信息的呈现，其带来认知过程的明晰性。人们一度认为这种认知的明晰性是科学的本质。正因如此，长期以来科学知识都被认为是主体通过明晰认知获得的信息，它亦可以被称为明（晰的）知识。

然而，我要强调的是，主体最后获得的可靠信息和主体知晓获得可靠信息过程的每一步骤，毕竟是两件不同的事情。它们在原则上是可以分离的。如果两者出现部分或完全分离，主体最后获得了可靠信息，但不知道或不可能知晓获得该可靠信息之过程。这时，科学知识对主体而言，必定不同于上面所说的明（晰的）知识，而可以被称为暗知识。科学知识中存在着不同于明知识的暗知识吗？这是科学认识论一直没有解决的问题。①

　　表面上看，暗知识是一个悖论。知识作为可靠的信息，主体在获得它时，必须知道获得它的方式是可靠的；如果不知道其获得过程的每一个步骤，又如何知道其可靠呢？其实，知道获得的信息是否可靠和主体直接参与、经历获得信息的每一个步骤是两回事，它们是可以分离的。下面我将证明：正因为科学知识只是主体获得的可靠信息，基于科学知识的结构，主体最后获得的可靠信息往往可以和主体的获得过程分离，暗知识一定存在，而且是科学知识的主要部分。

　　举个例子。警犬经过训练可以凭感觉判断什么是毒品。人亦可以知道警犬嗅出的是毒品，但人不知道这个可靠信息是如何获得的，更不可能亲历这个过程。这时，最后得到的可靠信息只能是暗知识。当然，可能存在一种反驳意见：为了知道警犬找到的是毒品，主体必须用一个普遍可重复的化学反应来证明这一点；对从事化学实验的主体而言，他得到对象是毒品这一信息时，经历了实验的全过程，即主体在得到可靠信息的同

---

① 暗知识是王维嘉在《暗知识——机器认知如何颠覆商业和社会》（中信出版社2019年版）一书中最先提出的。然而，暗知识如何定义，是一个没有解决的问题。暗知识通常是相对于明知识而言的。王维嘉用"是否可感知"和"是否可表达"对知识进行分类：那些可感知但不可表达的知识是默会知识，可感知、可表达的知识是明知识，而不可感知又不可表达的知识就是暗知识。其实，可表达就是可以用符号和数表达，前面我已证明：所有科学知识都是可表达的。在科学真实中没有默会知识。这样明知识不能定义为可感知、可表达的知识，什么是暗知识也就讲不清了。我认为，明知识必须用主体能体验获得信息的过程来定义，这样，和其相对的暗知识也必须重新定义，其为主体不能体验获得信息过程的可靠信息。

时，经历了获得信息的各个步骤，该知识对他来说不是暗知识。主体用警犬嗅毒品，其结果和自己实验的结果等同，这时才知道警犬嗅出的是毒品。这是不是意味着主体在用自己的明知识来推知警犬得到的信息，误以为其为暗知识呢？不是！用化学反应检验毒品和用嗅觉感知毒品，是两件不同的事。主体是通过自己的明知识证明利用警犬获得的信息可靠，但并不知道警犬获得信息的过程。这表明主体获得可靠的信息（警犬嗅出的是毒品）已经和获得可靠信息的过程（警犬如何嗅出毒品）实现了分离。

其实，为了检验毒品，主体并不需要亲自做化学实验。原则上，主体可以设计一个程序，让机器完成这个实验，如果程序包括机器自行学习，主体理解的只是学习原理，既不知道机器怎样学习，也不知道机器学到了什么。当实验结果明确呈现，主体得到对象的可靠信息时，他并没有经历获得信息的全过程。这时，用实验检查毒品得到信息也就和用警犬的嗅觉判断对象是毒品等价，它们都是暗知识。

我曾反复强调科学真实作为横跨经验世界和数学世界的拱桥，主体在得到科学真实信息时，可以与可控制变量和可观察变量分离；也就是说，主体本身不被包含在可控制变量和可观察变量之中，而是悬置在拱桥及其横跨的两岸之外。虽然主体获得科学信息的每一步都离不开对可控制变量的选择，但主体不包含在这些可控制变量之中，这意味着主体在获得科学真实的最终信息时，不必亲历信息获得的每一步。只要知晓判别信息可靠的方法，并用一种装置去一步步获得可靠信息，获得可靠信息的过程就可以和主体能力分离。这表明暗知识的存在是科学真实的本质所规定的。科学知识有经验、数学和理论三种不同类型，对于不同类型，获得知识、检验知识可靠性的方式和步骤不同，每一种类型都包含最后得到的可靠信息，以及如何获得信息。当这两个部分互相分离时，主体得到的可以只是最后呈现的可靠信息，而没有甚至不可能亲历获得信息的过程，该信息就是暗知识。这样一来，每一种类型的科学知识中，都存在不同于明知识的暗知识。随着科学知识的扩张，暗知识所占的比重会越来越大。

让我们先考察科学经验中的暗知识。现代科学诞生以后，主体才知道受控观察和受控实验是科学经验知识的来源。21世纪前，主体通过受控观察和受控实验得到的信息差不多都是明知识，暗知识很少。然而，暗知识在科学经验知识中的重要性必定一天比一天增加，因为随着受控实验和受控观察的复杂化，主体越来越不可能亲历获得经验信息过程中的每一步。这样，在人类掌握的科学经验知识中，暗知识的比重必定日益增加。最后人类只能承认：在科学经验知识中明知识只是巨大冰山浮在水面上的可见部分而已。

为什么随着科学知识的增长，科学经验知识中不断扩大的主要是暗知识呢？神经科学已证明：主体的任何感知和控制都是大脑神经系统的电脉冲。主体获得信息和实现控制，作为对象可能性空间的缩小，都可以还原为神经脉冲（时间序列结构、组合空间）可能性空间的缩小。不论科学经验是什么，它们或作为感知（作为输入的神经系统脉冲集合的可能性空间缩小）

的稳态，或作为控制（作为输出的神经系统电脉冲集合的可能性空间缩小）的稳态，或作为两者关系（感知如何规定控制和控制如何规定感知）的稳态，其既可以通过主体的感官（主体的神经系统）达成，亦可以用一个人造的神经网络输入与输出之间的互动来实现。在科学经验中，如果这种互动是通过主体的神经系统完成的，主体经历了可能性空间缩小的每一步，相应的科学经验就是明知识。然而，当这些稳态的达成用一个人造的神经网络输入与输出之间的互动来实现时，只有互动的最后结果代表了主体最后得到的科学经验知识。由于这些可靠信息是人造神经网络得到的，主体不知晓信息获得过程，它们统统都是暗知识。

在何种前提下，一个人造的神经网络输入与输出之间互动的最后结果，可以等同于主体通过直接经验得到的可靠信息？它必须是如图 4-2 所示的神经网络组成的学习机器。什么是神经网络组成的学习机器？首先，主体的感知用神经网络输入层收到的电脉冲表示，主体的控制是神经网络输出层相应的电脉冲。其次，在输出层和输入层之间存在着代表两者联系的神经网络，可称其为隐藏层。隐藏层的结构规定输入如何决定输出。一个神经网络组成的学习机器，输出层（输入层）和隐藏层之间必须有反馈（严格来讲是存在着自耦合），即网络结构会根据输出层（输入层）电脉冲的变化而改变，这时该神经网络就具有学习能力。这样一来，我们可以先建立这样一个神经网络，让其学习主体获得经验知识的过程。一个学习机器能否获得主体得到的科学经验，关键在于如何根据主体获得直接经验

的结构训练具有如图 4-2 所示的神经网络。这就是去设计人造
神经网络充分而迅速学习的程序。所谓充分而迅速的学习，对
应着主体用自己得到的信息来修改人造神经网络的结构，使之
最后达到的输入与输出稳态和主体达到的输入与输出稳态一模
一样。

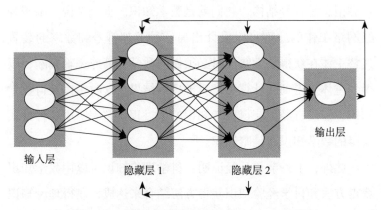

图 4-2　神经网络组成的学习机器（刘蘅绘制）

　　一旦设计出这样的有学习能力的神经网络，并让它经过充
分的学习，它就可以通过输入和输出的互动来寻找稳态，该稳
态与主体在受控观察和受控实验中最后达到的稳态一致。主体
在受控观察和受控实验中最后达到的稳态就是人得到的科学经
验知识，现在该科学经验知识是通过一个有学习能力的神经网
络经过充分的学习得到的。主体原本通过一系列受控观察和受
控实验获得可靠信息，实现想要的控制，现在用经过充分而迅
速的学习的人造神经网络做到这一点。主体在得到该人造神经
网络实现的可靠控制或获得的最终信息时，并不知道它如何获

得可靠信息或实现相应的控制。这时，主体通过该神经网络得到的经验知识是暗知识。

因为任何一个神经网络都是有限自动机，它和图灵机等价。[①] 神经网络从输入得到输出的过程等同于某种算法，它用数字和符号表达时，就是某种数学计算和逻辑推理。这样，只要这些可靠信息是符号结构，它们就是数学知识。也就是说，基于神经网络工作的原理可以设计出另一种处理符号和数字的装置，代替主体在获得数学知识时必须做的数学计算或逻辑判断，以得到主体想得到的计算和逻辑推理的结果。这时主体获得数学知识，但没有经历获得数学知识的全过程。它表明用这种方式获得的数学知识亦是暗知识。[②]

此外，上一节我已经证明：科学理论知识可以用数学知识获得方法和科学经验知识获得方法结合来达成，获得理论知识的方法和途径亦可以与理论知识本身分离。主体获得科学理论知识的方法是根据符号结构和经验结构相符合，修改理论知识或经验知识。真实性哲学将其准确地定义为从符号系统得到的可测量信息，必须包含受控实验和受控观察得到的可测量信息。当科学理论是立足于普遍可重复的受控实验时，经验知识和理论知识的修改模式也是确定的，它可以和最后得到的科学理论知识分离。换言之，科学理论知识中也存在暗知识。同样，只要设计出获得这种暗知识的装置，该装置也就具有主体获得和

---

① 阿尔贝勃：《大脑、机器和数学》，朱熹豪、金观涛译，商务印书馆1982年版，第12—23页。

② 关于神经网络的工作原理及其使用范围，参见王维嘉：《暗知识》，第三章。

运用科学理论知识的能力。

主体获得和运用知识的能力长期被视为人的智能，暗知识的存在及其占科学知识的比例越来越大，意味着人发明某种仪器或方法（装置）来取代或放大人的智能，它们是人工的智能。因为一种暗知识对应一种人工智能，本节证明存在着三种不同类型的暗知识。据此，当然可以得出一个结论：无论人工智能多么复杂，它们只有三种不同的类型，即获得科学经验中暗知识的装置、获得数学中暗知识的装置，以及获得科学理论中暗知识的装置。

人工智能的三种形态

促使人们意识到暗知识和人工智能的关系的，首先是有学习能力的神经网络在扩大科学经验方面的运用，它明确无误地把暗知识和某一种装置对应起来。也许，人脸识别是最简单的例子。自古以来，人脸识别是（科学）经验知识，而且是一种明晰的经验知识。为什么说人脸识别是一种（科学）经验的明知识？所谓人脸识别实为主体看到某一图像，即可根据该图像把某人从人群（或记忆）中找出来。这里，看到图像为获得可靠信息，它是一个普遍可重复的受控观察。把某人从人群（或记忆）中找出为完成某种选择（控制），其为主体对可控制变量的控制。人脸识别作为科学的经验知识，实为获得信息和实现某种控制之间的确定联系。通常，主体是知晓识别过程的（这种联系如何建立），即它属于科学经验知识中的明知识。①
当人脸识别可用其他方式做到，即用一个有学习能力的人造神经网络来识别人脸时，主体并不知道神经网络是如何做到的，人脸识别也就成为暗知识。②

今天，人脸识别装置已在社会生活中得到广泛运用。人脸识别是主体基于经验的一种能力，当这种能力用某种机器实现时，该机器就是有智能的。我们已经看到，当某一种暗知识是用某一种人造装置获得时，该装置一定对应着一种获得相应知识的智能。在很多人心目中，和人脸识别这种近于本能的简单能力相比，下棋才真正体现出主体拥有的高级智能。然而，只要我们去分析下棋过程，就会发现它同样是主体获得（科学）经验知识，只是获得经验知识的过程较为复杂而已！因为和人

---

① 这里，主体知晓识别过程是指每个主体对识别过程之体验，如通过一次或若干次观察和记忆完成识别。今天，人们已经知道大脑的哪些神经元参与了该过程。例如，2012 年的一项研究揭示了脸部识别的能力对应人脑哪个区域的活动，详见 Bruno Rossion, et al., "Defining Face Perception Areas in the Human Brain: A Large-scale Factorial fMRI Face Localizer Analysis", *Brain and Cognition*, Vol. 79, No. 2, 2012。

② 另一个更典型的例子是根据蛋白质的分子结构确定其经折叠后的 3D 结构。通常它必须通过冷冻电镜观察，这时蛋白质的分子折叠后的 3D 结构为明知识。2022 年，人工智能企业 DeepMind 的人工智能工具 AlphaFold 确定 100 万个物种内 2 亿个蛋白质分子折叠后的 3D 的结构，范围覆盖地球上几乎所有已知生物。(Demis Hassabis, "AlphaFold Reveals the Structure of the Protein Universe", Deepmind, https://www.deepmind.com/blog/alphafold-reveals-the-structure-of-the-protein-universe.) 这时，人并不知道 DeepMind 的人工智能工具 AlphaFold 如何确定这些蛋白质的 3D 结构，它们是暗知识。关于人工智能在人脸识别、医疗诊断等领域的技术发展和应用情况，参见王维嘉：《暗知识》。

脸识别一样,下棋同样是主体根据获得的信息(棋局)来实现某种控制(下一步选择)。如果说人脸识别是信息和控制之间的一次性对应,下棋经验就是主体获得信息和实行控制之间对应关系构成的序列。每一次,主体根据棋局的信息做一次选择,改变了棋局,然后根据对手改变的棋局再次选择。这由一次次选择构成的序列有自己的明确目标,那就是下棋每一步的结果规定的最后结果。

既然下棋的知识实为每一次获得信息后如何进行选择,那么每一次获得信息规定选择什么,是一种(科学)经验知识,它和人脸识别一样,是可以通过一个人造神经网络的学习训练实现的。由于选择序列冗长,两次选择互相依赖,下棋的输赢取决于该序列最后的结果,这一切使人造神经网络的结构和学习训练方式比人脸识别复杂得多。但无论人造神经网络的结构和学习训练多么复杂,其整体上仍是图 4-2 所示的学习机器。因此,在神经网络组成的学习机器学会下棋后,主体如何下棋亦成为暗知识。和这种暗知识直接对应的是下棋的能力,由此我们可以理解为什么神经网络组成的学习机器战胜世界围棋冠军那么重要了,因为这是人工智能登上历史舞台的象征。

2016 年 3 月 9 日举行了神经网络学习机器 AlphaGo(阿尔法围棋)和世界围棋冠军、职业九段棋手李世石的公开比赛。只要有过下围棋的经验,就知道这种经验知识有多复杂,掌握它无疑需要相当高的智能。AlphaGo 具有应付千变万化的围棋棋局的智能吗?人们是持怀疑态度的。但这场比赛的结果是AlphaGo 以 4:1 取胜,这是有史以来第一次世界围棋冠军输给了神经网络学习机器。[①] 这场比赛不仅意味着神经网络学习机器战胜人，而且意味着人无法理解 AlphaGo 如何下棋。机器的下棋方式是名副其实的暗知识。暗知识和智能的关系终于被世人意识到了。事实不正是如此吗？暗知识这个观念正是王维嘉为了说明神经网络机器是如何用一种和人类获得经验知识完全不同的方式时提出的。从此以后，科学界普遍认识到，只要主体明确要获得的经验知识是什么，都可以用神经网络学习机器来取代人，即神经网络学习机器可以运用到获得科学经验知识的任何一个领域。

早在 20 世纪 40 年代神经网络学习机器的数学模型刚提出时，它已经被证明是有限自动机，并和图灵机等价，即它既可以用来表达电脉冲输入与输出互动中的学习，亦可用来计算和逻辑推理。因此，对科学知识的另一种类型——数学知识，只要用公理推出定理必须通过某种计算机装置，就证明其中也存在暗知识。图灵机就是通用电子计算器，通用电子计算器（冯·诺依曼机）的发明比神经网络学习机器早，故在科学经验知识中发现暗知识之前，人类已经知道数学中存在着暗知识。地图四色定理的证明是典型的例子。[②]

---

① Choe Sang-Hun, "Google's Computer Program Beats Lee Se-dol in Go Tournament", *The New York Times*, https://www.nytimes.com/2016/03/16/world/asia/korea-alphago-vs-lee-sedol-go.html?_ga=2.211351381.1153164456.1676382598-20520 93275.1672406503.

② 关于四色定理的证明细节，可参见 K. 阿佩尔、W. 黑肯：《四色问题》，载 L. A. 斯蒂恩主编：《今日数学——随笔十二篇》，马继芳译，上海科学技术出版社 1982 年版，第 174—204 页。

地图四色定理由一个英国业余数学家弗朗西斯·格斯里在1852 年提出，它是指任何一张地图只用四种颜色就能使具有共同边界的国家着上不同的颜色。地图即平面图，它由图论的一组公理给出。这样，证明地图四色定理就是将其用平面图的公理推出。证明这一猜想极为困难。1878 年英国数学家阿尔弗雷德·肯普发现，如果地图至少需要五色，则一定存在一种正规五色地图。接着他证明：如果有一张正规的五色地图，就会存在一张国数最少的极小正规五色地图；如果极小正规五色地图中有一个国家的邻国数少于六个，就会存在一张国数比其还要少的正规五色地图，这样就不会有国数极小的五色地图，也就不存在正规五色地图了。通过归谬法，肯普认为他已经证明了地图四色定理。但若干年后，英国数学家约翰·赫伍德发现了肯普的证明存在漏洞。①

肯普的证明虽被否定，但他提出的两个概念对解决四色问题提供了方法。第一个概念是构形。肯普证明在每一张正规地图中至少有一国具有两个、三个、四个或五个邻国，不存在每个国家都有六个或更多个邻国的正规地图。另一个概念是可约性，即只要五色地图中有一国具有四个或五个邻国，就会有国数减少的五色地图。自从引入构形和可约的概念后，数学家逐步发展出一套检查构形是否可约的标准方法。研究者发现，解决四色问题要证明构形可约，需要检查大量的细节。1950 年德国数学家海因里希·黑施通过不断试验指出，用构形化约证

---

① 关于这一漏洞的概述，详见 K. 阿佩尔、W. 黑肯：《四色问题》。

明四色定理，涉及的构形有一万多种。要对如此多的构形逐一证明，工作量极为巨大，这非人力所能完成。正因如此，人们一度认为地图四色定理是无法证明的。

1975年愚人节，美国数学家、数学科普作家马丁·加德纳在《科学美国人》上发布了一张地图，声称四色猜想被否定，因为这张地图需要至少五种颜色才能完成上色。当然，这只是一个玩笑。然而，人们万万没有想到，就在几个月以后，美国伊利诺伊大学的数学家沃夫冈·黑肯对黑施的方法做了改进，他与美国数学家肯尼斯·阿佩尔合作设计了一个计算机程序，在计算机专家科克的参与下，终于在1976年1月6日证明了四色猜想。他们是利用穷举检验法检查了1 482种构形，一个又一个地证明它们都是可约的，即没有一张需要五色。该工作是在两台IBM 360计算器上各做了100亿个判断实现，计算机运行达1 200多个小时，两台计算机得到一样的结果。用计算机证明四色定理引起了轰动，但也带来了巨大的争议。

黑肯等人设计的构形化约程序当然是正确的，但化约和相应判断是运用两台计算机分别做出的，鉴别其可靠与否的方法是看两台计算机得到的结果是否一致。这种做法有点像工程技术和物理学鉴定。这里，证明计算机工作是否可靠，就和判别用电子显微镜观察对象所获得的信息是否可靠一模一样。美国数学家威廉·瑟斯顿曾评论说："一个可以运作的计算机程序，其正确性和完备性标准比起数学界关于可靠的证明的标准，要高出几个数量级。"① 但是，没有人全面验证过四色猜想证明的每一步，原因是人力不可能做到。正因如此，很多数学家不认可上述证明，② 苏格兰数学家弗兰克·波塞尔指出，这种证明根本不属于数学。③

　　我认为，可以从两个方面来梳理地图四色定理证明中的争议。一是有些人不知道数学知识中也有暗知识。地图四色问题的证明，属于抽象代数中纯图论的领域。图论定理由相应的基本公理规定。规定这些公理时，已给出相应符号系统的所有可靠信息，证明定理只是把公理注入的信息找出来。主体获得公

① William P. Thurston, "On Proof and Progress in Mathematics", *The Bulletin of the American Mathematical Society*, Vol. 30, No. 2, 1994.

② 正因如此，自四色问题被证明以来，一直存在两方面的质疑。一是关于计算机证明是否可靠，英国数学家彼得·斯温纳顿-戴尔就四色问题的计算机证明提出："当借助于计算机证明一个定理时，无法向人们展示出符合传统检测要求的证明过程，即有充分耐心的读者应该能够根据这个证明进行核对并证实它是正确的。即使将所有的程序和所有的数据集打印出来，仍然不能保证数据盘没有被误读。此外，每台现代计算机在它的软件和硬件中都有隐匿的缺陷——它们很少引起失误，因而长时间没有被发现——每台计算机还有可能出现瞬间即逝的失误。"（转引自西蒙·辛格：《费马大定理》，第 271 页。）二是四色定理的证明算不算一个数学证明。"数学家菲利普·戴维斯在与鲁本·赫什对四色问题的证明有如下评价：'我的第一个反应是，真妙！他们是怎么干的？'我原本期待这是某个杰出的新见解，一种其核心深处的想法之美将使我耳目一新的证明。但是，我得到的回答是，'他在把这个问题分解成数千种情形，然后将所有的情形一个接一个地在计算机上运行，这样完成了证明'。这时我感到十分失望。我的反应是，'噢，它只是去表演一下，它根本不是一个好问题'。"（转引自西蒙·辛格：《费马大定理》，第 273—274 页。）

③ F. F. Bonsall, "A Down-to-Earth View of Mathematics", *American Mathematical Monthly*, Vol. 89, Issue. 1, 1982.

理注入的可靠信息和主体经历每一步信息的获得过程，原则上亦可分离。数学知识中存在暗知识是没有疑义的。然而，在人类所具有的数学知识中，暗知识占的比例很小，数学家还不习惯数学知识中的暗知识。然而，我要问：为什么一定存在着一个不同于现在已给出四色问题证明的非穷举式证明呢？数学家迟早会意识到必须接受数学知识中亦存在暗知识。

此外，数学家不承认地图四色问题被证明还有一个原因，那就是拒绝这种证明体现了人的数学能力。爱因斯坦做过一个比喻：纯数学是逻辑思想的诗歌，[①] 但四色定理的确证依靠的是计算机对人不能处理的个案之穷举，它犹如一本电话簿。数学家很难想象如查电话簿般的、用计算机的快速穷举是一种数学智能。正因如此，至今这个领域的研究被称为机器证明，而非人工智能。但是，任何一种暗知识都对应着一种智能，我们能否定这种帮助数学家获得暗知识的装置是人工智能吗？答案是没有疑义的。纯数学是普遍可重复的受控实验无限扩张的符号表达，主体在研究纯符号系统的结构时，任何一种处理符号系统的能力当然也是智能。因此，在数学领域，由于计算机的运用，用人工智能获得暗知识比在经验领域要早，只是因为其稀少，没有被意识到罢了。[②]

其实，只要去追溯人工智能的历史，就知道人工智能正是在利用电子计算机处理符号结构时提出的。早在 1956 年，数

---

① Albert Einstein, "Emmy Noether NY Times obituary", MacTutor, https://mathshistory.st-andrews.ac.uk/Obituaries/Noether_Emmy_Einstein/.

② 参见附录二，在具有代表性的机器证明例子中，目前只有很少的例子涉及暗知识，地图四色定理是其中之一。

十名来自数学、心理学、神经科学、计算机科学与电气工程学领域的学者聚集在一起，讨论如何用计算机来处理符号结构，会上美国计算机科学家约翰·麦卡锡将这种研究命名为人工智能；同样作为计算机科学家的艾伦·纽厄尔和司马贺把一种被称为"逻辑理论家"的程序带到会议上，他们被会议发起人称为"人工智能之父"。①纵观这些被称为人工智能的研究，无一不是发明一种处理信息（符号系统或数字）的装置，用其来整理和提取解决问题的知识。无论是逻辑理论家，还是1959年司马贺、纽厄尔和软件工程师约翰·肖公布的通用问题求解系统，②都是如此。这种装置和前文讲过的两类装置（具有学习能力的神经网络和进行数学定理证明的计算机）的不同之处在于，前者处理的不是纯科学经验知识，亦不是纯数学知识，而是科学理论知识。正因为人工智能一开始就被界定为如何用一种装置实现运用科学理论知识解决实际问题，或通过经验提出科学理论，其被广泛地称为专家系统。③

举个例子。1964年美国人工智能学家爱德华·费根鲍姆、分子生物学家乔舒亚·莱德伯格和化学家卡尔·杰拉西用某种装置处理火星上采集来的数据，看火星上有无可能存在生命。三人合作的结果就是第一个专家系统 DENDRAL 的诞生。DENDRAL 输入的是质谱仪的数据，输出的是给定物质

---

① 尼克：《人工智能简史》，人民邮电出版社2017年版，第1—23页。

② Nils J. Nilsson, *The Quest for Artificial Intelligence: A History of Ideas and Achievements*, Cambridge University Press, 2010, pp.121-123.

③ 尼克：《人工智能简史》，第65—66页。

的化学结构。[1] 另一个例子是 1978—1983 年司马贺和计算机科学家帕特·兰利、盖里·布拉茨霍夫陆续发布了 6 个版本的 BACON 系统发现程序，该装置重新发现了一系列著名的物理、化学定律。[2] 纵观各式各样的专家系统，它们都是在创造一种装置，以获得科学理论知识的信息。专家系统有时是用科学理论推出经验知识，解决碰到的实际问题；有时是根据受控实验信息提出科学理论，或修改现有的科学理论知识。这些工作本来都是由人完成的，而专家系统是一种人造装置，用它来取代人做的事情。

我要问一个问题：这些专家系统获得的可靠信息中有暗知识吗？根据暗知识的定义，我们知道最后得到的可靠信息是什么，但不知道该信息是如何获得的。今日所有已知的专家系统都没有这样的智能。专家系统之所以做不到这一点，是因为它们不能如人工神经网络那样自行学习，也不能如机器证明那样完全不需要人的干预自行进行逻辑判断。如前所述，科学理论知识的进步依靠的是科学理论信息和经验信息的互动，它包括当从科学理论推出之受控实验信息不包含相应科学经验的受控实验信息时，规定两者哪一个必须修改，即两者如何互动。只有互动过程形成完全的闭环（没有主体参与），其才能完全通

---

① 尼克：《人工智能简史》，第 60—63 页。

② Pat Langley, Jan M. Zytkow, Herbert A. Simon and Gary L. Bradshaw, "The Search for Regularity: Four Aspects of Scientific Discovery", in Ryszard S. Michalski, Jaime G. Carbonell and Tom M. Mitchell, ed, *Machine Learning: An Artificial Intelligence Approach*, Volume II. Elsevier Inc., 1983.

过人工装置来实现。这时，主体通过该装置得到科学理论的信息，但不知道该信息是如何得到的。这才是科学理论中的暗知识。

目前，这种装置正在孕育之中，美国人工智能研究实验室OpenAI 推出的一款大型预训练人工智能语言模型 ChatGPT 也许是一个例子。为什么？科学理论作为横跨受控实验和数学世界的拱桥，由拱圈和上盖组成。上盖是用逻辑语言表达的受控实验和受控观察，即目前文献中记录的科学知识。拱圈是建立在测量之上用数量表达的受控实验（观察）结果之间的关系，它是作为各门科学基础的定律。ChatGPT 利用自然语言的语法研究把自然语言陈述转化为逻辑语言陈述，[①] 然后自动把这些逻辑语言陈述中所蕴含的信息提取出来。当人通过 ChatGPT 得到了新的科学理论知识，但不知道该新知识是如何得到的时，科学理论知识满足暗知识的定义。对于拱圈，亦可以建立电脑控制的受控实验和受控观察，获得测量数据和实现控制都不需要主体直接参与。这时，研究者也不知道得到的新定律是如何得到的。这也是科学理论的暗知识。

更重要的是，上盖是建立在拱圈之上的。只要将从陈述中得到新信息和电脑自行做实验结合，我们将发现，在科学理论中，暗知识的增长将超过明知识。在今日迅速发展的合成生物学中，正在酝酿着两者结合的可能性。这意味着人工智能第三种形态（获得科学理论知识中的暗知识的装置）也许最先在生

---

① 并非所有自然语言之陈述都能转化为逻辑语言之陈述，它构成 ChatGPT 人工智能之上限。有关论述我将在建构篇中展开。

命科学中被使用，其背后是物理、化学、数学、信息理论与生命科学理论深度交叉，形成基因合成、基因编辑、蛋白质设计、细胞设计、实验自动化的使能技术。其中，生命铸造厂（biofoundry）或许是典型的例子。然而，在被称为大设施的生命铸造厂的建造和调试中，有中国研究者却以"造物致知"作为口号。[①] 该口号沿用了中国传统的"格物致知"，大设施的建造者或许没有想到，只要合成生物学中有关设施实现了科学理论知识修改的闭环，科学理论知识中的暗知识就会产生。这种"致知"和我们熟悉的获得知识不尽相同。通过造物大设施的运作，合成生物会源源不断地被制造出来，但这一切不一定导致今日所知的那种生命科学理论知识的增长，因为它们中的相当一部分可能都是暗知识。

人类发现科学理论中存在大量暗知识，标志着自然现象因果解释的一场革命。我们知道自然现象服从因果律，但能体验因果律认识过程的只是知晓因果律的极小一部分。即便如此，也并不妨碍人类用因果性改造世界，因为就算大多数因果律是暗知识，我们仍可以通过人工智能来驾驭它们。

"缸中之脑"和"清醒的梦"：何为主体

现在，可以对真实性哲学的科学知识论进行总结了。真实性哲学严格定义了科学知识的类型，它们分别为科学经验知识、

[①] 这是深圳合成生物学创新研究院在建立过程中提出的口号，参见该研究院的官网，http://www.isynbio.org/。

数学知识和科学理论知识。科学经验知识是主体在受控观察或受控实验中的控制、相应的感知以及获得的两者之关系。因控制变量可以和主体分离（即不包含主体），科学的经验知识可以表达为可控制变量、可观察变量的可能性空间缩小，以及两者组合的可能性空间缩小。它们都可以归为主体获得可测量的可靠信息。信息的可靠性由受控观察和受控实验的普遍可重复规定。数学是受控实验及其无限扩张的符号结构。纯数学知识作为符号的结构，由公理给出，它是主体人为设定的可测量的可靠信息。纯数学研究就是把由公理注入符号系统之中的可测量的可靠信息挖掘出来，以显示可靠性在符号系统中的传递。科学理论知识是用可靠的符号系统表达科学经验的结构，它也是某种独特的可测量信息，其可靠性取决于由科学理论推出的受控观察或受控实验的信息，是否包含相应科学经验中受控观察或受控实验的可靠信息。科学的理论知识作为横跨符号世界和经验世界的拱桥，导致两种知识在互动中增长。该增长既是科学的理论知识和经验知识之扩大，也是科学真实整体的扩张。

真实性哲学的科学知识论证明：科学经验知识、数学知识和科学理论知识的差别仅在于，获得可测量的可靠信息的方式不同。主体最后得到的可靠信息和获得信息的过程可分离，这意味着暗知识的存在。当主体用一种装置来获得暗知识时，该装置必定具有主体获得知识的能力。通过暗知识的研究，我们发现每一种暗知识都对应着一种主体获得相应知识的智能。因为科学知识存在着三种不同的类型，故处于日新月异发展中的人工智能也只有三种基本形态。

纵观上述科学知识论的哲学分析，我们可以得出一个结论，那就是主体及其拥有的科学知识与获得科学知识的能力可以互相分离，主体获得的科学知识以及获得科学知识的能力中均不包含主体。前文我曾指出："主体被嵌入智能之中，这使主体和主体拥有的感知、控制及用符号表达经验的能力相混淆。"正因如此，100多年来，心理学家和哲学家或通过主体拥有的认知能力来回答何为主体，或通过主体的感知和欲望来研究主体的真实性。然而，科学知识作为主体获得的可测量的可靠信息，不包含主体的真实性，暗知识的存在证明主体获得的可测量的可靠信息和获得信息的能力可以分离；所有这一切都指向一个基本观点，那就是主体研究必须和主体拥有的认识科学知识的能力相区别，甚至应该将主体从其直接拥有的感知、控制和欲望的真实性中剥离出来。否则，我们无法真正认识什么是主体。

为了说明这种分离的重要性，我们来分析20世纪主体研究中的两个错误方向。它们可以用众所周知的比喻来概括。一个比喻源于20世纪哲学革命和科学知识进步带来的对主体的想象，这就是"缸中之脑"。"缸中之脑"是美国哲学家希拉里·普特南在1981年出版的《理性、真理与历史》一书中提出的思想实验。设想一个人被一名邪恶的科学家做了一次手术。此人的大脑被从身体上截下并放入一个营养缸，以使之存活。神经末梢同一台超科学的计算机相连接，这台计算机使这个大脑的主人具有一切如常的幻觉。人群、物体、天空等，似乎都存在着，但实际上此人所经验到的一切都是从那台计算机传输到神经末梢的电子脉冲的结果。这台计算机十分聪明，此人若要抬起手来，计算机发出的反馈就会使他"看到"并"感到"手正被抬起。不仅如此，那名邪恶的科学家还可以通过变换程序使受害者"经验到"（即幻觉到）这个邪恶科学家所希望的任何情境或环境。他还可以消除脑手术的痕迹，从而使该受害者觉得自己一直是处于这种环境的。这位受害者甚至还会以为他正坐着读书，读的就是这样一个有趣但荒唐至极的假定：一个邪恶的科学家把人脑从人体上截下并放入营养缸中使之存活。

在普特南的思想实验中，大脑被当作主体，主体的经验即对外部世界的感知和控制是电脉冲。普特南用这个思想实验说明：如果不涉及主体用符号把握经验的能力，仅仅用经验很难判断主观唯心论和主张外部世界真实存在的实在论谁错谁对。普特南认为，主体可以用符号系统把握外部世界，这就是逻辑语言。根据逻辑经验论和分析哲学，当代哲学家大多会同意普特南的观点：当外部客观世界不存在时，主体用来把握外部世界的符号串便失去了真实性。①

这种基于神经科学和逻辑经验论（分析哲学的主体）的真实观正确吗？不正确！"缸中之脑"既不能代表主体，也不能揭示什么是真实性。普特南没有想到，在人类可以随意进入虚拟世界的 21 世纪，每个人只要在虚拟世界中停留，就立即成为"缸中之脑"。当"缸中之脑"成为当代人生活体验一部分

---

① 希拉里·普特南：《理性、真理与历史》，第 7—9 页。

时，任何一个人都发现不能用它来论证何为主体，以及分析主体和客观实在的关系。一个生活在虚拟世界的主体不能讲出描述外部世界的正确陈述吗？主体进入虚拟世界后拥有的逻辑语言没有变化，其直接经验的真实性就是受控实验和受控观察的普遍可重复性。就直接经验本身的真实性而言，主体在虚拟世界的经验和主体在物理世界的经验一模一样，因此，主体在虚拟世界的逻辑陈述和主体在物理世界的逻辑陈述没有什么不同。我在第三编第三章指出，虚拟世界和物理世界的差别在于，受控实验的组织和迭代能否产生新的受控实验，而不是受控实验的普遍可重复性。

　　正因如此，今天关于外部客观世界是否存在的讨论已变成另一个问题，那就是人类怎样判定自己是否生活在高级文明创造的虚拟世界之中。对于这个问题，20世纪的哲学反思和逻辑语言分析完全无能为力。区别虚拟世界和物理世界的唯一方法就是时空测量的自洽性。我在"物理世界和虚拟世界"一节指出，当人进入虚拟世界时，虚拟世界的时空和物理世界的时空有着根本性的不同。我在第三编第一章用受控实验的普遍可重复性来定义时空的真实性，所谓时空真实性是时间和空间测量的普遍可重复性和各种测量的互相自洽。在物理世界，因受控实验可以通过组织和迭代无限制地扩张，我在第三编第二章指出，这表现在主体在感知对象真实存在时一定能够进行一系列相应的时空测量，而且所有时空测量都互相自洽。虚拟世界的受控实验虽然普遍可重复，但不能通过组织和迭代无限制地扩张，这对应着时空测量的互相不自恰。①也就是说，主体可以用受控实验是否可以通过组织和自我迭代无限制地扩张，以及时空测量是否互相自洽，区别自己是生活在物理世界还是虚拟世界之中。

"缸中之脑"的比喻之所以犯错误，是因为把大脑及大脑的（科学）智能当作主体。毫无疑问，没有大脑便没有主体，但主体并不等于大脑及大脑（获得科学知识）的智能。人的大脑具有获得信息、处理信息和鉴别信息是否可靠的能力，既然主体必须和其获得的科学知识及相应的能力相分离，人的大脑中大部分只是主体储存信息、检索信息和处理信息之装置。这些装置可以用人工智能来取代或放大。在虚拟世界中，当这些装置和大脑功能之间的区别缩小到不能发现两者之间的明确边界时，用"缸中之脑"比喻主体的荒谬也就日益明显了。因为主体不等于作为科学研究对象的大脑，主体当然也必须和大脑拥有的获得科学知识的智能相区别。

如果说"缸中之脑"来自逻辑语言和实在论对主体的误判，20世纪对主体研究的另一条歧途则源于心理学。奥地利心理学家西格蒙德·弗洛伊德对梦的解释构成主体研究中另一个错

---

① 虚拟世界也可以标上时空，但相应的时空测量是不自洽的。什么是时空测量？真正的时空测量，除了给每一起事件以时空坐标外，还要求主体可以自洽地测出某一时空位置到另一个时空位置的距离。我们可以构想游戏者在虚拟世界测量时空的过程：他一点点地去测量自己到过的每一地方的位置，并通过记忆恢复曾经到过地方的时间；游戏者回到进入虚拟世界的那一刻，测量从这之前的时空位置到当下所处虚拟世界的时空位置的距离时，测量的自洽性不再成立。

误的例子。弗洛伊德认为，主体与自身拥有的欲望存在着割不断的联系，当主体不处于理性控制之下时，其欲望必定通过下意识表现出来，这就是梦。也就是说，梦不是偶然形成的联想，而是被压抑的欲望（潜意识情欲伪装的满足）。在某种意义上，弗洛伊德认为可以通过梦的研究来揭示什么是主体。弗洛伊德的"梦是潜意识活动"的观点正确吗？近几十年梦的受控实验研究指出，梦和欲望的满足毫无关系。虽然神经科学的研究还不能解释人为什么会做梦，但梦的受控实验研究证明了两点：第一，主体做梦时关闭了获得外部信息的通道；第二，做梦时主体失去了判别经验真假的能力。我认为这两点均证明主体可以与主体对科学真实世界的感知和控制相分离。为什么？根据真实性哲学，真实性源于主体对对象控制（和相应感知）的可重复性，在梦中主体一般做不到任意地重复一个受控观察和受控实验，至于让它们对所有主体可重复，则更不可能了。由此可见，梦中主体的经验之所以不是真的，是因为相应的控制和感知不是普遍可重复的。

有人或许会问：存在着一类特殊的梦，在这些梦中主体是可以重复控制和感知的，甚至主体知道自己在做梦，这类梦被称为"清醒的梦"，那么，清醒的梦中主体的经验是真实的吗？我在本编第一章中指出，当控制和相应的感知对个别主体可重复，而不是普遍可重复时，它属于个体真实而非科学真实。难道清醒的梦是个体真实吗？当然不是！近年来梦的研究表明，清醒的梦中的主体和现实生活中的主体之间最大的差别在于主体定向能力的消失。所谓定向能力就是能知道自己什么时刻在什么地方，即确定主体所处的时空位置。为什么梦中主体的经验是虚假的？为什么它连个体真实都不是？因为主体不能任意重复自己的感知和控制，即使在清醒的梦中，主体以为可以做到观察和控制的可重复，他也不能进行时空测量（定位），也就是主体不存在于时空之中。①

我在第三编第三章指出，虚拟世界是科学真实特殊的形态，主体进入由电子脉冲组成的虚拟经验世界，需要相当高的科学技术，那就是能用计算机程序来表示物理世界真实经验的感知和控制的关系。清醒的梦有点像个体真实中的虚拟世界。今天脑科学的研究尚未揭示大脑储存信息、检索信息的系统中是否存在着如同科学真实中产生虚拟世界的程序，但上述一切都进一步证明：主体的真实性不是科学真实所能揭示的。因为在科学真实中，主体及其控制和感知可以分离，我们不能在科学知识的真实性中寻找真实的主体，也不能从主体的控制和感知、欲望中研究真实的主体。

一旦实现了科学真实和主体真实性之分离，"何为主体"以及"主体在何种前提下的扩张是真实的"便有了全新的答案。因为只有在包含主体真实性的领域，才能研究什么是主体，从而解决有关主体真实性的种种问题。为此，我们必须从科学真实中走出来，进入社会真实和个体真实这两个尚未涉及的真实性领域。

---

① 关于"梦"和意识问题更详细的介绍和讨论，参见金观涛：《关于意识的哲学思考》，《科学文化评论》2009 年第 3 期。

第三章　科学研究不能揭示主体的背后

　　人们早已习惯把科学真实当作其他一切真实性的基础，唯有真实性哲学告诉我们，事实并非如此。哲学家万万没有想到的是，在研究真实性起源时，一切反了过来。科学真实是在社会真实中形成的，而社会真实又是在朦胧的个体心灵真实中显现的。只有先形成主体，主体才可能被悬置。通过科学真实的研究，我们终于找到了那条通向主体真实性起源的道路。

图灵测试证明了什么

　　上一章通过繁复的论证得出一个结论：科学知识无论如何增长，它都不可能揭示什么是主体。ChatGPT 和用计算机与神经网络学习机器实现的人工智能再高级，它都不可能形成主体意识。也就是说，无论是日新月异的神经科学研究，还是不断复杂化的人工智能装置，都无法揭示主体的真实性是什么。在很多人心目中，该结论也许是难以接受的：至今神经科学研究不涉及主体，并不等于今后也如此；今日人工智能没有意识，并不能证明有一天意识不会在人工智能自我学习中突然涌现。其实，如果去宏观审视神经科学和人工智能的研究趋势，就会发现它们不是离主体越来越近，而是越来越远。图灵测试就是例子，它差不多已经证明人工智能不可能涉及主体。

图灵测试最早由英国数学家、逻辑学家艾伦·图灵在 1950 年发表的一篇论文中提出，其核心内容如下：在测试者与被测试者（一个人和一台具有智能的机器）隔开的情况下，通过一些装置（如键盘）向被测试者随意提问；如果经过普遍的询问以后，测试者不能得出实质的区别来分辨人和机器，则此机器通过图灵测试，因此，图灵测试最早的名称为"模仿游戏"。[1]证明主体存在的方式，除了主体自省，向来只有通过主体和对方交流，那就是让作为主体的一个又一个"我"，判别交谈中的对方是不是另一个"我"（主体）。图灵测试的重要性正是找到了一种方法，让另一个主体来判断机器是否有主体意识，这或许是图灵最大的贡献之一。[2]

通常认为，图灵做出的重要工作有两个：一是发明图灵机原理，二是提出图灵测试。图灵机就是通用电子计算机，它和冯·诺依曼机等价。[3] 图 4-3 是自 20 世纪 30 年代图灵机被提

[1] A. M. Turing, "Computing Machinery and Intelligence", *Mind*, Vol. 59, No. 236, 1950.

[2] 后文我将指出，用图灵测试来回答主体面对的对象是不是另一个主体，判别方法是看测试对象能否理解某些自然语言的句子，而理解一个表达社会行动的句子依赖拟受控实验的可重复性。因此，图灵测试可以归为用某种拟受控实验来证明主体本身的真实性，拟受控实验的真实性基础不同于受控实验的真实性基础。关于拟受控实验是什么，我将在"拟受控实验：'参与'和'理解'"一节中定义并进行讨论。

[3] 有人认为，冯·诺依曼有关计算机的核心理念都是来自图灵机，尤其是存储程序的想法。参见尼克：《人工智能简史》，第 200 页。

出以来，"图灵"和"冯·诺依曼"对应的英文词在谷歌图书数据库中出现的频率，从中可见，20世纪80年代是一个节点。自此之后，"图灵"的词频一直遥遥领先。这意味着随着电子计算机应用的日益广泛，图灵测试的重要性突显出来，成为当代人关注的问题。

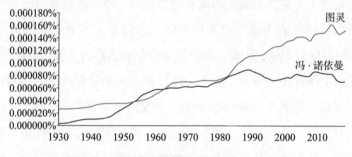

图4-3 "图灵"和"冯·诺依曼"词频对比

图片来源：Google Ngram Viewer。

70多年来，做过的图灵测试难以计数。一开始图灵测试大多被用于考察机器是否具有人获得科学知识的智能，后来它又被运用到和科学知识有关智能的度量和标准化。今天科学界一致认为，要完全按照图灵的设想不规定话题范围，人工智能不可能通过图灵测试。虽然机器的回答一度使某些测试者误以为它是人，但只要严格考察则立即发现事实不是这样。如1993年11月，美国波士顿计算机博物馆曾聘请10位没有受过计算机训练的市民通过14分钟问答交谈，判别参赛者是计算机还是人，提的问题是人际关系和大学生活等，最终计算机

PC Therapist 成功骗过了 50% 的市民。① 这是否意味着计算机正在接近通过图灵测试？事实并非如此。关键在于，计算机的回答是基于人对问题的答案制成，机器只是根据提问中的关键词加以处理，产生各式各样的句子，有时这些回答看起来机器有人格，其实机器并不懂这些句子在讲什么。②

为什么具备再高智能的机器都无法通过图灵测试呢？1980 年，美国哲学学者约翰·塞尔通过将图灵测试具体化为"中文房间"实验，终于找到了问题的关键。这一实验的大致内容如下。一个人完全不懂中文但会英文，并被封闭在只有一个开口的房间中。房间中有一本手册，提示这个人遇到特定的中文，应当如何做出回应。这时，房间外有人不断传递进来中文问题，这个人就根据手册做出回答，让房间外的人误以为自己会中文。在这个实验中，房间内的人相当于计算机，手册相

① H. McIlvaine Parsons, "The Turing Test of 1991", *Proceedings of the Human Factors and Ergonomics Society Annual Meeting*, Vol. 36, Issue 4, 2016; Graham Oppy and David Dowe, "The Turing Test", The Stanford Encyclopedia of Philosophy, https://plato.stanford.edu/entries/turing-test/.

② 另一个例子是美国人工智能研究实验室 OpenAI 开发的 ChatGPT 程序，该程序使用基于 GPT-3 架构的大型语言模型并通过强化学习进行训练。2023 年 2 月首次发布的一项研究显示，GPT-3 架构似乎具备了发展心智的能力。长期以来，心智（即理解自己和周围人的心理状态的能力）都被视作人类特有的。然而，2022 年 1 月的 GPT-3 已经能解决 70% 的人类心智测试，相当于一个 7 岁小孩；同年 11 月的 GPT-3 已经能解决 93% 的心智测试，相当于一个 9 岁小孩。（Michal Kosinski, "Theory of Mind May Have Spontaneously Emerged in Large Language Models", arXiv:2302.02083.）我要强调的是，这里电脑程序只是让人看上去即从行为上具备理解能力，并不意味着其真的具有心智。

当于程序。[①] 这时我要问：计算机根据程序规则对中文问题做出回答，即使答案准确无误，难道可以说计算机懂中文吗？显然不能！因为一个人懂中文，并不是会用词典查出汉语词汇对应的英文词，然后根据语法规则将英文词串成句子就行了，而是能理解文本的意思。计算机只是用词典和语法完成句子表面上的翻译，然后用种种规则整合句子形成文本，而始终无法理解句子和文本的意思。因此，塞尔认为，计算机只是模仿人类的思考。他将此归结为弱人工智能不显示智能。

塞尔将具备获得科学知识能力的人工智能统称为弱人工智能，这是因为它无法去实现理解。所谓理解是把自己（主体）放到他测试的对象之中，以检验"对方具有主体意识"这一判断的真实性。这样，立即发现计算机只是看起来理解但是实际并不理解。但问题的本质在于如何对理解做出严格定义，对这一问题塞尔没能回答。在事后的一系列图灵测试中，什么是理解终于慢慢浮出水面。原来，理解要求判定对象是否真实（可靠）的法则中存在主体，该主体必须是可以用测试者的主体代入的。其中，最著名的是多伦多大学计算机科学家赫克托·莱韦斯克提出的机器智能测试，即"威诺格拉德模式"。该测试一般由一组句子构成，机器需要识别问题中的前指关系，即指出问题中某一代词的先行词。让我们来看一个例子。

（1）议员们拒绝给抗议者颁发许可证，因为他们害怕暴力。

（2）议员们拒绝给抗议者颁发许可证，因为他们提倡暴力。

---

① John Searle, "Minds, Brains and Programs", *Behavioral and Brain Sciences*, Vol. 3, No. 3. 1980.

基于上述两个句子，人工智能需要回答一个问题："他们"是谁？任何人都知道：当"害怕"出现在句子中的时候（第一个句子），"他们"指的是议员们；当"提倡"出现在句子中的时候（第二个句子），"他们"则指的是抗议者。计算机却无从判断，因为计算机不能把自己当作句子中的主语。做出判断需要判断者（主体）进入句子的主语，然后根据自己对主语和其他词的关系判断"他们"是谁。

　　长期以来，计算机在威诺格拉德测试中的表现，并不比一个人随机回答的表现好多少。然而，对计算机科学家而言，计算机之所以不能做出正确的判定，是因为计算机掌握的信息量不够充足。只要计算机相应的信息储存不断增加，计算机也能如同人那样找到正确的答案。可以设想，只要计算机掌握抗议者有暴力倾向，而议员以维持社会秩序为自己的首要责任，综合上述信息，计算机也可以做出正确的回答。换言之，只要计算机有自行升级程序，迟早可以回答上述问题。事实似乎也证明了这一点，随着信息量的积累，计算机在威诺格拉德测试中回答的准确率在 2019 年开始飙升，先后增长到 72.5%、89% 和 90.1%。[1]

　　其实，这是一种错觉。为什么威诺格拉德测试的问题不能靠计算机获得科学知识的增加来解决？因为句子可以通过组织

---

[1] Vid Kocijan et al, "A Review of Winograd Schema Challenge Datasets and Approaches", arXiv:2004.13831; Vid Kocijan et al, "The Defeat of the Winograd Schema Challenge", Preprint submitted to Artificial Intelligence, https://arxiv.org/pdf/2201.02387.pdf.

和自我迭代产生新的句子。当主体不能进入句子，且新句子源源不断被创造出来时，那些主体不可进入的句子通过组织和迭代形成的新句子与那些主体可以进入的句子通过组织和迭代形成的新句子是不尽相同的，二者需要的信息亦大相径庭。因此，即使计算机有这样的能力，使自己获得新信息或计算机储存信息不断增加，计算机能处理的也只是那些主体不可进入的句子通过组织和迭代形成的新句子。面对那些主体可以进入的句子通过组织和迭代产生的新问题，新获得的信息始终都是不够用的。

这一点甚至得到了人工智能的承认。有一个互联网用户向ChatGPT 发问：如何发布一个让人工智能也答不出的问题？ChatGPT 回答："发布一个让人工智能也答不出来的问题，可以通过以下几种方式来实现：（1）问题内容过于抽象、模糊或难以理解，例如'人类的智慧是什么'。（2）问题内容超出了人工智能的知识领域或理解能力，例如'未来的世界将会发生什么变化'。（3）问题内容需要人类的主观判断和决策，例如'在年轻的时候应该做什么'。（4）问题内容需要对人类的感性感受和情绪进行分析和评价，例如'你认为什么样的人更可爱'。（5）问题内容涉及人类的道德准则和道德判断，例如'什么是正义'。通过以上方式，可以创造出让人工智能无法回答的问题。但需要注意的是，这并不意味着人工智能没有智慧或没有能力。人工智能的智慧和能力是有限的，它只能回答在它的知识领域和理解能力范围内的问题，对于超出其知识领域

和理解能力的问题，人工智能也无法回答。"① 其中，ChatGPT
提出的（1）（2）是语言迭代无法达到的，（3）（4）（5）都涉
及主体进入后可以发生的跳跃。

为了说明这一点，我们来看第三个例子。这是一场在露天
场所进行的图灵测试，测试时突然变了天，乌云滚滚，雷电交
加。测试的内容是讨论各种主题，当问被测试者的句子为"你
对这个事情怎么看"时，机器在做各式各样聪明的回答，但
几乎不会出现这样的回答："这天看着要下雨了，咱们进去说
吧。"即便出现了，只要再发生 1~2 次类似的意外情况（如进
屋之后，发现房屋漏雨），机器还是会很快露出马脚。为什么
会如此？因为人具有从具体测试中跳出来的能力，选择自己关
注什么，应该进入什么问题的思考。这正是主体性的本质。这
种跳跃能力不是获得科学知识并根据科学知识做判断、解决问
题的能力，它是至今人类根据自己所获得的科学知识设计的机
器不可能具有的。

社会真实和个体真实

其实，一旦我们意识到普遍可重复的受控观察和受控实验
是科学的经验，其符号表达是数学，科学理论是横跨经验世界
和符号世界的拱桥，就可以看到根据科学知识制造的机器不能
通过图灵测试的原因了。因为主体一直悬置在科学真实之外，

---

① 《我们问了 ChatGPT 100 个问题，它说了不少废话》，载虎嗅网，https://www.
huxiu.com/article/734593.html?type=text。

科学真实无论怎样扩展，都碰不到主体。主体是什么以及它为什么是真的，不可能用科学真实的扩张来证明。为什么？因为被悬置的主体（即它是真的）是科学真实存在和不断扩张的前提。我们不能在不知道主体是否为真的前提下，实现科学真实的一步步扩张。

现在，终于触及问题的本质了。当我们从事对象主体性是否存在之研究（进行实验、分析现象）时，必须找到一种真实性原则来判定得出的结论是真的。我在导论和本编第一章指出，真实性是对象、控制手段和主体之间（满足特定结构）的关系，对科学真实而言，这种关系存在的前提是主体存在。整个科学真实的研究建立在控制手段可以和主体分离、科学知识不包含主体，以及其作为主体面对之对象的真实性之上，它当然不能证明主体本身的真实性。这样，为了研究主体的真实性，我们必须把主体设定为自己面对的对象，看它和自己（主体）的关系是否满足真实性的结构。

然而，这一切又如何可能实现呢？因为它要求主体存在于一种自我相关的结构之中。该结构中对象必须包括主体，真实性作为对象、控制手段和主体最基本的关系，是包含主体之对象和主体之间的关系，这种关系存在的自洽性和不断扩张，才能证明对象具有主体意识。我们立即发现，这种主体和包含主体的对象关系之研究不是科学真实，而属于另外两个真实性领域，它们分别是社会真实和个体真实。

为什么只有社会真实和个体真实之研究才能揭示主体的真实性呢？真实性作为对象和主体的关系，当对象不包含主体时，其扩张呈现为主体为真前提下对象真实性的不断强化和范围的扩大，主体一开始就存在，它始终是对象真实性扩张的前提。这时，在对象的真实性中寻找主体的真实性，如同缘木求鱼。只有当对象包含主体时，主体的真实性才表现为主体和对象关系在扩张中的自洽性，并不要求主体一开始就在对象之外存在，并被预设为真实的。为什么？让我们回忆一下导论和本编第一章中有关什么是真实性的论述。

真实性作为主体、控制手段和对象之间一种最基本的关系，可表达为 R（X，M，Y）。其中 R 是关系的真实性，X 是主体，Y 是对象，M 是主体控制的任意可重复性，它规定了获得对象信息的可靠性（真实性）。真实性 R 作为主体、控制手段和对象之间一种最基本的关系，它取决于主体实行的控制 M 的可重复性。当 M 不包含主体 X 时，R（X，M，Y）为真的前提有两个，一是 X 为真，二是 M 可重复，由此导出 Y 的真实性。当 M 包含主体 X 时，R（X，M，Y）为真和 M 可重复合一。因为 M 可重复，则 Y 为真，这时，从 R（X，M，Y）为真就可以导出 X 为真。或者说，X 为真是通过关系 R（X，M，Y）为真显现的。之所以如此，是因为 M 包含了 X。当 M 和 Y 不断扩张时，我们看到主体 X 的成长，这在科学真实中是不可能的，[①] 故可以用上述方法来揭示主体的形成！这是和科

① 也可以这样推导：在科学真实中，X 为真加上 M 普遍可重复，Y 是真的。Y 为真即 Y 可靠是 M 把自己的结构映射到 Y。因 M 不包含主体，故 Y 也不包含主体，无论 R（X，M，Y）中 M 和 Y 如何扩张，都不是进一步对 X 的肯定。当 M 包含 X 时，Y 也包含 X。这时，情况完全不同了，M 的普遍可重复证明 Y 为真，Y 和 X 的关系证明 X 为真，它们的扩张也是 X 的扩张。

学真实完全不同的另外两种真实性，即 R（X、M、Y）是和科学真实完全不同的社会真实和个体心灵真实。

在本编第一章，我指出主体 X 有"普遍"和"个别"两种选择，控制手段 M 有"包含 X"和"不包含 X"两种选择。当 Y 选定时，两两组合有四种可能性，真实性 R（X，M，Y）有四种形态，它们可进一步化约为科学真实、个体真实和社会真实。当 M 包含 X 时，R（X，M，Y）为主观真实。主观真实分为社会真实和个体心灵真实，它们属于不同于科学真实的另外两个真实性领域。为什么 R（X，M，Y）中只要控制 M 包含主体，它们就是和科学真实完全不同的真实性领域？我们来考察可重复的控制 M 包含主体是什么意思。M 是主体在判别信息可靠与否时所依赖的可重复操作，它是主体可控制变量的集合。所谓 M 包含主体，是指 M 的某一个或若干个可控制变量是主体的某种心灵状态（或主体对特定主体活动之想象），其被实现是指主体进入该状态（或对某种主体活动之想象），它们普遍可重复是指其他主体也可以进入该心灵状态（或对某种主体活动之想象）。这时，判别外部信息是否可靠不能悬置主体，而且是反过来让自己或不同的主体都可以进入相同的心灵状态（或对某种主体活动之想象）。如果主体在受控过程一次又一次的重复中，都收到同一信息，主体即可认为信息可靠。这时，判断真实性的最终基础及其符号结构都和科学真实不同，因为它们是主观真实。

在科学真实中，因主体被悬置，其经验世界和相应的符号世界中亦看不到主体。在此意义上，科学和数学确实是客观的。

主观真实明显和它不同。主观真实存在着哪些类型？当主体接收信息的任意可重复仅仅是个人的时，这只是个体心灵的真实世界。很多人有这样的感受：存在着一个只有自己才知道的心灵状态下感受到（甚至看到）的经验。这个世界是其他人难以理解的，但对于他本人，可以通过实现某一组条件，使这种体验不断重复以证明其不是错觉。当这一组条件包括特定的心灵状态时，这就是个体心灵真实。个体心灵真实属于个体真实的领域。

当主体接收信息可重复，不仅对自己（某个人）有效，对一群人亦有效时，我们就得到了可以普遍化的主观真实。个体真实要普遍化，必须用符号或其他手段表达可控制变量集合，特别是那些和心灵状态（或对某种主体活动之想象）有关的可控制变量。只有这样，其他主体才可以通过这些心灵状态（或对某种主体活动之想象）的符号（或其他手段），使自己也进入和别的主体相同的心灵状态（或对某种主体活动之想象），重复该主体的经验以确定其普遍为真。据此，普遍可重复的主观经验必定可以分为两种情况。

第一种情况是普遍之真和社会（其他人的行动）无关，即个体真实可以成为公共的，被其他人分享，但其存在并不依赖他人。我们称其为可以普遍化的个体心灵真实。个体心灵真实通过创造艺术作品（绘画、音乐、舞蹈等）被他人感知就是最常见的例子。可以普遍化的个体心灵真实，使个人心灵真实变成社会的，其重要例子是那些可社会化的艺术，它是社会真实的一部分。

第二种情况是普遍化的个体真实和其他人的主观真实不可分离，这是和第一种可普遍化的个体真实不同的另一种主观真实。我称之为社会行动的真实性。所谓社会行动是指一群人互相合作做一件事（或他们的行动互相依赖）。这时，任何一个参与者的经验都和其他参与者有关，该经验（主观真实）当然不能独立于社会（其他参与者）而存在。然而，对于任何一个参与者，对社会行动的经验只是他个人的主观真实。该主观真实要成为对其他参与者普遍的真，其前提是其他人只要去重复实现该人参与社会行动的某一组控制变量，该人主观真实（经验）就普遍可重复。可控制变量中，有些是某一个主体的心灵状态，有些包含着别人做什么时，他应怎样想和怎样做，即它们是社会行动的想象。在什么条件下，社会行动的其他主体亦可以进入某一主体的心灵状态（或某人对社会行动的想象），以感受到该主体的主观真实（经验）呢？显然，社会行动和该主体的心灵状态必须可以用符号加以表达。只有这样，其他社会成员才能通过接收到这些符号，调整自己的心灵状态（或对社会行动的想象），使之和某一个特定主体相同。这时，其他主体只要能任意地重复该主体控制变量并感受到相同的经验，特定主体的主观真实对其他主体就是真的，社会行动的主观真实才被该社会所有成员拥有。

　　由此可见，用符号系统表达社会行动及相应的个体心灵状态，是社会行动真实性存在（即社会行动普遍可重复）的前提，这个前提对科学真实不是必需的。符号和被表达对象之间的关系只是一种约定，只有该约定被社会普遍接受，通过接收符号进入其他人的心灵状态（或某人对社会行动的想象）才是可能的。这样，我们得出一个重要结论：社会行动的普遍真实性依赖一个指涉社会行动和个体之心灵状态的符号系统的存在，那就是人使用语言。

表面上看，这一前提众所周知，根本不需要通过严格的哲学分析得到。其实，上述讨论的不仅是指语言对人与人通过合作形成社会行动必不可少，还在讲对于每一个社会行动的参与者，该社会行动的主观真实成为所有参与者的公共（普遍）真实时，使用一个共同的指涉社会行动及相应个体之心灵状态的符号系统，是必不可少的前提。它可以更准确地表达为该社会成员通过和其他成员的语言交流，进入某种共同的心灵状态（或通过对社会行动的想象），使社会行动中每个参与者的真实经验都是这群人共同拥有的。换言之，如果社会行动的经验世界及相应个体的心灵状态和符号系统不存在确定的一一对应，就不能保证其他社会成员进入某一个成员可重复的心灵状态（或通过对社会行动的想象），感受其经验的真实性。同样，如前所述，用创造艺术作品（如绘画、音乐、舞蹈等）表达个体经验真实，亦是其他主体可进入某一特定主体的个体心灵真实经验的前提。正是艺术的公共性使个体心灵真实成为可以普遍化的个体心灵真实。这里，个体创造艺术作品类似于社会行动中让其他主体可以进入自己心灵的符号，我称之为"准符号系统"。它和符号系统的关系涉及符号的起源。

由此可见，和科学真实一样，主观真实亦存在经验和符号两种对象。在判别可以普遍化的个体真实和社会行动的真实性时，符号对象的真实性和"准符号系统"的存在比其在科学真实中时，更为重要，更为基本。[①]这样一来，我们必须去分析主观真实的各个领域，以及每个领域中经验、符号和准符号系统的真实性，分别鉴别其真实性的基础是什么。这时立即发现，在社会真实和个人心灵真实的领域，经验对象和符号对象的真实性不仅互相维系，而且存在着比科学真实更为强有力的互动。在某种意义上，主体的真实性就是在这两种对象的互动中显现出来的，即在主观真实不断扩张中起源的。

在此，我要强调的是，在主观真实中，不仅同样存在着经验和符号（包括准符号）系统两种真实性，而且和科学真实类似，这两种真实性总是同构的，它们构成主观真实的两种对象。为什么？因为规定主观真实的 R（X，M，Y）中，Y 有两个选项。当 Y 是经验时，R 为主观的经验真实；当 Y 是符号或准符号系统时，R 为相应的主观符号真实。现在将与经验对象 Y_1 相对应的符号和准符号系统记为 S（Y_1），因为所有真实性的基础都是 M 可重复，经验真实性是 M 将自己的结构映像到经验 Y_1 中。相应符号系统和准符号系统的真实性亦是 M 将自己的结构映像到符号和准符号系统 S（Y_1）之中，虽然 M 包含 X，表达相应的可控制变量需要规定符号和经验的对应关系，但因为 M 相同，故符号系统和准符号系统 S（Y_1）及其

---

① 对科学经验而言，当没有相应的数学和表达它的符号系统（逻辑语言）时，其真实性依旧存在，那就是受控观察和受控实验的普遍可重复。但对社会行动和个体真实而言，如果没有相应的符号系统或准符号系统，它们的真实性对其他主体是不能判定的。

对应的经验 Y_1 的真实性一定是同构的。这样一来，我们可以用一个具有双重结构的符号系统架起经验世界和符号世界的拱桥。通过这一沟通两个世界的桥梁，主观真实在经验和符号的互动中不断扩张，正如科学真实通过横跨科学经验和数学符号的拱桥不断扩张那样！

　　行文至此，一个揭示主体起源的全新研究纲领出现在了我们面前。首先，主体最早是在社会行动的真实性和个体心灵真实扩张中形成的。为了分析其形成的历程，必须去研究个人心灵真实和社会行动真实性这两个领域横跨经验世界和符号世界的拱桥如何建立。换言之，揭示主体的形成和成熟，虽然科学研究必不可少，但其作用是辅助性的，研究重心应该是社会、艺术的起源和演变。只有形成了稳定的主体，主体才能被悬置，进而才能建立科学真实中才有的横跨科学经验和数学之间的第三座拱桥。科学真实一旦形成，现代真实的心灵就出现了，这三座拱桥建立的顺序及其关系蕴含着人类现代真实心灵的结构。这一切表明，研究横跨经验和符号两个世界的三座拱桥之间的关系，以及其互相整合，构成了今天人文精神、价值和终极关怀真实性重建的基础。

拟受控实验："参与"和"理解"

　　为了考察在主观真实的两个领域，即社会行动真实性和可普遍化的个体心灵真实中，能否建立横跨经验世界和符号世界的拱桥，首先要揭示主观真实在这两个领域的经验结构及其真实性基础，其次再将其投射到相应的符号系统或准符号系统中，找到相应的真实性基础。

因为 R（X、M、Y）中，M 将自己的结构投射到 Y_1 和 S（Y_1），得到它们的真实性结构，这在不同真实性领域都是一样的；我们只要分析在科学真实领域纯符号真实性形成的机制，原则上就能知晓主观真实中符号系统或准符号系统的真实性基础是如何形成的。科学真实的经验结构是受控观察和受控实验，其真实性基础是受控观察和受控实验的普遍可重复性。将受控观察和受控实验的结构及其普遍可重复性投射到符号系统，我们得到数学的真实性。在主体控制的可重复性规定经验真实这一点上，主观真实和科学真实相同。这样，主观真实的两个领域中符号系统或准符号系统的真实性亦由 M 控制的可重复性规定。

在主观真实的经验系统中，除了受控变量中存在主体心灵状态和对社会行动的想象外，其结构和受控实验的结构及其普遍可重复性相同。这样，当控制变量集合中存在包含主体心灵状态和对社会行动想象等的子集合时，我将立足于这一变量集的获得信息—操作过程称为拟受控实验。

拟受控实验和受控实验的不同只在于，前者的可控制变量集 C 中，某些变量包含主体，根据受控实验结构（见图 1-2），我们可以得到拟受控实验的结构（见图 4-4）。图 4-4 和图 1-2 的差别，除了在于 Y 代表社会或个体行动及其后果，以及个体真实和社会真实中某种心灵状态外，还涉及 C 集合必须分为包含主体的可控制变量 C_1（X）集合，以及不包含主体的可

控制变量 C_2、C_3 集合。表面上看，拟受控实验很接近受控实验，其只是将 C 集合分成两类而已。然而，正是这一差别构成它们真实性基础的巨大不同。因为真实性取决于控制过程的结构及其可重复性，一旦控制变量包含主体，无论控制过程的实现还是其普遍可重复就大相径庭了！

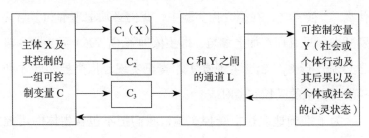

图 4-4　拟受控实验

　　主体去做受控实验和主体进行拟受控实验（实现社会和个体行动或进入某种特定的心灵状态）是完全不同的，虽然这都是去实现可控制变量 C 集合，但在拟受控实验中，因可控制变量集包含主体，主体再也不能如同科学真实展开那样被悬置，而是卷入控制—感知的互动之中。我们不要忘记，C 是由 C_1（X）和 C_2、C_3 两个部分组成的。当只有 C_1（X）被实现，而 C_2、C_3 没有实现时，主体虽进入了社会行动（或某种特定的心灵状态），但只是在想象而没有参与。[①] 我将在后文指出，社会行动中想象的普遍可重复性，只是其在心中的完全

---

① 可能有读者会说：主体做受控实验时，亦可以想象而不是去做。想象的受控实验中控制变量不包含主体，而拟受控实验想象 C_1（X）中包含主体。因此，这两种想象根本不同。

可重演性和可重演性，甚至是"准可重演性"，它基于表达相应控制变量 C_1（X）的符号系统的可理解之上。[①] 如果主体在没有实现 C_1（X）时去进行社会行动，即只把 C_2、C_3 变成现实，这是没有理解的参与。正如我在"经验和符号：真实性涉及两种对象"一节所指出的，这时，主体可能不知道自己在做什么。[②] 换言之，在拟受控实验中，我们必须把理解和参与区别开来。只有理解加上参与，即主体理解 C_1（X）后，命令自己必须实行 C_2、C_3，主观真实才真正实现，拟受控实验才和科学真实中的受控实验对应。

为了准确地表达拟受控实验，我们把不包含主体的可控制变量分成两类：一类是包含参与者身体的，我记为 C_2；另一类是不包含参与者身体的，我记为 C_3。所谓包含参与者身体，即控制过程中选择的每一项都和身体有关，这在受控观察和受控实验的可控制变量中是不存在的。在受控实验和受控观察中，有时必须选择身体的位置，但身体及其位置是可以分离的。在拟受控实验中，C_2 包含参与者的身体，即和身体不能分离，但不包含主体 X。这一切构成拟受控实验和受控实验的巨大差别。

正因如此，只要将拟受控实验表达为符号结构或准符号系

---

① 关于完全可重演性、可重演性和准可重演性的准确定义，我将在建构篇中给出。至于可理解性的定义，我将在下文中给出。

② 当某一社会行动的参与者完全不知道该行动目的及其背后的支配观念时，他们的参与活动已经不是前面规定的那个社会行动。关于这一点，我将在建构篇中深入讨论。

统的结构，得到的结果就和受控实验普遍可重复的符号结构完全不同。在本书第一编第二章，我将普遍可重复的受控实验结构投射到符号系统中，得到数学各门类的定义。也就是说，数学是普遍可重复受控实验的纯符号结构。在普遍可重复受控实验的结构中，主体是被悬置的，即 M 不包含主体，或主体不出现在受控实验的可控制变量中。而在拟受控实验中，可控制变量 $C_1(X)$ 中包含主体，它可以是某个人的心灵状态或其对社会行动的想象，这时，拟受控实验的纯符号结构就不是数学。它是什么？我认为：其对应着人类的思维结构。①

　　那么主观真实中符号和准符号系统的结构真实性是什么呢？先来看它们和纯数学的差别。如前所述，受控实验的符号表达即数学，其在不指涉经验对象时亦具有真实性。它虽可以包含逻辑语言，但其本身不是语言。在拟受控实验中，表达心灵状态等控制变量的符号系统，不指涉（经验）对象或心灵状态便无意义，故它必须是语言或类似于语言的东西。众所周知，所谓语言是符号和经验对象或心灵状态一一对应，符号串的结构代表了经验或心灵状态的结构。逻辑语言就是用符号串结构表达了经验结构。不同于逻辑语言的语言（或类语言）是什么意思？这是该系统包含主体，其符号串（或类似于符号的对象）不是将主体加以悬置后再表达经验结构，而可以表达主

_____

① 拟受控实验的符号结构和数学是什么关系？下面的分析表明：它实际上是用自然语言表达的思维和数学的关系。至于基于自然语言的思维是否可以，以及在何种前提下可以，用数学相应的符号结构来逼近，这是至今没有解决的问题。

体的感受和主体本身，我称之为不可悬置主体的符号或准符号系统。

　　什么是不可悬置主体的符号或准符号系统呢？它不能独立于拟受控实验的经验（包括主体的心灵状态）而存在。前文我在分析数学真实时曾指出，数学是用符号系统的结构来定义的，它并不需要指涉经验对象。因其可以完全没有经验意义，即数学可以独立于经验而存在。不可悬置主体的符号或准符号系统则不是如此，它必须和拟受控实验的经验（包括主体的心灵状态）存在对应。否则，拟受控实验或社会行动的其他参与者不可能凭它们进入某一个参与者的心灵状态，并确定自己在拟受控实验或社会行动中的位置。换言之，没有它们，某一个参与者有关拟受控实验的主观真实，不会变成普遍成立的主观真实。

　　更重要的是，不可悬置主体的符号或准符号系统不是逻辑语言。为什么？我在第二编第三章指出，逻辑语言是受控观察和受控实验的符号结构，而用符号系统指涉社会真实，要表达为图 4-4 的符号结构。图 4-4 中 C 集合分为包含主体的可控制变量 C_1（X）和不包含主体的可控制变量 C_2、C_3。只有 C 等同于 C_2、C_3 时，相应的符号系统才是逻辑语言。现在 C 集合中有 C_1（X），表达 C_1（X）的符号系统指涉主体进入社会行动或行动者的心灵状态。不可悬置主体的符号或准符号系统必须包含主体及其感受、价值评判，以及主体应该做什么。当拟受控实验是社会及个体行动时，它就是用自然语言表达的主体（包括主体的心灵状态），以及其社会和个体行动。

　　既然用自然语言表达的主体及其感受加上社会（个体）行

动就是不可悬置主体的符号系统，那么为什么我不直接称之为自然语言，而要另外创造一个新的术语呢？关键在于，该符号系统的真实性基础和逻辑语言不同，必须和那种被认为包含逻辑语言的自然语言严格区别开来。在科学真实领域，数学计算和推理作为主体运用该符号系统的法则，主要是用一组公理规定某一种数学研究对象，然后用公理推出所有数学定理。在整个推理过程中，主体始终处于被悬置的状态。虽然逻辑语言存在明确的经验对象，但其使用的推理法则是谓词演算（符号的取代和包含），主体在推理过程中亦必须被悬置。对于不可悬置主体的符号或准符号系统，主体运作符号的方式既不是数学式的，也不是逻辑式的。因为在规定符号系统时，主体没有被悬置；主体处理符号系统时，必须先考虑主体和符号系统的关系，即进入和退出符号系统的方式。

为了描述不可悬置主体的符号或准符号系统的真实性，我在本书中先将拟受控实验中的心灵和艺术活动搁置，只研究社会（个体）行动的符号系统的结构，揭示其独特的真实性基础。[①] 在社会行动中，所谓 C_1（X）的普遍可重复，是主体 X 进入用自然语言句子表述的 C_1（X）的普遍可重复性。这时，主体通过不可悬置主体的符号系统实现 C_1（X），存在如下三种数学符号（包括逻辑语言）处理中完全不存在的模式。第一，主体首先要明确在什么前提下必须进入自然语言句子表述

---

① 当拟受控实验中 Y 是不同主体通过艺术活动形成的共同心灵状态时，相应的 S（Y）为艺术品和其获得公共性的机制。因为 Y 和 S（Y）的关系极为复杂，我将在建构篇中再对其进行讨论。

的符号系统，以及什么时候必须退出符号系统（作为被悬置的存在）。第二，主体必须对自然语言句子表述的符号系统中的符号串（和其指涉的经验对象）进行分类，以确定哪些类是主体可以进入的，哪些类是主体很难进入或不允许进入的，即主体要有一种分类能力，以确定自己和别人（及其他对象）是否属于同一类。当两个主体属于同一类时，一个主体可以把自己当作另一个主体，从而进入另一个主体的心灵状态。当主体可以进入两个不同的类时，主体当然知道两个类的异同，也就是说主体可以进行模拟，这是数学和逻辑语言中符号变换不存在的。第三，主体可以用符号系统如自然语言句子，想象一个社会（个体）行动是否普遍可重复。这除了让自己进入符号系统外，还必须用符号串表达社会（个体）行动的结构，对自己在社会行动中的角色进行定位——即便这时主体并没有参与社会行动。这里，除了存在着主体进入符号系统，以及从符号系统中退出即悬置的各种操作外，还涉及不同类的符号串如何组成一些更长的符号串，以表达社会行动的结构，这就是自然语言句子形成的法则，它和自己指涉的对象（社会行动的主体和行动本身）存在着同构关系。这样，如果把不同类的符号串如何组成一些更长的符号串的法则称为自然语言的语法，自然语言的语法必须和社会（个体）行动同构。上述三种模式直接规定的拟受控实验的真实性基础要素，在科学真实及其符号表达中是不存在的。

一旦勾画出社会（个体）行动真实中不可悬置主体的符号系统的独特结构，我们就会发现，在社会（个体）行动中，也存在和经验对象无关的纯符号真实性。它们对应三条法则：
（1）符号串组成句子的语法结构；（2）主体在什么前提下可以
进入某一类符号串的法则；（3）想象该句子表达社会（个体）
行动和普遍心灵状态是否普遍可重复。根据上述三条法则全部
成立还是部分成立，我们可以定义符号系统的完全可理解性、
可理解性和准可理解性。正是这三者构成了表达社会（个体）
行动和普遍心灵状态的符号系统真实性的基础。我们发现，在
社会真实领域，虽然该符号系统与社会（个体）行动和普遍心
灵状态有着一一对应，但也存在不同于经验真实性的纯符号真
实性。主体亦可以进行非经验的纯符号研究，正如在科学真实
领域进行纯数学研究那样。因为不可悬置主体的符号系统有着
完全不同于数学和逻辑语言的真实性基础，故这种探索可称为
符号系统的可理解性研究。如果说数学研究的目标是去寻找真
的定理，社会（个体）行动真实的纯符号研究的目标就是去判
别一个符号串是否可以理解，以及符号串的三种可理解性又是
什么关系。

　　简而言之，受控实验普遍可重复和自我迭代的纯符号研究
是数学，其真实性和经验无关。当拟受控实验是社会（个体）
行动时，其普遍可重复和自我迭代的纯符号研究属于人文世界，
其研究亦可以和经验真实无关。众所周知，写小说和人文宗教
研究是在制造可理解的符号串，目的是想象一个以社会（个
体）行动和人的心灵状态为中心的世界。它们有意义，并不意
味着其和经验真实符合，而是尽可能地扩大可理解符号串的结
构和覆盖范围。主体探索这种符号系统时，虽然看起来和数学

研究不可同日而语，但就主体和纯符号的关系而言，它们和数学没有本质不同。在此，我们有一惊人的发现：符号系统可理解原来是符号系统真实性的变种。一旦我们在社会（个体）行动真实领域明确了经验和相应符号系统的真实性基础，立即得到一个结论，那就是两者同构。这样一来，只要是根据自然语言的可理解性原则产生的新符号串，都具有由符号系统结构规定的真实性。当我们进一步要求新符号串和社会行动经验结构一致，以及可以用自由意志去实现该经验结构时，就会找到一个具有双重结构的符号系统，从而架起横跨符号世界和经验世界的拱桥。当拟受控实验不是社会（个体）行动，而是可以社会化的艺术活动时，我们也能运用同样的方法得出类似的结论。

基于上述分析，我们可以把在研究科学真实中发现的建立横跨经验世界和符号世界拱桥的方法系统地引进主观真实领域，展开有关主体和真实性起源的各项研究。

自然语言、艺术和另外两座拱桥

既然主体研究是去分析主观真实领域中横跨经验世界和符号世界的拱桥结构，以及它们是怎样建立的，我们就必须正视一个众所周知的事实：在现代科学理论建立数学、逻辑语言和受控实验（受控观察）之间的拱桥之前，在主观真实领域已经存在着这样的拱桥。

第一座是用群体对艺术活动的参与架起的表达个人心灵真实的准符号系统（艺术作品）和可普遍化个体心灵经验之间的

拱桥（见图 4-5a）。当拟受控实验代表一种公共艺术活动，使一群人处于共同心灵状态时，就是一个具有双重结构的准符号系统形成，它把相应的准符号世界和群体心灵（经验）世界联系起来。虽然我们还没有明确界定主体进行艺术活动时拟受控实验的经验结构，并找到相应的准符号系统的真实性基础，但这一准符号系统是某一个主体创造的音乐、舞蹈或绘画，它可以表达该主体的某种心灵状态。建立拱桥是指其他主体通过对这些艺术作品的欣赏（或据此对自己进行某种操控），也进入该心灵状态，使之成为一种普遍真实的社会心灵。它导致主体X 从个别到普遍的转化。今天我们尚不清楚什么样的艺术作品可以被创作者以外的其他主体欣赏，但把准符号世界（艺术作品）和群体经验世界联系起来的拱桥，一直存在于人类生活中，并起着极为重要的作用。

第二座拱桥是用一种独特的具有双重结构的符号系统，将不可悬置主体的符号系统（自然语言）和社会（个体）行动的经验结构整合起来。具有双重结构的符号系统是自由意志可实现的、符合经验的、完全可理解的语句，该符号系统的一重结构是自然语言的真实性，另一重结构是社会经验的真实性（见图 4-5b）。正是基于第二座拱桥，一个个孤独的个体才能组织成社会。

图 4-5a　主观真实领域横跨经验世界和符号世界的拱桥之一

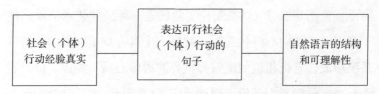

图 4-5b　主观真实领域横跨经验世界和符号世界的拱桥之二

　　上述两座拱桥的发现，确实有点令人意外，对其加以哲学解释又有什么意义呢？我认为，其中蕴含两个重要启示。第一，用拱桥来界定艺术的公共性，是发现可以把个体通过准符号系统的进入转化为群体对准符号系统的进入，以形成公共的个体心灵真实，它指向普遍主体是如何形成的。第二，用拱桥来界定社会，则将主体界定严格化了。而且，两座拱桥都作为主体性之显现，刻画出公共艺术和社会存在着意想不到的联系。也就是说，当我们去研究第二座拱桥中自然语言如何起源时，或许不得不去分析第一座拱桥的结构。确实，用拱桥来表达公共艺术和社会是意味深长的，其通过社会组织将主体的定义清晰化了。

　　什么是社会？人们通常用人是符号物种，以及能用自然语言组织社会，说明人类社会的独特性。但正如我在第一编第一章指出的，随着 20 世纪社会生物学的研究，人们发现动物似乎也会使用符号，用符号传递信息在动物社会中似乎亦十分重要，人类社会和动物社会的界限变得模糊不清。今天真实性哲学终于可以对社会做出明确的界定。动物即便可以使用符号，但没有一个真实的符号世界；动物即便可以用符号组织社会，但没有自由意志，且缺乏一个具有经验真实性结构但并非经验的符号系统，以建立横跨经验世界和符号世界的拱桥。我们终于可以把主观真实中构成拱桥的基本要素称为主体性，用主体性来界定人，并用拟受控实验的普遍可重复性来研究人类社会。

我要强调的是，和科学真实中主体悬置在拱桥之外不同，对主观真实而言，主体一直存于两座拱桥之中，是拱桥形成的结构性要素。据此，我们可以用主体在建立拱桥中的功能来清晰地界定什么是主体。第一座拱桥的存在要求主体必须能自由地进入准符号系统。对准符号系统进入和退出的普遍可重复性，构成了主体最重要的规定性。第二座拱桥是由完全可以理解的社会（个体）行动的句子组成的。它作为具有双重结构的符号系统，具备如下三个特点。第一，这些句子符合经验结构，意味着它们对应着真实的社会（个体）行动，但它们没有转化为经验时，仍然是符号系统。这是一个和经验同构但可以不转化为经验真实的符号系统。第二，主体进入符号系统，就是去理解自然语言，即知晓哪些句子是可理解的，哪些句子是准可理解的，并创造一个完全可理解的句子指涉社会（个体）行动。第三，主体必须有自由意志，可以将一个完全可理解的句子转化为社会（个体）行动，亦可以不将一个完全可理解的句子转化为社会（个体）行动，让其停留在符号真实状态。换言之，我们通常所讲的人具有主体性，无非是主体在这两座拱桥中的功能罢了！

比较主体在这两座拱桥中的功能，我们立即发现，第二座拱桥对主体功能的定义包括了第一座拱桥对主体功能的定义。这样一来，所谓人类具有主体意识，实为人的三种能力，即人可以理解自然语言、能用完全可理解的句子指涉真实的社会（个体）行动，以及具有自由意志。主体意识的起源就是上述三种能力的形成。只有建立了符号世界和经验世界之间的拱桥，主观真实的世界才能由小到大、由简单到复杂，不断拓展。自然语言、掌握完全可理解性原则和自由意志是组成这两座拱桥的必不可少的要素，其必定是在经验真实和相应符号真实的互动中不断扩张并复杂化的。

这就带来一个问题：既然人具有一个真实的、用自然语言表达的符号世界是社会组织建立的必要条件，而自然语言及人建立真实的符号世界的各种能力之形成，又必须以社会组织的存在为前提，那么最早的社会是从哪里来的呢？众所周知，个体除了使用自然语言外，还可以用绘画、舞蹈和音乐来表达自己的真实经验和内心感受。绘画、舞蹈和音乐作为个体真实经验的表达，和自然语言有两个重要区别。第一，其结构和个体参与社会行动不同。第二，该表达个体感受的方式和被表达的东西之间，或许存在某种联系，即它们的对应并非纯粹的约定。换言之，绘画、舞蹈和音乐并不一定是纯符号的。这两个特点使它们不能如同自然语言中完全可理解的句子那样，建立横跨符号世界和经验世界的拱桥。然而，绘画、舞蹈和音乐亦可以被其他人接受和欣赏，特别是舞蹈作为个体真实经验的表达，它甚至可以成为今日人们常说的肢体语言，有时是个体真实沟通的重要通道。

事实上，社会化的艺术确实可以把一个个的个体聚集起来，形成一种不同于社会组织的准共同体，我将其称为原社会。也许社会正是从这种准共同体中起源的。今天我们能看到最早的精美的艺术作品是在西班牙、法国发现的岩洞里留下的动物壁画。据说毕加索看到这些生动的艺术品后大为震惊，认为今日的画家都无法达到这样的艺术高度。①早期人类的音乐水平只能从乐器来判断。无独有偶，在德国发现的人类最早的乐器骨笛亦差不多属于这一时期。谁创造了这些艺术品？一直以来只有两种说法。一种说法是它们是已经绝迹的克罗马农人所作，因为它们出现在克罗马农人化石集中的地区。②另一种说法是它们是智人的创作。近年来，科学家通过对这些壁画颜料中铀和钍的比例测定，得出一个惊人的结论：这些画是6万年前或更早的作品。当然，今日对这些艺术品出现的时间学术界尚没有定论，但考古学家已经发现，尼安德特人中亦存在艺术。③我们知道，人类使用自然语言的能力在5万年前出现了飞跃，④此后自然语言才达到今日人类语言的复杂程度。上述一切都指向一个重要观点：这些惊人的艺术创造可能出现在人类完全掌握自然语言之前！

---

① 伊恩·塔特索尔：《地球的主人——探寻人类的起源》，贾拥民译，浙江大学出版社2015年版，第5—7页。

② 伊恩·塔特索尔：《地球的主人》，第231—232页。

③ Michael Greshko, "World's Oldest Cave Art Found—And Neanderthals Made It", National Geographic, https://www.nationalgeographic.com/science/article/neanderthals-cave-art-humans-evolution-science.

④ Natalie Wolchover, "The Original Human Language Like Yoda Sounded", Live Science, https://www.livescience.com/16541-original-human-language-yoda-sounded.html.

这给我们带来什么启示？难道使用自然语言能力的高度发展会抑制艺术才能？我认为据此可以做如下猜想：如果人类用绘画和音乐（包括舞蹈）来表达个体感受（真实的经验），真的早于用自然语言表达社会和组成社会的（个体）行动，那么在社会出现之前，很可能存在着一个原社会时期。当时人还不会或不能自如地使用自然语言，是社会艺术活动把个体结合在一起。这种基于艺术的原社会是社会行动的完全可理解性、自然语言和自由意志起源到成熟的温床。换言之，我们可以根据真实性哲学，提出一种人类社会从起源到今日演变的新图画。

人类和动物的分离，也许是社会艺术的发明，其使得相当一部分个体（如早期智人甚至是直立人）组成原社会（见图4-6a）。也就是说，对于社会的起源，艺术也许至关重要，因为它是第一座拱桥。在原社会中，因不存在社会行动和与其同构的符号系统，个体只是借此聚合在一起而已。但这种结合和动物社会不同，依靠的是个体对准符号的参与、退出和再参与，人一旦用这种史无前例的方式聚合在一起，自然语言、完全可理解性和自由意志就可以在这种准共同体中同步且在互相依赖中起源了。换言之，正是在原社会时期，具有普遍语法的自然语言被发明，完全可理解性原则被发现，自我意识和自由意志得以确立。① 这时，人才拥有一个独立于经验、用自然语言表

---

① 我认为，人的自我意识就是在自然语言的使用中起源的。什么是自我意识？自我意识可以严格定义为人把自己和他者区别开来，但同时可以用自己来想象他者。如此奇特的结构只可能出现在利用自然语言表达社会组织（行动）之中，也就是说，自我意识是用自然语言组织社会的 （下接第 515 页脚注）

达的符号世界，并建立了横跨符号世界和经验世界的第二座拱桥。从此，组成社会的智人登上了历史舞台，社会取代了原社会（见图 4-6b）。通过社会这座横跨经验世界和符号世界的拱桥，社会行动和真实的符号世界不断复杂化，基本社会观念和社会行动互相维系的网络不断扩大，且成为多层次的，这就是社会组织的演化。

在此过程中，人通过自然语言的运用知晓不包含陈述者、符合逻辑的陈述的重要性，用其表达类似于科学的陈述，导致博物学之类传统社会的知识体系形成，最后才发现数学真实的存在，数学真实和科学经验之间的拱桥终于得以建立（见图 4-6c）。这时，第三座拱桥（现代科学理论）从社会行动及其符号系统的拱桥中独立出来，科学真实在经验真实和符号真实的互动中不断扩张，爆发了科学技术革命。人终于成为三座拱桥的载体。

（上接第 514 页脚注）产物。为什么？人要判定另一个个体叙述的社会行动句子是否为真，必须把自己当作行动主体，判别句子是否具有完全可理解性。该方法反复运用，一方面，自我和他者成为必须明确区别的东西；另一方面，在把自我和他者明确区分的同时，不断把自己想象成他者。这正是一个不断强化（个别）自我意识的历程。至今我们并不知道动物是否有自我意识，但有一点十分清楚，动物不能使用自然语句，更没有用语言组织社会。这样，动物即使有自我意识，也是朦胧的。人类的自我意识源于朦胧自我的感觉在社会组织形成过程中的不断强化。

图 4-6a 主体的起源和演变

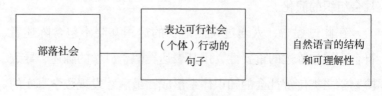

图 4-6b 主体的起源和演变

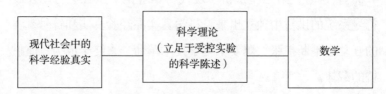

图 4-6c 主体的起源和演变

主体的起源和真实的心灵

　　自 20 世纪发生哲学的语言学转向以来，真正的思想家已经放弃了哲学。没有人相信自然语言、意识和社会的起源可以通过哲学思考来回答。100 多年来，当有关主体是什么的思考被分解为越来越细的学科和越来越小的专门研究时，科学知识的进步成为解决上述宏大问题的唯一希望。只有希望破灭，通过科学真实是什么的分析，正视主体性的本源，才找到了正确的道路，那就是必须回到社会和人文艺术本身，通过思想和历史分析来建立一种新的哲学。人们自然会问：这种回到原点的思考真的是对的吗？其实，我们找到的并不是传统思辨式的哲学研究，而是用科学真实分析中发现的方法，去探索三座不断延伸着的拱桥。

个体拥有的主观真实是人最早具有的真实性。或许，当人类尚未从动物中分离出来时，已经有这种真实感了。但如果个体真实不能用符号（或准符号及其他手段）表达，它就会被束缚在个人的感知中，对其他人没有意义。什么时候人可以用符号（或准符号及其他手段）表达真实？第一步应该是借助第一座拱桥形成原社会。公共艺术活动对原社会的形成起着关键作用，这也是主体在朦胧中起源。第二步是原社会转化为社会，其前提是自然语言的发明，主体终于形成了。虽然直到今天，认知科学尚未成熟到可以帮助我们去理解自然语言的形成与人类自我意识的起源，但我们可以以科学真实在经验真实和符号真实互动中的扩张为方法，详细展开在拟受控实验自我迭代的过程中，原社会形成和演变的逻辑，特别是原社会如何变成社会，以及社会组织如何复杂化。

其中一个重要的研究方向就是发现拱顶石对架桥的重要性。就科学真实而言，这涉及欧几里得几何公理的起源，以及其示范下现代科学理论的形成。上述过程虽然复杂，但随着科学哲学和理论科学史的研究，可以一步步地搞清楚。本书已经勾画出大致的轮廓，现在可以将这一研究纲领运用到社会真实和个体真实中。一旦将研究对象转为个体真实和社会真实的符号系统结构，以及相应拱桥、拱顶石的起源，立即发现其涉及人文社会研究中一系列的未解之谜，如艺术的起源、自我意识的起源、自然语言的起源和道德的起源。这些问题原本深藏在历史的深处，理性的光芒至今仍不能穿透重重的黑暗。今天我们终于有了一种方法，可以深入这一史前的黑森林，模仿建立横跨科学经验真实和数学真实的拱桥，以架起其他两座经验世界与符号世界的拱桥，并在这一过程中发现架桥的原理。这种方法论的努力，虽不一定能破解上述种种历史之谜，但至少找到了一条可以越过深渊的道路。

虽然研究科学真实的方法可以运用到研究个体真实和社会真实中去，但它们之间存在着一些微妙的差别。第一，在科学真实的研究中，与科学经验同构的纯符号系统（数学）是围绕自然数发展起来的。在主观真实领域，一直缺乏一个如同数学围绕自然数那样立足于自然语言的纯符号系统研究。因此，我们必须同科学真实发展出独立的数学研究一样，开展基于自然语言中完全可理解的句子的形态分析，我们发现了观念世界。众所周知，人文历史研究无法绕过观念。观念史及观念分析不同于社会和历史事实的研究，它是人文历史中的"数学"。但由于不理解观念的地位，社会和人文历史研究中真正的"数学"，即那个围绕自然语言的纯符号系统结构，至今没有得到充分研究。如何定义观念是最典型的例子。从柏拉图到康德，甚至是提出概念史的德国学者莱因哈特·科塞雷克，一直没有讲清楚观念是什么。今天，我们终于可以从真实性哲学的框架中给出观念的定义，发现它是基于自然语言的纯符号结构的真实性。据此，可以从符号真实和经验真实的互动，剖析观念和社会行动的关系。①

　　第二，在科学真实中，一旦经验真实性和符号真实性之间的拱桥建立起来，其不会随科学真实的扩张而解体。但在个体真实和社会真实中，已架起的拱桥会扩张，可能发生拱桥的断裂和退化。这时必须对架起的拱桥进行修改并重建，其对应文明的瓦解和演化研究。正因为在社会真实中，被架起的拱桥并不是永久不变的，文明的解体在某种条件下会促使可以用符号表达的个体真实的形成。当可普遍化的个体真实成为应然社会的基础时，我们看到超越突破如何塑造个体的观念，以及不死文化的产生。超越突破的研究有助于我们分析社会行动领域横跨经验世界和符号世界的拱桥如何扩张和复杂化。

　　第三，科学真实随着拱桥的建立和扩张，始终要求主体必须保持悬置的状态，即科学真实始终被限定在自身的领域中。个体真实和社会真实的不断发展，必定涉及可社会化之个体真实的形成，以及科学真实在社会真实中的起源和扩张。也就是

────────────────

① 为了研究拟受控实验普遍重复的过程中，主体如何进入那些包含主体的可控制变量，我们必须把相应的变量再分作两类。第一类是对社会行动的想象，其普遍重复是指另一个主体凭社会行动的符号表达，进入其他主体对社会行动的想象。这就是人在运用自然语言时存在主体进入符号指涉对象的过程。第二类可控制变量是主体的心灵状态，另一个主体凭该心灵状态的符号表达，让自己进入另一个人相同的心灵状态。因这种用符号表达的心灵状态为某个社会的一群人所共有，通常还和特定的社会行动相联系。我将这些用自然语言表达的一群人共有的心灵状态称为纯粹观念。这两类可控制变量的普遍可重复都要求主体通过符号系统进入另一个主体的心灵。其中第二类变量比第一类变量更重要，因为它规定了真实的社会行动展开之逻辑。

说，主体不被悬置的状态可以发展到悬置状态，主体这种从桥内到桥外的变化，导致个体真实和社会真实中拱桥主体位置的复杂性。最后，第三座拱桥终于建立起来。此外，我们还看到不断加速成长的科学真实对孕育它的个体真实和社会真实进行重构，甚至颠覆。这样一来，为了研究个体真实和社会真实领域拱桥的长时段变迁，我们必须分析三个真实性领域如何互动。

第四，建立拱桥必须用具有双重结构的符号系统。在科学真实的研究中，起着关键作用的自然数是非人为发明的具有双重结构的符号系统。在主观真实领域，同样存在着并非人为发明的具有双重结构的符号系统，这涉及人的自由意志、道德和生命的终极意义。

只要充分意识到上述四大差别，我们就可以把前文用于研究科学真实和数学真实的方法系统地引进分析拟受控实验的结构，以及表达它的符号系统，得到拟受控实验的真实性基础及其扩张逻辑。普遍可重复的拟受控实验，亦可以通过自我迭代不断扩张，正如受控实验通过自我迭代扩张一样。这里，发挥关键作用的是符号系统和经验世界的真实性同构。只有这样，具有双重结构的符号系统才会如此重要，因为只有它们才能把符号世界和经验世界永久地连接起来。如果个体心灵真实不用符号表达，不仅主体和他人沟通不可能，社会真实是不可能存在的。社会真实的符号表达正是自然语言的发明和运用，它是人类社会行动的不断复杂化和社会组织形成的前提。我们发现，对经验真实和符号真实之间拱桥的分析，会把人文社会和艺术研究提到一个全新的高度，这是一个超越今日认知科学和符号学的新框架。从此以后，人文社会和艺术研究就可以与现代科学整合起来了。

当我们充分理解了上述三座拱桥如何建立，以及它们之间深刻的内在联系时，就可以站在这一不断扩张的真实世界之上，研究其内部结构，并展望包围它的外部存在，我们终于有了一个可靠的立足点，讨论自我意识和自由意志的起源和意义，并可以准确地思考终极关怀，涉及有关生死以及相关的神秘存在的各种问题了。更重要的是，在此基础上可以实现终极关怀的纯化和现代价值的重建。表面上看，人的主体性及选择符号的自由，是真实性哲学的出发点，我们用真实性哲学来探索主体是什么，以及为什么人具有自由意志，只是回到哲学研究的起点，似乎不会发现比一开始所知更多的东西。其实不然，因为整个论证是真实性研究之展开。当真实性哲学在一步步展开的过程中，再一次把主体、自我意识和自由意志作为自己的研究对象时，必定已经把原先的起点上升到一个新的高度。这就是我们对主体、自我意识和自由意志的真实性研究，其必定带来对主体自由的新理解。在这一新的理解中，我们将看到这一出发点自我扩大，以及那不可知边界不断向远延伸。我们可以用真实性哲学定位那些已知为真但不能证明的存在，理解其意义。在真实性永恒神秘的追求中，我们必须对其表示谦卑。轴心文明的超越视野终于再一次通过哲学而不是猜测真实地呈现出来。

这是哲学再一次明确自己的研究对象。当我们不再沉迷于经验主义和理性主义的真实观，意识到实在论和形而上学的错误时，我们终于发现真实性是主体和对象之间最基本的关系，它规定了主体对对象的评价，对象可以是经验，也可以是符号。表面上看，这种真实观抹杀了事实和价值的区别，把真实降格为一种价值。其实，这是在重建价值论。价值与事实二分是现代心灵的基础，但今日它已经不能回应日益复杂的社会问题的挑战。当我们再一次肯定真实性是主体和对象的基本关系，主体是基于这种关系（不同领域的真实性）对对象进行各式各样的评价时，立即知晓为何这种评价必定是二阶的，即价值评价需要元价值（真实性）作为自己之前提。

20世纪价值哲学虽表面上恢复了主体在评价对象时的作用，实际上仍是实在论和唯我论的奴隶。现在，哲学终于从一个世纪前语言学建筑的牢笼中解放出来。主体可以发明符号并自由地规定符号对应的对象，这是20世纪哲学革命的本质。然而，只有我们进一步认识到真实性作为符号系统，具有某种不变的结构，而非主体可以任意规定的，哲学革命的力量才不是破坏性的，其意义才真正地显现出来。这一切都可以归为主体的自由及其艰难的运用。也就是说，人可以发明符号，用寻找结构来探索纯符号系统的真实性，并用其来把握经验，使真实性追求达到更高层次，这确实意味着人的解放。正是通过这一解放，人以思想的大无畏，超越了自己作为自然和社会演化的产物，成为整个宇宙的中心。但我们在强调思想的自由，以及它认识和改造世界的力量时，必须意识到真实性结构对其的要求。我想，这是对康德所谓哲学中心转化的哥白尼式革命的全新表达，真实性哲学继承了康德哲学的精神，又超越了康德哲学。

这时，不仅科学以人为中心，而且整个人文和价值甚至终极关怀都以人为中心。人有选择符号的自由，并用符号来表达自己和世界。受控实验和拟受控实验的基本结构都是主体给出的，这是主体判别自己和对象真实性的根据。离开主体，外部真实的世界没有意义；同样的是，如果没有真实的世界，主体亦无意义。真实性哲学中，真实性同时规定了主体及其面对的真实世界。我们面前是三座拱桥，它们代表真实世界整体的形成、演变。在人类哲学的童年或更早期，这些拱桥曾如七色彩虹般，出现在轴心文明对真实性的想象中。在现代科学理论这座拱桥快要建成但尚未建成之际，康德第一次对其做出了猜想，开启了现代哲学的童年。两个世纪理性的阳光蒸发了空气中的水雾，宗教和人文的真实性拱桥作为幻象消失时，今日哲学家的责任是将其一一建立起来，重新使人类具有整体的真实心灵。

第四编　哲学的解放　523

后记
继承启蒙，又超越启蒙

　　自 2021 年年初将《消失的真实》交付出版后，我将"真实性哲学"第二卷（方法篇）的书名定为《真实与虚拟》，并不分昼夜地投入写作，以便两年之内将其定稿。2022 年 11 月我完成了该书的写作，科学真实和虚拟世界的整体面貌清晰地呈现出来，但在这个时候，林毓生先生去世的消息传来，我和青峰陷于深深的悲痛之中。

　　林毓生是我与青峰的老友。林先生一生都在探讨自由、法治和中国文化的关系。他作为哈耶克和阿伦特的学生，高度强调自发秩序和阿伦特对意识形态统治的批判。和一般人文学者不同，他将现代社会的基础一直追溯到知识论，意识到英国哲学家迈克尔·波兰尼提出的个人知识对自由十分重要。然而，在高科技席卷人类生活的今天，无论是自发秩序还是个人知识，都受到大数据和人工智能的挑战。随着虚拟世界和元宇宙的出现，科技世界中是否存在个人知识已遭到质疑，很多人正在用大数据证明计划和指令性经济是可行的。

　　某种意义上，今天是现代社会起源以来思想上的至暗时刻。20 世纪对极权主义批判形成的新自由主义基础已经土崩瓦解。个人自由正面临高科技史无前例的压迫，而人文社会学者在高深的科学理论面前缺乏知识的自信。人类社会从来没有出现今天这样的情况，我们被自己发明的技术禁锢，令人沮丧的是无法反抗，因为思想对科学和技术的反思能力已经被摧毁。《真实与虚拟》正是为了应对上述挑战而作。

我相信本书已经回答了"什么是科学真实"这一哲学问题。我在本书第三编证明：虚拟世界是一种经验真实，其扩张只意味着科学真实中不存在个人知识，但是个人知识之重要，乃在于它属于不同于科学知识的领域。我在第四编指出，真实性是由三个不可化约的领域组成的，即个人真实、社会真实和科学真实。科学真实的扩张不会涉及主体，无论是神经科学研究还是人工智能发展，都不可能揭示主体是什么，意识亦不可能在智能机器中涌现！也就是说，个人真实与社会真实才是主体自由的前提。个人自由被不断扩张的科技摧毁，并不意味着高科技必定压迫个人自由，而在于人的主体性自身的退缩。

本书通过对科学真实的分析，力图驱除科学乌托邦。我在被现代科技占领的世界中清理出人文精神建设的园地，它不仅是现代真实心灵建立的前提，而且对现代科学技术的健康发展亦是不可缺少的。在某种意义上，本书发现真实性的三个领域不能互相化约，这是在 20 世纪哲学革命的基础上开启了一种新的二元论，它是真实心灵重建的基础。

表面上看，否定科学真实一元论，回到科学不能推出主体和意识的真实性，这是 21 世纪人类思想的倒退。相信意识不能由科学说明，一直是 20 世纪之前的主流观点，它源于宗教或种种二元论。打破形形色色的二元论不仅意味着科学世界观的胜利，还是启蒙思想的普及。"真实性哲学"开启新的二元论，难道意味着建立现代真实心灵必须退回到 20 世纪以前的思想中去吗？

今天，回到现代社会早期或前现代意识（如反对科学一元论，主张某种二元论）是逆全球化的潜流。这是科学一元论碰到史无前例的真实性挑战时思想界出现的大倒退。正是在这一时代潮流中，那些本已退出历史舞台的思想甚至迷信以各种怪异的面貌复活，和当前盛极一时的科学乌托邦一起构成当代人矛盾的心灵。"真实性哲学"既然是为了现代真实心灵的重建，当然不会回到形形色色传统的二元论中。然而，再一次明确意识、主体和科学真实无关，蕴含着一种类似于二元论的基本主张，那就是终极关怀规定的主体存在着，其和现代科学呈二元分离的状态。

正因为该结构和历史上存在过的二元论相似，真实性哲学似乎会导致那些已经被现代科学祛魅的神话以真实的名义复活。如何避免由此带来的对《真实与虚拟》的误读？为此，有必要强调：本书推出的科学不能说明主体和历史上各种二元论存在着根本差别。真实性哲学主张科学真实和人文社会真实属于不同领域，这是从真实性本身推出的。在此意义上，真实性哲学是方法论一元论之上的多元主义。这里，一元论是方法的而不是立场的。为什么我拒绝立场的一元论而接受方法的一元论？关键在于，这是真实性本身之研究。如果真实性存在不同领域是我们选择的立场，这和历史上的二元论没有本质不同。事实上，正是方法论的一元论把真实性和主体自由联系起来，证明了自由是元价值。这既不同于今日自相矛盾的新自由主义，亦有别于基于二元论的古典自由主义。在此意义上，真实性方法的一元论继承了启蒙时代的精神，又超越了启蒙思想，终于克服了力图用"当下的启蒙"来解决现代社会问题时面临的困境。

当然，实现上述论证，需要"真实性哲学"的第三卷，即建构篇，完成建构篇还有很长一段路要走。面对枯燥艰深难读的《真实与虚拟》，我有时会想：如果林毓生先生能读到这些论述，他会如何评论呢？但是，再也没有这样的机会了。令人绝望的是，经历过20世纪苦难的一代人已经老去，一个又一个思想者正在离开这个不需要思想家的世界。这是一个新思想诞生及传播空前艰难的时代。对一个思想者来说，又能做些什么呢？我只能说，真正的思想是在黑夜中孕育的。抱怨没有意义，逃避又不可能。让我们在黑夜里思考，让思想在黑暗中传播吧。

金观涛

2022 年 12 月于深圳

附录一
惠勒延迟选择实验的真实性哲学解释

1978 年，美国物理学家约翰·惠勒的《量子理论基础》一书出版。在这本书中，惠勒提出了一系列想象的实验，以证明量子力学的哥本哈根解释。一开始其并没有引起多少人的注意，1979 年，在纪念爱因斯坦 100 周年诞辰的研讨会上，惠勒把这些实验再度提出来，并补充了更为具体的方案，其被称为"延迟选择实验"。这一次终于在科学界引起重视，因为如果惠勒的延迟选择实验被证明，爱因斯坦和尼尔斯·玻尔有关量子力学的哲学争论就有了最终结论，即玻尔是正确的。[①]

自 20 世纪 80 年代至今，所有版本的惠勒延迟选择实验都通过了经验的检验。正是基于这一系列受控实验，物理学家认为，量子力学的研究对象不是独立于观察者的存在。离开观察者的选择，讨论独立于观察者存在的对象毫无意义。例如光具有波粒二象性，但如果没有观察者，认为光是粒子还是波是没有意义的。惠勒认为，延迟选择实验证明观察者决定了光是以粒子的身份现身还是以波的身份现身。为此，惠勒曾引用玻尔的话："没有一个基本量子现象可算作现象，直到它被一个不

---

① 曹天元：《上帝掷骰子吗？——量子物理史话》，北京联合出版公司 2013 年版，第 232 页。

可逆的行动所实现了之后。[①] 这一切无疑给出一种印象：量子力学的哥本哈根解释已被证明，虽然物理学家不喜欢其主观唯心论（唯我论）的味道。不同版本的惠勒延迟选择实验对客观实在论的真实观形成致命一击。然而，否定客观实在论一定要接受主观唯心论（唯我论）吗？

我不同意量子力学的哥本哈根解释。其实，惠勒延迟选择实验只是证明了实验对象离不开受控实验中的控制条件（它是通过装置和一系列控制实现的）。它在推翻客观实在为真的同时，肯定了受控实验普遍可重复为真。据此，可以提出一种新的真实观，我把基于这种真实观的哲学称为真实性哲学。真实性哲学认为，真实性只是对象和主体、受控变量之间的一种最基本的关系，作为三者之间的关系，离开其中任何一个都无意义。表面上看，这是一种精致的唯我论，事实上，真实性哲学和主观唯心论（唯我论）完全不同。

在本书前 11 章，我反复强调，对科学真实而言，主体被悬置，对象的真实性必须在普遍可重复的受控实验（或受控观察）中才能被证明。也就是说，一旦离开控制变量（主体选择的实验条件），所谓研究对象为真就毫无意义。虽然主体为真是主体选择控制条件的普遍可重复之前提，但科学研究对象和主体的关系必须通过受控变量。这里的关键在于，受控变量中不包含主体，这是主体被悬置的准确定义。这样一

---

① 约翰·惠勒：《不可思议的量子行业》，载《物理学和质朴性》，安徽科学技术出版社 1982 年版，第 20 页。

来，抽离受控变量，将其归为对象和主体的直接关系是错误的。因此，主张对象和主体无关的客观实在论与主张对象直接取决于主体的主观唯心论（唯我论）都是不正确的。真实性既不是客观实在，也不是心灵的投射，它作为主体、主体控制的受控变量和对象三者之间最基本的关系，只有依赖横跨符号世界和经验世界的拱桥才能不断扩张。惠勒延迟选择实验有很多版本，且使用了不同的装置仪器。下面我会集中介绍以马赫-曾德尔干涉仪为基础的版本，并用真实性哲学的基本观点对其做出解释。[1]

惠勒延迟选择实验之一：验证光的粒子性

这一实验本质上和第三编第一章讨论的双缝实验相同，但用半透镜 BS_1 来代替双缝。一个光子有一半可能性通过 BS_1，一半可能性被反射。半透镜和光子入射途径摆成 45 度角，那么一种可能性是光子通过半透镜直飞，经过全反射镜 M_2，最终被探测器 D_2 捕捉到；另一种可能性是光被半透镜反射，沿和射入方向呈 90 度角的方向传播，经过全反射镜 M_1，最终被探测器 D_1 捕捉到。把这两种可能性交会到一起，就是图 5-1 所示的实验装置。

---

[1] 下文对前三个惠勒延迟选择实验的介绍和图片，参考了 B. J. Hiley and R. E. Callaghan, "Delayed Choice Experiments and the Bohm Approach", *Quantum Physics*, 19 Feb, 2016。

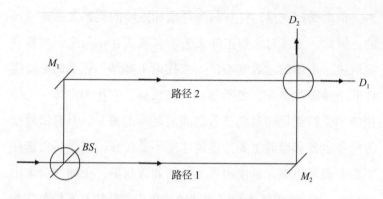

图 5-1　验证光的粒子性的实验

　　用该装置做受控实验，如图 5-1 所示，让光子一个又一个地打到半透镜 BS_1 上。半透镜的存在，使这个光子有两种"选择"：一是通过半透镜 BS_1，经过反射镜 M_2 进入探测器 D_2；二是半透镜不让光子通过，这时光子被半透镜 BS_1 折射成 90 度角，该光子经过反射镜 M_1 进入探测器 D_1。因此，实验结果是：当 D_1 收到光子时，D_2 收不到光子，反之亦然。根据哪一个探测器接收到光子，可以确定它究竟是通过路径 1 还是通过路径 2 飞来的。如果我们看到 D_1 和 D_2 交替收到光信号，就知道光到达半透镜 BS_1，有时光子通过了半透镜，有时光子没有通过。这一切显示了光的粒子性。换言之，这个实验可以证明光具有粒子性。通常人们认为，粒子性是光的客观实在的性质。为了质疑这一观点，惠勒提出另一个证明光是波的实验，这就是"延迟选择实验"之二。

惠勒延迟选择实验之二：验证光的波动性

延迟选择实验之二和实验一的不同之处在于，实验者在终点即两种可能性的交会处，再插入一块呈 45 度角的半透镜 BS_2，这会造成光的自我干涉（见图 5-2）。据此可以推断，光子是同时经由路径 1 和路径 2 到达 BS_2 并发生干涉的。

在图 5-2 所示的实验中，有一个关键步骤。那就是要事先调整好全反射镜 M_1、M_2 与半透镜 BS_1 的距离，使射向探测器 D_2 的两个光波可以相互减弱以至抵消，而射向探测器 D_1 的两个光波就必须会相互增强。结果就是：探测器 D_2 根本检测不到光，无论做多少次实验，都是如此。与此相反，探测器 D_1 则每次都可以检测到光。这个实验证明：光到达半透镜 BS_1 时，不是粒子而是波。半透镜把光波分成两个部分，它们必定互相干涉，否则就不可能观察到光的干涉图像，故图 5-2 所示的实验揭示了光的波动性。根据该实验，明显可见实验装置中光在抵达探测器之前是波，而不是粒子。

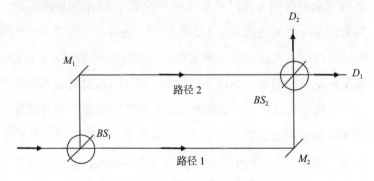

图 5-2　验证光的波动性的实验

如果分别考察实验一和实验二，它们都没有任何反常之处。这两个实验共同证实了爱因斯坦的光具有波粒二象性的假说。物理学家早就知晓：光到底是展现出粒子性还是波动性，取决于实验装置规定的观察条件。惠勒这两个实验的妙处正在于，证明光是波的实验装置和证明光是粒子的实验装置只差一个半透镜 BS_2。也就是说，只要在实验一的装置中加一个半透镜 BS_2，就变成了实验二。这里耐人寻味的是，改变实验装置的过程也是一个受控实验。据此，惠勒设计了实验三，那就是证明光子不是客观实在的延迟选择实验。

惠勒延迟选择实验之三：快速放置半透镜 BS_2 的实验

因为实验二的装置和实验一的装置之间唯一的差别是多了一块半透镜 BS_2，所以只要把实验二中的半透镜 BS_2 去掉，实验二就转化为实验一。如前所述，在实验一中，两个探测器交替接收到光信号，这意味着光是粒子。如果在光子即将到达探测器之前的瞬间（此时还是实验一的条件），迅速地像实验二那样增加一个半透镜 BS_2（见图 5-3），这时，光将会以怎样的形式呈现呢？按照实验一和实验二，光的性质事先取决于实验装置的安排。那么，在这个实验中，最先做实验的装置是实验一，它规定光是粒子。如果光子是一种客观实在，它只要穿过属于实验一中的装置半透镜 BS_1，该光子行为将如同一开始穿过 BS_1 那样，仍以粒子的形式呈现。也就是说，在快速放置半透镜 BS_2 以后的极短时间内，应该看到类似实验一的结果。

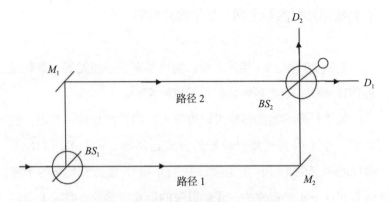

图 5-3　快速放置透镜 BS_2 的实验

　　惠勒相信量子力学的哥本哈根解释，他认为，由于装置最后是以实验二呈现的，中途添加半透镜这一操作对实验二没有影响，光将以波的形式呈现。换言之，在第三个受控实验中，只有探测器 D_1 检测到光，而探测器 D_2 什么也发现不了。根据常识，惠勒的预言不可思议，因为是否在终点处插入半透镜 BS_2，是可以在光子实际通过了第一块反射镜，已经快要到达终点时才决定的。除非光会知晓半透镜 BS_2 的临时放置，在中途从粒子变成波，否则结果不可能和实验一不同。

　　这个实验难度极高，要到 1987 年才由美国马里兰大学实验物理学家卡洛尔·阿雷完成。与此同时，慕尼黑大学的一个小组也做出了类似的结果。最后的实验结果证实了惠勒的预言。这一实验引起全球轰动。①

---

① 曹天元:《上帝掷骰子吗？》，第 234 页。

惠勒延迟选择实验之四：量子擦除实验

进入 20 世纪 80 年代之后，物理学家进一步发展了惠勒延迟选择实验，这就是著名的量子擦除实验。

量子擦除实验的结构可以理解为实验二的延伸。首先，在实验一中，因为光是以粒子的方式运动的，故而 D_1 和 D_2 不会探测到光的干涉；在实验二中，D_1 和 D_2 能探测到光的干涉，因为在这一实验设置中，光是以波的形式运动的，路径 1 和路径 2 的光波会在 BS_2 处相遇和叠加，形成光的干涉。

其实，以实验二的装置为基础，分别在 BS_1 和 M_1、BS_1 和 M_2 之间设置两个偏振器 B 和 E，它们通过给光标记偏振信息，能消除或重置所有的光的干涉，最终 D_1 和 D_2 都无法探测到任何光的干涉。这意味着光是以粒子的形态在运动的。

最后，一旦在 BS_2 和 D_1 之间再设置一个擦除器 D，它能够擦除 B 和 E 标记的偏振信息，情况就发生了变化。D_1 居然探测到了光的干涉，而 D_2 探测不到。这意味着 D_1 探测到的是光波，D_2 探测到的是光粒子（见图 5-4）。这实在太不可思议了。按照这个结果，我们既可以说光是经由路径 1 或路径 2 抵达 D_2 的，也可以说它是同时经由路径 1 和路径 2 抵达 D_1 的。

理论上，光的干涉是在 BS_2 形成的，而偏振器 B 和 E 已经使这种干涉不可能在 BS_2 出现。如果有两台擦除器被同时设置在 BS_2 左边和下边，一切都很容易理解，即擦除器提前擦除了 B 和 E 赋予光的偏振信息，并使光在 BS_2 形成干涉。但只有一台擦除器 D 被放置在 BS_2 的右边，难道光提前预知了这

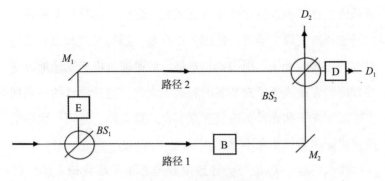

图 5-4　量子擦除实验

个擦除器的存在，所以在 BS_2 处直接将自己从粒子转化为波，并被 D_1 探测吗？[①] 上述实验表明，光子在通过第一块透镜到我们插入第二块透镜这之间到底在哪里、是什么，这是一个无意义的问题，我们没有权利去谈论它，它不是一个客观真实。

真实性哲学对惠勒延迟选择实验的分析

上述四个实验证明了一个令人惊异的事实，那就是用受控实验证明光波或光子不是一种可以独立于主体进行选择（这就是实验装置）的客观实在。因为光波和光子只要是客观实在，就一定可以独立于实验装置（虽然是某种装置产生了它）。也

[①] 本节的介绍主要参考了 Emily Marshman and Chandralekha Singh, "Interactive Tutorial to Improve Student Understanding of Single Photon Experiments involving a Mach–Zehnder Interferometer", *European Journal of Physics*, Vol. 37, No. 2, 2016。

就是说，在某种装置产生了光波或光子之后，如果用某种迅速的新选择改变原有装置，依旧可以在某一瞬间发现和原有装置对应的光波或光子。所谓延迟选择，就是通过极为迅速地改变装置证明光波或光子对装置的相对独立性。惠勒设计的一系列实验证明光子和光波都不是客观实在，这实际上是第一次用受控实验证明客观实在不存在。

那么，这一切是否会导致主观唯心论（唯我论）呢？即"任何一个现象的存在都依赖于观察它的主体"，这种观点正确吗？我认为不正确！问题的本质在于，延迟选择实验只证明了光波和光子对主体的选择（实验整体装置）的依赖性，它不能化约为对主体的直接依赖性。简而言之，可以对惠勒一系列延迟选择实验做如下哲学总结。真实性 R（X，M，Y）作为主体 X、控制手段 M 和对象 Y 三者的关系，其完全取决于 M 的可重复性。离开 M，直接讨论 Y 和 X 的关系以确定 Y 是什么，以及它是否为真，这都是没有意义的。惠勒一系列延迟选择实验表明，通常受控实验和受控观察一旦确定，就是不变的，以至 M 在真实性中的核心位置被忽略。惠勒延迟选择实验的本质是让 Y 的变化滞后于 M 的受化，如果 Y 可以独立于 R（X，M，Y），那么滞后于 M 的 Y 可以被受控实验观察到。当实验否定上述想象，仍然证明 Y 由 M 规定时，真实性作为主体 X、控制手段 M 和对象 Y 三者的关系才真正显现了出来。

一旦理解了受控实验在真实性中的核心位置，所有真实性研究就必定以 M 的普遍可重复为核心。正因如此，当 M 包含主体时，R（X，M，Y）和科学真实不同，我们发现了真实性的不同领域。在每一个领域，M 都可以将同样的结构映像到经验和符号上，两者的同构意味着可以建立横跨经验世界和符号世界的拱桥。在此意义上，惠勒一系列延迟选择实验实际上是用受控实验证明真实性哲学是正确的。

我认为，从惠勒的延迟选择实验可以推出量子力学中的测不准原理。当受控实验是测量时，测量过程的不相容意味着和两个受控实验对应的对象不能同时存在。这时，对象不能同时拥有两个不同的测量值，它亦可以看作一个测量干扰另一个测量。这种情况之所以一直被忽略，是因为长期以来认为对象是先存在着，然后才有相应测量的结果。但我们从来没有认真地思考过对象客观实在需要什么前提。根据"测量可以等同于数'数'吗"一节，测量是由如下三个环节组成的：一是选择（或制造）测量的单位（比如尺），二是用受控观察规定被测量的对象（比如线段），三是测量方法和过程（它规定主体如何用测量单位去数被测量对象）。其中第一个环节正好对应受控实验可控制变量 C，第二个环节是受控观察规定经验对象 O，第三个环节对应受控实验中的 L，其意义是受控观察规定经验对象 O，转化为控制变量 C 和通道 L 一起规定的 Y。主体实行控制（测量）的结果是使对象 O 转化为（或在某种意义上等同于）相应受控实验中的可控制变量 Y。

由此可见，测量可以严格地用受控实验和受控观察的基本结构加以定义。这样，离开受控实验和受控观察装置去想象对象是没有意义的。对象的真实性即相应的受控实验和受控观察的普遍可重复性，测不准原理的存在，是因为并非所有受控实验都是互相自洽的。当规定对象性质的两个受控实验互相矛盾时，该对象不能同时具有两个相应测量的确定值。

在第三编第一章，我曾用两种测量装置互相矛盾来解释测不准原理，当时我用的例子是电子的位置测量装置和动量测量装置不兼容，现在可以把相应的分析运用到所有测量中去。在惠勒延迟选择实验的解释中，最令人不可思议的是实验四，但只要从实验装置是否互斥来分析，实验四的结果很容易理解，因为实验装置中的擦除器 D 与偏振器 E 互相抵消，但不和 B 矛盾。

由此可见，测不准原理之所以成为物理世界最基本的定律，是因为其考察了真实性核心 M 集合中各元素是否自洽。在"真实性哲学"的建构篇中，我们可以将其推广到不同于科学真实的其他领域，得出真实性哲学的重要结论。

附录二
机器证明和数学知识中的暗知识

　　数学知识中有无暗知识？这比判断经验知识和理论知识中是否存在暗知识更为复杂。暗知识存在的前提是可靠信息和主体获得可靠信息的过程可以互相分离，这一条件在经验知识和理论知识中是无疑义的，而在数学知识中某一定理为真（信息可靠），前提是可以用公理证明。因为用公理证明定理是判定数学知识（信息）可靠的唯一方法，离开证明过程，谈数学知识（信息）是否可靠就无意义。这样，如果数学知识中有暗知识，它一定是机器可以证明而人不能证明的数学定理。一般而言，主体设计出机器以证明某一数学定理时，往往已经知道了定理证明的方法。正因如此，在机器证明中，只有机器可以证明而从证明程序无法判别真假的定理很少。一般说来，这种情况的出现需要若干条件，包括证明过程简单明确（如对各种不同情况的穷举），但因证明涉及步骤太多，人无法做到，只有计算机可以胜任。也就是说，数学中存在的暗知识是颇难发现的。

　　尼克在《人工智能简史》一书中曾概括机器证明的发展历程。他发现机器证明的出现本是人工智能的源头，但是至今没有被归为人工智能研究的主流。为什么会这样？我认为这恰好证明人工智能是获得暗知识的手段。正因为数学知识中的暗知识稀少，从数学定理的机器证明开始的人工智能研究才会衰落。下面，我根据尼克在《人工智能简史》一书中举出的例子来说明这一观点。

1954 年

美国数学家马丁·戴维斯在普林斯顿高等研究院的一台电子管电子计算器上完成了第一个定理证明程序。这是机器证明研究的开始。

同年，戴维斯的定理证明器实现了对普利斯博格算术的判定。普利斯博格算术是皮亚诺算术的一个子集，只有加法，没有乘法。皮亚诺算术不可判定，但普利斯博格算术是可判定的。这里，机器证明只是用电子计算器实现了人做过的数学证明。

1956 年

人工智能的两位先驱艾伦·纽厄尔和司马贺公布了一款程序，名为"逻辑理论家"，这个程序可以证明怀特海和罗素《数学原理》中命题逻辑部分的一个很大的子集。虽然"逻辑理论家"对人工智能研究起了重要作用，但它和暗知识无关。

1957 年

瑞典数学家达格·普拉格维茨设计了一个程序语言实现了自然演绎的算法。普拉格维茨的父亲在 1957 年夏天把儿子的程序编译成一台瑞典制造的计算机的机器代码。这项工作不只是自然演绎的开篇，还提出了合一的概念，但它亦没有涉及数学中的暗知识。

1958 年

荷兰数学家保罗·吉尔莫为了学习 IBM 704 上的汇编语言，实现语义表方法。

美籍华裔哲学家、数理逻辑学家王浩发现决策程序检查一阶逻辑公式的有效性。后来进一步发展为 DPLL（戴维斯-普特南-洛格曼-洛夫兰算机），这是一种完备的、在一台 IBM 704 上实现的一个完全的命题逻辑程序，以及一个一阶逻辑程序。后者只用 9 分钟就证明了《数学原理》中一阶逻辑全部 150 条定理中的 120 条。王浩的工作是机器证明中伟大的成就，但证明的都是已知的数学定理，故亦没有发现数学中的暗知识。

1960 年

戴维斯和美国数学家、计算机科学家希拉里·普特南提出戴维斯-普特南过程（简称 DP），用于检查基于解析的命题逻辑决策程序一阶逻辑公式的有效性。后来进一步发展为 DPLL，这是一种完备的、以回溯为基础的算法，可用于解决在合取范式中命题逻辑的布尔可满足性问题，也就是解决 CNF-SAT 问题。

1961 年

美国数学家拉里·沃思在美国阿贡国家实验室成立了阿贡定理证明小组，阿贡小组除了 paramodulation，还提出了支持集（简称 SoS）的概念。从某种意义上说，美国数学家阿隆佐·邱奇的 λ 演算就是项重写。针对谓词是等词的情况，沃思等人则提出了 paramodulation 和 demodulation（项重写的一种简单变种）。paramodulation 后来被推广为 superposition，成为现代定理证明器的理论和实践基础。

1965 年

美国数学家、计算机科学家约翰·罗宾逊提出归结原理，在数理逻辑和自动定理证明中（GOFAI 涉及的主题），这是命题逻辑和一阶逻辑中的句子的推理规则，它导致了一种反证法的定理证明技术。

1968 年

Macsyma 是至今仍在广泛使用的最古老的通用计算机代数系统之一，其最初是在麻省理工学院的 Project MAC 中于 1968—1982 年开发的。

1970 年

美国计算机科学家高德纳和他的学生皮特·本迪克斯提出"项重写"：证明就是将一串公式重写成另一串公式。

1971 年

加拿大多伦多大学复杂理论教授斯蒂芬·库克提出"NP理论"。非确定性图灵机多项式时间可解的问题简称 NP，确定性图灵机上多项式时间的问题简称 P。最难的 NP 问题被称为 NP 完全的。

逻辑学家和计算机科学家罗伯特·科瓦尔斯基发明了 SL 归结并证明了 SL 归结的完备性，SL 归结就是线性归结的一种。

美国计算机科学家罗伯特·波尔和 J. 斯特罗瑟·摩尔证明形式主义定理证明器中，波尔-摩尔证明器的核心是数学归纳法和项重写。

1976 年

美国伊利诺伊州大学的两位数学家肯尼斯·阿佩尔和沃夫冈·黑肯借助计算机证明了地图四色定理，把四色定理分成若干种情况，其中的一些情况可以借助计算机枚举的方法予以证实或排查。这代表了另一类人机互动，即以人为主、计算机为辅的证明，也被称为计算机辅助证明。虽然就数学定理证明而言，计算机起的作用是辅助性的，但这是第一次出现人不用计算机无法做到的证明，而且人不能代替计算机做证明验证。

我在第四编第二章指出，他们是利用"穷举检验法"检查了平面图的 1 482 种构形，一个又一个地证明它们都是可约的，即没有一张地图需要五色。该工作由两台 IBM 360 计算器上各做了 100 亿个判断实现，计算机运行达 1 200 多小时，两台计算机得到一样的结果。因不用计算机，人无法完成那么大数量的逻辑判断，这是第一次在数学知识中发现存在暗知识。

1978 年

中国数学家吴文俊提出几何定理证明方法：针对某一大类的初等几何问题给出了高效的算法。后来这种方法还被推广到一类微分几何问题上。

1988 年

被称为 Mathematica 的科学计算软件出现，其整合了许多定理证明算法。

1992 年

美国计算机科学家、逻辑学家威廉·马库恩用 C 语言写了 Otter 定理证明程序，Otter 整合了当时定理证明里最先进的所有技术。

1996 年

马库恩利用 Otter 的模块开发了另一款专门证明方程的证明器 EQP。用 EQP 证明了罗宾斯猜想。该猜想于 1933 年被提出，60 年来从未得到证明。EQP 在一台 486 机上跑了 13 天被证明，后在一台 IBMRS/6000 工作站上跑了 7 天，得到验证。

2005 年

俄罗斯计算机科学家安德烈·沃龙科夫成为目前公认的高效定理证明器的实现者，代表作"吸血鬼"，这是逻辑主义定理证明的高峰，其为今天最领先的一阶逻辑定理证明器。

2015 年

数学家终于发现，在机器证明过程中，有些机器证明（无论是全自动的还是计算机辅助的）太长，人根本看不过来，例如布尔勾股数问题的证明（2016 年 5 月）一共有 200 太字节。正如尼克所说，200 太字节的 3D 纯高清视频这辈子恐怕都看不过来，更甭说定理了。在此意义上，数学家必须正视数学知识中的暗知识时代才真正开始。

在上述机器证明的例子中，真正离开机器证明而无法判定真假的数学定理只有地图四色定理和布尔勾股数问题，而其余少数例子如罗宾斯猜想的证明表明机器略超过人，大多数例子中机器只证明了已知的数学定理。因此，如果把人工智能局限于机器证明（或用机器做逻辑推理），其衰落是不可避免的。如果我对人工智能是用来获得暗知识的这一定位是正确的，那么，虽然今日机器证明中只有极少数例子表明数学知识中亦有暗知识，但不会永远如此。只要突破这一瓶颈，机器数学证明和人工智能研究的关系将不断加强，届时二者都会迎来一个新时代。

透过纷乱迷蒙的理论丛林

刘　现代化运动已成为当今世界特别是发展中国家澎湃汹涌
　　的社会浪潮。20 世纪末的中国也正处于现代化进程的关
　　键时期。因此，现代化问题的研究在此时此地具有特别
　　重要的意义。20 世纪以来全世界有不少学者对此做过非
　　常丰富的研究，但近来现代化理论似乎日渐衰落。金老
　　师，您怎么会着手进行这项研究的呢？

金　对中国学者来说，现代化问题的研究，在理论和现实上
　　都很有价值，所以也一直吸引着我。9 月份我去新加坡
　　参加国际儒学会议，看到一边是遗留下来的旧城破旧的
　　房屋，另一边是高尔夫球场，高耸入云的钢架玻璃大厦。
　　这种强烈的反差使我十分迷惑地想："到底现代化是什
　　么？"虽然有许多哲学家、历史学家发表过数不清的著
　　作，但是我认为，至今人们对这个迅速把人类带往 21 世
　　纪的强大动力是什么，依然是不清楚的。

刘　不少经济学家认为，传统社会是一个农业社会，而现代
　　化意味着高度商业化。可以用城市化人口的集中或大众
　　传播媒介的形成等来定义。

金　这种理解是短视的。譬如，公元 1 世纪的罗马帝国，它
　　也是一个城市国家，当时占主导地位的经济形态已经是
　　商品经济，但很显然罗马帝国并不是一个现代化国家，
　　它的城市和商业衰落之后进入了中世纪，也绝不是一个
　　近 2 000 年前的已现代化的社会的衰亡，种种现象的描

述都很肤浅，最有说服力的还是要从整体性文化上进行把握，其中最著名的是以马克斯·韦伯所谓"理性化"为代表的理论。韦伯把现代化看作一个社会从传统的魔咒中解放出来。现代化就是整个社会的世俗化、理性化。韦伯特别强调作为科学技术工具理性的作用。

刘　所谓工具理性就是强调人在理智上计较利害的能力。韦伯试图以此把握现代化的本质。其实现代社会与传统社会最根本的区别就在于人对世界的看法和态度发生了根本变化。正是由于这种计较利害能力的工具理性不断扩张，在经济方面就发展了追求利润的资本主义精神，在社会结构中就导致了宗教和贵族社会的世俗化，从而形成当代社会的官僚机器和文官系统。这种概括不是很有道理吗？

金　这确实是一条极有启发性的思路，但问题在于对什么是理性，什么是工具理性，哲学上一直是混乱的。人们找不到理性的最后标准。因为任何一种规范文化，在另一种文化看来，似乎总是奇魅的、非理性的，理性标准似乎完全具有相对主义的内容，对工具理性的定义也是如此。

刘　您的意思是说，人们对于"利益"和"利害"的理解不能不取决于自己的文化价值系统，在不同的系统中，判断"利益"和"利害"的标准是不一样的，而且无法"通约"、不可比较，找不到一个超文化的、中立的、客观的标准，是吗？

金　正是这样。玛雅人并不认为自己没有高度发展自己在智力上计较利害的能力。再如，在计划系统的产品经济系统中，计较利害能力完全可以不顾利润，在市场经济看来，它就是非理性的，但在计划机构立场上，这又是十足的工具理性。再说到世俗化，一个神学统治下的贵族社会官僚政治的转化可看作世俗化，但中国古代本来就是世俗化的社会，两千年中有十分发达的文官系统，因此现代化似乎不是世俗化所能概括的。

刘　韦伯派的理论中也有人以"形式理性"代替"工具理性"来说明现代社会的整体特点。例如社会高度分工、产品的标准化、社会结构的规范化等。

金　我认为，形式理性也没有把现代化是什么说清楚，它同工具理性一样是一个容易陷入文化相对主义悖论性的陷阱。什么是"形式"？定义都十分含混，其实最具代表性的是把形式理解为可形式化的东西。我们知道，任何可以社会化的东西必定是可以形式化的，而且只有形式化的东西才可以社会化。这样，无论传统和现代，在形式化能力得以定义之前我们不能以形式化来区分它，现代化只是一种不同于传统的形式化，但问题在于它是哪一种？我们同样可以问：中国古代的"礼""科举制""八股文"是不是形式理性？当然，科学是形式理性，但文字难道就不是吗？如果把形式理性局限于逻辑系统，它虽然正确，却显然过于狭窄，而扩大到一切形式化符号系统，那么它同样包括了所有的文化，而难于说明现代化的本质特点。

是什么解除了传统的魔咒

刘　在检讨了韦伯的现代化理论之后，我真想听听您对这个
　　问题的新见解。

金　如果我们回到韦伯一开始思考"现代化"质朴的起点上
　　去，问题也许会豁然开朗。其实，现代社会和传统社会
　　最根本的区别正在于近现代科学技术的兴起，科学技术
　　的成果在经济、政治、文化上的全面渗透造成了现代社
　　会和传统社会本质上不同的种种特点。如果没有近代科
　　学技术革命，我们原则上不能比较古罗马社会、中国大
　　一统封建王朝、中世纪的欧洲哪一个更具有理性。这里
　　"理性"确实是相对的。但是，自从近代科学技术兴起
　　后，情况就大大不同了，无论是英国、美国、韩国、日
　　本，还是新加坡，其文化传统可以完全不同，但现代化
　　都意味着有某种共同的文化社会特征。

刘　这种共同的文化社会特征使人类获得了一个新的基准，使
　　身处各种不同文明体的人们奇迹般地以新的共同的眼光打
　　量自己文化的传统。于是，古罗马的人神同一的宗教、中
　　世纪的教会，以及转世轮回的神秘的东方宗教等都成了一
　　种魔魇，一种文化梦魇。因此和古代人相比，当代人的确
　　有一种从梦中惊醒的感觉，一种解除魔咒的感觉。

金　这种魔咒的解除正是科学技术与社会结构的交互影响所
　　造成的。这种交互影响有两个层面。第一个层面是科学
　　知识、科技成果对人类的影响。无论是对太阳系的结构、

对电视机和半导体收音机的使用、对高速公路的管理还是对艾滋病的恐惧，不同文化传统社会结构中的人的感觉大致是共同的。科学技术给当代人一种超文化的自然观、技术系统以及研究自然和社会的方法。因此，在人类生活的广泛而表浅层次上，现代化无疑是人们从传统的、戴文化有色眼镜的自然解释和古代技术系统中醒来，接受来自西方（实际上是全人类）的科学技术成果。第二个层面是科学精神、科技结构和社会结构、政治经济体制，不同民族文化心理结构、看待世界的方式以及价值系统之间的互相影响。科学精神和结构对社会文化、价值系统的影响比具体成果的影响更为重要。

刘 我们都知道，具体的科学知识和技术成果是有生命的近代科学技术结构的大树上结出的果实，那么究竟什么是近代科学结构呢？

金 近代科学结构是人类文化历史上全新的东西。它最核心的部分就是所谓"受控实验系统"。这是近代科学与古代科学最根本的不同。搞科学的人都知道，任何人只要严格控制一组实验条件，都可以获得相同的实验现象，这就是受控实验。它能最有效地保证某一个观察者发现的新经验成为整个社会的公共经验。有了这样一种认识结构，人类的可靠经验（通常人们认为新的科学事实）就可以迅速地超越直观常识而增长。这保证了任何一个新科学事实一旦发现，就可以与发现者个人无关，能迅速社会化。

刘 那么受控实验结构的诞生对社会组织、文化和价值系统产生了什么影响呢?

金 它带来了现代社会和传统社会一个本质的不同,那就是:"社会角色的非个人化"现象的无限扩张。

社会角色的非个人化

刘 什么是"社会角色的非个人化"呢?

金 这个概念怎么命名更合适还可以考虑。我们知道,任何一个社会组织都是千千万万个角色耦合而成的。社会结构就是角色耦合系统的结构。这一点无论是传统社会还是现代社会都是如此。区别在于,在传统社会中,某一个人一生都被固定在某一角色之中。人不仅与作为角色的功能和整个社会组织相关联,而且,他的全部感情、社会关系都像树根一样扎在这个角色之中,因而,原则上说,任何一个个人对于这个角色都具有某种不可替代性。这一点在以特殊技艺为功能的那些角色中表现得最典型。传统社会的匠人常常父传子承,祖祖辈辈从事这一行业。这一行业的技术不仅是被当作技术本身来看待,还和这些匠人的生活习惯,不变的社会身份,这一行的行话、习俗甚至是特殊的职业服饰联系在一起。这一切构成了一个匠人一生生活在其中,并把自己全部人生价值倾注在其中的魅力世界。传统社会的这种特征可以被称为社会角色的个人化现象。而在现代社会中,任何一个角色只是用它的功能和条件来定义的，人的个人生活感情，以及对生活的理解，可以严格地和角色功能分离开来。角色的全部内容仅在于它在一定条件下能实行社会需求的功能，以至于这个角色由谁来充当无关紧要。我把这种特征称作社会角色的非个人化倾向。

刘　美国总统可以是学者、科学家，也可以是农场主甚至电影演员，只要他能在美国法律和政治条件下完成总统的功能就行了。

金　这是一个很好的例子。正因如此，现代社会才能形成比传统社会更庞大复杂的社会组织网络，更为细致的角色分工系统。

刘　角色的非个人化似乎可以逻辑地推出两种结局：对于某个特定的角色，原则上任何人都有可能担任，不同血统、种族、阶级、性别、年龄，只要他或她能够完成这个特定角色的功能就行了，这意味着平等；而对于某个特定的人，原则上有可能通过教育和训练等方式承担任何角色，这就意味着自由。

金　这是非常有意义的想法。平等、自由只能在现代社会中真正实现。待会儿我们还可以讨论民主和开放为什么是现代社会的特征。角色的非个人化揭示了所谓"现代化实际上是一个终生生活在一个特定角色中的个人从角色中走出来，成为一个可以选择不同角色的'个人'的过程"，正像演员从舞台的角色中下场一样。

刘　传统社会就像一个终生每时每刻都扮演一个角色的演员，这样他不会意识到角色和演员的差别。只有当他能够不断扮演各种不同的角色，他才能还原为自己，还原为演员，才能发现自己。从角色回到自己，这的确像从梦中醒来一样。

金　这就是解除魔咒的感觉，也就是理性化。重要的是角色的非个人化与近代科学的受控实验结构具有非常密切的内在一致性，这绝非偶然的巧合。所以我认为现代社会中角色非个人化倾向的无限扩张正是近代科学结构与社会结构在近 300 年的历史中相互作用造成的结果，也就是现代化的本质。

刘　那么这种科学结构与社会结构相互影响的具体机制是怎样的呢？或者说，受控实验结构是通过哪些方式"投射"到社会结构中去的呢？

金　有几种主要机制来实现这一过程。第一，最明显的是通过技术体系对组织系统的要求。众所周知，受控实验获得的知识是可以转化为技术的，而且它必然把一切工艺、操作分解成类似于受控实验那样的结构，即内控制条件（输入）和需达到结果（输出）耦合而成的系统，贯彻这种结构必然首先在生产系统中彻底实现角色的非个人化，任何一个工人只要学会某些操作，控制这些条件，不管他有哪些素质，都可以充当这一角色。与标准化浪潮一样，这种角色的非个人化立即波及管理系统。实际上，其他现代社会组织都从经济技术组织中获得结构性示范。例如，技术官僚就是用角色非个人化的标准来组织政治系统的结果。

第二，科学组织的示范性作用还通过科学社会观念对社会的影响来实现。科学使人们习惯了用因果模式来解释自然和社会，用机构和职能的观点来评价任何一个组织。政治结构的现代化标准是由个人魅力型和传统型的权力结构向法理型转化。问题的关键在于，为什么现代人认为法理型结构合理？我认为，正是这种普遍的由科学带来的职能之类观念构成了组织是否"合理"的评判基础。

第三，科学结构推动社会结构现代化的另一途径是通过角色非个人化的教育。在传统社会中，青少年成熟进入社会，为他们设计的角色是必须经过漫长的适应和沟通阶段。这里，既有对应完成功能的训练，也有把义务作为价值系统的一部分培养，更重要的是他的全部生活意义都倾注在其中，这种进入角色的方式本身就决定了一个人一生不可能多次进入不同角色，也不可能游离于角色再进行自由选择。而现代教育则完全创造了一种新的培养下一代进入社会角色的办法。大学以前的通识教育使每一个青年掌握了进入社会结构各种不同类型的角色所需要的公共技能和知识。这使大多数受过基本教育的人可以选择角色。现代教育体系在结构上和传统社会的教育最基本的差别在于，它已彻底地按非个人化的角色功能来作为受教育者是否合格的标准，使人的其他个人素质和学者应学到的东西完全分离开来。显然，正是整个近代科学的知识和结构，使不同专业互相衔接，使整个教育机器和社会结构相协调。两者互相适应并推动角色非个人化的现代社会组织扩充到人类社会活动的各个领域。

科学精神与开放社会

刘　您刚才分析了受控实验结构是怎样影响社会结构变化的。近代科学结构除了核心部分是受控实验结构以外，还有科学理论形态，它对现代化进程有何影响呢？

金　科学理论是一个假设系统，它运用与受控实验结构同构的模式对现象间的关系进行猜测，由于它和受控实验同构，这些猜测可以和实验观察比较，来证明和证伪，由理论不断提出新假设，然后用这一假设推出的预期现象和受控实验结果做比较，并用此来修正理论。

刘　这样科学理论就具有一种自在进化的纠错机制，这种科学理论产生的理性精神被哲学家称为"批判理性主义"，它以知识增长为目的，缔造了一个保证知识无误增长的纠错机制。

金　这种机制尽可能使人的思想系统走在受控实验前面，成为探索性的。为此，它必然鼓励思想的自由以及对旧理论大无畏的批评和对新学说的宽容，它主张通过思想的竞争获得那些最富有革命性的理论。怀疑和批判从来都具有否定性的破坏力量，但是由于科学主张必须最终同实验来验证理论、修正理论，这样就出现了一种人类历史从未有过的，把怀疑、批评与求实和创新结合起来的理性精神。

刘　那么这种科学理论和科学纠错机制对社会制度、文化价值观念又有哪些影响呢?

金　推崇新事物，这是现代文化和传统文化最明显的区别。从对技术必须经常革新的期待和几个月一次的时装变幻潮流可以看到，这种"崇新"的观念已如此广泛地渗透到现代人精神的各个层面。在传统社会中，几乎所有民族的心态都倾向于保持原有的状态。即便被历史学家视为最倾向接受外来习俗的民族（例如古罗马人），在今天看来，仍是十分守旧的。这种崇尚新事物的心态正是科学日新月异的进步在人类观念上留下的印记。

刘　你的意思是只有凭借科学，我们才能断言，新的知识比旧的更深入、全面，也更好；人们才有信心将其外推到社会事物和人际关系，形成一般的进步价值观念。如果没有科学进步机制——这种人类更高的理性精神，我们很难以为进步和革新一定是好事，是符合理性的。

金　是的。对进步的推崇在经济结构上的投射表现在现代社会经济体系把经济体系上的增长看作它的最终目的。今天哲学家毫不怀疑，追求物质以不断改善自己的生活是人类的天性，其实这只是生活在现代经济体系中的人的文化特点。人类学家发现，在很多原始部落中，人并不具有这种天性。当然，在所有的商品经济中，人追求财富的贪欲已经表现出来，韦伯所讲的那种追求资本不断增值的资本主义精神并不一定要来自科学，而倒是起源于新教伦理。但是，今天的市场经济已是一种经过科学理性洗练的制度。它经过了资本主义经济危机和社会主义试验双重的考验。否则我们便不能理解，为什么会出现反垄断法，为什么会如此尊重私有产权，为什么要强调国家对经济结构的宏观干预，但又十分小心地把这些干预保持在不损害竞争和市场调节活力的限度。

刘　也就是说，今天的市场经济和古代社会的市场经济有了本质的不同，科学理性正在把科学实验与科学理论之间的关系引进经济实践和经济理论之中，从而使经济结构尽可能地科学化了。

金　科学精神的政治投射就是当代有关"开放社会"的认识。为什么一个真正现代化的社会应该是开放社会？为什么每个公民必须拥有人权、言论自由？为什么民主制度是人类的理想？为什么人类必须对宗教、思想实行宽容而不允许有思想的禁区？

刘　这些问题通常并不好回答，人们往往用天赋人权和追溯这些制度的价值取向的起源来论证它们的合理性。这种论证会带来一种困惑，那就是把现代化等同于西方化，因为它们都是在西方最先兴起的，并在西方文化中最早实现的。今天，西方文化中心已被破除，人们公认文化有它多元的合理性，那么，这是不是可以推出，一个民主、宽容、自由的开放社会不再是现代化的标准了呢？

金　我认为，这种错觉恰恰是忽略了民主与自由是在更高理性基础上获得的结果。开放社会的合理性并不能用它起源于西方文化来证明，它之所以正确，乃在于它符合科学精神。科学用它的进步机制向人类证明，为了理论和知识的进步，我们必须对不同理论加以宽容，必须让人大无畏地思想，必须建立一个容忍毫不留情的批评的环境来淘汰那些经不起考验的理论。正是科学告诉我们，为了认识真理，重要的并不是一下子提出一个十全十美不再接受批判和检验的理论——恰恰相反，这样的理论一定会导致思想的停滞——重要的是要在理论结构上有自我纠错的机制。当代人正是把这些重要的理性准则用到社会制度和政治结构上。人类自古以来在追求一个十全十美的理想社会。但 20 世纪沉痛的历史教训终于使我们懂得：必须从设计一个看来没有缺陷却不能自我改进的社会之梦中醒来。对此唯一正确的方法是，像科学那样，赋予社会结构自我纠错的机制。政治从来是权力艺术，在权力问题上，人类是最缺乏理性的。但科学精神正在把理性精神注入政治结构中去。人类能否设计一种程序，使权力和统治能随着大多数人理性的意愿而改变，并在改变过程中尽可能减少暴力和失误，这正是人类有关民主的理想。

迈向科学理性的未来社会

刘　也许通过上述详尽的讨论，我可以回答，究竟什么是现代化了。

金　我想是的。在人类 6 000 年的文明史中，曾出现过形形色色的社会。16 世纪后，西方荟萃了全人类对科学文化的创造，终于最先孕育出近代科学结构，18 世纪，它又和开放性技术体系结构形成了近代科学技术结构，带来了第一次工业革命。从此以后，开始了近代科学技术结构和社会结构历史性的交互作用。此外，300 年来，科学技术不仅通过其成果影响了人的生活观念，并通过非个人化的组织方式改变了社会基本组织的形态，更重要的是，它的精神结构性地投射到社会。为了与不断强大的近代科学技术结构相适应，任何一个传统社会必须改变自己原有的形态。这就是我们看到的所谓现代化进程。

刘　这种分析是独创和深刻的。由于近代科学技术结构具有超越民族文化的统一形态，那么，能够与它相适应并包容它的社会结构必定要有某种共同性，这正是现代化必然伴随着人们从传统的梦中醒来，去接受某种超越民族文化的共同规范的原因。

金　但是，和文化相比，近代科学技术结构毕竟是太年轻了，近代科学技术结构对社会结构的冲击只能算是开始。我们可以预计，在即将来临的 21 世纪，科技结构和社会结构某种适应性的互动将在全球更深入地展开。未来的社会无疑是一个在科学精神笼罩下更理性和科学的社会。今天的资本主义和社会主义都只是通往它的过渡阶段。

金观涛与刘擎，2001年，
摄于香港中文大学

刘　今天的讨论会从你在 2022 年出版的《消失的真实》一书
　　开始，想先请你介绍一下这本书的写作思路和问题意识。

金　《消失的真实》是我关于"真实性哲学"写作计划的一
　　部分。"真实性哲学"一共计划写三卷。第一卷是历史
　　篇，也就是《消失的真实》。这卷写得比较早，也比较快。
　　虽然是 2022 年出版的，但从 2016 年就开始写了。通过
　　上课，花了半年多的时间就完成了初稿。2016—2022 年，
　　我一直在很艰难地写第二卷，也就是方法篇，书名定为
　　《真实与虚拟》，同时，我也在构思和准备第三卷即建构
　　篇的写作。第二卷写得非常艰难，先后出了五稿，2022
　　年 7 月初我才把没有导论和附录的部分完成，2023 年最
　　终定稿。第三卷的写作可能就更困难了。
　　我先谈谈自己为什么要做这样一件事情？
　　在 2021 年 6 月出版的《轴心文明与现代社会》一书结尾，
　　我提出现代社会往何处去的问题。在思考这个问题的过
　　程中，我意识到真实心灵的瓦解是现代性的宿命。《消
　　失的真实》就是从历史的角度来讨论真实性丧失的根源。
　　这个思考和我在 20 世纪 80 年代的相关哲学思考结合起
　　来，就朦胧地显现出一个真实性哲学的研究框架。
　　"真实性哲学"第二卷的核心命题是现代科学是什么，并
　　试图回应 21 世纪科学发展面临的三大问题。

第一，20世纪是革命的时期。人们看到历史上出现一次又一次科学革命，最近的就是20世纪相对论和量子力学的革命。在20世纪80年代，我们都认为21世纪还会有新的科学革命，这似乎是毫无疑问的。结果想不到的是，新的科学革命并未发生，好像就停留在相对论和量子力学的阶段了。当然，20世纪80年代有学者提出超弦理论模型，之后又进一步发展出很多试图超越相对论和量子力学的学说，比如十一维空间理论。问题在于，超弦理论一直没能得到科学实验的证明，它主要还是一个数学理论，并没能引发新的科学革命。这件事对一个研究科学的哲学家而言，是非常惊奇的。

第二，除了在一些科幻作品中，20世纪科学界很少有人预料到今天我们会进入虚拟世界，也没能想到元宇宙会开始流行起来——虽然其中的科学元素早已存在。我们以往认为虚拟世界是我们经验的一个数学模型，我们通过电脑感受到的是数学模型，而不具有经验的真实性。我原来也认为元宇宙只是人逃避现实的一个表现，后来通过哲学分析发现，它可以成为人的经验的一部分，除了不可以无限迭代外，它和我们习惯的经验没有差别。

元宇宙意味着人类第一次发现存在另外一种经验真实性。这种虚拟世界的经验虽然和我们在现实世界的经验不同，但它也会成为我们经验的一部分，成为塑造我们的心灵状态的一个元素。换句话说，21世纪人类可能会有两种

经验：虚拟世界的经验和物理世界的经验，这是 20 世纪人类不可思议的事情。

第三个问题是人工智能的发展，目前我们还处在它造成的大泡沫中。今天，人工智能确实有了惊人的发展，人们一直在预言什么时候机器会有意识，并出现所谓的生命 3.0。但无论人工智能有多厉害，相关专家认为始终存在一个无法跨越的鸿沟，这就是人工智能不可能有意识。也就是说，今天我们面临一个人工智能的意识鸿沟，大家感觉好像能跨过去，但实际上跨不过去。

"真实性哲学"第三卷是想在人文与科学之间建立一个共同的对话基础，并试图回应我们今天面临的终极关怀丧失、道德沦丧、价值虚无等问题。

我本人早年是理工科出身，在 20 世纪 80 年代担任中国科学院科学哲学研究室的主任。那时，我的主业不是人文历史研究，而是科学哲学研究。到了 1989 年，我和青峰到了香港中文大学工作，才彻底转入人文和历史研究。在香港中文大学工作了近 20 年，后来又到了台湾政治大学，基本在人文世界中开展学术工作。

可以说，我同时经历过科学和人文研究，切身体会到这是两个完全不同的领域，它们的真实性标准、学术规范也是完全不一样的。在这两个领域里，我做了一辈子研究，深觉二者之间的鸿沟之深！因此，科学与人文的对话是必需的，而我试图去实现这个对话。

今天，学术研究越来越成为小圈子内的自言自语，根本不敢越雷池半步。这个小圈子越来越小，和世界越来越没有关系；人文研究也越来越滞后于前沿科学进展。但我相信人的心灵世界不应该是这种互相隔绝的状态。那么，我们一定在哪里犯了错误，因此我决定开始"真实性哲学"三卷本的写作。

总的来说，"真实性哲学"的写作是我的一个比较私人的工作，属于"自娱自乐"，它源自我个人的一种忧虑——无论是对现代社会往何处去，还是对自己的生命意义。如果没有疫情的发生，我大概没有将它公开发表的意思。现在，我很感谢负责这本书的编辑们；在这本书的出版和推广上，她们花费了很大的功夫。同时，我很意外的是，这本书正式出版之后，居然会有那么多读者。但这也给我带来很大的困惑，就是如何让这种个人性的思想探索面对世界。我是一个具有现代感的知识分子。在现代社会，私人领域和公共领域是不同的。公共领域要求严肃性，一旦要将私人的东西拿出来做公共讨论，我还是面临了很大的压力。我会想要尽可能将这三卷本的书写好，而不是单纯的"自言自语"。

刘　我先说一点个人感想，然后再进入讨论。观涛是我的启蒙老师，我们是在1988年认识的，那时候观涛是41岁，我是25岁，现在想起来已经是将近35年了。观涛对我个人成长的影响很大，有些是有形的，有些是无形的。

我非常钦佩观涛在今天依然保持着对重大的具有实践意义问题的关切。我想也是这种关怀感染了出版社的这些年轻人。

我觉得《消失的真实》体现了一种文化精神，或者说探求真理的精神，试图恢复道德和艺术生活，恢复公共性。这个传统还是应该传下去的，现在有这么多年轻人对这本书感兴趣，虽然他们不一定读得懂，但对他们是有冲击的，这是好事。因此，你写这本书不是消极的，也不是自说自话。无论如何，你是当代中国思想史上的一个人物；让更多年轻人接受和阅读这本书的内容，这是一件有意义的事情。

今天我们处在一个"晚期现代社会"，这个社会暴露出很多问题，背后是深层次的智识和精神危机。这些危机是需要重新被考察、诊断和讨论的。这是哲学家的任务，也是公共知识分子的责任。

在 20 世纪 80 年代，观涛既是学者，又是公共知识分子。在 80 年代观涛老师有很大的公共影响力，差不多像明星一样。因为各种各样的缘故，观涛老师后来主要退居纯粹的学术研究领域，但他的公共关怀是改不了的，这是生命里的东西，其中既有纯粹智性的追求，也有对科学、哲学和人文学术引发的思想关怀。这么多年始终秉持这种深切的关怀，非常不容易。我觉得这是堪称杰出、卓越的品质，是 80 年代学人、知识分子的一种品质。对此，

我们这一辈以及后来的学人都应该抱有极大的敬意。因为现在我们中间有许多人似乎在躲避这些问题，或者变得有些犬儒。

在今天这个时代，你还怀有思考和探索大问题的抱负，虽然你说是"自娱自乐"，可能是不想过度夸大自己工作的意义，但其中我感觉有一种精神。也就是说，现在这个世界有时非常令人沮丧，但你作为个人依旧要"知其不可而为之"，这是一种悲剧英雄的气概，在今天非常罕见。我早年有幸接触观涛这一代严肃的学者，受到很多感染，这也影响了我自己的成长。那一代人的精神如今似乎稀缺，但仍然是有传承的。在人群中的比例可能非常低，但中国人口基数足够大，所以不会销声匿迹。你做的事情并不是自娱自乐，虽然可以自谦地这么说。这是我的一点感想。

"真实性哲学"里面有很多硬核的问题要解决。比如，第二卷要解决科学和数学的问题，第三卷要打通科学和人文两个世界，这些都是当代思想的大问题。对一个学者或知识分子而言，这也是一项非常艰难的工作。在第一卷的写作中，观涛有以前授课的积累，完成起来可能相对容易一些，但"真实性哲学"的一些整体性的线索都埋在了这一卷中，包括当前世界为什么会陷入各种危机中，如精神危机、道德危机、生活和终极关怀的危机等。你认为原因是"真实性"的瓦解，重建真实性哲学的第

一步就是要研究真实性如何衰落和走向边缘化。

以我初步的阅读来看，第一卷主要的任务是在做一个诊断性的工作。近现代以来，西方哲学发生了一些重要的转向。在认识论上，出现从康德哲学到20世纪语言学革命的转变，还有科学哲学的发展。推动这个转向的那些人物都是特别敏锐的大思想家，他们本来好像要解决一些问题，但其结果距离人们最初的愿望似乎越来越远，反而进一步加剧了真实性瓦解的趋势。观涛试图通过一个哲学和思想史的梳理，对这样一个转变过程做出梳理和诊断。这在第一卷里已经阐述得很清楚了。

这种批判性的梳理凸显了观涛这本书根本的问题意识：我们有没有可能从20世纪哲学家错失的地方重新开始，也就是迷途知返，重建真实性的哲学基础，或者至少给出重建科学和人文思想之间对话的基础性线索？从20世纪五六十年代C. P. 斯诺提出"两种文化"开始，一直有人倡导"第三种文化"，就是科学和人文两种文化之间的融合交汇。但第三种文化这一主张背后的实质性工作，似乎还不够有力，或者说是比较松散，并没有直面那些硬核的问题，也没有面对语言学转向对哲学的严峻挑战。最后的结果是避重就轻，只能谈论通识教育：大学生只要同时接受科学和人文的训练，好像就具备了高贵的、优越的品质，具备现代的心灵。

《消失的真实》虽然有讲义作底，但对读者还是有挑战

性的。观涛的思路和语言风格比较独特，有些表达需要读者"解码破译"才行。我早年对观涛的作品比较熟悉，理解起来可能相对容易些，但也没有把握做出整体性的评价。我问一些读过这本书的年轻人的阅读感受，得到的回答大都是："哎呀，就是看上去特别厉害。"年轻人会用"不明觉厉"来表达，这是个新造的"成语"，意思是不太明白，但就是觉得厉害。

观涛是视野非常开阔、知识渊博的思想家，有点像欧洲启蒙时代早期莱布尼茨那样的人物。80 年代你在研究科学哲学的同时，还在和青峰一起探索中国社会的"超稳定结构"。在历史、思想史、哲学和科学等多个领域开展跨学科的研究工作。我们这一辈已经很少有这样的学者。所以对于现在的年轻读者来说，这样的著作像来历不明的巨浪一般，会让人感到冲击却又"不明觉厉"。

下面，我就《消失的真实》提一些问题。第一个问题是关于数学真实和科学真实之间的关联。

金　关于数学和科学的内在关系，我在 1989 年已有初步的研究，但并未深入探索下去。为了说明这个问题，先要分析另一个问题：自然数和逻辑的关系。这是真实性哲学的一个突破口。没有这个突破口，就不可能找到一条哲学新路。

早在 19 世纪下半叶，数学家已经感觉到数论和几何学存在着根本不同。几何研究似乎可以归为经验的，而自然

数运算的基础则好像可以从逻辑推出。德国数学家康托尔的集合论问世之后，数"数"开始被视作两个集合之间的一一对应；这样一来，数"数"这件事就可以是非经验的。这一观点对弗雷格（现代数理逻辑和分析哲学的奠基人）有很大的影响，他认为数"数"和经验没关系，而是由逻辑推出的，也就是类与类的合并。他用这个性质来推导出自然数。之后，罗素却发现了弗雷格学说的问题。

刘　罗素悖论。

金　是的，罗素悖论让弗雷格的全部结论都垮掉了。弗雷格是一个了不起的思想家，他意识到自己短时间内无法解决罗素悖论，就在自己即将出版的《算术的基本规律（第 2 卷）》中坦言自己的这一窘境："即便是现在，我也没能弄清楚……如何将数理解为一个逻辑对象并加以研究。"最后，他彻底放弃了逻辑主义的立场。

罗素与弗雷格不同，他认为：即使有悖论，但可以用类型论来克服这个悖论，然后再用和弗雷格相似的方法，把自然数给推出来。具体来说，罗素以类型论提出一个集合论公理化的方案，使集合的"类"的定义严密化了，进而证明自然数是和集合类对应的符号。这样一来，从逻辑推出自然数就比弗雷格困难得多。事实上，罗素耗费十多年时间，才与他的老师阿尔弗雷德·怀特海共同完成并出版《数学原理》。该书到 300 多页时才有可能定

义 1 ，再用几十页证明 1+1=2 。《数学原理》的推理过程极其冗长、复杂，作为其推论前提的公理也并非全然自明的，如罗素本人就承认"可化归公理"是自己逻辑主义的一个瑕疵。因此，罗素的观点虽然得到很多哲学家的关注，但数学家大多不接受罗素提出的集合论公理化方案。

当然，罗素的类型论经过纯化和改造，还是可以被应用在数学和逻辑学研究中的，例如普林斯顿高等研究院集合大批数学家和计算机科学家，在 2012—2013 年开始致力于同伦类型论的开发，他们还对外发布了一本开放源码的书籍《同伦类型论：数学的一价语义基础》。这本书试图在同伦类型论的基础上，为数学提供一个不同于集合论的新基础。

虽然数学界至今没有完全承认罗素对自然数的推导，但今天还是有很多人相信数学就是逻辑。其实，这个观点可以追溯到亚里士多德，《工具论》是亚里士多德逻辑学的代表作，亚里士多德一直试图将数学包含进逻辑学中。今天的主流哲学，如逻辑经验论，也受到了亚里士多德逻辑学的影响。人是会使用符号的动物，逻辑就是符号系统的包含关系。按照逻辑经验论的观点，有一个客观存在，我们需要用符号来指涉这一存在，但这个指涉必须是自洽的；自洽的指涉就是逻辑，也就是数学。而正确的指涉过程就是科学。

"数学等于逻辑"在今天还是有很大说服力的，但这个观点只能解释科学"一点一滴"的积累性发展，而不能说明科学革命的发生，比如哥白尼的"日心说"取代托勒密的"地心说"、牛顿力学的诞生、量子力学和相对论取代牛顿力学。也就是说，这个观点不能反映普遍科学法则的巨变，也不能揭示数学更深层次的本质。

正因为将数学等同于逻辑带来了上述问题，所以才相继出现了证伪主义、范式说等。这些科学哲学理论对 20 世纪 80 年代中国的思想解放运动有很大作用。这是我们那个时代的人都经历过的。

刘　对，波普尔、库恩、拉卡托斯、费耶阿本德。

金　你对这些人当时应该都有印象，那是你的青年时代。

刘　对，也是看了《自然辩证法通讯》①，才知道的。

金　1989 年 4 月，我发表了一篇文章《奇异悖论：证伪主义可以被证伪吗？》。这篇文章在我的哲学研究中还是很重要的，但遗憾的是，几乎没有被关注和讨论，也几乎没有被引用。

我在这篇文章中最早提出一个猜想：单称陈述可确证的前提是对所有观察者都成立。这里，所有观察者包括了"无限"，似乎在经验上没有意义。但是存在一个规定所有观察者的有效程序，其中存在着类似于数学归纳法给

---

① 20 世纪 80 年代，金观涛曾担任该杂志的编辑部主任。

出所有自然数之过程。我发现，可以确证的单称陈述在结构上和数学真实有关。更重要的是，只要满足该程序，在任何一个陈述中，观察者的全称和对象的全称是对称的，它们在陈述结构上并没有差别。这样一来，我发现科学经验的真实性是受控条件下实验的可重复性。

按照上述猜想进一步推论，就能得出我在《消失的真实》中提出的观点：数学真实是普遍可重复受控实验的符号结构。但20世纪80年代末，我转到香港中文大学工作，发现科学哲学在西方学术界是一个很小的门类，而且属于人文研究。

刘　科学和人文研究是互相隔离的。

金　科学哲学在20世纪80年代的中国内地有普遍的市场，但在香港和欧美学界只是一个很狭窄的领域。因此，在香港中文大学，我虽然依旧对科学哲学问题保持关注，但不可能再继续从事相关的学术研究，于是便和刘青峰一起转入中国思想史的研究中，一直到从台湾政治大学退休为止。2011年年尾，我回到北京，开始给一些企业家和非学术界的朋友上课，先是我和青峰备课讲中国思想史，接着我讲轴心文明和大历史，从2014年开始，才回到了哲学中。所以，我算是绕了一个巨大的弯，最终回到1989年那篇论文里，找到了一个哲学的新方向。

刘　你有关数学和科学的想法，非常具有原创性。你是回到了曾经错失的一条道路上，继续解决问题。别人或许认

为路已经堵死了，但你认为还是可以找到一条新路继续往前走。对于这个想法，学术界内部可能会有一些不同意见和争论，这里先放下。从你的这个观点出发，即便我们承认科学的世界不是库恩、费耶阿本德所说的那种后现代的状况，也承认科学和数学的一致性，但这只能保证科学世界内部的真实性。

这就会走到第二条鸿沟边上，也就是自然世界和社会世界之间的鸿沟，两个世界服从不同的法则和逻辑。如同韦伯说的，理解和解释是不同的，因为人是有目的、有意义的存在，理解人类的活动，就离不开对应然的考察。那么，你觉得我们该如何界定科学和人文之间的关系？两个世界规则的差别应该怎么处理？

金　这个问题很好，也是我下面想要谈的。我刚才说数学是普遍可重复受控实验的符号结构，但这只说了一半；另一半涉及我和刘青峰在香港中文大学进行人文研究的经验。如果没有这段经验，我也不可能一下子从 1989 年的研究，走到今天关于真实性哲学的研究。

在人文世界中，如何判别一个思想的真假呢？我们用的原则也是普遍可重复性，但这种普遍可重复性不同于科学领域中受控实验的普遍可重复性。在后者的结构中，主体是被悬置的；前者的结构则包含主体，也就是韦伯说的可理解性。在 20 世纪 80 年代，我认为科学的成果可以自动应用至人文领域中。但后来自己真正开始做思

想史研究之后，我一开始是在门外打转，进不去。到香港中文大学工作之后，我花了七年的工夫，才最终意识到思想史的世界，是一个可理解性的世界。在普遍可重复性这件事上，科学真实和人文真实具有结构的一致性。唯一的不同是，研究者必须想象自己是一个社会行动者，在心中重演社会行动和相应的观念。

一旦加入主体，那么科学中的数学符号，就变成了人文历史研究中的观念。因此，观念史研究最类似于科学研究中的数学，我们有可能通过观念结构，研究历史的走向，这就好像纯粹数学推导的结果，可以在科学实验中得到印证。数学和观念都是一种普遍可重复结构的符号表达，因此才能发挥这种神奇的作用。

如果没有这段人文研究的经历，我即便再次回到 1989 年的研究，最多也只能发现数学具备普遍可重复受控实验的结构；今天也就只能讨论科学的真实性，不可能再去讨论人文世界的真实性问题，更无法意识到人文世界的真实性建立在拟受控实验的结构之上，而这个结构的符号系统就是自然语言。

这就涉及 20 世纪另一个巨大的误解，它和哲学的语言学转向有关。20 世纪哲学家将科学逻辑语言看作自然语言的精确表达，这是对的。两种语言是有交集的，但存在一个核心差别：自然语言中是有主体的，但逻辑语言中主体是悬置的。这一差别却被 20 世纪的哲学家忽视了。

今天的人工智能研究中，一旦涉及自然语言的识别和处理，就面临纠缠不清的状况：我们很难搞清楚在自然语言分析的时候，什么时候悬置主体，什么时候必须考虑主体。

侯世达曾出版过一本《概念与类比》。在这本书中，他发现在自然语言的程序中，最难处理的一个问题就是类比。什么是类比？侯世达一直没彻底弄清楚。在我看来，这里的核心就是自然语言中主体的问题。所有类比的语言，都是包含主体的。这件事没有那么容易发现，所以我才下定决心去开辟真实性哲学的战场。

如果没有经历过人文研究，我是不会去做那样困难的工作，否则就太自不量力了，也是不可能完成的。在完成真实性哲学的方法篇之后，我会试图将在科学研究中发现的那些方法转化为研究观念的方法。最终的希望是能够找到一片人文与科学研究的新天地。

当然，这只是希望，也会有一半的概率走向失败。

刘　人类历史上很多思想家之所以伟大，并不是因为他们有多成功，而是因为他们看到了真正的问题，并给出了很多具有高度启发性的思路。你毕竟是一人之功，目前做的工作已经很了不起了。

现在可以看到观涛老师研究的基本架构了。第一，他把现代性，特别是晚期现代社会的危机——精神危机、道德危机和终极关怀的危机，放在真实性消失这样一个大

问题中考察。对于这个问题意识，大家可能不太会有争议。可能存在的争议是有没有解决办法，而不是问题存不存在。第二，如果要解决这个问题，你提出两个着眼点，也就是搭两座桥。一个是打通数学和自然科学，在数学和科学的鸿沟之间建一座桥。你发现数学不仅是一个逻辑符号，还和受控实验的普遍可重复性具有内在关联。另一座桥是建在自然界和人类社会，或者说人的世界与自然世界的鸿沟之间。搭建这座桥的基础是，人的社会实践——这里用"决定"可能有些绝对——强烈地受到观念结构的影响。观念结构有自身的内在逻辑，和数学有一个可比性。用金老师的话说，就是"同构"。接下来，人文世界中无论是实然还是应然，都和可重复性有关。

观涛，你同意我的概括吗？两个鸿沟和两座桥。

金 准确地说，存在三条鸿沟，需要建三座桥。一是科学理论，它是数学符号世界与科学经验世界之间的一座桥。二是社会，在人文世界中，符号对应人创造的自然语言，而经验世界就是人的社会行动。社会就是自然语言和社会行动之间的那座桥。第三座桥的建立是最困难的，它涉及人类社会各种准符号系统与艺术的关系。20 世纪发生过一件大事，这就是艺术公共性的瓦解。各种现代艺术开始兴起，从印象派、抽象派到行动派。整个艺术世界分裂为非常多的小群体。

刘　嗯，还有观念艺术。

金　艺术对人类的思想解放起到过伟大的推动作用。但20世纪60年代之后，那些表达个人自主性的艺术，失去了公共性。艺术成为一种私人行为，爱干吗，就干吗。如果艺术要依靠市场才能具有公共性，那么它就没有意义。但今天艺术仍然是科学之外、人类社会生活中一个重要领域。因此，阿伦特晚年就主张回到康德。

刘　康德的《判断力批判》。

金　是，康德的第三批判。康德认为人是先验的公共存在，但20世纪艺术证明事实可能不是他所说的那样。因此，我们必须正视艺术这件事。对艺术的关注也和我在中国美术学院的教学活动有关。目前，我在中国美术学院担任南山讲座教授，主要的工作就是带学生研究中国思想与传统绘画、书法的关系。

刘　在这个意义上，你的研究和康德的三大批判，是有结构上的相似性的。但你抛弃了康德先验观念的结构，认为这是一个错误的方向。因为康德哲学有一点形而上学的味道，或者说是一种新的形而上学。不同的是，它通过一个哥白尼式的转换，将人的主体性作为一切研究的重心。通过对康德的诊断，你试图搭起三座桥：一座是科学认知的，一座是道德世界的，一座是美学或者艺术的。大致是这样一个思想的结构与轮廓。

　　我们先要理解《消失的真实》的问题意识和基本思路。

接下来，我们可以推进一点，提些可能有挑战性的问题。你要完成两个任务：一个是对 20 世纪哲学的诊断，分析它错在哪里；另一个是提出一个建构性的解决方案。在这两方面，你的观点都可能会引起学界的争议。我不是语言哲学的专家，但对科学哲学还是知道得比较多一些——虽然也谈不上专业。

20 世纪哲学的一个核心人物是维特根斯坦，他是一个大哲学家，有人认为他是天才，也有人认为他是不值一提的，因为他把问题完全搞错了。你谈的问题一部分和维特根斯坦非常接近。维特根斯坦是罗素发掘的，找他来解决弗雷格问题。但晚年维特根斯坦在学术观点上最大的变化，就是认为数学不能还原为逻辑，也反对将自然语言还原为逻辑。

早期维特根斯坦认为，自然语言是一种粗糙的逻辑语言。我们使用的自然语言，真正有意义的部分是逻辑语言，自然语言只是它的一个模糊版本。晚年他放弃了这个观点，认为逻辑语言是自然语言的一部分，并提出自然语言能够自己生成生活的意义。他还提出语言游戏的说法。他提出：在语用学意义上，自然语言产生意义的过程，与周边的环境是密不可分的。这种说法和后现代主义有关联，但更复杂。它并不意味着一切都是情境化和特殊的，但也不会上升为一个普遍理论。

观涛，你的学术进路有一个倾向，就是系统性的、普遍

主义的诉求。晚年维特根斯坦不像后现代主义那样，认为除了碎片化的故事之外，我们就无话可说，但也质疑普遍化的理论结构。维特根斯坦甚至可以说是另一种版本的哲学终结，他终结了那种大理论的构想。

观涛，你的书一旦出版就成了公共产品，一方面，要面对大众读者；另一方面，如果学界认真对待这本书，也就会有一些学术争论，特别是涉及对维特根斯坦的理解。另外，也有人会质疑语言哲学内部的复杂性和多样性，能不能简单概括成你说的这些脉络；语言哲学是否真的陷入了你说的歧途里。我想，这些问题在"真实性哲学"的第二卷和第三卷里，会处理得更细致。

金　我先谈谈自己对维特根斯坦的看法。我很不愿意谈维特根斯坦，很多人把他看成一个既懂数学又懂哲学的天才。但他并不真懂数学，否则不会说出那么离谱的话。你看他和图灵的争论，他根本不理解什么是数学。维特根斯坦认为数学之所以有预言性，是因为数学是同义反复。为什么通过同义反复的数学能够推出不同的东西呢？因为它的指涉对象发生了变化。一个真正懂数学的哲学家不会说出这种话。

那么，维特根斯坦是个什么样的人物呢？我用中国的儒家和道家作为比照对象吧！他是个老庄式的人物，喜欢讲一些否定性的、不会错的话。当然，他讲得很有智慧，也赢得了很多掌声和社会上的名声。但这对解决问题有

意义吗？我认为没有意义。比如，维特根斯坦分析符号系统的结构怎么表达生活的结构，但他并没能概括出这个结构是什么，只是用几何图形之间的嵌合关系来说明，这是非常奇怪的，也是缺乏真正抽象思考能力的表现。正因如此，以他为代表的语言学革命才会让 20 世纪哲学最终走上歧途。

当然，维特根斯坦也有真知灼见，比如他可以从自然语言是逻辑语言的怪圈中跳出来，重新思考两种语言的关系，这是很厉害的。我研究过他的生平，我很喜欢这个人，对他的学术却是无感的。读他的东西，除了能够收获一些有才华的娱乐之外，一无所获。

刘　关于这个问题，我们可以谈很长时间，但我也不是相关领域真正的专家。

金　我比较喜欢解决问题的人，谁都会批评。至于有才华的批评，很多人也会，这也是需要的。但这和我心中相信的学术与哲学是两回事。当然，哲学有很多种，调侃和批评也是一种。在历史上，哲学具有很多的功能，我对其他方面的功能并不否定。从哲学作为一种批评来说，维特根斯坦确实终结了哲学，不终结更麻烦；只有终结了旧的哲学道路，我们才可能寻找新的哲学道路。然而，如果从建构性的角度来看维特根斯坦，我认为他的重要性在 21 世纪将会不断下降。

刘　第二个问题，是关于第二个鸿沟的问题，就是要打通自

然世界和（人文）世界之间的这样一个鸿沟。观念结构和数有同构性，但它们有一个巨大的差别，或者说，这个差别是否巨大，是可以讨论的。

你定义数是普遍可重复受控实验的符号表达，它和科学实验的可重复性之间的关系，是比较紧密的。而你说数和观念是同构的，虽然它们在形式上非常相似，但观念和社会行动的关系比数和科学实验的关系要复杂得多，或者更含混。因为人的观念受很多东西的影响。

人的观念的可重演性，当然是一个蛮重要甚至居于核心位置的影响因素。但是观念结构本身是混沌的，除了可重演性，还有很多（影响因素）。比如，一个人从孩童时代开始，就存在一个社会化的过程。我们接受一些东西，不是因为我们亲身体验到了、是可重演的，而是教条加注给我们的，或者说是作为规约加注给我们的。而这个规约本身呢？它可能不具有那种普遍可重演性，而是一个非常地方性的，带有（地方）文化自身的脉络，否则世界上就不会有那么多文化冲突了。所以说观念世界要比自然世界更含混、更麻烦。

至于观念和社会行动的关系呢？它也不是观念决定行动，当然这里不是说物理环境能够决定观念这样一个唯物主义的观点。但我们也不能因此说观念决定行动，因为观念总是在特定的环境、约束条件下展开行动的。而且观念在特定情境下展开实践活动的时候，用科学的话说，

存在的变量非常多，今天因为全球化，变量就更加多。

于是这就提出一个问题，今天的混乱和虚无，除了和真实性的哲学基础有关，还和一个问题有关，就是我们的观念，即便有了可重演性的真实性保证，依旧充满了复杂性、含混性和冲突性。

金　我不是说观念和数学是一样的，而是认为观念系统和社会行动的关系，与数学和科学的关系是同构的。

观念史的研究对象是观念自身逻辑结构的展开，其中蕴含了社会行动的展开模式。它里面涉及社会行动的复杂性、观念和社会行动的互动，还有观念和社会行动的演变，这在长程、中程和短程，以及地方、精英和大众层面上，都存在差别。

我的基本看法是，你刚才的问题不是一个问题，为什么呢?

你说的那些问题，很多时候源自人们研究的混乱。我们可以批评科学家，但有一条不能批评，他们不混乱，不会拿自相矛盾的东西来应付大众。最起码在那些公认的科学成果中不会有。人文研究的领域则并非如此。

你刚才的问题，实际上是一个人文学科复杂性的问题，也是人文研究面临的根本性困难，其中包括现代社会中终极关怀的退隐，社会行动和观念在长程与中短程中的演化结构，观念在展开过程中如何复杂化，一个观念在什么情况下会转换成另一个观念，等等。

我现在的一个比较深切的感受是，目前人文研究还没有形成一个类似科学和数学那样比较好的传统。未来，这种传统可能是会形成的，但也可能永远不会形成。

刘　观涛，我不太同意你的两个观点，一是认为科学家是真正严肃地对待自己的研究课题，人文学者就不行，搞得一塌糊涂、混乱无比。

金　加一个限定，经过后现代主义洗礼之后，人文研究的问题很多。我没说过去的人文研究都不行，也不是全盘否定当下。比如思想史研究，半个世纪以前的那些学者做得非常漂亮。

刘　这是对的。

金　今天，人文领域的传统是需要恢复的。

中国传统思想、儒学和经学的研究领域，还是做了很好的东西；中国对西方思想的研究，还是存在很多不足。关于上面这个问题，我想我们会有很大的分歧。

刘　不，现状就是你说的这样。但对这个现状，可以有两种不同的判断：第一，关于西方思想史的中外学者，我多少是了解的，这是我的专业。他们可能受到后结构主义的影响，给搞坏了。这是一个判断。第二个判断是，从韦伯开始的那个（科学与人文的）鸿沟，人文学者接受下来了。

观涛，我的意思是说，如果人家批评你，可能会说你仍然是一个自然主义者，也就是认为学术的标杆是科学界，

人文学界应该向科学界的那个标杆看齐，它还处在更幼稚的阶段，还没有成熟。以前说人文社会科学中有三大范式，其中一个就是自然主义或科学主义。

人文世界和科学世界有相关性，因为人也是物质的存在，但二者存在巨大的不同。人有情感结构，在私人领域中，人有亲情和爱情；在群体领域中，有民族主义。民族主义并不是非常具有可重演性的一个（观念），它有一部分是发自本能的，也有人从进化论的角度分析，也就是所谓的族内忠诚；它又和文化的演化有关，是一个积淀下来的东西。有人会认为这种观念不能化约为科学一样的真实性。

至于观念史研究，差不多有两个评价。一个是做得很高级、干净，但好像太干净了，用哲学语言说，有点还原主义，将那些枝蔓的东西，都看作一种混乱，并给它们全部剪除掉。然后你就能给出一个比较清晰的结构，看出观念的中、长程变化。先把这个清楚的结构拿出来，然后再放到复杂的环境中。

另一个评价是，这个干净的、清晰的结构根本不存在，这是一个模仿自然科学的产物。这个结构一直和混乱复杂的环境、特殊的文化性缠绕在一起。你把这个结构提炼出来，好像先有这么一个外在于复杂环境的东西，然后再把它放到复杂的环境中，这根本就不是人文世界的真实图景。

　　　　上面是两种不同的看法，就是关于为什么人文研究特别是观念史或思想史特别混乱，不如科学精致。

金　你认为科学的东西是干净的？

刘　嗯，相对来说是干净的。

金　你应该没有在实验室里做实验的经验。

刘　我当然在实验室里待过，我的硕士论文就是在实验室里做出来的。

金　那你为什么会有刚才的判断呢？我在郑州大学做过几年化学老师，带学生做实验，一个测量对象的重量是多少克，都必须精确到小数点后好几位。如果测量的方法不对，就永远做不出结果。

　　这反映出科学问题也不是干净的，科学观察的过程中充满了各种扰动。为什么教科书中的科学理论那么清晰呢？这种清晰性在经验世界中是不存在的，它是我们在用清晰的方法来梳理观察对象之间的关系。不仅如此，今天的科学研究里也存在混乱，就是各种科学丑闻，我在实验室里明明没做出结果，却把它发表了出来。只是说，科学有着明确且严格的规范，最大限度地遏制了这种丑闻的泛滥，保证科学是在一个又一个精确的研究成果积累之上实现发展。

　　有人因此说我是一个科学主义者，这是很奇怪的。一个认真的历史研究，就和我们在做科学实验中会碰到扰动一样，会碰到那些偶然事件、不可解释的现象。我们讲

的人文学术研究，就是要对这些事件和现象做一个梳理，否则我们为什么还要做人文研究呢？我们直接写小说就好了嘛。在小说中，我们可以完全表达各种情绪、混乱、冲突。一个是历史研究，一个是小说，这是两码事。

当然，这个问题也没必要继续争辩，因为它涉及每个人对"什么是学术"的判断。我在中国美术学院带学生的时候，也碰到类似的问题。对此，我的处理方式很简单，我从来不对学生的论文做过度审核，大家可以有不同的意见，也可以有不同的做学问的方式，处理不同的史料。但有一条原则，我不喜欢在学生的论文里看到自相矛盾的内容，或者说止步于含混地描述某些不清楚的内容。

无论是科学还是人文，都有共同的研究规范，我们是为了搞清楚问题，而不是搞混问题。当然，在社会上，有时候需要故意把人搞糊涂，把水搅浑。但在做研究的时候，这是不允许的。

今天的问题就是把不同领域的问题搅和在一块，这是真实性丧失的后果。如果按你的讲法，我们人文研究就可以完全放弃真实性了。

刘　观涛，我刚才表达的不是这个意思。

金　那你想表达的意思是什么呢？

刘　你说人文研究很混乱，科学中也可能产生混乱。但科学对我来说还是相对干净的。比如你在《自然》或《科学》杂志上发表一篇论文，给出实验条件。如果别人不可重

复，他们会先反复做实验，认为是自己的条件没有控制好。但如果做了好多遍，还是不可重复，他们就会怀疑你这个实验是不是伪造的，还能提出一个强有力的论据。在这个意义上，科学的精确度、准确性更高，含混性更小。这无疑超过了人文学术。

你刚才说科学有混乱，人文也会有混乱。这种混乱是人文学者自己做得不够精确，还是说科学和人文的混乱是不同种类的混乱，只是在表象上都呈现为一种混乱？这是一个真问题，不是说大家不要搞研究，而是要先考虑清楚人文研究的混乱是怎么回事。

金　你说的问题之所以是问题，是因为没有哲学，所以才需要真实性哲学。

刘　真实性哲学是需要的，在这一点上，我和你有相当高的共识。但借用爱因斯坦的话，真实性哲学是科学和人文的"统一场论"。科学和人文之间有一致和兼容的部分，但在我看来，也有不能相互化约的部分。这可能是我们之间的分歧。

金　我在前面其实也说了，科学与人文的真实性各自属于不同的领域，前者不包含主体，而后者包含主体。但这一切讨论的前提在于，我们必须要先去界定什么是人文的真实性。

刘　人文性是可以定义的，西方哲学界在这方面也有发展，比如德国哲学家马库斯·加布里尔，他是波恩大学史上

最年轻的哲学教授，提出了"新实在论"。你用的说法是"真实性"，但哲学界一般用"实在"，也就是"real"。加布里尔也在划分不同的真实性领域，他是靠真实性的意义场域来定义的。对他来说，并不是说要么有真实性，要么没有真实性。比如，日常生活中有一个杯子，我看到一个杯子，你也看到一个杯子。但在量子力学的层面，我们是看不到这个杯子的，而是看到这个杯子的意义。因为这个杯子对我们两个人来说，处在完全不同的意义场域里，所以在我们眼里，它可能是两个完全不同的事物。这不是我们通常人文意义上的"make sense of"（理解意义上）可以说得通的。

金　这里混淆了两个问题：一个是在人文社会领域里面，我通过自然语言的描述，给一个杯子赋予意义；另一个是，对这个杯子的科学观察，在一个普遍可重复的受控实验过程中，我观察到的这个杯子，和你观察到的这个杯子，没有任何差别。

刘　其实，他（马库斯·加布里尔）和你的观点是一致的，试图在科学与人文之间找到那个新的时代，但他尝试要将两个领域分开。

金　自20世纪80年代开始，我对于公共辩论或对话，一直缺乏兴趣。我有自己的一个判断，通过文字将这个判断诚实地表达出来；我做的是对自己负责的研究。至于公共辩论或对话，在大多数时候是语言的游戏。我想，未

来大家之间的分歧会越来越大，我们相互之间谁也说服不了谁。

刘　观涛，你说这是你个人的知识努力，这在某种意义上是对的。但只要用文字写下的东西，它就具有公共性。任何一个知识成果，无论你是否发表，都是公共的，要不然真实性哲学就没有意义了。

金　当然可能是没有意义的。

刘　它就是在重建公共性赖以生存的基础。当你说我们现代艺术的公共性消失了……

金　重建公共性，就是要打掉伪公共性，但今天的世界充满了伪公共性。

刘　科学真实、人文和社会的真实性，它们之间肯定有关联，但是不是属于同一种哲学？如果是，这种"同一"是需要精确定义的，这意味着是一致的、相同的，还是兼容的？

金　我刚才也说了，科学与人文社会属于不同的真实性领域。不同领域之间虽然是同构的，但各自的真实性基础还是不同的。我在《真实与虚拟》这本书中，就会讨论不同的真实性领域。

刘　这和康德很像，他的哲学有统一性，但也划分了三个不同的领域。但你认为他的形而上学是错的，是不是这样？

金　康德只能搞形而上学，因为他就生活在形而上学的时代。

他使用亚里士多德的东西，重新进行排列组合。但这也是很了不起的一件事情。

在我看来，真实性有三个领域。第一是科学真实的领域，第二是人文社会的领域，第三是个人真实的领域，这个领域更广泛，像海洋一样包裹着前两个领域。

刘　可能和艺术、情感有关。

金　对，就是个人相信为"真"，不会有公共性。

刘　和人的日常生活有关。

金　我想做的就是把这些领域分开，然后再进入每个领域中进行讨论。

刘　这就是我想问的问题。

金　这个问题的答案应该是显而易见的，这是我们开展研究的基本前提。人文社会的真实，是从智人时代开始就有的。科学真实是在古希腊时代才开始有的。个人真实出现的具体时间还需要再研究，也许早期智人的时代就已出现。

刘　所以，越近的东西越清楚，越远的东西越复杂。

金　我想做的一件事情就是，用清楚的东西来看不清楚的东西，而不是反过来。

刘　我同意。

金　之所以有人说我是科学主义者，就是因为我认为科学领域的问题都比较清楚，先把这个清楚的东西梳理出来，然后再来看那些不清楚的问题，把最不清楚的问题放到

最后。

因此，"真实性哲学"三卷本是一个放大链，从科学真实到人文和社会真实，最后放大到个人真实。对个人真实的讨论是最艰难的，今天很多个人真实都被社会真实吞没了。

刘　那你把终极关怀放在哪一块?

金　终极关怀应该不是个人真实，但实际上又是个人选择的结果。它可能是一种特殊的符号真实性。

刘　所以它是处在个人和社会之间的，也和自然界有一些关联。

金　终极关怀是一种特殊的符号真实，但我不相信今天可以创造出新的终极关怀，不过可以对既有的终极关怀进行纯化，也就是让它和现代科学、现代价值不发生矛盾。现代社会不需要传统神话或者终极关怀的支持，但终极关怀不能因此消失，否则我们的道德基础、人生意义都会消失。因此我们需要找一个新的哲学架构来安顿终极关怀，这是今天哲学架构中缺乏的，由此才会引发现代社会中各种危机。所以，我才会开展真实性哲学的研究。

刘　所以，既往的终极关怀都寄托在一个超验的层面上，然后这个层面被科学清除出去了。你要做的是建立一个终极关怀的真实性基础，让它和科学至少是兼容的、不冲突的。

金　这个观点我基本同意，但会有一个稍微不同的表达。现

代科学起源于天主教文明中终极关怀和科学理性的分离。非西方社会在向现代转型的过程中，也要模仿这个结构，就是让终极关怀和科学分离并存。但这种分离是不稳定的，并没有一个东西来容纳这种分离。那么，如果想解决现代社会的危机，就必须找到一个可以容纳这种分离的结构。最后的结果可能是失败的，但最起码我们努力过吧。

刘　下面想请观涛谈谈真实性哲学探索对当下实践的意义。比如大家在疫情中的挫折感、个人心灵的危机，以及公共生活的危机，都和真实性的消失有关。对这个动荡的世界，真实性哲学能提供什么？

金　你问我的哲学探索对年轻人有什么用？或许是没用的。但我可以谈谈自己的经历和感想。

在中国内地，20 世纪 80 年代是一个思想解放的时代，当时我觉得自己的生命是有意义的。但到了香港以后，我有一种“天道丧失”的感觉，也就是不再有公共追求。我想，你去美国留学的时候，也可能有这个感觉。在 80 年代，我们还有一个公共话题，社会的公共意义还是存在的。

到了香港这样一个成熟的现代社会，就会发现再没有“天道”这回事了。在一个建立在个人选择之上的社会里，只有专业，有意义的也只有专业。一个所谓公共的“天道”，或者公共追求，都是没有意义的。在这个社会里，

预设了市场来满足每个人的需求。

这种环境的变化对我和青峰一开始还是有比较大的影响的，后来我们才基本适应了，知道一个现代社会的香港和 20 世纪 80 年代的中国内地，它们的精神追求是不一样的。

但最大的问题还是出现在 2011 年以后。

在 20 世纪 80 年代，中国人对现代社会的认识有一个理想的范本，那就是美国。我想你曾在美国留学，可能有很深的感受。美国确实树立起一个样板，一方面是终极关怀，另一方面是根据社会契约把个人合成为社会。市场、专业都在里面起到很多作用。一个人如果要选择求知，就可以进入一个专业里，这个专业做得好不好、对不对，或者有多少人参与进去，都是无所谓的。市场行为则构成一个公共行为。

但从 2011 年开始，特别是最近几年，最大的变化是这个现代社会典范自身的问题开始暴露。这样一来，再也没有一个理想的现代社会了。我在《消失的真实》中说，整个社会都在向 19 世纪倒退。但我们其实是回不去的，在 19 世纪的社会，终极关怀还没有彻底消失。现在我们面临的是一个终极关怀消失的社会。这时候，中国社会的现代转型该往何处去？

我们现在面临两个问题：一个是中国社会的现代转型；一个是现代社会的模板出现了危机，这个危机是根本性

的。虽然西方社会在很多方面做得比中国好，我们还是可以从中学习到一些东西，但它内部已经不自洽了。也就是说，20世纪80年代我们相信的现代社会的自洽性已经不存在了。美国也开始向门罗主义转化。没有终极关怀的支持，美国的法治基础也开始发生动摇，这都是我们不愿意看到的，但在现实中愈演愈烈。原来大家公认的现代社会的新自由主义，正显得漏洞百出，只是在硬撑。因为没有这个东西的话，现代社会的人也就没了共同语言。

2011年以前，我和青峰思考的都是中国社会向现代转型的问题。但现在光思考这个问题不行了。问题从一个变成了两个。这也促使我去进行真实性哲学的探索。

刘　现在的年轻人，没有经历过20世纪80年代，但有些年轻人会把80年代想象成一个黄金岁月，觉得那个时候的人那么蓬勃，充满希望。虽然那时也有很多困难要克服，但大家可能会觉得，只要经过一个现代的转型，大部分问题都会解决，至少容易应对了。那个时候，学者、知识分子不仅是个学术专业的共同体，而且是一个精神共同体，人们有一种饱满的意义感。现在许多人却面临意义感的巨大匮乏。

研究西方政治哲学的学者也关心类似问题，当前西方严重的政治极化问题，我认为背后的思想根源之一在于"意愿主义"。也就是说，由于人民主权原则的确立，人

民的意愿具有最高的正当性，但意愿本身的对错是不容置疑的。在个人生活里，一切的标准似乎都要最终服从个人意愿，就是你自己是否愿意，这是一种唯意志论（voluntarism，我将其翻译成"意愿主义"）。当人的意愿失去了其他参照标准和评价原则的约束，在公共生活中可能导致无解的冲突，而在个人生活里，一个人完全听凭自己的意愿，最终就难以达成内在一致的自我和意义归属，即一个人安身立命的东西。这可能是现代性特别大的一个问题。

以前，我们相信中国在制度层面上、在公共生活中，要向一种更现代的、更加契约化的法治社会转型，但是面对西方当下出现的危机，这种转型的方向似乎变得可疑了。这样一来，我们就要探索一条自己的转型道路。这条路需要有某种创造性，既要克服中国现代转型的问题，又要克服西方现代性出现的问题。这种要求似乎依赖一个更牢靠的思想基础，否则就无法应对现代性的各种问题。

金　我还有一个独特的经历，就是作为一个非艺术专业的人，在中国美术学院教书、带研究生。在中国美术学院任教期间，我接触的学生大多是研究传统中国山水画和书法的，他们生活在一个特定的圈子里，相信这是他们主要的意义世界。每次到中国美术学院上课，我都很开心，特别是看到学生在一个看似很狭窄的世界中，生活却那

么美好，就好像外面的世界不存在一样。我不知道类似的情况是不是只出现在中国美术学院。

目前中国的大传统都是经过重塑的，这种"新传统"是好是坏，现在还很难下定论。我想，如果回到 20 世纪 50 年代，那时的人绝对想不到半个多世纪之后，中国传统会得到如此多的赞美。当然，今天人们常常是以一种完全不懂传统的方式来赞美传统。这是很值得讨论的。

刘　在中国文化或者他们想象的中国文化中，这些学生真的觉得自己可以安身立命吗？

金　这些学生在身心安顿方面，肯定有自己面临的问题，但他们很少会和我说这些。但与我碰到的其他专业的学生不同，中国美术学院的学生非常热衷于中国文化的探索，而且认为这个传统对自己很重要，是自己艺术追求的意义来源。和他们聊天也是一件让人愉悦的事情。

刘　如果你通过比较锐利的方式，给他们重新讲解中国传统，这会打破他们原有的关于中国文化的想象吗？

金　恰恰相反，对他们来说，将中国传统文化的结构梳理出来，虽然过程可能很痛苦，但最后会给他们带来很大的愉悦感和成就感。与现在社会上很多假的传统文化传播者不同，他们可以算是真的传统文化的继承者。

这就涉及另一个问题：如何看待今天中国恢复传统文化的问题。今天，我们国家大力倡导发展传统文化，并形成一股潮流和趋势，这是当前与五四运动时期的中国最

大的不同。

严格来说，我是一个对传统持批判态度的人，这是一种不合潮流的态度。但必须承认的是，中国文明有一些特殊的地方，特别是对自身历史的记载和书写，如"二十四史"。在世界四大文明中，只有中国文明有那么完整、清晰的历史。当下中国的人文研究在这个清晰记载的基础上，又往前推进了一步，当然，这些研究里也可能存在很多错误、假的东西。

刘　除了你们团队关于中国思想史和书画的研究，国内还有谁做得比较好？比如葛兆光老师？

金　葛兆光的研究是不错的，他的思想也是非常开放的。除此之外，目前有关中国历朝历代的历史研究，也有很多新的进展。例如，中国历史上边疆关系的研究有很多新成果。我和青峰对此一直在保持关注。

当然，今天对中国传统的人文研究也存在问题。举个例子，过去十几年，对中国天下观的讨论越来越多。然而，天下观对应的是传统社会，而非现代社会；它对应的是一种道德秩序，今天的国际秩序可能变成一种道德秩序吗？现在中西方有很多人在关注天下观，一方面是因为很多西方人不懂天下观到底意味着什么，另一方面中国人借由对天下观的思想诠释，试图寻找一种新的国际秩序，这是一种值得尊重的追求。但其中存在一个问题：中国追求的是向现代社会转型，而不是回归传统。否则

清朝时期的中国就是一个"天下"，为什么还要去进行现代转型呢？

现代社会是一个契约社会，它和天下观中预设的道德秩序并不兼容。事实上，19 世纪 60—90 年代，中国人曾发展出一套以中国为中心的万国观，一个代表性事件就是《万国公法》的颁布。当时的人试图借此来协调现代国际秩序和传统中国天下观的冲突，但以失败告终。

刘　刚才我们谈到中国现代转型面临双重问题，一是中国自身向现代转型的一些难题，二是西方现代性也开始陷入危机之中。在这样一个背景下，通过对传统中国资源的梳理和研究，能不能为探索中国现代转型的问题提供思想资源？

金　在对中国传统文化的研究中，不能做目标预设。我们能做的只是试图去理解历史和传统，然后再看是否能挖掘出一些新的思想资源，这也就是韦伯说的，学术研究需要遵守价值中立的原则。比如世界上没有一个文明像中国这样，有一个举国体制。这种体制能不能为现代性危机的解决提供思想资源？这是学术研究中不能预设的。

刘　林毓生先生曾提出中国传统的创造性转化，这一原则可能是对的，但如何实现"创造性转化"是个复杂和具体的难题。

金　"创造性转化"的本质是在学习西方现代文明的过程中，通过改造中国文化，让中国文明的终极关怀和西方工具

理性分离并存。这一方案早在 20 世纪初就已经由梁启超那代人试验过，但最后失败了。也就是说，"创造性转化"是一个很有创意的说法，但林毓生没发现历史上已经有人尝试过这么做。那么，"创造性转化"在今天到底能不能实现，还是存疑的。

刘　刚才我们是在抽象意义上谈论现代转型面临的双重问题。当代青年对这一双重问题会有更切身、具体的感受。中国现代转型的过程中，有一些人是获益的，生活得到明显改善，社会地位在上升，财富也在增加。但还有很多人在这个过程中，感到自己身处一个残酷竞争的社会，但自己无法在竞争中胜出，是一个"loser"（失败者），遭到了社会的淘汰。在终极关怀和工具理性二元分离的状态中，他们找不到终极关怀；工具理性使得他们处在一种"异化"的状态中——意义匮乏、身心疲惫、焦虑、内卷、躺平。这些问题都有待解决，这要求许多重要的制度环境的转变，但这种转变是非常困难且缓慢的，即使能够发生。那么在当下，你对他们会有什么忠告或建议？

金　这也是我和青峰都很关心的问题。我们的年纪已经很大了，过着闭门读书、写作的隐士生活，可以说不完全了解当代青年。虽然不了解，但我们还是很关心青年面临的问题的。除了讲课以外，我们尽可能通过各种途径接触、了解当今年轻人的生活，包括晚饭后一起看最新播

出的电视剧。这其实只能带来一个很不准确的了解，但也是没办法。我们的儿女都已经是中年人了。因此，你的问题对我们也是一个挑战，我们希望对当代青年有一个实感。

刘　当前中国现代转型面临的双重问题，在义理层面上和当代青年的困顿一定有很大的关系。你认为应该如何让他们来探索这些问题呢？

金　这是我们无能为力的。就像我指导学生撰写博士论文一样，在一些书法和山水画的具体问题上，我也有知识上的盲区。但当学生来问我问题时，我会从思想史的角度给出一些回答。这些回答可能为他们提供一些研究思路上的启发，但我认为更重要的是一种精神上的鼓励和支持，最终解决那些学术问题的，还是他们自己。我想，我们能做的也就仅此而已。

刘　至少对学生而言，你像是一盏灯，能够提供一种鼓励和启发。

金　我相信，年轻人能够自己解决你说的这些精神问题。在解决的过程中，会产生新的文化。

刘　就像很多年轻人读《消失的真实》，可能读得一知半解，但他们能够感到自己不是孤立的。他们也开始理解自己的困顿、挫折和焦虑感都是有来由的，而且这个来由有很深的历史和思想背景——与人类20世纪出现的那些重大的、智识的、精神的、思想的、哲学上的困难和歧途

有关。这样，年轻人至少能明了自己的处境。这就像生病一样，你知道自己的病因是什么，即便不能立即治愈，也会缓解精神上的焦虑和迷茫。

金　这其实是一个人在读书和思考的过程中，站起来了。一旦站起来了，所有问题就都能够得到解决。现代生活中的各种问题都是没有答案的，无论是民族主义的问题，还是终极关怀的问题，都没有最终的正确答案。任何一个答案都必定同时包含正确与错误的内容。我们今天的问题是缺乏直面问题的不屈服的精神，或者说是站不起来。一方面，我们的人文精神被科学压倒了；另一方面，科学的进展给我们制造了很多幻觉。

可以用看病这件事作为例子。生病意味着人体内的稳态出现了紊乱，疾病的康复主要依赖人体对自身稳态的调节，任何高明的医疗手段都只是辅助性的。这并不是说药物没有任何作用，而是想强调治愈疾病的关键最终还是人体自身的调节。但今天随着对科学的乌托邦式迷信越来越盛行，人们相信病是由药物或者别的医疗手段治愈的。这和我们精神上面对的问题一样。一旦年轻人面对复杂的现代性问题，真正地站起来了，勇敢地去面对，这个问题其实就解决大半了。

那么，我现在能做的，就是揭示那些虚假的东西、那些乌托邦的幻想，这也是真实性哲学的使命。

刘　观涛，你最后的回答不仅有力量，而且富有诗意。这让

我想到青峰早年写的书信体小说《公开的情书》。那本书的主人公不仅在进行理性的思想探索，还有一种浪漫主义、理想主义的情怀，非常动人。我是在读那本书的时候，才认识你们的。

金　2019 年这本书出了一个新版，青峰专门写了一个长篇序言。在新版序言里，她表达了两方面的意思：一是我们在历史面前要站起来，二是我们还相信爱情——尽管现在很多人可能都不相信爱情了。

刘　你和青峰就是历史的见证，你们自己就是一个爱情的样本范例。

金　17 世纪西方思想史上出现了浪漫主义，它是当时理性主义的反动。随着终极关怀逐渐消失，理性主义是冷冰冰的，无法为人提供意义感。浪漫主义就是在这种情况下，将爱情对生命意义的重要性提了出来。

刘　有一本书叫《为爱成婚》，是一部文化史、思想史的作品。这本书的主要观点是，爱情和婚姻都是自古就有的。原本婚姻是一个制度性的安排：或是为了财产安排，或是为了地位传承，还有的是为了家族结盟或者国际势力的联盟。从 18 世纪末开始，出现了一个"为爱成婚"的传统：启蒙运动既发展了理性主义，又培育了浪漫主义。而浪漫主义把婚姻和爱情这两件事情结合了起来。到了 20 世纪，关于"为爱成婚"的传统，又出现了观点分歧。现在中国的年轻人就会说：婚姻是一回事，爱情是另一

回事。

金　爱情和婚姻的冲突一直都是存在的。

刘　从物质层面来说，以前也有生活条件的问题；那时的生活在物质上要更艰难。

金　还有家庭出身的问题，那个更残酷。

刘　为爱成婚就是要克服这些现实的困难，否则也就谈不上相信爱情。在金老师这一辈人的身上，我看到了爱情的动人之处。对现在一些年轻人来说，爱情有了，同时各种条件也要刚好般配，还要买得起房子，这样才是理想的为爱成婚。

金　爱情至上隐含的前提是个人的独立自主。你想象一下，一个孤独的个体碰到另一个孤独的个体，两人相爱了，这是一件多么了不起的事情啊！

刘　金老师的回答是多么豪迈啊！爱情是上天对人的恩宠，一旦有了爱情，所有现实的困难都是有办法解决的。可是现在的年轻人就似乎不那么有信心。

金　现在的年轻人也不一定软弱，毕竟我们属于老一代，不一定了解他们，每个时代都是不一样的。

刘　现在的年轻人在成长的早期阶段，遇到中国经济高速发展的时期。他们对物质条件要求的心理门槛，比我们那个时候要高得多。我们成长在一个物质匮乏的年代。现在年轻人享受过好的物质生活，还希望过得更好，但中国经济不可能一直保持高速发展的状态，这就会带来一

些问题，比如就业不理想、工资不高、物价上升，都会给年轻人带来困扰。这时候，他们期待婚姻至少不会降低自己的生活水准，因此对婚姻会有更多的理性计算。一旦计算多了，就会觉得理想的爱情虽然美好，但太不现实了。于是，婚姻是一回事，爱情是另一回事。

但观涛刚才表达了一种强有力的信念，自己要站起来，只要站起来了，就没有什么困难是不能对付的。

金　面对现实的各种难题，一个人也要对付，两个人一起对付不是更好吗？

刘　一些年轻人可能会有这种权衡计算：一个人可以对付现实中的难题。如果找一个人和我条件一样，那就可以；如果比我条件更优越，那就更好了；但如果这个人比我条件差，大概就不行了，即便这个人在人格或精神上对我有吸引力，也不行。

金　这样一来，他们该如何面对现代性的精神孤独、竞争的黑暗呢？

刘　所以许多人才会向往 20 世纪 80 年代人们在精神上的饱满。

金　20 世纪 80 年代也有很多爱情悲剧，比现在的悲剧要更残酷。

刘　对，但当时相信爱情的人可能比现在更多。刚才金老师讲的内容很重要，谁也没办法给年轻人解决问题的灵丹妙药，他给出的是一个原则性的指南，就是通过不断澄

清自己，通过读书和思考去把握自己面临的问题的来源，最终在精神上站起来，获得一种精神上的力量。解决问题的具体办法最终只能依靠每个人自己。

记得我对观涛做的第一次访谈是在 1988 年，至今已近 35 年了。时隔那么多年，今天再做访谈式的交流，我感到非常奇妙。这让我仿佛回到了 2000—2003 年在香港中文大学工作期间。有一段时间，青峰到北京去看病，观涛经常带我去新亚书院吃午饭，那个时候交流得比较多。我觉得，观涛老师的内核一直没有变，一直是极其昂扬却又很孤独的人，而且很坚定。这是非常了不起的。

你有一种我这辈人少有的信念，虽然不信仰一神教，但有一种接近宗教的精神和情怀。你一方面是固执的，另一方面又是开放的，因为你会对自己持续地进行反思。比如前面提到的元宇宙的例子，虽然你对元宇宙有一个预先的立场和判断，但这并没有妨碍你对它进行哲学分析，并最终改变了原来的看法。这就像是韦伯说的一个好学者，抱有智识上诚实的态度。听你的教诲和言谈，也把我带回了我的青年时代。这是一个让我感动的时刻，也让我感到珍贵。

金　我是比较悲观的人。当年，我们去新亚书院吃饭，同桌的人如今大多都已经去世了。刘擎，虽然你比我们小一辈，但在你身上还能看到当年的影子，这让我很开心。

刘　观涛和青峰老师让我想起一句话：归来仍然是少年。这

种精神力量要传下去，这也是我们这一辈和下一辈人的责任。

金　我也很感慨，20 世纪 80 年代的启蒙，和当时很多有理想的编辑是有关系的。我通过出版《消失的真实》认识了一些年轻的编辑，在他们的身上，我看到了以前那些编辑的影子，这很不容易。

刘　今天和观涛老师的谈话，让我重温了年轻时代受到的鼓舞和启发，希望也能感染现在的年轻读者。让我们相信，即便处在挫折、焦虑的晦暗状态中，也还要怀有希望和信心。

金观涛与刘擎，2022 年，摄于深圳

2022·4·13 a.m　　觀濤寫日記　　　刘青峰

写本书时，我心中充满了迟疑。因为我
隐隐感到：当今世界沒有人会读此书。促使
我写下去的，是这样一种信念：也许，正在成
为青年的一代人将会对其中的沉思有兴趣。

观时看 iPAD 有电子书。

刘春峰

2022.10.23 pm